建筑数字技术系列教材
Architectural Digital Technology Textbook Series

数字化建筑设计概论
An Introduction to Digital Architectural Design

《数字化建筑设计概论》编写组　编著
李建成　卫兆骥　王　诂　主编
Li Jiancheng　Wei Zhaoji　Wang Gu ed.

中国建筑工业出版社

图书在版编目（CIP）数据

数字化建筑设计概论／《数字化建筑设计概论》编写组编著．
北京：中国建筑工业出版社，2007
（建筑数字技术系列教材）
ISBN 978-7-112-09116-4

Ⅰ.数… Ⅱ.数… Ⅲ.数字技术－应用－建筑设计－教材
Ⅳ.TU201.4

中国版本图书馆 CIP 数据核字（2007）第 024290 号

本书是全国高等学校建筑学学科专业指导委员会及其所属的建筑数字技术教学工作委员会组织编写的建筑数字技术教育系列教材中的一本。本书以建筑学学生和建筑设计专业人员为主要阅读对象，深入浅出地介绍了数字化建筑设计的有关概念和相关知识，以及数字化建筑设计的相关软件、相关技术和相关方法。本教材内容广泛，并具有前瞻性，使读者在阅读和学习后对建筑数字技术的概貌有较为全面的了解。

全书共分 10 章，内容包括：绪论、数字化建筑设计基础、数字化建筑设计软件、建筑性能分析、虚拟现实技术在建筑设计中的应用、建筑设计信息集成、协同设计、数字化建筑设计智能化、建筑形式的数字化生成、建筑设计软件的开发技术简介等。

本书适用于建筑学及其相关专业本科生、研究生的教学参考书，也可以作为相关课程选用教材，同时也适宜于建筑设计人员的阅读、参考。

责任编辑：陈　桦
责任校对：张　力　王雪竹

建筑数字技术系列教材
Architectural Digital Technology Textbook Series
数字化建筑设计概论
An Introduction to Digital Architectural Design
《数字化建筑设计概论》编写组　编著
李建成　卫兆骥　王　诂　主编
Li Jiancheng　Wei Zhaoji　Wang Gu ed.
*
中国建筑工业出版社出版(北京西郊百万庄)
新华书店总店科技发行所发行
北京嘉泰利德公司制版
北京二二〇七工厂印刷
*
开本：787×1092毫米　1/16　印张：22　字数：523千字
2007年2月第一版　　2007年2月第一次印刷
印数：1—3000册　　定价：36.00元
ISBN 978-7-112-09116-4
　　　　（15780）

版权所有　翻印必究
如有印装质量问题，可寄本社退换
（邮政编码 100037）
本社网址：http://www.cabp.com.cn
网上书店：http://www.china.building.com.cn

本系列教材编委会

特邀顾问：潘云鹤　张钦楠　邹经宇
顾　　问：高群耀

主　　任：李建成
副 主 任：（按姓氏笔画排序）
　　　　　卫兆骥　王　诂　王景阳　钱敬平
委　　员：（按姓氏笔画排序）
　　　　　卫兆骥　王　诂　王　朔　王景阳　王韶宁　尹朝晖　邓元媛
　　　　　朱宁克　孙红三　汤　众　杜　嵘　李　飚　李文勍　李建成
　　　　　李效军　苏剑鸣　陈　纲　邹　纲　张　帆　张三明　张艺新
　　　　　张宏然　张红虎　张晟鹏　易　坚　罗志华　饶金通　俞传飞
　　　　　栾　蓉　黄　涛　倪伟桥　顾景文　钱敬平　曹金波　梅小妹
　　　　　彭　冀　董　靓　虞　刚

序　言

近年来，随着产业革命和信息技术的迅猛发展，数字技术的更新发展日新月异。在数字技术的推动下，各行各业的科技进步有力地促进了行业生产技术水平、劳动生产率水平和管理水平在不断提高。但是，相对于其他一些行业，我国的建筑业、建筑设计行业应用建筑数字技术的水平仍然不高。即使数字技术得到一些应用，但整个工作模式仍然停留在手工作业的模式上。这些状况，与建筑业是国民经济支柱产业的地位很不相称，也远远不能满足我国经济建设迅猛发展的要求。

在当前数字技术飞速发展的情况下，我们必须提高对建筑数字技术的认识。

纵观建筑发展的历史，每一次建筑的革命都是与设计手段的更新发展密不可分的。建筑设计既是一项艺术性很强的创作，同时也是一项技术性很强的工程设计。随着经济和建筑业的发展，建筑设计已经变成一项信息量很大、系统性和综合性很强的工作，涉及到建筑物的使用功能、技术路线、经济指标、艺术形式等一系列且数量庞大的自然科学和社会科学的问题，十分需要采用一种能容纳大量信息的系统性方法和技术去进行运作。而数字技术有很强的能力去解决上述的问题。事实上，计算机动画、虚拟现实等数字技术已经为建筑设计增添了新的表现手段。同样，在建筑设计信息的采集、分类、存贮、检索、分析、传输等方面，建筑数字技术也都可以充分发挥其优势。近年来，计算机辅助建筑设计技术发展很快，为建筑设计提供了新的设计、表现、分析和建造的手段。这是当前国际、国内层出不穷的构思独特、造型新颖的建筑的技术支撑。没有数字技术，这些建筑的设计、表现乃至于建造，都是不可能的。

建筑数字技术包括的内容非常丰富，涉及建筑学、计算机、网络技术、人工智能等多个学科，不能简单地认为计算机绘图就是建筑数字技术，就是CAAD的全部。CAAD的"D"不应该仅仅是"Drawing"，而应该是"Design"。随着建筑数字技术越来越广泛的应用，建筑数字技术为建筑设计提供的并不只是一种新的绘图工具和表现手段，而且是一项能全面提高设计质量、工作效率、经济效益的先进技术。

建筑信息模型(Building Information Modeling，BIM)和建设工程生命周期管理(Building Lifecycle Management，BLM)是近年来在建筑数字技术中出现的新概念、新技术，BIM技术已成为当今建筑设计软件采用的主流技术。BLM是一种以BIM为基础，创建信息、管理信息、共享信息的数字化方法，能够大大减少资产在建筑物整个生命期（从构思到拆除）中的无效行为和各种风险，是建设工程管理的最佳模式。

建筑设计是建设项目中各相关专业的龙头专业，其应用BIM技术的水平将直接影响到整个建设项目应用数字技术的水平。高等学校是培养高水平技术人才的地方，是传播先进文化的场所。在今天，我国高校建筑学专业培养的毕业生除了应具有良好的建筑设计专业素质外，还应当较好地掌握先进的建筑数字技术以及BLM-BIM的知识。

而当前的情况是，建筑数字技术教学已经滞后于建筑数字技术的发展，这将非常不利于学生毕业后在信息社会中的发展，不利于建筑数字技术在我国建筑设计行业应用的发展，因此我们必须加强认识、研究对策、迎头赶上。

有鉴于此，为了更好地推动建筑数字技术教育的发展，全国高等学校建筑学学科专业指导委员会在2006年1月成立了"建筑数字技术教学工作委员会"。该工作委员会是隶属于专业指导委员会的一个工作机构，负责建筑数字技术教育发展策略、课程建设的研究，向专业指导委员会提出建筑数字技术教育的意见或建议，统筹和协调教材建设、人员培训等的工作，并定期组织全国性的建筑数字技术教育的教学研讨会。

当前社会上有关建筑数字技术的书很多，但是由于技术更新太快，目前真正适合作为建筑院系建筑数字技术教学的教材却很少。因此，建筑数字技术教学工委会成立后，马上就在人员培训、教材建设方面开展了工作，并决定组织各高校教师携手协作，编写出版《建筑数字技术系列教材》。这是一件非常有意义的工作。

系列教材在选题的过程中，工作委员会对当前高校建筑学学科师生对普及建筑数字技术知识的需求作了大量的调查和分析。而在该系列教材的编写过程中，参加编写的教师能够结合建筑数字技术教学的规律和实践，结合建筑设计的特点和使用习惯来编写教材。各本教材的主编，都是富有建筑数字技术教学理论和经验的教师。相信该系列教材的出版，可以满足当前建筑数字技术教学的需求，并推动全国高等学校建筑数字技术教学的发展。同时，该系列教材将会随着建筑数字技术的不断发展，与时俱进，不断更新、完善和出版新的版本。

全国十几所高校30多名教师参加了《建筑数字技术系列教材》的编写，感谢所有参加编写的老师，没有他们的无私奉献，这套系列教材在如此紧迫的时间内是不可能完成的。教材的编写和出版得到欧特克软件（中国）有限公司和中国建筑工业出版社的大力支持，在此也表示衷心的感谢。

让我们共同努力，不断提高建筑数字技术的教学水平，促进我国的建筑设计在建筑数字技术的支撑下不断登上新的高度。

高等学校建筑学专业指导委员会主任委员 仲德崑
建筑数字技术教学工作委员会主任 李建成
2006年9月

前 言

当前，日新月异的数字技术正不断迅速发展，在数字技术的推动下所出现的新技术、新方法、新理论对各行各业的科技进步产生无可估量的影响，这些科技进步成为促进国民经济迅猛发展的巨大动力。

数字技术进入建筑设计领域已经接近半个世纪。建筑师经常提到的计算机辅助建筑设计（Computer Aided Architectural Design，CAAD）技术就是一种建筑数字技术。近年来，随着数字技术的迅猛发展，建筑数字技术的涵盖范围有了很大的拓展和延伸。除了计算机辅助建筑设计之外，应用在建筑设计领域的建筑数字技术还应包括虚拟现实（Virtual Reality）、建筑信息模型（Building Information Modeling）、协同设计（Cooperative Design）、产品数据管理（Product Data Management）、环境模拟分析（Environment Simulation）、智能化设计（Intelligent Design）等多方面的内容。这些数字技术，目前在建筑设计中正得到越来越广泛的应用。由于我国建筑设计业的特殊性，在数字技术的开发和应用方面相对落后于其他行业的工程设计。而总体来说，我国目前的建筑数字技术水平又相对落后于国际上发达国家的水平。许多新兴的建筑数字技术在国内尚未开展研究和应用。

目前在建筑设计中应用得最广泛的建筑数字技术就是计算机绘图。因此使不少业内人士以为，建筑数字技术就是计算机绘图。他们只懂得应用一点二维的绘图软件，不知道如何学习更多的数字技术来提高自己的工作效率。

参加本教材的编写人员是来自全国15所高校建筑院系从事建筑数字技术教学的教师，在他们的教学实践中，普遍感到当前建筑学专业学生有关数字技术的知识面太窄，对建筑数字技术知之不多，因此，有必要在学期间对他们普及建筑数字技术的知识，扩展其建筑数字技术知识的视野。否则，不利于学生未来在信息化社会中的发展，不利于他们应用建筑数字技术在国际同业中参与竞争。正是基于这样的考虑，我们决定编写这样一本教材。

参编的教师们为了写好这本教材，在没有现成的国内外教材可以参考的情况下，他们在大半年的时间里，积极收集资料、集思广益、互相协作、埋头写作，终于完成了我国第一本对建筑设计领域中的建筑数字技术进行较全面介绍的教材。教材内容广泛，文字深入浅出，既介绍了现在，也涉及到未来。希望读者在阅读和学习后能够对建筑数字技术的概貌有较为全面的了解，对在建筑设计中提高建筑数字技术的应用水平有所帮助。

本教材编写的分工如下：

主　编：李建成（华南理工大学）、卫兆骥（东南大学）、王诂（清华大学）

第1章　1.1、1.2：卫兆骥

　　　　1.3：俞传飞（东南大学）

　　　　统稿：卫兆骥

第2章　2.1：俞传飞

　　　　2.2~2.6：黄涛（华中科技大学）

　　　　统稿：黄涛

第3章　3.1：罗志华（广州大学）

　　　　3.2：钱敬平（东南大学）

　　　　3.3：彭冀（东南大学）

　　　　3.4：顾景文（同济大学）

　　　　3.5~3.7：李建成

　　　　3.8、3.11：王景阳（重庆大学）

　　　　3.9：汤众（同济大学）、王景阳

　　　　3.10、3.12：邓元媛（中国矿业大学）

　　　　3.13：张宏然（北方工业大学）

　　　　统稿：王景阳

第4章　4.1、4.6：董靓（西南交通大学）

　　　　4.2：张三明、李效军（浙江大学）

　　　　4.3：张晟鹏（重庆大学）

　　　　4.4：董靓、李建成

　　　　4.5：王诂

　　　　4.7：张宏然

　　　　统稿：董靓、李建成

第5章　5.1、5.2、5.4：朱宁克、邹越（北京建筑工程学院）

　　　　5.3：饶金通（厦门大学）、朱宁克

　　　　统稿：朱宁克、饶金通

第6章　6.1~6.4：李建成

　　　　6.5：张红虎、尹朝晖（华南理工大学）

　　　　统稿：李建成

第7章　编写及统稿：董靓

第8章　8.1：梅小妹（合肥工业大学）

　　　　8.2~8.4：苏剑鸣（合肥工业大学）

　　　　统稿：苏剑鸣（合肥工业大学）

第9章　9.1：虞刚（东南大学）

　　　　9.2：李飚（东南大学）

　　　　统稿：虞刚、李飚

第10章　10.1~10.4：王诂、孙红三（清华大学）

　　　　附录：张帆（郑州大学）

　　　　统稿：王诂

全书由李建成负责统稿。

为了保证教材的质量，我们邀请了国内有关专家对本教材进行审稿。参加审稿的专家是：中国建筑学会张钦楠（第1、2章），天津大学马剑、华南理工大学赵立华、赵越喆（第4章），南京大学吉国华（第5、9章），清华大学马智亮（第6、7章），同济大学顾景文（第8、10章）。为保证第3章中所涉及的软件有关介绍文字的正确性，我们还邀请了相关的软件公司对介绍文字进行审定。

在本书的成书的过程中，得到了多方面的支持和帮助。重庆大学的曾旭东、陈钢、赵昂、李文勍对第3章的写作提供了很多帮助；北方工业大学建筑学院的王鹏同学为第4章提供了插图；华南理工大学建筑学院研究生张洁丽同学参与了第6.4节部分内容的编写工作；第9章中的许多工作得到了瑞士苏黎世联邦理工学院和东南大学许多老师和同学的帮助，他们是：Prof Ludger Hovestadt、Prof Bruno Keller、Fabian Scheurer、Odilo Schoch、KaiRüdenauer、Stephan Rutz、陈闯、陈龙、董凌、李尧、李永民、梁晶、倪祥宇、吴茁、周志勇。欧特克软件(中国)有限公司、奔特力工程软件系统(中国)公司、上海曼恒信息技术有限公司向我们提供了资料以及技术上的支持，并为我们审定相关软件的介绍。中国建筑工业出版社为本教材的出版提供了很多支持与帮助。我们对以上个人及机构给予的帮助表示诚挚的感谢。

限于编者的学识，书中的错误及纰漏在所难免，衷心希望各位读者给予批评指正。

编 者
2006年12月

目 录

1 绪论 ························· 1
   1.1 建筑数字技术及其发展概况 ··············· 1
   1.2 建筑数字技术概述 ··················· 8
   1.3 建筑数字技术对建筑设计的影响 ············· 10
   参考文献 ························ 17
2 数字化建筑设计基础 ··················· 19
   2.1 从传统媒介到数字媒介 ················ 19
   2.2 理解数字媒体 ···················· 24
   2.3 图形与图像 ····················· 26
   2.4 多媒体与网络媒体 ·················· 33
   2.5 三维模型与信息模型 ················· 40
   2.6 建筑设计中数字媒体的应用 ·············· 45
   参考文献 ························ 58

3 数字化建筑设计软件 ··················· 60
   3.1 SketchUp ······················ 60
   3.2 AutoCAD ······················ 67
   3.3 天正 TArch ····················· 70
   3.4 ADT ························ 73
   3.5 Revit Building ··················· 77
   3.6 MicroStation ···················· 81
   3.7 MicroStation TriForma 与 Bentley Architecture ····· 83
   3.8 ArchiCAD ····················· 86
   3.9 Autodesk 3ds Max ·················· 89
   3.10 Maya ······················· 93
   3.11 formZ ······················ 96
   3.12 Photoshop ···················· 98
   3.13 Piranesi ····················· 101
   参考文献 ······················· 105

4 建筑性能分析 ····················· 107
   4.1 概述 ························ 107
   4.2 建筑声环境分析软件 ················· 108
   4.3 建筑光环境分析软件 ················· 115
   4.4 建筑热环境与能耗分析软件 ·············· 124
   4.5 计算机辅助建筑日照分析 ··············· 133

  4.6 CFD 技术及其在建筑风环境和热环境分析中的应用 …………… 137
  4.7 生态建筑分析软件 Ecotect 介绍 ………………………………… 145
  参考文献 ……………………………………………………………… 151
5 虚拟现实技术在建筑设计中的应用 …………………………………… 153
  5.1 概述 ………………………………………………………………… 153
  5.2 虚拟现实技术的分类 ……………………………………………… 156
  5.3 虚拟现实的实现 …………………………………………………… 160
  5.4 虚拟现实技术在建筑设计中的应用 ……………………………… 175
  参考文献 ……………………………………………………………… 182
6 建筑设计信息集成 ……………………………………………………… 183
  6.1 概述 ………………………………………………………………… 183
  6.2 建筑信息模型 ……………………………………………………… 186
  6.3 建筑信息交换标准与 IFC ………………………………………… 198
  6.4 建筑设计信息管理平台 …………………………………………… 204
  6.5 建筑设计信息的统计与分析方法 ………………………………… 214
  参考文献 ……………………………………………………………… 225

7 协同设计 ………………………………………………………………… 227
  7.1 概述 ………………………………………………………………… 227
  7.2 网络环境下的群体协作 …………………………………………… 230
  7.3 协同设计系统 ……………………………………………………… 232
  7.4 协同设计的关键技术 ……………………………………………… 235
  7.5 分布集成与数据管理 ……………………………………………… 241
  7.6 协同设计支持工具 ………………………………………………… 244
  7.7 协同技术的发展趋势 ……………………………………………… 246
  参考文献 ……………………………………………………………… 248
8 数字化建筑设计智能化 ………………………………………………… 249
  8.1 概述 ………………………………………………………………… 249
  8.2 建筑设计型专家系统的知识库 …………………………………… 257
  8.3 建筑设计型专家系统的知识推理器 ……………………………… 260
  8.4 建筑设计型专家系统的实例介绍 ………………………………… 269
  参考文献 ……………………………………………………………… 282
9 建筑形式的数字化生成 ………………………………………………… 284
  9.1 建筑形式的数字化表达 …………………………………………… 284
  9.2 生成设计 …………………………………………………………… 293

	参考文献	303
10	计算机辅助建筑设计软件开发技术简介	305
	10.1 概述	305
	10.2 CAAD 软件特征和基本方法	309
	10.3 面向对象编程技术和 AutoCAD 的 VisualStudio.Net 开发环境	312
	10.4 CAAD 软件开发中的新技术	320
	10.5 附录:Autodesk Visual LISP 介绍	322
	参考文献	339

1 绪论

1.1 建筑数字技术及其发展概况

1.1.1 CAAD和建筑数字技术

从社会生产到个人生活，从文化娱乐到商务交流……当今的数字技术已经渗透到人类社会生活的方方面面，21世纪人类已经进入了数字时代。

计算机辅助设计（CAD，Computer Aided Design）是数字技术在工程设计领域中的一种应用技术。计算机辅助建筑设计（CAAD，Computer Aided Architectural Design）技术是CAD技术的一个分支，是数字技术在建筑设计领域中的一种应用技术。CAAD技术在当今的建筑设计界已是一项普遍采用的基本技术。CAAD技术带来了设计工作的高质量和高效率，在建筑设计中，正发挥着越来越大的作用。

"数字技术"指的是运用0和1两位数字编码，通过电子计算机、光缆、通信卫星等设备来表达、传输和处理所有信息的技术。数字技术一般包括数字编码、数字压缩、数字传输与数字调制解调等技术。自1998年以来，国际上出现了"数字地球"、"数字城市"等的提法，是以数字信息来描述地球或城市。在建筑领域内的"数字建筑"就是以二进制的数字信息来描述建筑，而相应的应用技术就称为"建筑数字技术"。

我们以往所用的CAAD技术就是一种建筑数字技术。而现在的"建筑数字技术"一词，就词义的涵盖范围而言，有了较大的拓展和延伸。CAAD技术严格来讲只是局限在辅助工程设计的范围之内，而建筑数字技术还应包括：计算机辅助制造（CAM）、计算机辅助教学（CAI）、计算机辅助工程（CAE）、地理信息系统（GIS）、网络通信（Network）、虚拟现实（Virtual Reality）、智慧环境（Smart Environment）、产品数据管理（PDM）等诸多方面的内容。以上的这些数字技术，目前在建筑设计中正得到越来越广泛的应用。

由于建筑设计学科的特殊性，在建筑数字技术的开发和应用方面相对落后于其他工程设计学科。而我国目前的建筑数字技术水平又相对落后于国际上发达国家的水平。我们目前的CAAD技术，主要是作为一种绘图工具来使用，无论是工程制图还是表现图制作，都只是属于辅助绘图范畴。其他的方面，如设计方案文本，设计讲演文档和设计网页演示等的制作技术也只是设计工作中的一些辅助数字技术手段。许多新的技术手段还只是刚刚开始涉及，无论是技术开发还是应用水平都与国际水平存在差距。这不仅是我们建筑数字技术工作者的责任，也是我们每一个建筑设计工作者的光荣任务。

1.1.2 建筑数字技术发展概况

(1) 建筑数字技术发展概况

- 1946年2月世界上第一台电子计算机ENIAC在美国宾夕法尼亚大学诞生。尽管它体积庞大，共使用19000个电子管，耗电20kW，而功能只相当于现在的袖珍计算器。但是，它标志着一个全新的"E"时代的开始。这些以电子管和磁芯存储器为特征的计算机被称之为第一代计算机。

- 1950年第一台阴极射线管（Cathode Ray Tube，CRT）的图形显示器在美国麻省理工学院诞生。

- 1958年，美国Ellerbe Associates建筑师事务所安装了一台Bendix G15电子计算机。虽然它主要是用于建筑结构的计算，但是，这是建筑设计学科与计算机学科相结合的第一次尝试。

- 1958年美国CALCOMP公司研制成功滚筒式绘图仪，GERBER公司研制成功平板式绘图仪。

- 1959年起，计算机中的电子管逐步被半导体晶体管所代替，运算速度提高10倍，而价格只为原来的1/1000。这是第二代电子计算机。

- 1962年美国麻省理工学院（MIT）的埃文·萨瑟兰（Ivan E Sutherland）在他的博士论文中首次提出了人机交互的计算机图形理论和工作系统——Sketch Pad。首次使用了"Computer Graphics"这个术语。该系统于1963年被安装在该校林肯实验室的TX-2型计算机上。开创了计算机图形学的新时代，为计算机辅助绘图和设计奠定了基础。

- 1964年以后，计算机使用了集成电路，几百个半导体器件被集成在一个微型芯片上。性能价格比得到了很大的提升。这是第三代电子计算机。

- 1964年，美国的克里斯多弗·亚力山大（Christopher Alexander）出版了"形式合成注释（Notes on the Synthesis of Form）"一书。讨论了计算机在建筑设计中应用的基本方法和系统实用性等问题，在建筑界产生了较大的影响。

- 1964年在波士顿建筑中心举办了第一次"建筑与计算机"学术会议，规模很大有600人参加，影响也十分深远。

- 20世纪60年代中期起，美国SOM等大型建筑事务所有的引进了CAD设备，建立了专门的计算机中心，有的A/E事务所则利用城市计算中心的设备，开始在大型工程项目中运用CAD技术或进行可行性论证，取得了很好的效益。SOM建筑事务所内部成立了电子计算服务中心，从事CAD技术的开发、普及和服务事项，并积极参与重大工程项目的投标和设计的过程，积累了推广使用CAD技术的成功经验。

美国《建筑论坛》（Forum）等建筑杂志开辟专栏和圆桌会议，热烈讨论计算机与建筑设计的相关命题。对建筑界产生了很大的影响。

美国麻省理工学院成立了"建筑机器小组（Architecture Machine Group）"，开始进行CAD和人工智能的学术研究。

在20世纪60年代末至70年代初，CAAD出现了一段相对的低潮时期，这是因为当时的 CAAD 技术的发展还处于比较低的水平，远未能满足建筑设计的工作需要；当时的 CAAD 软硬件设备相当昂贵，超出一般设计事务所的承受能力。同时，由于建筑设计的特殊性，当时大多数的建筑师对 CAAD 技术存有疑虑和不信任情绪。在建筑界，支持和反对 CAAD 之间的争论一直延续到 20 世纪 70 年代末期。

● 1968 年由美国耶鲁大学建筑学院（Yale School of Architecture）发起举行了一次关于建筑与设计的计算机图形会议。

随着 CAD 技术的不断发展，20 世纪 60 年代末期开始，CAD 在美国逐步成为一项新兴的高科技产业，蓬勃发展起来。1969 年 CV（Computer Vision）公司推出了第一个 CAD 系统。Calma 和 Applicon 公司随后开发了适用于电子行业的系统。

● 1970 年之后，计算机的软硬件技术实现了革命性的飞跃，计算机中使用了超大规模集成电路技术（VLSI）。成千上万个半导体器件被集成在一个微型芯片上，而且规模不断增加。计算机的性能价格比得到了进一步提高。价格每年下降 35%，而性能每 10 年提高 10 倍。这就是第四代电子计算机。

● 20 世纪 70 年代初，美国波士顿的佩里·丁·斯图尔联合建筑事务所开发成功 ARK-2 系统。它以 PDP15/20 计算机为基础，配备了两个 400/15 系列图形显示器、平板绘图仪、数字化仪和静电印刷机等硬件设备。可以进行建筑工程的可行性研究；规划和平面布局设计；建筑平面图，施工图设计；施工说明文件的编制等。该系统以绘制两维图形为主，也可以绘制三维的建筑透视图。该系统是第一个可供市场的、商品化的 CAAD 系统。它包括了工程数据库、图形绘制、数据分析、设计评价和设计合成等建筑应用软件。

● 20 世纪 70 年代初，Autotrol 软件公司首先打入了建筑工程设计领域。此后建筑 CAD（CAAD）系统便成为 CAD 系统的主要专业方向之一，当时的主要功能是建筑制图，建筑表现和数据分析。

在 CAD 的产业市场中，有的计算机公司生产制造 CAD 专用硬件设备——工作站（如 Apollo、Sun、HP、SGI 等公司）。有的软件公司（如 Autotrol、Calcomp、CV、Calma 等公司），为 CAD 工作站开发适合不同专业的应用软件。也有的计算机公司是软硬兼施，组合销售，生产专用的 CAD 工作站系统（如 Intergraph 等公司）。同时，计算机图形学取得了重要进展，新的 CAD 的输入输出设备层出不穷，CAD 技术有了长足的进步。

● 1973 年，美国国防部 DARPA 研究机构着手研究计算机网络之间通信连接的协议技术（TCP/IP）。1986 年美国国家科学基金会（NSF）创建了 NSF-NET。在此基础上，逐步形成今天庞大的因特网（Internet）。

● 1974 年，美国 ALTAIR 公司推出第一台具有微处理器 CPU 芯片的微型计算机。在此之前，微芯片只是计算机处理器的一种元件。从此，开始了计算机的微机时代，计算机才真正得以普及并进入普通人的工作和生活。

在随后的 20 多年中，微处理器 CPU 技术进入飞速发展时期。CPU 芯片从 8 位到 16 位，32 位到 64 位。微机的操作系统、系统软件和 CAD 应用软件也不断更新。早期的微机 CAD 系统的应用软件主要是从工作站的应用软件移植过来的,由于资源的限制,初期的微机 CAD 系统的软件功能比较不完善。随着微机性能的飞速提高,微机 CAD 系统性能有了很大的提高,随着微机 CAD 系统的功能日臻完善,而且出现了许多专为微机 CAD 系统开发的应用软件,系统的价格又越来越便宜。微机 CAD 技术开始真正进入并主导了工程设计行业。

● 1977 年美国计算机协会(ACM)首次制定了计算机图形系统规范——"核心图形系统(Core Graphics System)",为 CAD 制造产业制定了统一的图形规范。

● 20 世纪 80 年代之后微机 CAD 应用软件空前繁荣。其主要的代表是 1982 年 Autodesk 公司推出的 AutoCAD 通用绘图软件,并不断升版完善,成为工程设计界进行 CAD 二维绘图的主要软件。1990 年 Autodesk 公司又推出了适用于微机的 3D Studio 三维视觉造型软件,它是 3ds max 软件的 DOS 版前身。它们与 Adobe 公司的 Photoshop 和 Premiere 图像处理软件一起,组成了微机建筑制图和表现 CAD 系统的主流软件。1998 年 Autodesk 公司又推出了以 BIM 建筑信息模型为基础的 Revit 建筑软件。

● 1984 年美国宇航局 NASA 的 Ames 研究中心在虚拟现实技术的研究方面取得了突破。在随后的 20 世纪 90 年代进一步完善了这项技术。

20 世纪 80 年代起,建筑数字技术已经形成了一个比较完整的技术门类。就 CAAD 系统而言,依旧存在工作站系统和微机系统两大类别。工作站系统更趋大型化和专业化,而且朝专项功能的专业系统发展。如:三维立体环境显示系统;虚拟现实系统等。微机系统,依旧是工程设计单位的主要工作系统。随着微机软硬件技术的不断创新,它的系统功能和性能仍在不断地增强和完善之中。

20 世纪 80 年代以来,计算机网络通信技术的飞速发展,因特网已经进入到各行各业和普通人们的生活,也在建筑数字技术方面开拓出一个新的天地——基于网络的协同设计。与此同时,虚拟现实技术在建筑数字技术方面也产生了新的应用技术——实境化设计。此外,建筑数字技术还在 CAM、CAI、建筑数字建构的理论方法等方面都获得了很大的发展和应用。这个发展进程还正在进行之中。

(2) CAAD 发展进程中的先驱人物

● 司马贺(Herbert Simon,1916—2001)(图 1-1)

图 1-1 司马贺

取有中文名司马贺,美国芝加哥大学经济学博士。早年曾在伊利诺伊理工学院建筑系任教都市规划,当时的系主任是密斯(Mies Van Der Rohe)。1969 年他出版了"The Sciences of Artificial"一书,他被誉为"人工智能"之父。也是建筑界"人工智能"研究的先行者。因为他卓越的研究成果,1975 年获图灵奖,1978 年获诺贝尔经济学奖,1986 年获美国国家科学奖。1967 年被选为美国国家科学院院士,1994 年当选为中国科学院外籍院士。

● 威廉·米歇尔(William Mitchell)(图 1-2)

图 1-2 威廉·米歇尔

1967 年墨尔本大学建筑系毕业,1970 年美国耶鲁大学建筑硕士。后在加利福尼亚大学洛杉矶分校任教 16 年。其间，与伊斯曼（Charles Eastman）、史坦尼（Geaoge Stiny）等人从事建筑 CAD 研究。1977 年出版了"Computer-Aided Architectural Design"，这是第一本推广建筑 CAD 应用的专著，也是 CAAD 名称的由来。1986 年后在哈佛大学任教 6 年，其间著作甚丰，1989 年出版了"The Logic of Architecture"（《建筑设计思考》），1991 年出版了"Digital Design Media"（《数字设计媒体》）。1989 年他与著名建筑师弗兰克·盖里合作完成数字建筑标志性的实践项目——巴塞罗那的奥林匹克鱼雕工程。1992 年受聘担任麻省理工学院建筑与规划学院院长。1992 年出版了"Reconfigured Eye"，1999年出版了"e-Topia"。1995 年还出版了"City of Bits"一书。他是当代 CAAD 最重要的领导学者。

图 1-3 约翰·捷罗

● 托马斯·梅弗（Thomas Maver）

1968 年英国斯特拉斯克拉特大学（Strathclyde Univ.）在梅弗教授领导下成立了"Architecture & Building Aids Computer Unit（ABACUS）"研究中心。数十年来坚持 CAAD 的研究方向，是世界上最早成立的 CAAD 研究中心之一。著名的 CAAD 先驱人物。

● 约翰·捷罗（John Gero）（图 1-3）

1968 年澳大利亚悉尼大学在捷罗教授领导下成立了"Key Center of Design Computing and Cognition（KCDCC）"中心，也是世界上最早成立的 CAAD 研究中心之一。他的 CAAD 研究可分为四个阶段：模拟（Simulation：1968~1975 年）、最佳化（Optimization：1972~1983 年）、人工智能及知识系统（AI and Knowledge-Based System：1980 年~）、设计认知（Cognition：1992 年~）。著名的 CAAD 先驱人物。

● 笹田刚史（Sasada，1941—2005）

1964 年毕业于日本京都大学建筑系，1966 年和 1968 年分别取得硕士和博士学位。任教于大阪大学，并成立了"笹田研究室"。多年来致力于城市和建筑数字化的开发和研究。提出了许多见解和理论，并在实践中不断完善。是世界级的 CAAD 先驱人物。

图 1-4 查理斯·伊斯曼

● 查理斯·伊斯曼（Charles Eastman）（图 1-4）

1965 年毕业于美国加利福尼亚大学伯克利分校（UC Berkeley）建筑系，两年后取得硕士学位。先后在多所大学任教。现为佐治亚理工学院建筑系博士班主任。伊斯曼的研究包括设计认知（Design Cognition）、几何模型（Solid Modeling）和建筑产品模型（Building Product Modeling - CAD 数据库）。著名的 CAAD 先驱人物。

● 弗兰克·盖里（Frank Gehry）（图 1-5）

世界级著名建筑大师。1929 年生于加拿大多伦多，1947 年迁居美国加州洛杉矶，毕业于南加州大学及哈佛大学研究生设计学院。1962 年成立弗兰克·盖里建筑师事务所至今。先后完成六百多项设计作品。1989 年荣获建筑设计最高荣誉——建筑普利茨克奖。弗兰克·盖里是一位勇于创新的建筑师，他虽然不是一位 CAAD 的专家，但是他采取积极的为我所用的合作态度。他从巴塞罗那的鱼雕工程开始，成功地应用 CAD 和 CAM 技术，突破了

图 1-5 弗兰克·盖里

传统建筑的几何复杂程度和大尺度自由形体精确度的限制。在他的工程设计中确立了一套新的工作程序：初始草图、手工模型、数字扫描，最后获取设计造型的数字化几何信息。盖里惯用的旋转而扭动的曲面，藉用为航天业研发的软件CATIA得以准确的定位施工。他的最具代表性的设计作品是：1997年完成的西班牙毕尔巴鄂古根海姆美术馆和2000年完成的美国西雅图实验音乐厅（图1-6）。

对CAAD的发展做出过较大贡献的学者或建筑师还有：尤里奇·傅雷明（Ulrich Flemming）、彼得·埃森曼（Peter Eisenman）、格雷·林（Greg Lynn）、本·凡·巴克尔/UN工作室（Ben Van Berkel/UN Studio）、N·德纳里（Nei Denari）等。

图1-6 美国西雅图实验音乐厅[①]

近年来，国际上涌现出一批从事建筑数字技术的新生力量，他们进行了卓有成效的研究和实践，为建筑数字技术的发展作出了重要的贡献。例如，20世纪末在英国AA学院（Architectural Association Graduate School）成立的"涌现与设计组（Emergence and Design Group）"等在复杂"形态生成（morphogenesis）"中取得了显著的成就。又如，日本的日建设计公司与林昌二建筑师等。

(3) CAAD的学术研究协会和其他有影响的学术专著

● 1981年成立"北美电脑辅助设计协会（ACADIA）"。每年十月举行学术研讨会。

● 1984年Donald Schon出版了"The Reflective Practitioner"一书。

● 1985年"国际计算机辅助建筑设计未来研讨会（CAAD Futures）"首次在荷兰的台尔夫特（Delft）大学召开，以后每两年举行一次。这是世界范围内声誉和水平最高的CAAD学术研讨会。

● 1986年Omer Akin出版了"Psychology of Architectural Design"一书。

● 1987年成立"欧洲计算机辅助设计教育协会（eCAADe）"。每年九月举行学术研讨会。

● 1987年Yahuda Kalay编辑出版了"Computability of Design"一书。

● 1990年R.Coyne出版了"Knowledge-Based Design Systems"一书。

● 1995年成立"拉丁美洲数字图形协会（SIGraDi）"。每年举行学术年

---

① 图片来源：http://www.ct-education.com/yssj/zjht/200609/13494.html。

会，参加者也包括建筑师、设计师和艺术家等。

● 1995 年 Vinod Goel 出版了"Sketches of Thought"一书。

● 1996 年成立亚洲地区计算机辅助设计教育与研究协会（CAADRIA）。主要是亚太地区一些大学的建筑院系自发组成的。每年四、五月举行学术研讨年会。

● 1996 年 Nigel Cross 出版了"Analysing Design Activity"一书。

● 2001 年 Chuck Eastman 等出版了"Design Knowing and Learning"一书。

(4) 我国建筑数字技术发展简况

20 世纪 70 年代末，我国某些大学和研究单位已开始研究计算机图形学，并在设计工作中进行实践探索。

1982 年建设部在成都举行推广计算机技术会议时，主要是针对结构工程专业的，还没有涉及建筑设计专业。随后北京燕山石化设计院引进了 ComputerVision 系统，上海医药工业设计院引进 Calcomp 系统，开始了我国 CAD 事业的先声。

1984 年城乡建设环境保护部设计局在北京召开了"计算机在建筑设计中的应用座谈会"标志着我国建筑设计界的 CAD 事业正式揭开序幕。

1985 年建设部在北京大都饭店召开"建筑 CAD 技术应用交流会"，全国各大设计院，大专院校有 300 多人参加会议。会议邀请了国际上著名的建筑 CAD 专家作学术报告。他们有美国的米歇尔（William Mitchell）教授，日本的笹田刚夫（Sasada）教授，英国的梅弗（Thomas Maver）教授和澳大利亚的捷罗（John Gero）教授。会上也有国内外建筑 CAD 成果的展示。

会议之后，建设部决定让建设部设计院，北京市建筑设计院和上海华东建筑设计院等单位组织引进建筑 CAD 工作站系统，开展研究和实践。同时，建设部又组织和支持建筑院校和研究单位进行微机建筑 CAD 软件的研究和开发。重点放在对住宅方案的 CAD 方法研究和开发。建设部还多次在北京和上海主持召开了建筑 CAD 成果汇报交流会。

20 世纪 80 年代末，建设部勘察设计司，在全国设计单位的 TQC 评估标准中明确提出对不同等级的设计单位在 CAD 方面的达标要求，有力地促进了我国建筑设计单位的 CAD 建设。同时，某些建筑科研单位和软件公司，也研制和开发了适合我国国情的微机 CAD 建筑应用软件，如 House、ABD、Hi-CAD 等。这些应用软件是在 AutoCAD 或 MicroStation 通用软件基础上二次开发的建筑软件。

1985 年东南大学成立了建筑 CAD 实验室，随后各建筑院校相继成立了 CAD 实验室。同时 CAAD 也已经纳入建筑系学生的教学计划。

1996 年我国多所大学参加了 CAADRIA 在香港的首次学术交流会议。1999 年 CAADRIA 学术年会在上海同济大学召开。2007 年的学术年会定在南京东南大学举行。

2006 年 1 月在全国高校建筑学学科专业指导委员会的领导下，首届全国高校建筑数字技术教学研讨会在广州华南理工大学举行。会上成立了专业指导委员会下属的"建筑数字技术教学工作委员会"。

1.2 建筑数字技术概述

在短短的半个世纪中，数字技术已经渗透到人类社会生活的方方面面，极大地改变了人们的社会生活，整个人类文明进入了一个崭新的数字时代。目前我们的建筑数字技术水平还处于初级阶段，但我们已经看到所发生的巨大变化。在设计单位中，传统的绘图桌被计算机所取代；资料档案存进计算机储存器；绘图仪代替了晒图机；建筑师的工作效率有了很大的提高等。建筑数字技术正在改变着建筑师的工作方式和思维方式。

目前，CAAD 技术已经从早期的初级辅助制图，逐步朝设计构思和全过程多方位的辅助发展。从提高制图效率与质量发展到创造新形象和提高工程的总体效益发展。正如机器的进步可以在人的控制下实现人的体力所不能达到的力量（诸如举重、切割金属等），CAAD 的进步也可以实现在人的控制下生成人脑所难以构思的复杂形态及高效益。例如盖里的设计是靠航天软件做出他本人都难以构思的多种复杂形态的方案，使他能够从中进行选择和加工。又如，英国未来系统设计所在 ZED 建筑中利用 CFD 软件优化壳体曲面，把风引导到壳体中央的风动发电机等。计算机的这些功能已经使设计辅助达到了更高的层次。

近年在美国，贯彻设计与施工安装全过程的 BIM 虚拟模型的应用，也取得了相当的成就。

(1) 目前建筑数字技术的应用水平

1) 可行性分析与规划设计

数字技术强大的数据处理能力已用于进行重大工程项目的可行性分析和研究，提高了工程决策的效率和科学性。

在规划设计中运用 GIS 技术进行控制规划、旧城改造和历史遗产的保护等方面。并在建筑群体和单体的概念设计中运用 Sketchup，3ds Max 等软件进行体量分析和研究。

2) 方案设计与工程制图

主要是运用 AutoCAD、3ds Max 等软件及其二次开发软件进行辅助绘图。

- 设计辅助：体量设计，造型审视，专项分析
- 工程制图：施工制图，文档编制，经济概算

开始运用 Revit、TriForma、ArchiCAD 等三维建筑软件进行方案设计。

3) 建筑表现与三维动画

计算机建筑表现大多是作为最后的结果展示，尚未真正成为方案设计过程的辅助手段。

- 静态表现 （如 AutoCAD + 3ds max + Photoshop）
- 动态表现 （如 3ds max + Premiere）
- 实时漫游 （如 AutoCAD + Multigen、VRML）

4) 项目管理与经济核算

- 项目管理：工程文档，工程图纸
- 经济管理：造价控制，工程核算
- 技术管理：规范管理，图库共享

5) 建筑物理与建筑节能
- 建筑声学与环境噪声分析
- 建筑采光与建筑日照环境
- 建筑节能与建筑热工环境

6) 智能建筑与自动监控

7) 多媒体演示与网络展示
- 讲稿演示（如 Powerpoint）
- 文档制作（如 Pagemaker）
- 网页演示（如 Dreamweaver，Frontpage）

(2) 有待实践的建筑数字技术

1) 循环优化设计（Circulated Optimization）

基于传统的建筑设计方法，对建筑设计方案的造型、功能、环境、技术、经济的性能和指标进行辅助分析或循环优化（图 1-7）。

框图中包含的两个循环优化过程：

综合评价优化：强调的是整体的综合性的循环优化过程。需要建立一个综合评价某建筑类型设计方案的知识库。知识库应包括设计规范、专家经验和特定的控制指标等。

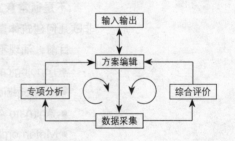

图 1-7 循环优化框图

专项循环优化：是对某个专项的功能、技术或经济性能指标进行分析和循环优化的过程。

有一个方案编辑软件模块进行方案图的编辑修改，同时有一个数据采集软件模块，自动对修改后的方案模型提取评价或分析模块所需的相关参数值。

2) 协同设计（Cooperative Design）

网络技术为协同设计提供了广阔前景。
- 设计单位内部 —— 分部和总部的协同。
- 设计单位之间 —— 设计的交流与配合。
- 教学单位之间 —— 学术和方法的交流。

3) 三维设计（3-Dimensional Design）

建筑设计三维化是必然的趋势

	概念设计	方案设计	详图设计	施工建造
传统方法	2D	2D	2D	3D
三维方法	3D	3D	2D（3D）	3D

图1-8 "鸟巢"的模型

目前Autodesk公司的Revit软件是基于建筑生命期管理（BLM）和建筑信息模型（BIM）理论基础上的三维化建筑设计的工具软件。Graphisoft公司的ArchiCAD软件和Bentley公司的TriForma软件也是类似的三维化建筑设计的工具软件。

4) 实境化设计（VR Design）

建筑表现随着计算机的数字制作技术的进步有了很大的发展，它由：

静态表现→路径动画→实时漫游→虚拟现实。

如果我们能够在实时漫游或虚拟现实中增加对方案模型编辑的功能，就可以实现在一个虚拟的"真实"环境中进行建筑设计了。

(3) 建筑设计理论和方法的革新

新的智能化的工具的出现和运用，必然会产生新的设计理论和方法。

1) 数字化建构（Digital Architecture）理论方法

不是通常意义上的CAAD数字技术，它的主要特点是：追求视觉效果的非欧几何建筑体量设计。

目前，涌现不少基于数字技术的建筑建构理论方法。如：

- Topological Architecture　　　　（拓扑结构）
- Isomorphic Architecture　　　　（异型同构）
- Animate Architecture　　　　　（动态思维）
- Metamorphic Architecture　　　（形体渐变）
- Parametric Architecture　　　　（参数变化）
- Evolutionary Architecture　　　 （进化演变）

有关数字化建构理论方法的内容，将在本书后面章节进行介绍。

2) 生成设计法（Generative Design）

国际上目前流行一种以编程运算为基础的智能化设计方法。设计者需要为某项工程的某个设计专题编写专门的程序来辅助方案的设计构思。

工作方法：程序随机生成 + 人工交互引导

例如，为迎接北京2008年奥运会兴建的国家体育馆（"鸟巢"）（图1-8），它的"鸟巢"构架的布置方案可由一个专门的计算机程序随机运算生成的，由建筑师控制参数并最后选取合适的方案。

有关程序化生成设计的内容，也将在本书的后面章节进行介绍。

1.3 建筑数字技术对建筑设计的影响

1.3.1 数字技术对建筑设计思维模式的影响

长期以来，建筑空间的设计与表达均以图示信息作为主要媒介，它在建筑方案的构思形成、分析,及专业表达过程中,起着重要而不可替代的作用。而用以承载种种专业图示信息的技术手段和工具,往往成为设计思维的重要影响因素。不同的技术发展水平带来的设计工具,也常常影响甚至决定了不同的设计思维模式。

建筑设计的思维模式,同样受到不同设计媒介所使用的具体技术手段的制约和影响。从由来已久的以纸笔为主要工具的二维图示手段,到当前日渐推广的数字技术辅助下的设计媒介,建筑设计的思维模式也受到相应的影响,进行着相应的转变。

传统的图示思维方式作为借助草图勾画、模型制作搭建、图纸生成与修改等一系列环节中贯穿始终的专业思维模式,使得建筑设计的内容对象和专业设计信息紧密联系。计算机辅助数字技术在建筑设计过程中的推广和应用,不可避免地影响了空间图示的方式方法,也同样改变着我们的专业思维方式,但它究竟是如何改变的呢?这一点在很大程度上是以思维模式本身在数字化时代所具有的特征及其可能发生的转变为基础的。所以我们也同样需要回溯思维本身在数字化时代的变化。

(1) 设计思维的演化与分类

人类思维结构和模式的发展,随着社会的演变、科学技术的进步,历经历史长河,逐步形成各种现代思维体系。从原始的拟人化思维结构,到古典哲学中混沌整体的自发性辩证思维;从近代三大科学发现(能量守恒与转化定理、细胞学说、进化论),到"旧三论"(系统论、信息论、控制论)到"新三论"(耗散结构理论、突变论、协同论),及至当代信息数字技术的全面发展,人类的思维模式也不断发生着质的飞跃。

与其复杂的演变过程相对照,思维活动依其分类标准的不同,也有着众多不同的类型模式。按照思维探索方向的不同,可分为聚合思维与扩散思维;按照思维结构的方式方法,又可分为抽象(逻辑)思维、形象(直觉)思维和灵感(顿悟)思维等。

思维的主体也从以个人为主,到以个人与集体、团体协作为主;以人脑为主,到以人脑—计算机相互配合,发生着重大变化。现代辩证思维一方面仍然将归纳与演绎、分析与综合、逻辑与历史相统一,以及比较、概括、抽象作为自己的基本方法;另一方面,又在现代科技的飞跃中发展出系统思维、模型方法、黑箱方法等一系列新的思维方式。

视觉形象的处理历来与思维密切相关,并对思维过程具有重要的影响。"视觉形式是创造性思维的主要媒介"。视觉思维(Visual Thinking)[①]概念的提出,使我们认识到视觉形象和观察活动不仅仅是"感知"的过程,它帮助我们在设计和创作过程中充分利用我们的视觉优势和观看的思维性功能。视觉交流的作用在人类生活中日益增强。而图示思维就是一种创造性视觉思维。在纷繁复杂的人类思维结构体系中,它既有其作为思维活动的普遍性规律,又有其自身独特的专业特点。

---

① 鲁道夫·阿恩海姆(Rudolph Arnheim)。

(2) 传统建筑设计中的图示思维及其局限

从某种意义上说，建筑的视觉形式和空间形态，既可作为建筑设计意愿的起点，也往往成为设计追求的最终目标之一。建筑设计的思维过程，也是以视觉思维为主导的多种思维方法综合运用的过程。这一活动，往往是建筑师运用包括草图在内的视觉形式，与自己或他人进行思考交流的过程中进行的。建筑设计过程，自始至终贯穿着思维活动与图示表达同步进行的方式。建筑师通过图示思维方法，将设计概念转化为图示信息，并通过视觉交流反复推敲验证，从而发展设计。

传统的图示思维设计模式，通常凭借手绘草图、实体模型和二维图纸（平、立、剖面图，透视、轴测图等）实现设计内容的交流与表达。从某种意义上讲，图示思维模式，也正是这些传统的媒介工具，及其承载的图示信息所产生的一种必然结果。

这些经过千百年发展演变而来的图示媒介系统和方法，及其支持下的设计思维模式，有其自身独特的语言体系和特征（图1-9）[①]。保罗·拉索在其关于图示思维的著作《图解思考》（Graphic Thinking）一书中，将图解语言的语法归纳为气泡图、网络和矩阵三种类型。图解语言的语汇从理论上讲并无一定之规，从本体、相互关系及修辞等方面可以排列出大量简洁、实用的符号体系，同时亦可从数学、系统分析、工程和制图学科借鉴许多实用的符号。每个建筑师都可以根据具体情况及自己的喜好，发展出一套有效的图解方式。

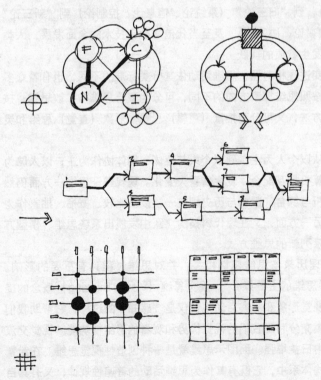

图1-9 图解语言语法图（保罗·拉索），气泡图、网络图、矩阵图，来自数学、系统分析、工程和制图学科的借鉴

但是不可否认，传统的图示思维方式也存在一些局限。比如由于缺乏经验或技巧，使萌芽状态的新设想夭折；虚饰、美化某个设计思想；遮掩设计理念中应该显露的不足；甚至错误地将图示形象理解为二维平面空间的对等物，而非三维（多维）空间的二维表达与分析等。这些局限，在一定程度上，也源于传统图示思维及其工具本身所固有的缺憾——人工绘制的专业图示和符号在精确性和灵活性上的欠缺、不同图纸之间过多的对照转换环节带来的效率低下，常常在抽象的设计图示与具体现实的设计内容之间产生疏漏和差异。

(3) 从图示思维到"数字化思维"

新的数字技术的大量应用改变了建筑师的工作方式，也将直接影响到我们

---

① 图1-9：图解语言语法图（保罗·拉索），气泡图、网络图、矩阵图，来自数学、系统分析、工程和制图学科的借鉴。

的专业思维模式。传统的图示思维模式借助徒手草图将思维活动形象地描述出来,并通过纸面上的二维视觉形象反复验证,以达到刺激方案的生成与发展的目的。以计算机辅助设计为代表的诸多数字专业技术则可能将这一过程转换到虚拟的三维数字化世界中进行——我们暂且用"数字化思维"①这个词来描述这一状况。

在将一个想法概念化时,某些媒体的特性允许它迅速反馈到单个设计者的想法中。传统设计思维过程中,它们常常是"餐巾纸上的速写"和建筑师的黏土模型。这些"直觉"的媒介能在设计者和媒体之间构成一个严密的反馈回路,就好像在它们所表达的概念那里媒体成为透明的了。其中的关键就在于直接性和迅速反馈的能力。

在其技术发展的早期阶段,数字技术下的设计思维一直没有足够的直接性在设计者的思维过程中支持设计概念的迅速发展(Campbell and Wells, 1994)。因此在设计过程中,它们过去常常只是被用来对已经发展完备的概念进行精确的描绘、提炼和归档。如今,数字技术使我们拥有诸如更为灵活直观的交互界面和实时链接的信息模型等实质性进步之后,数字设计媒介也同样为我们提供了一个足够迅速的反馈回路。数字技术条件下的思维方式终于有可能挑战传统的图示思维方式。

众所周知,数字媒介为我们提供了精确性、高效性、集成化和智能化等诸多优点。数字技术介入传统的空间图示方法,除了使建筑师抽象思维的表现更为直观和接近现实之外,其更重要的潜质在于可以突破由于表现方法的局限而形成的习惯性的设计戒律,从而真正使建筑师在技术上有可能发现诗意的造型追求,使建筑空间的构思能有雕塑般的自由和随意。与此同时,它更提供了设计思维与方法更新的可能性——整体集成的建筑数字信息模型,以及以此为基础的设计过程的动态参与及广泛的横向合作等。这种新型多维化的设计思维模式,长期以来一直被绘图桌上的丁字尺和三角板所扼制。

现代主义建筑理论针对古典形式主义的弊端,曾经提出"形式服从功能"这样的口号,以"由内而外"的设计模式替代片面追求形式塑造的"由外而内"的单向线性思维模式,在纳入社会、环境、技术等因素的同时,将建筑设计视为一个"从内到外"和"从外到内"双向运作的过程。这些从单向到双向的设计思维模式,在数字技术的支持下——如更大范围的信息共享、一体化的专业信息模型、多方位的网络协作等——将有可能克服传统图示思维的局限,向着更为多元、多维的设计思维模式转换。

1.3.2 数字技术对建筑设计过程的影响

(1) 传统建筑设计的方法过程及主要特点——单向线性

建筑设计的构思发展过程通常包括分析、综合、评价等典型的创造性阶段。以图示信息为主的传统设计方式针对不同设计阶段、不同的具体对象,存在着不同程度的抽象化。它们分别对应于不同的设计阶段,具有各

---

① 有关"数字化思维"概念的提出,以及本节相关内容的讨论,可参见:俞传飞,布尔逻辑与数字化思维——试论数字化条件下建筑设计思维特征的转化,新建筑,2005年第3期。

自的特点。

设计初期，人们往往要对设计文件（如任务书、设计合同）进行读解，也就是基本信息的输入，并对其进行分类、定义、判断等活动，以便从中筛选出重要、关键的信息，以此找到解决方案的突破口。这一阶段的设计图示往往抽象性较强，有着更多的不定性，形式也多为非特定形状的二维分析图，如"气泡图"，以避免对解决设计问题的实质形式有任何过早的主观臆断。

在利用图示信息进行设计创作的准备及酝酿阶段，信息经过充分的收集、分类、整理之后，逐渐趋于饱和。逻辑清晰的具象思维会和相对模糊的抽象思维相互作用。设计者利用图示中的开敞式形象对各路信息进行综合处理，经过不同的形象组合与取舍调整，使各种"信息板块"达到最佳和谐，最后形成一个紧凑的整体，建立起一个完整的"视知觉逻辑结构"。这一过程可能持续反复，直至设计问题得到了满意的解决，初步的设计概念被迅速以图示方式记录在案，以便进一步予以验证。

随着方案的逐渐明朗化，表达也逐渐趋于清晰。同时为了不断对想法进行验证和推敲，具有更为严谨精确的尺寸要素的二维视图，如平、立、剖面图；更为形象生动的透视图、轴测图；更为直观、易于操作的实体模型，也较多地出现在建筑师的设计过程中。

传统图示设计在检验与评价中的实用性则在于把设计意图从抽象形象转化为较完善、具体的形象。一方面它使方案设计中的抽象概念图解变成更为具体和实在的图像，特别是空间的形象，如从特定方位"观察"到的建筑空间透视草图等。从这个意义上来说，方案最终的表现效果图也可算作一个检验与评价的环节。不论何种类型的图示，它对设计中提出的构思不同形象的草图技艺的要求也就根据抽象或具体、松弛或谨慎的不同而有所变化。另一方面，利用图解语言中的网络和矩阵等语法，还可以用量化的概念对设计予以检验和评价。这一点似乎又同行为建筑学中运用理论和量化方法从个人、集体、决策部门等各方面对建筑设计进行的详尽理性的评价体系颇为类似。同时，这也提醒我们，即使在方案提交之后，建筑设计的过程仍未结束。房屋建成之后，人们（尤其是使用者）的信息反馈常常被忽视，当那些信息被以图解（图表）的方式记录在案之后，也可以直接、或间接地影响到建筑师的下一次创作。

遗憾的是，传统设计方法由于以"图纸"为代表的二维媒介的限制，只能将三维设计对象表征于二维之中进行。平、立、剖面，乃至轴测、透视这些专业图示语言深深影响着设计的过程方法与表达方式。从构思阶段的手绘草图到后期的施工图纸，历经不同设计阶段，这一进程通常沿着一条严格的线性路径单向运行。这套步骤分明的过程和按部就班的方法，使得其中任何环节的修改反复都显得成本不菲，困难重重——因为不同环节的设计工作都是相对割裂各自为政的，信息的搜集和使用、图纸的编绘整理、相关专业的配合反馈等，常常因此耗费设计过程中的大量时间和精力。

(2) 数字技术对建筑设计方法与过程的影响

凭借当前强大的数字建模技术、通用集成模型、网络协作等手段，数字技术为建筑师提供了新的起点。尽管纸张作为主要信息媒介之一仍将延续相当长时间，但数字技术可以使设计真正回归三维空间和整体性的信息模型之中。也只有在这个层次上，数字技术才能真正做到辅助设计（Aided Design）而非辅助表现（Aided Presentation）。

就像计算机科技大量而迅速地改变人类的日常生活一样，数字技术在建筑设计上的发展也经历了相对短暂却令人叹为观止的变化并逐渐趋于成熟。

20世纪60年代计算机在建筑领域还只是停留于对材料、结构、法规及物理环境数据的简单计算与分析，即所谓P策略（Power），注重解决"数"和"量"的问题。20世纪70年代，电脑进入二维图纸绘制阶段；20世纪80年代电脑已可建立相应的建筑模型并进行一定程度的环境模拟；早期的数字技术必须依靠其准确的坐标体系去做完美而清晰的接合（Joint）——而抽象性和模糊性在设计初期创作者的创作思维过程中又是必不可少的。早期的三维动态设计更大程度上来说是对传统实物模型的替代。进入20世纪90年代，人们已不再满足于数字技术对传统媒介的直接取代，而将目标转向了全球网络资源共享及多媒体动态空间的演示乃至虚拟现实（Virtual Reality）技术。这时，数字技术已采用了K策略（Knowledge），即着眼于人工智能的发展以达到辅助设计的目的。短短几十年中，数字技术在建筑设计中所扮演的角色不断改变。所有这些都依赖于构成电脑系统软、硬件的飞速发展。数字可视化技术（Visualization）也成为建筑师和开发商必不可少的工具。

数字技术在建筑设计中的应用，从早期的方案设计图及施工图的绘制到三维建模和影像处理，到动画和虚拟现实，再到建筑信息模型的建立，其强大潜力不是要削弱建筑师的创造性活动，其目的恰恰在于以数字技术的优越性把富有创造才能的建筑师真正从大量繁琐的重复工作中解脱出来，以便使我们利用这些新技术更好地从事于建筑创作。

这一方向上走在最前面的先驱是弗兰克·盖里和彼得·埃森曼这样的建筑师。数字技术不仅被采纳到他们的设计过程中，而且正戏剧性地改变了它。在他们那里，以电脑图示为表象的CAAD技术踏入了设计的核心地带。他们虽然也用笔和纸勾画自己的原始构思，但出现在图示中的空间实体却已经真正摆脱了传统方式的束缚，并充分发挥着电脑图示中前所未有的造型能力。盖里的那些空间形式有些已很难用传统的平、立、剖面图加以表现了。项目小组只能手持数字化探测仪围在原始模型周围进行采样，探测仪的另一端所连接的电脑中生成的是拥有无痕曲线的匀质建筑。埃森曼则扬弃了早期作品中以语言学的深层结构作为其建筑的理论基础而转向数字虚拟空间中的生成设计。超级立方体（Hyper cube 卡内基梅隆大学研究中心）、DNA（法兰克福生物中心）、自相似性（哥伦布市市民中心）与垒叠（Super position 辛辛那提大学设计与艺术中心）等手法都在数字技术的辅助下得以实现。

由此可见，新兴的数字技术在许多方面正以不可阻挡之势改变着传统的设计方法和过程。

以建筑信息模型（Building Information Modeling，BIM）为核心的一系

列相关行业设计程序系统，以建筑设计的标准化、集成化、三维化、智能化[①]等为目标，为我们提供了更高的工作效率、更深的设计视野，以及前所未有的专业协调性和附加的设计功能——环境分析、声光热电等能源分析、结构分析与设计、建筑施工和运营等多方面多环节的科学计算、分析评估、组织管理等。

数字技术支持下的网络通讯系统，则在消除空间距离障碍、扩大设计者之间交流的同时，为我们带来了信息资源的极大共享。设计者在创作过程中所需要的大量专业和相关信息由于网络这一庞大共享资料库的建立得以几近无限的扩充。多媒体信息技术与网络通信技术还将为异地建筑师的协作以及让建筑业主、建筑的使用者参与设计过程提供更为广泛的可能性。

建筑设计因此成为一个"全生命周期"的多元互动过程。如前所述，这个漫长的过程由于传统图示媒介的固有特点和种种限制，通常呈现为一种单向线性的方式。设计方法与过程的更新一方面保持着传统方式的延续与结合，另一方面又以虚拟的数字信息模型中新的设计方法发展着新的设计过程，开拓着新的设计领域。

1.3.3 数字技术对建筑设计与建造的影响

(1) 传统设计与建造中的问题

长期以来，建筑设计与建造施工的关系在设计过程中往往没有得到应有的重视。建筑师在考虑设计过程与结果的时候，却常常错误地认为建造只是设计完成之后的工作。实际上，与设计紧密相关的建造环节，正是保证设计意图得以实现的重要阶段；从建筑材料结构的选择、制造加工，到施工现场的装配建造，更在事实上直接决定了建筑的最终质量。

而在过去很长一段时间里，建筑设计建造行业的生产效率和质量的提高也总是举步维艰，其原因有很多：各自为政的行业板块；设计与施工单位的割裂甚至对立；专业信息交流的混乱等。

> ……离散的产业结构形式和按专业需求进行的弹性组合，使建设工程项目实施过程中产生的信息来自众多参与方，形成多个工程数据源。由于跨企业和跨专业的组织结构不同、管理模式各异、信息系统相互孤立、以及对工程建设的不同专业理解、对相同的信息内容的不同表达形式等，导致了大量分布式异构工程数据难以交流、无法共享，造成各参与方之间信息交互的种种困难，以致阻碍了建筑业生产效率的提高。[①]

不难看出，造成以上种种状况的重要因素之一，正是专业设计信息的生成和交流，由于传统设计媒介的制约导致的结果。而数字技术，尤其是计算机辅助下的信息集成系统，则有望给长久以来设计与建造之间存在的问题带来极大的改观。

(2) 数字技术对建筑设计与建造关系的影响

无论是设计阶段的建筑信息模型（Building Information Modeling，BIM），

---

① 参见：赵红红主编，信息化建筑设计——Autodesk Revit，北京：中国建筑工业出版社，2005. 建筑设计信息化技术发展概况部分。

还是建造施工阶段的土木工程信息模型（Civil Information Modeling-CIM）①，作为数字技术在建筑专业领域的典型应用和发展方向，都是试图通过建立高度集成的专业信息系统，统一专业信息交流的规范和标准，连通从设计到建造过程中不同阶段不同相关专业（结构、设备、施工等）之间的信息断层。

具体而言，数字化技术支持下的集成信息系统、强大的科学计算能力，对计算机集成制造系统（Computer Integrated Manufacturing System，CIMS）的借鉴等新的方法和手段，将给我们带来建筑材料结构构件的柔性制造加工工艺、新型构造和结构体系、经过数字化仿真模拟精确计算的智能化设备控制，甚至现场施工过程的物流调配和"虚拟建造"。

当然，数字技术对设计之外的建造等阶段的有力支持，同样会反过来影响和改变我们的设计过程。而"建设生命周期管理"（Building Life-Cycle Management，BLM）②等新理念的引入和实施，更使建筑师们对设计和建造的关注面向建设项目的整个生命周期，包括从规划、设计、施工、运营和维护，甚至拆除和重建的全过程，对信息、过程和资源进行协同管理，实现物流、信息流、价值流的集成和优化运行，实现对能源利用、材料土地资源、环境保护等可持续发展方面的长远效益和整体利益的考虑。③

参考文献

[1] 卫兆骥等编著.CAD在建筑设计中的应用 [M]．北京：中国建筑工业出版社，2005.
[2] Marc Aurel Schnabel. Digital Architectures-Introduction 课件. 香港，2004.
[3] 邱茂林编.CAAD TALKS 1—数位建筑发展. 台北：田园城市文化事业有限公司，2003.
[4] 邱茂林编.CAAD TALKS 2—设计运算向度. 台北：田园城市文化事业有限公司，2003.
[5] Antony Radford，Garry Stevens 著.计算机辅助建筑设计概论.王国泉等译.北京：中国科学技术出版社，1991.
[6] 王国泉等编著.计算机辅助建筑设计.北京：中国建筑工业出版社，1989.
[7] 汪正章.建筑师的创造性思维 [A]．建筑师 [C]，1987（27）．
[8] 陈励先.图示思维与建筑设计教育——建筑师创造力的培养 [A].建筑师，1989（35）．
[9] 黄亦骥.设计方法论中思维程序及其思维手段 [A]．建筑师 [C]，1983（16）．
[10] 田银生，章迎尔.功能主义的再认识与建筑设计思维方式的改变 [J].新建筑，1997，2.
[11] 吕江波.转变建筑设计思维方式 [J].新建筑，1998，3.
[12] 俞传飞.布尔查询与数字化思维——试论数字化条件下设计思维特征的转变 [J].新建筑，2005，3.
[13] 鲁道夫·阿恩海姆.视觉思维.滕守尧等译.北京：中国社会科学出版社，1986.
[14] 保罗·拉索.图解思考——建筑表现技法（第二版）.邱贤丰等译.北京：中国建筑工业出版社，1998.
[15] 曹吉鸣，徐伟主编.网络计划技术与施工组织设计.上海：同济大学出版社，2000.
[16] 王守清编著.计算机辅助建筑工程项目管理.北京：清华大学出版社，1996.

---

① 张建平主编，信息化土木工程设计——Autodesk Civil 3D，北京：中国建筑工业出版社，2005，p17。
② 据称，BLM的应用可使建设项目总体周期缩短5%，其中沟通时间节省30%~60%，信息搜索时间节省50%，成本减少5%。
③ 参见：张建平主编，信息化土木工程设计——Autodesk Civil 3D，北京：中国建筑工业出版社，2005。

[17] Ron Kasprisin & James Peltinari.Visual Thinking for Architects and Designers. VNR, 1995.

[18] William J. Mitchell & Malcolm Mccullongh.数字·设计·媒体.王国泉,霍新民译.北京:清华大学出版社,1997.

[19] NTT 城市开发公司, NTT 基础设施公司编著.建筑设计新理念——21世纪建筑领域的7个关键问题.张鹰,徐皎,胡春玲译.福州:福建科学技术出版社,2005.

[20] 赵红红主编.信息化建筑设计——Autodesk Revit.北京:中国建筑工业出版社,2005.

[21] 张建平主编.信息化土木工程设计——Autodesk Civil 3D.北京:中国建筑工业出版社,2005.

2 数字化建筑设计基础

2.1 从传统媒介到数字媒介

2.1.1 设计媒介与建筑

(1) 媒介与媒体

媒介和媒体（medium/media），常指表达、传递信息的方法与手段，在不同的学科领域具有不同的内涵和界定。为方便大家认识和理解，首先有必要区别一下媒介和媒体这两个常用概念。

在传播学领域，媒介一般是指电视、广播、报纸杂志、网络等人类传播活动所采用的介质技术体系，此概念常用来从宏观方面讨论与技术形式有关的传播学问题。一般而言，常认为媒介的发展经历了四个主要阶段：语言媒介、文字媒介、印刷媒介和电子媒介。而媒体则是专指电视台、广播台、报社、杂志社、网站等这些以一定技术体系为基础的传播机构或组织形式。

在计算机应用领域，媒介一般是指磁盘、光盘、数据线、监视器等这些直接用来存储、传输、显示信息的一系列介质材料或设备，常指数字媒介；而媒体则是指以计算机软硬件为基础产生出来的电脑图形、文字、声音、数据等较具体的信息表现形式，常称数字媒体。

综合以上不同领域的主要界定分类，一般说来，媒介泛指某种物理介质及相应的技术形式，其功能是承载和传播信息；而媒体则专指那些与媒介直接有关的内容和不同类型的具体承载形式。随着电脑、网络等数字化技术的发展，当前的数字媒介成为电子媒介之后新的媒介类型，而数字媒体也可以说是在计算机技术发展下产生出来的新媒体类型。

本节主要从整体上讨论建筑设计中涉及的相关媒介。各类具体的数字媒体在建筑设计中的特征和作用，将在本章的第二节中进行详细的介绍。

(2) 建筑设计中的媒介系统

建筑，作为"石头的史书"，也往往承载着其所处时代的社会、技术等多方面的信息。建筑的发展演变过程，从某种意义上说，也可以看作其作为信息载体意义上的演进变化。虽然随着媒介技术的更新交替，印刷、电子媒介的信息承载、传播功能大大超过了建筑本身，但与此同时，不同阶段和种类的设计媒介（design media）在建筑的设计生成过程中与建筑发生的互动作用，也越来越受到专业设计人员的重视。

通过设计媒介的使用，建筑师可以发现问题、认识问题、思考问题、产生形式、交流结果。在设计过程中，设计媒介是思考和解决问题的工具和"窗口"，使用设计媒介的不同也影响到建筑师的作品(Ron Kellett,1990)[①]。

参照前述媒介的主要发展阶段和相关分类,在建筑创作的过程中,也包括传统意义上的设计媒介(如建筑专业术语、图纸、实体模型等)以及当前方兴未艾的以一系列计算机软硬件系统为代表的数字设计媒介。前者在建筑设计与建造的历史中源远流长,发展沿用至今,这里我们统称为建筑设计中的传统媒介;建筑数字媒介则泛指当前应用于建筑设计中的诸多数字技术方法与手段。

不同媒介在信息传达的能力、清晰性和便捷性,以及表现维度等方面存在程度不同的差异。不同的建筑设计媒介在建筑从设计到建造的过程中,均发挥着不同的作用,也影响着设计的过程和最终结果。以下主要就当前主要的设计媒介——传统设计媒介和数字设计媒介,进行具体的对比讨论。

2.1.2 传统设计媒介及其特点

(1) 传统设计媒介的分类与组成

如前所述,传统建筑设计媒介通常包括专业术语文字、图纸和实体模型。自古以来,那些口口相传,继而以语言文字为载体的专业术语可能是历史最为久远的设计交流与表达手段。一方面,语言文字媒介对建筑形制和构件进行了"模式化"和"标准化",形成一套高度集成的"信息模块"。[②] 在西方是以柱式等模块为基础的砖石体系,在中国则是以斗口为基础的木构体系为代表。另一方面,由于其自身固有条件的制约,语言文字本身具有模糊性、冗余性和离散性等特征,它对其再现对象进行了极大的概括、提炼和简化。

建筑图纸媒介通常以纸张等二维平面材料为载体,通过平面图、立面图、剖面图,以及轴测、透视图等形式进行设计内容的表达和交流。图2-1这套二维图纸系统大量运用以欧几里得几何为主要基础的投影几何图示语言。由于尺规等绘图工具等手段的限制,其生成的建筑形态也多以理性主义的横平竖直为主,强调的是韵律、节奏、比例、均衡等美学法则。比起建筑语言文字媒介高度精炼概括的模块范式,它所承载的设计信息更加直观、丰富,也更为精确。在这种系统下出现的设计图与施工图,其实是一套隐含着许多生产知识的图示符号。这种建筑专业图示符号已使用了数百年。

建筑模型媒介通常以纸板、木材、塑料、金属甚至复合材料等多种原料为载体,按照一定的比例关系,以三维实体形式供建筑师在设计过程中对设计对象进行分析、推敲和相对直观的展现。它常常和图形媒介相互结合。相对于图纸上不同抽象程度的二维图示,实体模型往往更为具象。虽然实体模型媒介的直观便利在设计过程中所发挥的辅助作用仍然不可或缺,但它仍然受到来自尺度、规模和材料制作细节等等诸多方面的限制。

(2) 传统设计媒介的应用与特点

上述传统设计媒介通常在建筑设计的过程中被综合运用。设计初期,快捷

[①] 参见:Ron Kellett, *Le Corbusier's design for the Carpenter Center: a documentary analysis of design media in architecture*, Design Studies, Vol 11, No.3, July. 1990. 转引自白静,建筑设计媒介的发展及其影响,导师:秦佑国,清华大学博士学位论文,2002, p14。

[②] 参见:秦佑国、周榕,建筑信息中介系统与设计范式的演变,建筑学报,2001-6。

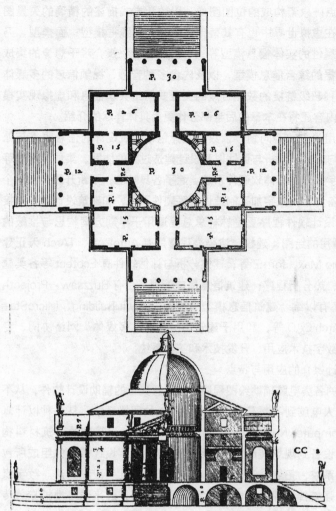

图 2-1 圆厅别墅的平立剖面综合图[①]

便利的草图勾画，简略模型的推敲，使建筑师能够快速建立对于设计对象的整体把握，并通过图示、语言等方式的交流，与建筑业主、甲方及相关专业进行初步的沟通。但是，随着设计的不断深入和细化，传统设计媒介在表现和传达专业建筑信息方面的成本迅速提高，各类图纸的绘制修改、精细模型的制作，往往需要耗费设计者的大量时间和精力。同时，也由于二维图纸、实体模型等传统媒介本身在表现方式、材料工具等方面所固有的限制，使得建筑专业信息被割裂固化为各自为政的不同方面——各类图纸模型之间的设计信息往往难于直接关联，完全需要人工对照和复核，以致成本高昂，效率效益低下。

虽然传统媒介有其自身优势，但如前所述，由于图形绘制工具、模型加工和制作的设备材料特性，及其表现方式的固有属性，也存在着种种局限：如信息容量的有限性和简单化，信息传递的复杂性和间接性，以及交流过程中由于编解码标准的模糊性而带来的不同程度的信息损耗等。

总之，传统媒介对设计对象的表达和分析都只能针对不同的处理对象和阶段性任务的需要，从某一个或几个角度进行各自独立的信息传达，描述建筑对象某一些方面的属性特征内容。而且，这些不同角度和阶段的内容，又往往充满中间环节，各自独立。从构思草图到设计施工图，从透视表现到三维实体模型，出于不同的需要，设计环节的种种分割甚至影响着建筑师们的设计思维。

2.1.3 数字设计媒介及其特点

(1) 数字设计媒介的分类与组成

当代数字化技术的突飞猛进，为建筑师提供了日新月异的数字设计方法和手段。此类新型的信息媒介也成为我们提供了建筑设计的新媒介——数字设计媒介。它涉及到许多具体的数字媒体类型，以及建筑设计的不同阶段所涉及的具体代表性软硬件系统。

按照具体的媒体格式划分，数字媒体包括计算机图形图像的格式、音频视频的种类、数字信息模型和多媒体的具体构成等。如传统图示在数字媒介中有

---

① 帕拉第奥《建筑四书》。

其的对等物——点阵象素构成的位图图像，以数学方式描述的精确的矢量图形等；实体模型在虚拟世界中也有其替代品——各类线框模型、面模型，乃至具备各种物理属性的实体信息模型等；当然更有传统媒介难于想象的集成了可运算专业数据的综合信息模型，以及内含多种音频、视频信息的多媒体数字文档，由多种超级链接的数据合成的交互式网络共享信息和虚拟现实模型等。上述相关内容还将在本章的后半部分作更为具体详尽的介绍。

按照设计应用阶段的不同划分，数字媒介包括建筑设计的信息收集与处理、方案的生成与表达、分析与评估以及设计建造过程的协同、集成和管理等不同方面不同数字媒介的具体软硬件系统。除了各具特色，不断升级换代的个人电脑、网络设备和相关数字加工制造设备等硬件系统，和建筑设计过程直接相关的各类辅助设计软件程序更是林林总总。适用于早期方案构思与推敲的有 SketchUp；通用的绘图、建模、渲染表现程序有 AutoCAD、TArch 天正建筑软件、3DStudio Max、formZ 等；建筑分析与评估软件有 Ecotect 等各类建筑日照、声、光、热分析程序；建筑信息集成管理平台有 Buzzsaw、ProjectWise 等；当然还有以综合建筑信息模型为核心的 Revit Building、MicroStation TriForma、ArchiCAD 等，和用于建筑虚拟现实、多媒体、网络协同、专家系统等方面的数字技术应用、开发技术和工具系统。

（2）数字设计媒介的应用与特点

从林林总总的各类电脑辅助绘图程序到真正意义上的辅助设计软件，从不断更新换代的个人电脑到不断蔓延扩展无孔不入的网络系统，从各种以计算机数控技术（Computer Numerically Controlled, CNC）为基础的建筑材料构件加工生产制造设备到现场装配施工的组织系统，数字设计媒介的组成所包含的相关软硬件系统，拓展甚至改变着建筑师们的设计手段和方法。数字媒介一方面改善增强着传统媒介的表现内容，另一方面正越来越多地扩充着传统媒介所难于承载的专业信息内容。

20世纪中后期，计算机辅助绘图系统逐步完全取代了正式建筑图纸的传统手绘方式。近期，随着建筑信息化模型（Building Information Modeling, BIM）等数字媒介系统的提出和推广，建筑设计中的数字媒介已经（或将要）给建筑设计媒介及其相关的设计方法和过程，带来质的改变。与此同时，数字媒介强大的编程计算和空间造型能力，也在不断拓展着建筑空间的新的形式生成和美学概念。

除了比传统媒介更为精确直观、丰富多样的视觉表现方式，数字媒介还将设计过程的研究分析拓展到三向空间维度之外的范畴，如建筑声、光、热、电各方面的专业仿真模拟，建筑设计各方的网络协作，建筑材料构件制造加工和现场建造的信息集成等。

正因为如此，以建筑信息模型为代表的不断成熟的数字设计媒介有可能从本质上改变传统设计媒介长久以来的不足。数字媒介以其信息上的广泛性和复杂性，传输上的便捷性和可扩散性，编解码标准的统一性和信息交流的准确性等，具备了传统媒介所无法比拟的优势。

从理论上讲，这种包含几乎所有各类专业信息的一体化建筑信息媒介，不仅极大地提高了设计活动的精确性和效率,而且可以让包括建筑师在内的相关专业人员在设计初始就建立统一的设计信息文件,在一个完备的设计信息系统中开展各自的设计工作,满足从设计到建造,甚至建筑运营管理等各个阶段的不同需要。它既可以在构思阶段以更为灵活的交互方式表现和研究前所未有的灵活的空间形式,也可以在设计分析与评价阶段通过不同专业的无缝链接和横向合作修改完善建筑方案的各类问题,生成所需的传统图纸文件,还可以通过高度集成的信息系统完成加工建造阶段的统计、调配和管理。

2.1.4 传统设计媒介与数字设计媒介的特点比较

数字设计媒介与传统设计媒介虽然有一定的相似之处,但是,由于数字媒介所采用的特殊介质系统,使这种新的设计媒介在信息处理的方式、工具性能、操作方法等诸多方面,都表现出与传统设计媒介迥异的特性。那么,数字设计媒介系统到底有何特殊性呢?为方便说明,我们不妨在分述了各自的特点之后,具体比较一下这前后两类设计媒介系统的特点。

(1)对于图形图纸和实物模型这两种传统设计媒介而言,其介质系统有这样一些共同的特点:

1)简单和直接性:即通过简单、直接地利用介质材料原始的视觉属性实现,所有的介质的材料都同时兼具了存储和显示信息这两项基本的功能,信息的显示状态直接反映其存储的状态。

2)固定和一次性:即介质材料都是以组合、固化的方式来产生可长期保存的"视觉化"的媒体信息,固化后的介质材料不易修改,更不可将其分解并重新用来表示其他的信息。

3)独立性:即介质材料固化后便直接成为可独立使用的媒体,而不再依赖于操作媒体的工具或系统。

(2)与图纸和实物模型两种传统设计媒介相比较,数字设计媒介的介质系统则有这样一些特点:

1)复杂性和间接性:数字媒介的功能是依赖于电能的驱动以及基于复杂的电子(磁)原理的计算机系统来实现的,人对于数字媒介所有操控都只能通过计算机系统的输入设备(如鼠标)间接地完成。数字媒介信息(或数据)并不能像图纸媒介那样,能直接从保存它的介质(如硬盘、U盘)上呈现并为人所感知,而只有当这些信息或数据"流经"到另一种介质设备——监视器之后,才会被人识别。

2)功能的多样性、灵活性:数字媒介的介质系统是由一些在物理和功能上独立、在系统上又彼此依赖的多种介质(设备)构成的。包括:存储介质(如硬盘、U盘),传输介质(如总线、网线),计算和控制介质(如CPU),显示介质(监视器、投影仪)四大类型。这种复杂介质系统不仅使数字媒介具有存储和显示信息这两项基本的功能,还具有可自动计算、识别和传输数据等功能。

3)信息的可流动性、共享性和智能性:数字媒介系统的可自动计算、识别和传输数据功能,决定了不同的信息或数据之间能够通过系统自动地建立起关联,而且这些信息或数据在介质系统中的存储地址都不会是永久固定的,数据可以在不同的介质之间传输、转移、复制或者删除。这些特性使得数字媒体信息以及介质设备资源皆可能得到最大限度的共享。

4）系统与能源的依赖性。数字媒介系统，是一种依赖于计算机系统整体以及电能源驱动的系统，缺少了其中任何一个环节，其介质系统中的任何介质材料（设备）都不可能单独发挥出各自的功能作用。数字媒介系统这种特性，也是十分值得我们注意的。

2.2 理解数字媒体

2.2.1 什么是数字媒体

在前面 2.1 节里，我们已经简要阐述媒介与媒体的区别，这里将要讨论的数字媒体中的"媒体"概念，当然就应该是与计算机应用有关系的了。那么究竟什么是数字媒体呢？所谓数字媒体，简言之，它是一种利用计算机软硬件系统来储存、运算处理、呈现和传输信息的方式和方法，它是数字媒介技术条件下产生出来的新媒体类型。

数字媒体包括以下四个最基本的构成要件。

1）计算机系统硬件及各种外部设备：它们是组成数字媒体的介质系统。

2）操作系统：如 Windows、UNIX 等，它与计算机硬件系统及外部设备一起，组成所有数字媒体类型及其操作工具的共享（用）平台。

3）应用软件：如 AutoCAD 等，是对特定形式的数字媒体（如图形）文件数据的生成、编辑或进行其他形式处理的操作工具和环境。

4）媒体文件：由应用程序或计算机外部设备处理生成的、以一定的格式形式保存在计算机存贮介质中的数字媒体的基本数据，它是组成数字媒体信息内容的核心要件。

数字媒体上述四个要件缺一不可，只有当它们组合在一起、并在电能源的驱动下正常工作时，才能发挥其媒体的功能作用。因此，我们不能简单地将一个保存在 U 盘中的电脑文件、或者将一个保存着电脑文件的 U 盘理解成数字媒体，它们仅仅是数字媒体的一个要件而已。此外，通过电脑打印机等打印输出来的图纸（俗称电脑图）或文稿，应当属于最典型的传统印刷媒体类型，而不能称之为数字媒体，至多只能看成数字媒体的一种呈现方式。

数字媒体具有各式各样的具体类型。如果从信息呈现的基本形式上来看，可以分为图形、图像、音频、视频、动画、文字符号等类型；如果从媒体的交互性能方面看，也可以分为单一媒体、多媒体、网络媒体；如果从信息表达的空间维度上划分，则可分为二维平面媒体、三维模型媒体、多维信息模型媒体等类型。数字媒体由一般形式不断向高级形式发展变化的趋势使我们有理由相信：数字媒体并不是传统媒体的简单翻版，也不仅仅表现为一种形式上的变化，而是集成了知识、工具和方法的智能型媒体。

2.2.2 数字媒体信息的呈现

媒体信息的呈现涉及两方面因素，一是呈现所用的介质；二是信息呈现的形式。

如前所述，数字媒体信息并不能直接从存储它的介质设备（如硬盘，U盘）上呈现出来，它只能通过监视器、音响等输出设备转化为可视、可听等这种自然的形式后，才会被人感知和认知。各种类型的显示器（包括头盔显示器、投影仪）、音响和打印机，是数字媒体最基本的呈现介质，此外，更高级的虚拟现实系统还可以包含嗅觉、触觉发生器等设备。

数字媒体呈现所用的介质系统，当然是根据人类的感觉器官的感知能力来设计的。人类感知信息的方式主要通过视觉、听觉、触觉、嗅觉和味觉，限于计算机硬件发展水平，目前数字媒体信息的主要呈现形式是视觉和听觉类型，而尤其以视觉类型占据主导地位，其具体的表现形式也最为丰富。

在数字媒体信息各种具体的表现方式中，一些最基本的形式，如图形、图像、文字、视频和音频等，是与传统媒体类型很相似的。这些最基本的形式既可以直接通过电脑监视器、音响等输出设备呈现出来，也可以通过打印机，或者音/视频输出设备，转化为传统的平面印刷媒体、电子音/视频媒体形式后，再呈现出来。除上述基本形式之外，数字媒体信息还包括一些更高级的、可交互的形式，如：多媒体、超文本、三维模型及信息模型等。这些高级的形式，一般只能在计算机系统中才能发挥其可交互媒体的功能，并呈现其所有的信息内容。

2.2.3 数字媒体信息的存储

数字媒体信息都是以计算机文件的形式保存在硬盘、U盘等各种存储介质设备之中的。这些文件可以是一个程序、一组数据，一篇文章或一个图形。用户只能通过计算机操作系统（如 Windows）界面中显示出来的文件夹及文件名称，才能发现这些文件的存在。

计算机文件名通常都有一个主文件名和一个扩展名。其中，主文件名是操作系统要求必须具备的，它是操作系统和用户区别不同文件的基本标识；扩展名则是用来说明文件的类型及格式的，虽然操作系统允许省略扩展名，然而对于用户和大多数应用程序而言，文件的扩展名同样是一个非常有用的标识。从应用程序中生成出来的用户文件数据，都会按照一定的格式标准来保存，这些格式标准既有国际标准，也有不同行业、公司甚至应用程序中制定的标准。扩展名的使用，一方面可以让操作系统和应用程序迅速识别文件的格式类型，同时采用相应的程序方法处理文件中的数据；另一方面也可以让用户能通过文件的格式（扩展名）了解媒体文件可能属于的类型。例如，一个形如"*.jpg"的文件名，即可以说明它是一个 JPG 格式的图像媒体，一个形如"*.dwg"的文件名，即说明它是一个 DWG 格式的 AutoCAD 图形媒体等。文件格式（或扩展名）虽然不是数字媒体信息内容的直接呈现，但亦能通过它间接地说明数字媒体的表现形式。因此，认识不同数字媒体类型的文件格式，也是学习和运用数字化建筑设计的一个重要基础。

2.2.4 数字媒体的操作

任何媒体形式都有相应的操作工具和方法。从工具系统看，数字媒体主要涉及三个层面的工具环节。

1）人—机交互接口：包括键盘、鼠标、监视器等设备，其功能是为用户与计算机之间的通讯（控制与反馈）提供一种直接式的操控工具。

2）操作系统（如 Windows）：其功能主要是为所有硬件、应用程序以及用户文件数据提供系统控制和管理的工具。

3）应用程序：其功能主要是为某种特定应用的数字媒体类型提供具体的信息生成、计算、传输、呈现和储存等各种复杂处理的工具和方法。

数字媒体因具体应用领域要求的不同而会表现出千差万别的不同类型，但是对于人一机交互接口和操作系统这两个环节而言，其基本的操作方法和技巧并不因为媒体类型的不同而存在显著性的差别，如：鼠标点击、键盘输入的基本动作；文件管理、启动应用程序等基本操作方式。不同类型的数字媒体在操作方法上的差别，更多的是体现在用来处理不同类型数字媒体的应用程序的掌握上。应用程序不仅规定了媒体操作者动作的序列，而且也决定数字媒体类型的表现形式和性能。

任何数字媒体类型都至少有一种、有些甚至有多种可用来处理它们的应用程序，某些媒体类型的文件数据甚至直接是以应用程序的形式存在。人们通常更喜欢用"工具"来指代这些应用程序，如图像处理工具，CAD 工具等。不过，应用程序中的工具特性与日常生活中的普通工具是很不相同的。普通工具一般只会暗示它"可做什么"，而应用程序这种工具则不仅可以明确提示其功能，而且还会将那些与操作对象有关的方法或过程，自动地并入处理，从而简化了"怎样做"的问题。所以，从某种程度上讲，应用程序是一种集媒体信息内容、媒体操作工具和方法于一体的智能综合体。

2.3 图形与图像

2.3.1 相关概念及术语

(1) 图像（Image, Picture）

图像若从广义上讲是自然界景物的客观反映，若从狭义上理解则是指采用绘画或者拍照的方法获得的图画、照片以及光学动态影像。在计算机应用领域，图像一般是指采用位图方法来描述的图画、照片以及动态影像等对象，通常人们也将位图和图像视为等同的概念。

(2) 图形（Graphics）

图形是图像的一种抽象，它是通过用点、线、面等图形元素来反映图像的几何特征。在计算机应用领域，图形一般是指采用矢量图描述的上述对象，所以，通常人们也将图形和矢量图视为等同的概念。

(3) 位图（Bitmap）

位图是计算机系统中主要用来描述图像的一种方法。位图的原理是将一幅图按一定的行列数目分割成栅格点（即像素点），然后分别记录每一个栅格点的色彩值。由于这些栅格点是按一定的行列数排布形成的阵列，故位图又称为点阵图或光栅图。

(4) 矢量图（Vector Graphics）

矢量图是计算机系统中主要用来描述图形的一种方法。矢量图是以解析几何等数学方法来描述一幅图中所包含的直线、圆、弧线等各种图元的形状和大小，甚至还可以描述更复杂的曲面、光照和材质。由于矢量图形是以数学方法为描述基础，因而可以以较小的数据量（例如用一个数学公式）描述一个十分复杂的图形，并使图中每个部分都可以得到较精确的控制，如：缩放、旋转、变形、移位、叠加、扭曲等。

(5) 位深度（Bit Depth）

这是一个与位图有关的术语，也称为色彩深度，像素深度。指位图中记录每个像素点颜色所占的二进制位数。位深度则以 2 的幂来表示。位深度大小决定位图中可出现的最多颜色数，或者灰度图像中的最大灰度等级数。常用位图的位深度有 1 位（2^1）、4 位（2^4）、8 位（2^8）和 24 位（2^{24}）。因此，位深度为 1 位的图像是黑和白两种颜色；位深度为 8 位，则会产生从黑到白 256 级灰度，或 256 种索引颜色（Indexed Color）；如果位深度为 24 位，则会产生 16777216 种 RGB 颜色。

(6) 图像分辨率（Bitmap Resolution）

这是一个与位图有关的术语，也称图像尺寸。指位图在水平和垂直方向上的像素个数。

(7) 视频（Video）

视频本质上属于是一种动态图像，它是将一组采集于自然真实世界的二维图像沿一维的时间轴顺序排列、并按一定的速度播放而产生的一种连续的、运动的影像。视频的播放速度以"帧/秒"（fps, frame per second）为单位，如 NTSC 制式电视是 30 帧/秒，PAL 制式是 25 帧/秒，电影则是 24 帧/秒。

(8) 动画（Animation）

动画也是一种动态图像或图形，它与视频的主要区别在于：视频的采集来源于自然的真实图像，而动画则是利用计算机产生出来的图像或图形，是合成的动态图形或图像。根据图形或图像元素在平面和时间域上的排列和控制方式的不同，动画也可以进一步划分为视频动画和交互式动画两类。其中，视频动画是一种在技术上与视频完全相同的类型，其画面都类似于电影和电视；而交互式动画则属于一种多媒体类型的动画，画面类似于游戏。两者间最大区别在于：视频动画的画面是固定和线性播放的，而交互式动画的画面是不固定和非线性播放的。鉴于视频和视频动画两者从技术和应用角度而言不存在本质区别，为讨论方便，后面 2.3.4 节关于"视频动画类型"的讨论内容，即同时包含了视频和视频动画两者。

(9) 流式媒体（Stream Media）

也称流媒体，是指在 Internet/Intranet 中使用流式传输技术的连续时基媒体，如：视频、音频或多媒体文件。流式媒体在播放前并不需要下载整个文件，它只需要将开始部分内容下载并存入内存后即可开始播放，只是在开始时有一些延迟。流式媒体在播放开始后仍将保持数据流的传输，以保证后续内容播放的连续性。当然，流式媒体文件也支持在播放前完全下载到硬盘后的播放方式。

2.3.2 位图图像类型

在建筑师接触到的各种数字媒体类型中,最具吸引力的恐怕就是数字图像了。数字图像在建筑设计中最典型的应用是绘制或合成建筑电脑效果图。数字图像文件格式以及处理工具种类繁多,下面只介绍其中一些较常用的格式及工具。

(1) BMP 格式

BMP(Bitmap 的简写)是 Windows 操作系统中的标准图像文件格式,目前几乎所有与图形图像有关的软件都支持 BMP 文件格式,其扩展名为"*.bmp"。BMP 文件一般是不进行压缩的,故图像质量非常高,但同时也造成文件体积的相对过大,不适用于网络传输。

(2) GIF 格式

GIF(Graphics Interchange Format)是 20 世纪 80 年代美国一家著名的在线信息服务机构 CompuServe 针对当时网络传输带宽的限制而开发的一种图像格式,其扩展名为"*.gif"。GIF 图像格式只用 8 位深度(256 色)来表现物体,故磁盘空间占用较少,使之在网络上迅速得到广泛的应用。最初的 GIF 格式(GIF87a)只能存储单幅静止图像,随着技术发展,现在的 GIF 格式(GIF89a)可以同时存储若干幅静止图像进而形成连续的 GIF 动画。在 GIF89a 图像中,还可以指定透明区域,使图像具有非同一般的显示效果。此外,考虑到网络传输中的快捷性,GIF 图像格式还增加了渐显方式,满足了用户"从朦胧到清楚"的观赏心理。

(3) JPEG,JPEG2000 格式

JPEG 是由联合照片专家组(JPEG,Joint Photographic Experts Group)开发的一种可压缩图像格式,其的扩展名为".jpg"或".jpeg"。JPEG 文件压缩技术十分先进,它采用有损压缩方式去除冗余的图像和彩色数据,在大量削减文件存储容量的同时,能保持较高的图像品质(分辨率和位深度均不变)。JPEG 格式的压缩算法是采用平衡像素之间的亮度色彩来压缩的,因而更有利于表现带有渐变色彩且没有清晰轮廓的图像。由于 JPEG 优异的品质和杰出的表现,它的应用也非常广泛。目前各类图形图像软件以及浏览器均支持 JPEG 格式。

JPEG2000 格式是 JPEG 的升级版。与 JPEG 不同的是,JPEG2000 同时支持有损和无损压缩,而 JPEG 只能支持有损压缩。无损压缩对保存一些重要图片是十分有用的。JPEG2000 的另一个极其重要的特征在于它能实现渐进传输,这一点与 GIF 的"渐显"有异曲同工之妙。此外,JPEG2000 还支持所谓的"感兴趣区域"特性,用户可以任意指定影像上感兴趣区域的压缩质量,还可以选择指定的部分先解压缩。

(4) TIFF 格式

TIFF(Tagged Image File Format)最初是出于跨平台存储扫描图像的需要而设计的,该格式由 Aldus 和微软联合开发,其扩展名为"*.tif"。TIFF 的特点是图像格式复杂,保存的图像细微层次信息多,图像质量也就相应较高,故而非常有利于原稿的保存和复制。该格式有压缩和非压缩两种形式,其中

压缩可采用 LZW 无损压缩方案存储。TIFF 最先在 Mac 机上较为流行，由于目前从 Mac 和 PC 机上移植 TIFF 文件也十分便捷，因而 TIFF 现在也是 PC 机上使用最广泛的图像文件格式之一。

(5) PNG 格式

PNG（Portable Network Graphics）是一种新兴的网络图像格式，其扩展名为"*.png"。PNG 是目前保证最不失真的格式，它汲取了 GIF 和 JPG 二者的优点，存贮形式丰富，兼有 GIF 和 JPG 的色彩模式。PNG 图像支持透明，可以是灰阶的（16 位）或彩色的（24、32 或 48 位），也可以是 8 位的索引色。PNG 图像采用无损压缩方式来减少文件的大小，十分利于网络传输。现在，越来越多的图形图像软件开始支持 PNG 格式。

(6) PCX 格式

PCX 格式是 ZSOFT 公司在开发图像处理软件 Paintbrush 时开发的一种格式，这是一种经过压缩的格式，占用磁盘空间较少，其扩展名为"*.pcx"。由于 PCX 格式出现的时间较长，并且具有压缩及全彩色的能力，所以现在仍比较流行。

(7) TGA 格式

TGA（Tagged Graphics）格式是由美国 True Vision 公司为其显示卡开发的一种图像文件格式，其扩展名为"*.tga"。TGA 格式创建时间较早，最高色彩数可达 32 位，其中包括 8 位 Alpha 通道用于显示实况电视。该格式已经被广泛应用于 PC 机的各个领域，已被国际上的图形、图像工业所接受。TGA 的结构比较简单，属于一种图形、图像数据的通用格式，在多媒体领域有着很大影响，也是计算机生成图像向电视转换的一种首选格式。

(8) RAW 格式

RAW 格式是数码相机中用来记录数码照片原始数据的一种特殊图像格式，其扩展名为"*.raw"。RAW 格式文件可被理解为一种"数码底片"，该格式能够为照片中的每个像素点提供更深的颜色深度以保存更完整的图像数据，照片拍摄时，相机中的程序对照片不进行任何加工，但会记录光圈、快门、焦距、ISO 等数据。照片拍摄后，拍摄者可以在后期利用 RAW "数码底片"任意地调整照片的色温和白平衡，进行创造性类似"暗房"的制作。因此 RAW 是一种适合于摄影师创作的图像格式，目前越来越多的数码相机已开始使用 RAW 格式拍摄照片。

(9) Photoshop / PSD 格式

Photoshop 是 Adobe 公司出品的著名的专业图像处理软件，PSD（Photoshop Document）是该软件中的专用格式，扩展名为"*.psd"，前面介绍的各种位图格式都可以通过 Photoshop 软件进行处理。PSD 其实是 Photoshop 进行图像平面设计的一张"草稿图"，它里面包含有各种图层、通道、遮罩等多种设计的样稿，以便于下次打开文件时可以修改上一次的设计，因此其图像可编辑功能非常强大。经过 Photoshop 软件处理后的位图图像，也可以存储为 BMP、GIF、JPEG、TIFF、PNG、PCX、TGA 等多种文件格式。

2.3.3 矢量图形类型

矢量图形有二维和三维之分，其中，二维矢量图形一般应用于工程图纸的绘制或其他平面印刷媒体的设计，如可印刷的图纸、广告、杂志书籍等；三维矢量图形一般应用三维模型的建构。这里我们主要讨论二维矢量图形，关于三维矢量图形请参阅 2.5.2 节。

二维矢量图形文件也有很多种格式，下面介绍其中一些较常用格式。

(1) WMF 格式

WMF（Windows Metafile Format）是由微软公司定义的一种 Windows 平台下的矢量图形文件格式，扩展名为"*.wmf"。WMF 格式文件的优点是文件短小，所占的磁盘空间比其他任何格式的图形文件都要小得多，并且放大后图像质量不会出现损失。缺点是图形往往较粗糙。WMF 格式文件可以在 Microsoft Office 中调用和编辑，也可由 Flash 编辑软件导入到 Flash 影片中。

(2) EMF 格式

EMF（Enhanced Metafile）是微软公司为了弥补使用 WMF 格式文件的不足而开发的一种 Windows 32 位增强型扩展图元文件格式，扩展名为"*.emf"。EMF 可以同时包含矢量信息和位图信息。作为 WMF 格式文件的改进，EMF 格式还包含了一些扩展功能，如内置的缩放比例信息、内置说明等。

(3) EPS 格式

EPS（Encapsulated PostScript）格式是一种由封装 PostScript 语言描述的 ASCII 码文件格式，可以描述矢量信息和位图信息，文件扩展名为"*.eps"。EPS 是一种专门用于打印的文件格式，在创建或编辑 EPS 文件的应用软件中，可以定义容量、分辨率、字体和其他的格式化和打印信息，这些信息被嵌入到 EPS 文件中，然后由打印机读入并处理。目前有上百种打印机以及所有图像排版系统都支持 PostScript 语言，这样就使 EPS 成为专业出版与打印行业中事实上的标准文件格式。EPS 格式可用于文件格式的转换和打印输出。

(4) CorelDRAW / CDR 格式

CorelDRAW 是 Corel 公司推出的一个功能强大的艺术图形和出版软件包，CDR 是其专用的图形文件格式，扩展名为"*.cdr"。CorelDRAW 是一种基于矢量的绘图程序，可用来轻而易举地创作专业级美术作品。CDR 文件格式可以记录 CorelDRAW 画面中各种对象的属性、位置和分页等信息。在 CorelDRAW 中绘制完成的 CDR 格式矢量图形，也可以输出为其他格式类型矢量图或位图。

(5) Illustrator / AI 格式

Illustrator 是 Adobe 公司推出的平面艺术图形设计软件，AI 格式是其专用的图形文件格式，扩展名为"*.ai"。同 CorelDRAW 一样，Illustrator 也是一种基于矢量的绘图程序，支持非常多的特性，可用来创建复杂的艺术作品，技术图解，或用于打印的图形和页面、设计图样等。在 Illustrator 软件中绘制完成的图形，也可以输出为其他格式类型的矢量图或位图。

(6) AutoCAD / DWG，DWF 格式

AutoCAD 是 Autodesk 公司成立之初（1982）就推出来的一个微机 CAD

软件包，经过不断的完善，已经成为强有力的工程绘图专用工具，在国际上广为流行。AutoCAD 是面向二维工程设计绘图而发展起来的 CAD 工具，虽然它也具有较强的描述三维空间的能力，但在操作上更适合于绘制二维图纸。与传统的手工绘图相比，用 AutoCAD 绘图速度更快，精度更高，且便于编辑和修改。

AutoCAD 是一个通用型的 CAD 平台，可以用于航空航天、造船、建筑、机械、电子、化工、轻纺等很多领域。同时，AutoCAD 也允许第三方软件商以之为平台开发针对特定行业或专业的应用程序，如国产的"天正"(TArch) 建筑设计软件。不过，不管这类软件的具体功能如何，其图形文件格式都属于 AutoCAD 中的格式。DWG 格式就是 AutoCAD 中的标准图形文件格式，其扩展名为"*.dwg"。此外，从 AutoCAD 中还可以输出另一种 DWF 格式文件，扩展名为"*.dwf"，DWF 格式是 Autodesk 公司为满足基于因特网协同设计需要而设计的一种平面矢量图形文件格式，在 DWF 格式文件中，保存了原 AutoCAD 标准图形文件（DWG 格式）中的全部视图。DWF 格式图形可以通过 DWF 图形浏览器、网页或电子邮件等传输方式，实现异地远程查看、批注和打印 CAD 工程设计图纸。因此，DWF格式文件也可以被理解为 AutoCAD 的电子图纸。

2.3.4 视频动画类型

在建筑设计中，视频与动画媒体类型主要是用于建筑方案的演示和宣传。视频动画媒体类型具有多种不同文件格式，如果从文件数据的传输播放性能来看，视频动画类型也可以进一步划分为流式、非流式两大类别，其中，流式视频动画适用于网络传输播放，非流式视频动画则适用于本地机播放。

下面介绍视频动画媒体类型中较常用的格式。

(1) RealVideo / RA，RAM 格式

RealVideo 是 RealNetworks 公司制定音频/视频压缩规范 RealMedia 中关于视频的部分。RealMedia 规范可根据网络数据传输速率的不同制定了不同的压缩比率，从而实现了在低速率的广域网上进行影像数据的实时传送和实时播放。RealMedia 规范中主要包括 RealAudio、RealVideo 和 RealFlash 三类文件，其中的 RealVideo 用来传输流式视频数据，文件扩展名为"*.ra"和"*.ram"。RealVideo 格式从一开始就是定位就是在流式视频应用方面的，可以说是流式视频技术的始创者。不过，由于 RealVideo 是以牺牲画面质量来换取可连续观看性和非常高的压缩效率，因此尽管有较多优点，但并不太适合专业级的播放要求。

(2) Windows Media Video / ASF，WMV 格式

Windows Media Video 格式是微软公司为了和 Real Networks 公司的 RealVideo 竞争而发展出来的一种可以直接在网上观看视频节目的流式媒体压缩格式，其文件扩展名有"*.asf"和"*.wmv"。由于 Windows Media Video 格式使用了 MPEG4 的压缩算法，所以压缩率和图像的质量都很不错，其质量明显好于 RealVideo。微软 Windows Media 的核心是 ASF（Advanced Stream Format），微软将 ASF 定义为同步媒体的统一容器文件格式，通过这

种格式，用户可以将音频、视频、图像以及控制命令脚本等多媒体信息以网络数据包的形式传输，实现流式多媒体内容发布。

(3) QuickTime / MOV，QT 格式

QuickTime Apple 公司的 QuickTime 是最早的视频工业标准，在 1999 年发布的 QuickTime 4.0 版本后开始支持真正的网络实时播放，其格式为"*.mov"、"*.qt"。QuickTime 格式的视频压缩部分采用 Sorenson Video 技术，该技术支持 VBR（Variable Bit Rate），也就是我们常说的动态码率，它可以动态地分配带宽以尽可能小的文件获得最好的播放效果。QuickTime 格式的音频部分采用一种名为 QDesiglMusic 的技术，是一种比 MP3 更好的流式音频技术。

(4) AVI 格式

AVI（Audio Video Interleave）即音频视频交错存取格式，扩展名为"*.avi"。AVI 格式于 1992 年由微软公司推出，并随 Windows3.1 一起被人们所认识和熟知。所谓"音频视频交错"，就是可以将视频和音频交织在一起进行同步播放。AVI 文件中可以采用多种不同的编码格式，比如 DivX、XviD 等，所以 AVI 格式是个比较大的范畴。AVI 视频格式的优点是图像质量好，可以跨多个平台使用，缺点是体积过于庞大，而且更加糟糕的是编码标准的不统一，容易造成 Windows 媒体播放器不能播放某些采用非常规编码编辑的 AVI 格式视频的情形。当然，这种情况也可以通过安装与播放文件编码标准相匹配的 AVI 解码器插件的方法得到解决。

(5) MPEG 格式

MPEG（Moving Picture Expert Group）即运动图像专家组格式。目前 MPEG 格式已有三种压缩标准，分别是 MPEG-1、MPEG-2 和 MPEG-4。其中：

MPEG-1：制定于 1992 年，它是针对 1.5Mbps 以下数据传输率的数字存储媒体运动图像及其伴音编码而设计的国际标准，也就是常见的 VCD 制作格式。文件扩展名包括"*.mpg"、"*.mlv"、"*.mpe"、"*.mpeg"及 VCD 光盘中的"*.dat"。

MPEG-2：制定于 1994 年，设计目标为高级工业标准的图像质量以及更高的传输率，主要应用于 DVD/SVCD 制作（压缩）、HDTV（高清晰电视广播）和一些高要求的视频编辑处理等方面。该格式文件的扩展名包括"*.mpg"、"*.mpe"、"*.mpeg"、"*.m2v"及 DVD 光盘文件"*.vob"。

MPEG-4：制定于 1998 年，它是为了播放流式媒体的高质量视频而设计。MPEG-4 可利用很窄的带度，通过帧重建技术压缩和传输数据，以求使用最少的数据获得最佳的图像质量。该格式最有吸引力的地方在于它能够保存接近于 DVD 画质的小体积视频文件。MPEG-4 格式的文件扩展名包括"*.mp4"、"*.3gp"、"*.asf"、"*.mov"和"*.avi"等。

(6) Premiere / PPJ 格式

Adobe Premiere 是 Adobe 公司推出的专业级数字视频编辑软件（也称为非线性视频编辑系统），PPJ 是该软件的专用格式，文件扩展名为"*.ppj"。作为一个专业级的视频编辑工具，Premiere 被广泛地应用于电视、广告、电

影剪辑等领域，成为 PC 和 MAC 平台上的主流的 DV 编辑工具。在建筑领域，Premiere 主要用于将 3ds Max 中渲染得到的建筑三维动画，与音乐、声音、文字、图片以及从用数码摄像机采集到的视频影像等素材进行合成，制作成表现建筑方案特色的宣传片。

Premiere 能提供从录像机、数码摄像机等摄录设备捕获视频数据的功能，并支持各种各类编码的视频动画格式文件的导入与输出。在 Premiere 中编辑视频非常方便，它提供了多种画面过渡的特效处理样式，如溶解、翻页、涂抹、旋转等；可以对静止图片或视频进行运动控制，使其按特定轨迹运动，并具有扭曲、旋转、变焦、变形等效果。Premiere 还具有很强的音频编辑功能，可以进行带通、混响、延时、反射、频率均衡、消除噪声、左右声道控制等音频效果。Premiere 可以按国际电影标准以每秒 24、25、29.97 帧和 30 帧编辑，支持单帧和循环播放，可以用多种方式对编辑结果进行预览。

Premiere 中的 PPJ 格式文件，只是用来记录被引用的编辑素材（如视频、图像、声音片段）及其特效设置的数据库文件，所以其文件容量并不大，当视频编辑完成之后，系统可以根据 PPJ 文件所记录的信息渲染、并输出为可自由播放的视频动画一般文件格式。

(7) Ulead VideoStudio / VSP 格式

Ulead VideoStudio 是友立公司出品的一个功能强大的数字视频编辑软件，VSP 是该软件的专用格式，文件扩展名为"*.vsp"。Ulead VideoStudio 软件虽然定位于家庭视频编辑，但实际上也能达到专业级的效果。该软件支持各类编码的视频动画格式文件的导入与导出，可制作成 DVD、VCD、VCD 光盘。Ulead VideoStudio 提供超过 100 多种编辑功能与效果，可以抓取、转换 MV、DV、V8、TV 影像以及实时记录抓取帧画面以用于视频图像的编辑。

与 Adobe Premiere 相比，Ulead VideoStudio 在学习和使用上更简单一些，其制作效果也完全能满足建筑方案宣传片的要求。与 Adobe Premiere 中的 PPJ 格式文件相类似，Ulead VideoStudio 的 VSP 格式文件，只是 Ulead VideoStudio 系统用来记录被引用的编辑素材（如视频、图像、声音片段）及其特效设置的数据库文件，当视频编辑完成之后，系统可以根据 VSP 文件记录的信息渲染、并输出为可自由播放的视频动画一般文件格式。

2.4 多媒体与网络媒体

2.4.1 相关概念及术语

(1) 文本（Text）

指以文字组成的书面语为主体内容，并且按照一种线性、或者平面的结构来组织排列信息的媒体形式。如传统媒体类型中的书籍、报纸，数字媒体类型中的 PDF 文档等。

(2) 采样率（Sample Rate）

也称采样频率，是指将声音模拟信号转换成数字信号时的采样频率，也就是每秒采集到的声音样本数,以 Hz(赫兹)为单位表示。采样率类似于动态影像中每秒的帧数,也就是说,声音(影像)的采样率越高,采集到的数字音(视)频听(或看)起来越连贯平滑。如普通电话的采样率为 3kHz,标准 CD 音乐为 44.1kHz。当声音采样率高于 44.1kHz 时,则基本超出了普通人的感受能力。

(3) 位分辨率(Bit Resolution)

也称声音位率、量化级,是指描述每个声音样本数据时所使用的二进制位数,以 bit(位)作单位。采样位数类似于位图中的位深度(颜色数),位数越高,则表示描述每个声音样本(位图像素)的数据量越大,表达出来的音色就越丰富。如普通电话设备的采样位为是 7bit,标准 CD 音乐为 16bit。而当采样位高于 16bit 时,则基本超出了普通人的感受能力。

(4) 比特率(Bit Rate)

也称位率,表示每秒钟传送的数字音频数据量(即 bit 数),单位为 bps(bit per second,位 / 秒)。比特率越高,传送的数据量就越多,音质就越好。例如电话以每秒 3 千次取样(3kHz),每个采样位是 7bit,所以电话的比特率是(3×7),即 21kbps;CD 音乐是每秒 44.1 千次(44.1kHz)取样,包括两个声道,每个取样的采样位是 16bit,所以 CD 的比特率为(44.1×16×2),即 1411.2kbps。

(5) 多媒体(Multimedia)

多媒体是一种将文本、图形和图像、视频、音频或数据等多种形式的数字媒体信息集成在一起而形成的媒体类型。多媒体的关键特性是媒体形式的多样性,集成性,协同性,实时性和交互性。多媒体中的文字、数据、声音、图像、图形等媒体数据是一个有机的整体,而不是一个个分立的媒体信息的简单堆积,多种媒体之间无论是在时间上还是在空间上都存在着紧密的联系,是具有同步性和协调性的群体。

(6) 超文本(Hypertext)

超文本是一种在因特网上组织、管理数字媒体信息的技术。它以结点为单位组织信息,在节点与节点之间通过表示它们之间关系的链加以联接,构成表达特定内容的信息网络。与传统的文本结构想比,超文本的信息结构是离散的、非线性的,这种组织信息的方式与人类的联想记忆方式有相似之处。超文本有三个要素:①节点。超文本中存储信息的单元,由若干个文本信息块(可以是若干屏、窗口、文件或小块信息)组成,节点大小按需要而定。②链。用来建立不同节点(信息块)之间的联系。每个节点都有若干指向其他节点或从其他节点指向该节点的指针,该指针称为链。链通常是有向的,即从链源(源节点)指向链宿(目的节点)。链源可以是热字、热区、图元、热点或节点等。一般链宿都是节点。③网络。由节点和链组成的一个非单一、非顺序的非线性网状结构。

"超文本"这个词是美国人泰得·纳尔逊于 1965 年提出的。后来,超文本一词得到世界的公认,成了这种非线性信息管理技术的专用词汇。

(7) 网络媒体(Web Media)

泛指专用于 Internet 网络传播的各种数字媒体类型。如 HTML、XML 文档，电子邮件，Windows MSN 即时语音视频及白板等工具。

2.4.2 文本类型

文本最一种使用最简单、应用最频繁的媒体类型。随着因特网的迅猛发展，文本的应用已不仅仅局限于为说明某个程序功能，或者为输出某种传统型的纸质文件，而是直接以数字媒体的方式通过计算机和网络介质传播信息。数字文本格式大体上有两类：一类为可编辑的格式；另一类为仅供阅读的电子书籍格式。

下面介绍一些常用的数字文本格式。

(1) TXT 格式

TXT 格式文件是一种纯文本格式的文件，其扩展名为"*.txt"。所谓纯文本格式，是一种只包括字符、没有字体修饰和版面格式的普通文本格式，例如使用 Windows 记事本（Notepad）编写并保存的文件，无论使用何种扩展名，其实都属于纯文本格式文件。TXT 是最原始的文本格式文件，几乎所有的操作系统和文字处理软件都可以读取 TXT 格式的文本信息。TXT 文件的特点是以最小的存储空间保存文本信息，通常用来作为应用程序或用户数据文件的辅助说明。

(2) MS Office Word / DOC 格式

MS Office Word 是微软著名的 MS Office 办公系列软件包中的文字处理软件，DOC 格式是 Word 的专用格式，扩展名为"*.doc"。在 Word 文档中，能插入图形、图像、图表等多种对象，可以设置较复杂的版面格式和多种字体风格，还能通过书签设置跳转、超文本链接和注释等。DOC 文件通过 Word 软件可以方便地转换成 TXT、HTML、XML 等多种其他格式。由于 Word 在国内外拥有大量的用户群，使得 DOC 格式成为文字编辑处理方面的主流文件格式。

(3) WPS Office / WPS 格式

WPS Office 是金山公司（中国）推出的一个国产办公系列软件包，WPS 格式是其中文字处理软件的专用格式，扩展名为"*.wps"。WPS 软件第一个版本由金山公司于 1988 年首次推出，目前 WPS Office 已成为国内政府部门中使用的主流办公软件。WPS Office 包括文字、表格和演示三大组件，分别对应于 MS Office 的 Word、Excel、PowerPoint。在文字编辑处理各项功能上，WPS Office 与 MS Office 十分相近，在某些方面 WPS Office 甚至还优于 MS Office。

(4) PageMaker / Pxx 格式

PageMaker 是 Adobe 公司推出的专业排版软件，广泛应用于平面广告设计、图册、杂志封面等印前作业。在建筑领域，PageMaker 主要适合于制作方案设计投标文档或设计作品集。从功能和方面看，PageMaker 是一种介于 Word 与 Illustrator 或者是 CorelDRAW 中间的软件，三者间的共同点是它们对文字和图形的处理都是采取矢量方式来进行的，这就意味这些软件制作出来的图面或版面效果可以任意放大而不会失去文字和图线的高精度，且文件容量并不大；区别在于，Word 更擅长于文字的编辑处理，Illustrator 或 CorelDRAW 擅长于绘制图形和处理图像，而 PageMaker 则更善于将图、文素材混排在一起。PageMaker 的文件格式会因版本的不同而有所差异，如"*.pm6"、"*.p65"、"*.pm7"分别表示 Page Maker6.0、6.5 和 7.0 版本的文件格式。

(5) PDF 格式

PDF（Portable Document Format）是 Adobe 公司推出的电子图书专用格式，该格式文档内容需要借助专门的阅读器（如 Adobe Acrobat Reader）才能显示和阅读，其文件扩展名为"*.pdf"。PDF 文件中可包含图形、声音等多媒体信息，还可建立主题间的跳转、超文本链接和注释。PDF 文件中可以内嵌字体，从而使得 PDF 文件成为任何语言的 Windows 环境下都可以正确显示的电子文档。由于 PDF 文件的集成度和安全可靠性都较高，所以现在越来越多的电子图书、产品说明、公司文告、网络资料、电子邮件等，都开始使用 PDF 格式文件，使之成为电子文档发行和数字化信息传播事实上的一个标准。

(6) CAJ 格式

CAJ（Chinese academic journal）是中国学术期刊电子杂志专用格式，该格式由清华大学《中国学术期刊（光盘版）》电子杂志社开发，扩展名为"*.caj"。CAJ 文件格式的性能与 PDF 很相似，也是将文字和插图信息封装在单一文件里，并且完整保留原刊的版式信息。阅读 CAJ 文档内容时也是通过阅读器，目前最好的 CAJ 阅读器是 CAJViewer 6.0，可同时兼作 PDF 阅读器。

(7) CHM 格式

CHM 格式是微软 1998 年推出的帮助文件系统格式，扩展名为"*.chm"。CHM 格式实际上是编译后的 HTML（即网页文件）格式，这种格式不再需要浏览器的解释便可直接显示阅读。CHM 格式这种原本是为 Windows 的帮助文件而设计的文档格式，凭借其简单的制作方法、强大的信息检索功能，以及便捷的浏览阅读方式，使之成为因特网上十分流行的电子书籍格式。

2.4.3 音频类型

建筑设计传统方法中较少、甚至几乎不会涉及到音频的应用，不过，这种现象在今天的数字时代已经得到了改观。在建筑设计过程中，数字音频可用于会议记录，语音通信（网络协同），多媒体方案演示，虚拟现实场景声效模拟等很多方面。现有的数字音频文件格式可谓五花八门，不过，若从音频文件数据的传输播放性能来看，音频格式类型也可以划分为流式、非流式两大类，其中，流式音频适用于网络传输播放，非流式音频则适用于本地机播放。

下面介绍其中一些较常用的音频文件格式。

(1) WAV 格式

WAV 格式是微软公司开发的一种声音文件格式，也叫波形声音文件，其扩展名为"*.wav"。WAV 是最早的数字音频格式，被 Windows 平台及其应用程序广泛支持。WAV 格式支持许多压缩算法，支持多种音频位数、采样频率和声道。WAV 的音质可以达到与 CD 相差无几，因此，它比较适合于保存高质量的音乐或声音素材。此外，基于 PCM 编码的 WAV 格式也通常被作为各种声音文件格式转换的中介格式。不过，WAV 格式对存储空间的需求很大，所以不适合于用来进行长时间的会议记录以及网络交流和传播。

(2) RealAudio / RA，RM，RMA 格式

RealAudio 是 RealNetworks 公司制定音频/视频压缩规范 RealMedia 中关于音频的部分，其文件的扩展名有"*.ra"、"*.rm"和"*.rma"。RealAudio 格式具有 21 种编码方式，可实现声音在单声道、立体声音乐不同速率下的压缩。由于 RealAudio 格式是在极差的网络环境下率先发展出来的流式音频格式，其压缩传输效率的获得是以牺牲音质为代价的，所以 RealAudio 格式文件的音质并不好，即使在高比特率的情况下，其音质甚至差于 MP3。RealAudio 格式的用途是在线聆听，并不适于编辑，所以相应的处理软件并不多。

(3) Windows Media Audio / WMA 格式

Windows Media Audio 格式是微软公司为了和 Real Networks 公司的 RealAudio 竞争而开发出来的一种可以直接在网上聆听的音频节目的流式媒体压缩格式，其文件扩展名为"*.wma"。微软公司声称，用 Windows Media Audio 制作接近 CD 品质的音频文件，其体积仅相当于 MP3 的 1/3；在 48kbps 的传送速率下即可得到接近 CD 品质（Near-CD Quality）的音频数据流；在 64kbps 的传送速率下可以得到与 CD 相同品质的音乐；而当连接速率超过 96kbps 后，则可以得到超过 CD 的品质。

(4) AU 格式

AU 格式是 Sun 系统公司推出的一种经过压缩的数字声音文件格式，其扩展名为"*.au"。AU 文件格式是 UNIX 操作系统下诞生的数字声音文件，由于早期因特网上的 Web 服务器主要是基于 UNIX 的，所以这种文件成为当时 Web 上唯一使用的标准声音文件。直至现在，AU 文件格式仍在一些 Web 多媒体中十分流行。

(5) MP3 格式

MP3 全称是 MPEG-1 Audio Layer 3，该格式标准与 1992 年合并至 MPEG 标准中，扩展名为"*.mp3"。MP3 能够以高音质、低采样率对数字音频文件进行大幅度的压缩。譬如，对于一个时间长度为一分钟的 CD 音质的音乐，未经压缩时需要 10MB 存储空间，而经过 MP3 压缩编码后只有 1MB 左右，同时其音质基本保持不失真。

(6) MIDI 格式

MIDI 是英文 Musical Instrument Digital Interface 的缩写，意思是"乐器数字接口"，用来将不同厂家、不同型号的电子乐器连接起来。MIDI 规范是在 1983 年由美国和日本的几家大的电子乐器厂商共同制定的，目的就是解决不同的电子乐器之间的兼容性问题。MIDI 定义了数字音乐程序、数字合成器及其他电子设备交换音乐信号的方式，规定了不同厂家的电子乐器与计算机硬件设备之间的数据传输协议，可以模拟多种乐器的声音。MIDI 格式文件的扩展名有"*.mid"、"*.cmf"和"*.rmi"。MIDI 文件中只存储一些控制声音合成器（如声卡）的指令而不是直接记录声音，因此，MIDI 文件的容量一般都非常小。

2.4.4 多媒体类型

多媒体类型提供了一种能让用户自主地选择阅读、聆听或观察内容的方

法，因此更适合于面向读者个体表达或演示说明某一特定领域或对象的知识、原理，或其他相关信息。在建筑领域，多媒体类型可用于建筑方案设计或研究成果的演示说明。

下面介绍几种常用多媒体软件及其格式。

(1) MS Office PowerPoint / PPT 格式

PowerPoint 是微软办公系列软件包 MS Office 中一个多媒体幻灯演示软件（国外一般称之为多媒体简报制作工具），PPT 格式为 PowerPoint 的专用格式，文件扩展名为"*.ppt"和"*.pps"。PowerPoint 可称为一种大众型的多媒体制作工具，专用于制作演示用的多媒体投影片或幻灯片。PowerPoint 以页面为单位制作演示文稿，然后将制作好的页集成起来，形成一个完整的交互式多媒体。在 PowerPoint 演示文档中，可以非常方便地输入各种文字，绘制图形，加入图像、声音、动画、视频影像等各种媒体信息，并可根据需要设计各种演示效果。由于 PowerPoint 的操作十分简单，多媒体制作过程方便快捷，功能和效果也较丰富实用，使之成为各种大小会议中常用的演示汇报工具。

(2) Flash / FLA、SWF 格式

Flash 是美国 Macromedia 公司于 1999 年 6 月推出的产品。Flash 是一种基于矢量图形和流式播放技术的交互式动画设计工具，其制作的 Flash 动画文件（"*.swf"格式）具有体积小、兼容性好、直观动感、互动性强大、支持 MP3 音乐等诸多优点，是当今最流行的 Web 页面动画格式。从 Flash 软件中可以生成扩展名分别为"*.fla"和"*.swf"的格式文件，其中"*.fla"格式为 Flash 源文件（Flash 专用格式），它保存编辑过程中所用到的全部原始素材；"*.swf"格式文件是 Flash 编辑完成后输出的演示文件。"*.swf"格式文件可以通过 Flash 插件来播放，也可以制成单独的可执行文件后，无须插件即可播放。与"*.fla"格式相比，"*.swf"格式文件只包含必需的最少信息，经过最大幅度的压缩，所以体积大大缩小。"*.swf"格式文件受作者版权保护，不能再被 Flash 编辑。

(3) Authorware / AxW, EXE 格式

Authorware 也是美国 Macromedia 公司的产品，自 1987 年问世以来，获得的奖项不计其数，被誉为"多媒体大师"。Authorware 面向对象、基于图标和流程的设计方式，使多媒体开发变得十分简单。Authorware 中最基本的概念是图标和流程图，其中，图标代表着图形、文字、声音、动画等不同的对象，流程图则说明了不同对象行为产生的次序和影响的路径。Authorware 的制作过程非常方便直观：即先用系统提供的图标建立多媒体应用程序的流程图，然后逐个编辑图标的各种属性。Authorware 这种编著方式，使其多媒体作品虽未经编程却取得了只有编程才能达到的某些效果。与前面介绍的媒体类型不同的是，用 Authorware 编著完成的最终多媒体作品实际上是个可执行的应用程序。根据 Authorware 版本的不同，其源程序文件（即未打包的 Authorware Windows 文件）具有形如"*.a5w"、"*.a6w"等不同的扩展名，扩展名中间的数字即代表版本号，最后一个字母 w 表示 Windows 版本。源程

序文件在 Authorware 经过打包之后，除了产生一个供启动用的可执行文件（EXE 格式）外，还包括一些其他格式的数据文件和外部支持文件。

(4) Director / DIR、DXR、DCR、EXE 格式

Director 也是美国 Macromedia 公司开发的产品，第一版本于 1989 年问世，主要用于多媒体项目的集成开发，目前市面上多数多媒体光盘，都是由 Director 开发制作的。与 Authorware 相比，Director 是基于时间线流程，它本身集成了自己 Lingo 语言，拥有很强的编程能力，且支持包括 HTML、Flash、甚至 3D 在内的多种外部媒体格式，因此 Director 的多媒体集成专业性更强。用 Director 制作多媒体程序时，可以生成 "*.dir"、"*.dxr"、"*.dcr"、"*.exe" 四种文件格式，分别为：Director 源程序文件；电脑和光盘演示保护文件；网络演示格式文件；Windows 操作系统通用的可执行文件。

2.4.5 网络媒体类型

网络技术的不断发展不仅改变着我们传统的交流方式，同时也正在改变我们的生活和工作方式，如近两年来形成"博客"热就是一个很好的证明。在建筑设计中，网络媒体可用于传播交流设计思想和建构远程协同设计平台。下面将讨论的网络媒体，是当前网络信息传播与交流最典型的类型。

(1) HTML（超文本）格式

HTML（Hypertext Markup Language）即超文本标记语言，是由国际万维网协会 W3C（World Wide Web Consortium）制定的一种关于超文本的国际规范，按该规范所构成的文件即称为超文本文件，也就是在 Web 上最常见的网页文件。HTML 是一个文本格式的文件，它由文本内容和标记（tag）元素组成。HTML 文档通过标记符来标记要显示的网页的各个部分，通过在网页中添加标记符，可以告诉浏览器如何显示网页，即确定内容的格式。浏览器按顺序阅读 HTML 文件，然后根据内容周围的 HTML 标记符解释和显示各种内容。HTML 支持在文本中镶入图像、声音、动画等不同格式的文件，HTML 中的超链接功能，可以使存储在网络不同位置的 HTML 文件互相链接起来，从而形成网络上无限延伸的超文本。HTML 文件的扩展名有 "*.html" 和 "*.htm" 两种，其中，"*.html" 用于 UNIX 操作系统，"*.htm" 则用于 Windows3.x 操作系统，在 Windows95 以上的版本中，可同时使用这两种扩展名。HTML 文件可以用 MS FrontPage 或 Dreamweaver 等网页制作工具编辑，此外，在 MS Office Word 中也可以将 DOC 格式文件保存为 HTML。

(2) XML 格式

XML（Extensible Markup Language）即可扩展标记语言，由万维网协会 W3C 创建，目的是用来克服 HTML 的局限。XML 是一种基于文本的格式，在许多方面类似于 HTML，但后者是专为存储和传输数据而设计的，是一种可以让用户自定义标记的标记语言。XML 的先进特性表现在：①可扩展性。XML 允许使用者创建和使用他们自己的标记而不是 HTML 的有限词汇表，这一点对于实现特定企业、行业或领域里的信息共享与数据交换至关重要。②灵活性。XML 提供了一种结构化的数据表示方式，使得用户界面分离于结构化数据。这样，Web 用户所追求的许多先进功能在 XML 环境下更容易实

现。③自描述性。XML 文档通常包含一个文档类型声明，不仅人能读懂 XML 文档，计算机也能处理。

　　XML 的上述特性，促进了许多针对特定专业、或行业应用的 XML 派生语言的诞生。如数学领域里的 MathML，化学领域里的 CML 等。在建筑领域，目前也出现了不少基于 XML 的专用语言，如 ifcXML、gbXML 和 aecXML。其中，ifcXML 由国际协同工作联盟（IAI）制定，应用于建筑信息模型（BIM）数据的存储和传输；gbXML 为面向绿色建筑设计应用的 XML 方案，该方案从 2004 年起陆续被 Autodesk、Graphisoft 和 Bentley 这些引导 CAD 潮流的软件商广泛采纳；aecXML 是由 Bentley 公司提出的应用于建筑业的 XML 解决方案，通过 aecXML 可以实现网络环境下建筑工程建设信息的传输和商务的全自动处理。

　　(3) MS FrontPage / HTML，XML 格式

　　FrontPage 是微软公司推出的功能强大、简单易用的超文本（网页）制作工具，使用 FrontPage 来制作网页，即使没有多少经验，也能够简单方便地制作出漂亮的网页。FrontPage 的工作窗口由 3 个标签页组成，分别是"所见即所得"的编辑页、HTML 代码编辑页和预览页。FrontPage 带有图形和 GIF 动画编辑器，支持 CGI 和 CSS。向导和模板都能使初学者在编辑网页时感到更加方便。FrontPage 是既能在本地计算机上工作，又能通过因特网直接对远程服务器上的文件进行工作的网页制作软件，具有很强的站点管理功能。当用户需要更新服务器上的站点文件时，不需要创建更改文件的目录，FrontPage 会自动跟踪文件并拷贝那些新版本文件。

　　(4) Dreamweaver / HTML，XML 格式

　　Dreamweaver 是 Macromedia 公司推出的网页设计软件，它包括可视化编辑、HTML 代码编辑的软件包，并支持 ActiveX、JavaScript、Java、Flash、Shockwave、VRML/X3D 等特性，而且它还能通过拖拽从头到尾制作动态的 HTML 动画，支持动态 HTML（Dynamic HTML）的设计，使得页面没有插件也能够在 Netscape 和 IE 浏览器中正确地显示页面的动画。同时它还提供了自动更新页面信息的功能。DreamWeaver 还采用了 Roundtrip HTML 技术。这项技术使得网页在 DreamWeaver 和 HTML 代码编辑器之间进行自由转换，HTML 句法及结构不变。这样，专业设计者可以在不改变原有编辑习惯的同时，充分享受到可视化编辑带来的益处。DreamWeaver 最具挑战性和生命力的是它的开放式设计，这项设计使任何人都可以轻易扩展它的功能。

2.5　三维模型与信息模型

2.5.1　相关概念及术语

　　(1) 三维模型（3D Model）

　　也称 3D 模型，通常是指计算机三维环境中用来描述各种实体的形状、位置、大小、姿态以及实体的时空分布和变化特征的图形、图像以及图解模型。

(2) 虚拟现实（Virtual Reality，VR）

虚拟现实也称灵境技术，是人们通过利用计算机等技术生成一个逼真的三维虚拟的环境，人可以用自然的身体动作（如走、拿、按）与虚拟环境中的对象交互，从而产生身临其境的感觉。虚拟现实技术的功能目的在于建立人与计算机环境间的自然交互，因此本质上它是一种人机交互界面技术。

(3) 信息模型（Information Model）

描述某种事物或对象完整信息所采用的一种格式框架，包括信息类别、信息表示、信息数据关系结构三方面要素。信息模型主要为方便计算机管理和交换信息数据。关于信息模型，美国科学家联合会的解释是：信息模型用于描述组织内的信息资源以及这些资源的相互关系。信息模型用于支持数据、生成数据库和文档存储设计需求，提供数据体系结构的信息资源管理者视图。[①]

(4) 建筑信息模型（Building Information Model，BIM）

是以计算机三维模型为基础、涵盖生命周期全部信息的一种建筑模型。关于 BIM 更深入的讨论，参阅第 6 章。

(5) IFC 标准（Industry Foundation Classes）

IFC（Industry Foundation Classes，工业基础分类）是目前关于建筑信息模型的唯一国际标准，是由国际协同工作联盟（IAI）主持制定。需要强调的是，能否支持 IFC 标准、以及支持程度，是判断一种 BIM 模型先进性的方法之一。关于 IFC 更深入的讨论，参阅第 6 章。

2.5.2 CAD 三维模型

随着 CAD 技术的发展，以"甩图板"为目的的二维 CAD 系统现在越来越难以满足建筑师创新设计的需要，他们更希望 CAD 系统具有更加强大、快捷的三维建模能力。由于 CAD 三维模型具有可视化程度高，形象直观，建模时间短且无需耗材等特点，因此利用这种媒体类型可以帮助建筑师从中捕获更多的信息和创作的灵感。

下面简要介绍建筑设计中最常见的几种 CAD 三维模型格式及工具。

(1) AutoCAD / DWG，DXF 格式

关于 DWG 格式，在前面 2.2.2 中也有过介绍。DWG 是一种三维矢量图形格式，利用 AutoCAD 或以之为平台开发的专业 CAD 软件（如天正建筑 TArch，ABD，ADT 等）生成的三维模型数据都是这种格式。DXF 格式（扩展名为"*.dxf"）一般称为 AutoCAD 图形交换格式，其最大用途在于方便不同 CAD 系统之间的图形文件数据的交换。关于 AutoCAD 及其相关建筑 CAD 软件更深入的讨论，参阅第 3 章。

(2) 3ds Max（VIZ）/ MAX 格式

3ds Max 是 Autodesk 的 Kinetix 分部于 1996 年推出的三维建模、动画及渲染软件，而 3ds VIZ 是 3ds Max 的一个姊妹版本，在 3ds VIZ 中还包含了一组专用于建筑设计的 AEC 建模工具（如窗、门、屋顶、园林设施等），而文件

[①] 钟玮珺，魏继才. 危机态势语义信息模型研究. 系统仿真学报. 2005.10，p.2368。

格式则与 3ds Max 完全相同（扩展名皆为 *.max）。在建筑领域，3ds Max（VIZ）主要应用于建筑效果图和建筑动画的制作，是建筑效果图和动画制作方面的首选工具。关于 3ds Max（VIZ）更深入的讨论，参阅第 3 章。

(3) 3DS 格式

3DS 格式原为 DOS 操作系统中使用的三维动画及渲染软件 3D Studio（常简称为 3DS）的图形文件专用格式，3D Studio 是 3ds Max 的前身，虽然早已退出 CAD 历史舞台，但 3DS 格式现在仍然被许多不同的 CAD 系统支持，因此可以利用这种格式进行不同 CAD 系统间文件格式的转换。

(4) SketchUp / SKP 格式

SketchUp 原为 @Last Software 公司的产品，该公司于 2006 年 3 月被 Google 收购后，其软件便更名为 Google SketchUp，SKP 为 SketchUp 模型的专用文件格式，扩展名为"*.skp"。SketchUp 是一种创建建筑三维模型的方便工具，非常适合于建筑师进行方案阶段的构思与设计表达，故被誉为"建筑草图大师"。SketchUp 被 Google 收购之后，现在又增加了一种可以从 SketchUp 中导出 Google Earth 地标模型文件（KML、KMZ 格式）的插件，利用该插件，用户可以将他创建出来的三维建筑模型置于到 Google Earth 系统所提供的、包含全球任意位置的三维"现场"之中（图 2-6）。此外，Google 还设立的一个名为 Google 3D Warehouse 的 SketchUp 设计作品和 3D 素材交流网站（网址 http://sketchup.google.com/3dwarehouse/），它允许设计者向那里提交、或从该处下载个人设计作品或 3D 素材。关于 SketchUp 更深入的讨论，参见第 3 章。

(5) Google Earth / KML、KMZ 格式

Google Earth 是 Google 于 2005 年 6 月推出的面向普通公众的三维卫星影像地图搜索服务，用户通过下载 Google Earth 客户端软件（网址：http://earth.google.com/），就可以免费浏览三维数字地球。KML 和 KMZ 都是 Google Earth 中的地标（3D 模型）文件格式，这两种格式的区别在于：KML（扩展名为"*.kml"）由标准的、单纯的 XML 语言构成，可以用记事本打开查看和编辑。由于 XML 是一种纯文本格式，所以 KML 文件通常很小，传输方便。但它只能用于简单的地点标注交流，不能将图像保存入内。KMZ（扩展名为"*.kmz"）是压缩后的 Kml 文件格式，除了单纯的 xml 内容外，它还可以保存包括影像等内容，是 Google Earth 默认的地标存储与交流格式。目前，除 SketchUp 之外，Bentley 公司的 MicroStation 平台软件以及 Autodesk 公司新发布的土木工程设计软件 Civil 3D 2007 都发布了相应的 Google Earth 扩展件以支持 KML、KMZ 文件格式的输出。

(6) PKPM / T 格式

PKPM（又称 PKPMCAD）是由中国建筑科学研究院建筑工程软件研究所研制开发的一套集建筑、结构、设备（给水排水、采暖、通风空调、电气）设计于一体的集成化 CAD 系统，其文件格式扩展名为"*.t"。由于 PKPM 采用了具有我国自主知识版权的图形平台，这就意味着 PKPM 系列软件可以完全不依赖于国外 CAD 图形系统（如 AutoCAD）的支持。APM 是 PKPM 系列中

的建筑设计软件，它吸收了 MicroStation、AutoCAD、3ds Max 等国外一些优秀 CAD 软件的功能特点并加以发展，具有功能实用又简便易学的特点。

2.5.3 虚拟现实模型

虚拟现实模型为建筑师、业主、管理者以及社会公众去深入地了解建筑设计方案提供了一个全新的工具和视野。虚拟现实模型是必须依赖于虚拟现实系统来建构和发挥作用的。根据其软、硬件水平，虚拟现实系统有高端和低端之分，高端系统意味着高投入、高性能和对计算机编程能力的高要求，而低端系统对于建筑设计应用而言则更经济适用。

下面介绍的几个常见虚拟现实系统及模型中，其中既有高端的，也有低端的。

(1) WorldToolKit (WTK)

WorldToolKit 通常简称为 WTK，它是由美国的 Scene8 公司开发的一种跨平台的虚拟现实开发系统，能运行 Windows、UNIX、Linux 等操作系统，主要用于科学和商业领域建立高性能的、实时的、综合 3D 工程。关于 WorldToolKit 更深入的讨论，参见第 5 章。

(2) MultiGen Creator & Vega

MultiGen Creator 是美国 MultiGen-Paradigm 公司推出的专业虚拟现实建模软件核心产品，广泛应用于视景仿真、虚拟战场、虚拟城市、模拟设计、交互式游戏等领域。Vega 是 MultiGen-Paradigm 公司开发的应用于实时视景仿真、声音仿真和虚拟现实等领域的高性能软件环境和开发平台，主要提供实时场景的管理和驱动功能。关于 MultiGen Creator 和 Vega 更深入的讨论，参见第 5 章。

(3) VR-Platform (VRP)

VR-Platform 简称 VRP，它是由中视典数字科技公司（中国深圳）独立开发的具有完全自主知识产权的一款三维虚拟现实平台软件，可广泛的应用于视景仿真、城市规划、建筑及室内设计、工业仿真、古迹复原等行业。中视典数字科技公司给 VRP 产品的一个目标定位是：低成本、高性能，让 VR 从高端走向低端，从神坛走向平民[1]。VRP 这种定位应当说是比较符合当前建筑领域里的现实需求的。VR-Platform 的主要功能是将创建于 3ds Max 中的模型转变为虚拟现实仿真模型，它本身并不包括建模功能，因此也可 VRP 看成是 3ds Max 在虚拟现实技术方向的一个延伸。

(4) VRML97 / WRL, WRZ 格式

VRML（Virtual Reality Modeling Language）即虚拟现实建模语言，是国际 VRML 协会提出的旨在 WWW 上建立虚拟现实场景的模型语言。VRML 语言于 1997 年得到 ISO 批准并定名为 VRML97 标准（ISO/IEC14772-1:1997）。VRML 文件的扩展名为"*.wrl"和"*.wrz"，其中后者为 VRML 文件的压缩格式。VRML 模型可以在 3ds Max、SketchUp、ArchiCAD 等工具中建立并输出。关于 VRML97 更深入的讨论，参见第 5 章。

---

[1] http://www.vrplatform.com/product/product.asp#function。

(5) X3D 格式

1998年2月,万维网上又一个崭新而大有前途的语言 XML 诞生,它为 VRML 的发展提供了更多的可能。为适应这种变化,国际 Web3D 协会于同年年底即提出新的 VRML 编码方案 X3D 标准(Extensible 3D,又称 VRML2000 规范),该标准是 XML 标准与 3D 标准的有机结合。X3D 被定义为可交互操作,可扩展,跨平台的网络 3D 内容标准,缩写 X3D 就是为了突出新规范中 VRML 与 XML 的集成。

2.5.4 信息模型类型

随着人们对数字化设计理论与方法研究的不断深入,CAD 应用也从最初以二维图形为核心,逐步向三维、多维、乃至涵盖产品生命周期全部信息的信息模型方向转变。目前 BIM 的概念已经为建筑学术界和建筑软件开发商广为接受,运用 BIM 模型,可以有力地支持建筑领域的协同设计以及建筑项目生命周期信息集成与管理。

以下简单介绍已有的建筑信息模型类型。

(1) Graphisoft ArchiCAD

1984年 Graphisoft 公司推出三维 CAD 软件 ArchiCAD,这是较早提出并使用与 BIM 相一致的"虚拟建筑"(Virtual Building)概念的 CAD 产品。值得注意的是,Graphisoft 自 1996 年成为 IAI(国际协同工作联盟)成员以来,就非常重视坚持由 IAI 发布的 IFC 国际标准,其 ArchiCAD IFC2x 转换器于 2002 年就通过了 IAI 的 IFC2x2(包含了几何及属性设置信息)鉴定。关于 ArchiCAD 更深入的讨论,参见第 3 章。

(2) Autodesk Revit

2002年,Autodesk 公司收购了 Revit Technology 公司及其同名产品 Revit。Revit 是一个基于参数技术的建筑设计软件包,其性能类似于十余年前 PTC 推出的 Pro/E,而 Pro/E 当年正是凭借其参数化技术而引发了机械 CAD 领域里的一次技术革命。Revit 较好地继承 Pro/E 中许多先进的技术特性,借助于 Revit 平台,Autodesk 推出了面向建筑设计行业的 BIM 解决方案。作为 IAI 成员,Autodesk 同样也支持 IFC 国际标准。关于 Revit 更深入的讨论,参见第 3 章。

(3) Bentley MicroStation TriForma

在微机 CAD 软件市场上,Bentley 公司可谓 Autodesk 公司的一个最强劲的竞争伙伴。其 MicroStation 软件自 1986 年推出以来一直被人们认为是与 AutoCAD 并驾齐驱的 CAD 工具。与 Autodesk 的做法完全不同的是,Bentley 的 BIM 集成是通过开发以 MicroStation 为平台的系列化专业模块来进行的,包括建筑、结构、暖通与供水以及场地设计等。作为 IAI 成员,Bentley 积极支持 IFC 标准,其建筑 CAD 解决方案已通过 IFC2x3 标准(IFC2x3 中包含了几何、属性设置及 GIS 信息)论证。目前,Bentley 公司已将其 MicroStation 产品与 Google Earth 服务连接起来,这样用户以后就可以通过 Google Earth 环境中查看和浏览由 Bentley 系统建立的基础设施项目中的 2D/3D 模型。关于 Bentley 系统更深入的讨论,参见第 3 章。

2.6 建筑设计中数字媒体的应用

建筑设计方案是在建筑师的不断思考和表达的过程中逐渐生成的，而媒体的操作应用在这个过程中起着十分关键的作用。当前，随着各种数字媒体工具的大量涌现，如何结合建筑师在不同的设计阶段的工作特点来选择合适的数字媒体工具，是值得研究和探讨的问题。下面主要围绕数字化建筑设计中几个较关键性的方面进行讨论。

2.6.1 建筑设计前期信息的收集与处理

建筑师在方案设计前期阶段中的主要的工作是收集、检索与分析与项目有关的文件资料，其思维和表达主要体现为一种发散性、纪录性、相对随意性和分析性的特征。由于建筑问题的复杂性，决定了建筑师不会将设计问题仅仅局限于设计任务书等文件所提及的范畴，而是立足于一个城市的经济、社会、文化、环境等视域中去分析考察问题。要建立这样的视域，大量收集、检索与分析与项目有关的背景资料是必不可少的。

随着 Google、Yahoo、百度等这些因特网上功能强大的搜索引擎的出现，因特网现在已成为人们获取信息的重要渠道。利用因特网上的各大门户网站、建筑专业网站等所提供的大量信息资源以及功能强大的搜索引擎，不仅可以使建筑师方便地获取与建设项目当地的社会经济、文化习俗、环境资源等有关的信息，而且也可以从建筑专业网站上得到能直接支持方案设计的专业数据。这些对于拓展建筑师的思维，以及帮助他们迅速捕获有助于方案构思的兴趣主题都是很有效的。

这里尤其值得向大家推荐的是 Google 公司的搜索引擎及其提供的相关服务。

（1）Google 搜索引擎

Google 是目前世界范围内最受欢迎的搜索引擎，每天处理的搜索请求高达 2 亿次，几乎占全球所有搜索量的 1/3。Google 普通搜索引擎（http://www.google.com/）除了具备一般搜索引擎都有的功能之外，还提供包括 PDF、DOC、PPT、SWF 等 13 种非 HTML 文件的搜索能力；提供错别字改正、中英文字典、货币转换、计算器、农历日历转换等工具；提供城市地图、邮编区号、股票、手机所在地、词汇释义等查询功能。

Google 学术搜索引擎（http://scholar.google.com/）更是得到大学及研究机构的欢迎，它为用户提供了广泛搜索学术文献的便利方法，可以搜索到包括来自学术著作出版商、专业性社团、各大学和其他学术组织的论文、图书、预印本和文章摘要。

（2）Google Maps 与 Google Earth

Google 于 2004 年 11 月收购了美国的一家卫星图像公司 Keyhole 公司，并推出了 Google Maps 地图服务（http://maps.google.com，http://bendi.google.com/maps）。在 Google Maps 中，包括了地图（Map）、卫星图像（Satellite）以及两者相混合（Hybrid）的显示方式，通过 Google Maps 可以查询到世界

大多数城市的地图以及学校、公园、餐馆、酒店等公共设施信息以及对城市规划和建筑设计特别有用的卫星图像资料（图2-2）。

继 Google Maps 推出之后，Google 于 2005 年 6 月底又推出了三维数字地球桌面工具 Google Earth（图 2-3）。Google Earth 采用了成熟的宽带流技术和 3D 图形技术，并结合本地搜索和卫星图片，能实时地为用户提供地球上任何区域的地理、地标（如三维建筑物模型）等数据。Google Earth 不仅能提供城市主要基础设施信息的一般查询服务，而且还能提供与卫星图像相一致 3D 地形及建筑模型视图的显示功能（3D 地形及建筑物数据目前仅限于美国主要城市）。Google Earth 的窗口是一个类似于虚拟现实的界面，可以任意的旋转、倾斜透视、放大地球的每一个部分，还可以在图中添加自己的注释（图 2-3）以便于今后快速地浏览。对建筑师而言，Google Earth 还有一个更具吸引力的地方，那就是 Google Earth 提供了一种能让建筑师将他的设计成果放置在真实的"现场"环境中进行快速模拟的便利方法。目前，SketchUp 和 MicroStation 模型都可以通过与 Google Earth 连接使建筑设计模型快速地合成到真实的"现场"环境中（图 2-6）。

Google Maps 和 Google Earth 于 2006 年 6 月进行了一次重大的更新，经过这次更新，其卫星照片数量已扩大了四倍，覆盖了全球三分之一的人口。在我国境内，目前也新增了不少高清晰地区。

2.6.2 建筑方案的构思与设计

建筑方案的构思设计，大体上可划分为概念设计和方案发展两个阶段。由于建筑师这两个阶段的工作目标和思维表达的特点存在一些差异，因此，反映到数字媒体工具的应用上也会存在一些差别。

在概念设计阶段，建筑师主要是通过绘图、建模等媒体操作过程，将头脑中思考的内容转移、外化为一种媒体对象，即概念设计草图或模型，这样建筑

图 2-2　Google Maps 地图查询服务（武汉黄鹤楼及附近区域卫星图像）

图 2-3 Google Earth 查询服务（以 3D 方式显示的武汉国际会展中心附近卫星图像）

师便可以从一个新的视点来反观他所思考并创造出来的事物，并从中获取到新的经验以促进下一轮的思维循环。在概念设计阶段中，建筑师的设计思维与表达主要表现为一种较强的开放性、跳跃性和探索性特征。为了寻求问题的最佳解答，建筑师总是希望尽量尝试多种可能的方案设计，以便于从这些变化的形式中不断获取更多有价值的经验、线索，并从中进行优选。为了能做到这些，建筑师需要借助于一些方便、快捷型的三维 CAD 建模工具（如 3ds Max/VIZ、SketchUp、FormZ 等）以支持该阶段建筑师这种开放、跳跃和探索性的思维。

方案发展阶段是在概念设计基础上的自然延续。在这个阶段的前期和中期，建筑师的设计思维与表达在探索中渐趋明确，体现出对建筑空间、功能、建筑造型与整体环境等问题的深度思考和比较性研究特征。在该阶段的后期，则侧重于以图纸或多媒体演示的方式，来充分表现这些思考和研究的内容。根据概念设计阶段中建筑师所使用的媒体类型、设计深度、项目规模或复杂度以及建筑师个人的喜好等特点，建筑师在方案发展阶段大体上有三种可选择的数字化设计方法和策略：以三维模型为核心的策略；以信息模型（如 ArchiCAD、TriForma、Revit）为核心的策略；从三维模型到信息模型的策略。

（1）面向三维建筑对象的概念设计

随着 3ds Max / VIZ、SketchUp、FormZ 等这些快速三维建模软件的相继推出，通过在计算机直接创建建筑概念设计模型已经变成一件非常简单容易的事情。CAD 三维模型是一种能为建筑师进行各种可能的尝试提供最大的便利的媒体工具，它能帮助建筑师快速地将他的设想概念化、形象化。建筑师在概念设计研究中，不仅可以通过三维概念模型来研究建筑的空间、形式、功能等设计要素，而且也可以涉及到建筑的材料、表面的质感及色彩、建筑光影的模拟等研究。因此，这种面向建筑实体对象的三维构思设计方法，在表达建筑设计信息的完整性、关联性、准确性以及效率性等方面，都是传统的草图方法无法比拟的。

在各种三维 CAD 工具中，能最好地配合建筑师进行概念设计的当数 SketchUp 了。SketchUp 以其界面简洁，命令极少，操作如同徒手铅笔绘图和制作实物模型那般的自由等特点，而被广大建筑 CAD 用户誉为"建筑草图大师"。熟悉 SketchUp 的用户，一般喜欢将它比喻为数字化设计的"铅笔"，建筑师可以用这支"铅笔"自由地勾画出线，线再连接成面，然后再将面拉伸成为体。设计者可以任意地改变观察模型的方向，在已有的面上还可以再划线、再拉伸，直至最后完成。所以，SketchUp 这种自由、快捷的设计方式，非常适合于建筑师进行方案阶段的构思与设计表达。如图 2-4 中所示的 SketchUp 模型，对于一个熟练用户而言，建构这样一个模型不会超过 5 分钟时间。

大多数三维 CAD 设计工具，基本上都提供了任意视点、动态视点的观察，以及日照阴影模拟功能，这种功能能够帮助建筑师对他所做的各种尝试性设计迅速作出评估和判断。从概念设计阶段所要求的快捷性、概念性方面看，SketchUp 中提供的这两项功能都非常直接和灵活。在 SketchUp 中，除了可以任意改变观察角度外，还可以以任何视点高度在空间中行走、漫游，应当说，这才是我们真正了解建筑空间的观察方式，很值得应用。SketchUp 还允许用户设定模型所在的地理位置、太阳方位角、日期和时间参数，并自动生成阴影。通过使用时间滑标，用户甚至可以动态地观察日照阴影在全天中的移动轨迹（图 2-5）。不仅如此，SketchUp 并入 Google 之后，由于它与 Google Earth 整合在一起，从而使建筑师现在获得了一种能将他的概念设计模型快速地放置于 Google Earth 所提供的"现场"环境中进行检验和模拟的便利方法。如图 2-6 所示的场景，是将图 2-5 所示 SketchUp 模型通过 SketchUp Google Earth 插件放置在 Google Earth 中的美国洛杉矶市某一个街区现场后看到的情形。应当说，SketchUp 的上述功能对于推敲和验证建筑设计造型以及空间特征，都是很有帮助的。

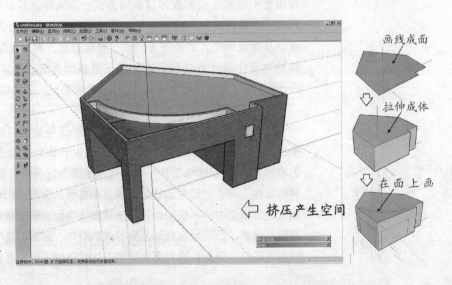

图 2-4 SketchUp 的快速三维建模流程

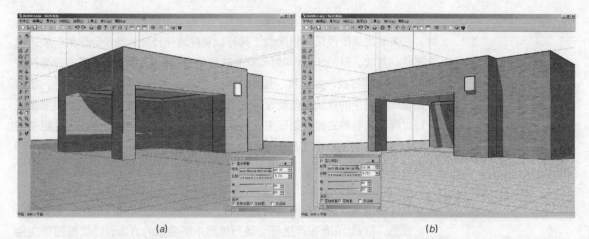

图 2-5 在 SketchUp 中改变观察视点和时间
(a) 上午 7:37; (b) 上午 11:00

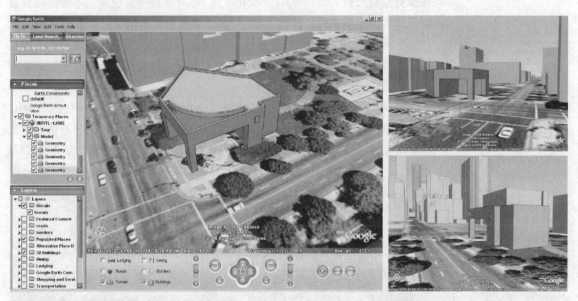

图 2-6 将概念模型放置在 Google Earth 现场（美国洛杉矶市）中观察

除 SketchUp 之外，3ds Max / VIZ 和 FormZ 也是不错的概念设计工具。与 SketchUp 相比，3ds Max / VIZ 的优势在于具有更丰富、逼真的场景表现能力；FormZ 的长项是任意自由形式的建模。不过，两者不足之处是它们都不如 SketchUp 那样更具有建筑设计专业的色彩。

（2）以三维模型为核心的方案发展策略

这种策略主要是指以 SketchUp、3ds Max / VIZ、AutoCAD 及以之为平台的建筑 CAD 模型（如 TArch、ABD、ADT 等）为核心的设计方法。适合于建筑规模比较小，复杂程度一般或较低的设计项目。从支持方案发展阶段建筑师思维和表达的特点方面看，这些模型及 CAD 系统都各有其优势，简述如下。

1）SketchUp 方法：其特色首先表现在它比较侧重于方案生成的快捷性。SketchUp 模型只涉及空间几何数据和纹理、色彩信息，技术方面的约束较少，这样可以让建筑师较自由地围绕建筑空间、造型、材料及色彩、环境配置等这些最关心的主题进行研究和探索。而且,当概念设计也是采用 SketchUp 方法时,在方案发展阶段采用相同的工具可以更好地保持建筑师设计思维与表达的连贯性。其次,SketchUp 同时也具有较强的表现性。SketchUp 具有许多种方便灵活的观察方式,如剖视、透明观察、任意视点及漫游等(图 2-7),能对方案设计阶段中的建筑师创新设计思维形成有力的帮助和支持。这些主要用于设计过程中的各种三维模型视图,几乎无须后期处理即可作为方案设计提交文件中所要求的表现图来使用。SketchUp 上述两方面的特点,体现出它是一种与建筑师传统思维与表达习惯最接近的方法。

SketchUp 虽然能较好地支持方案阶段建筑师的创作过程,不过,从它对方案设计后续阶段的衔接与支持性来看,SketchUp 也有其局限性,主要有两点:首先,SketchUp 在产生符合现行规范中所要求的方案设计二维图纸文件方面的能力并不强,故只能通过 AutoCAD 补充绘制,或者通过将 SketchUp 模型数据输出到 ArchiCAD、TriForma 或 Revit 系统中处理后,才能生成符合规范要求的图纸文件;其次,SketchUp 模型实体所记录的信息较单纯(只包括空间几何、纹理、色彩信息),所以它无法提供方案设计审批所要求的有关技术经济指标、投资估算等方面的统计数据,这些都只能依靠手工来补充完成。

2) AutoCAD 方法:这种方法包括了 AutoCAD 以及以之为平台的 TArch、ABD、ADT 等 CAD 方法。AutoCAD 方法的特色,主要表现在对于方案设计二维图纸文件的绘制上,特别是在 TArch、ABD、ADT 等之类建筑专业性 CAD 辅助下,不仅能方便地绘制出符合专业规范要求的图纸,而且也能生成出一定

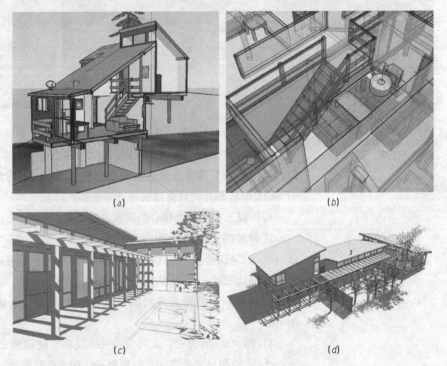

图 2-7 SketchUp 模型的观察方式[①]
(a) 剖视图观察;(b) 透明视图观察;(c)、(d) 透视图观察

---

① 模型及图片来源:http://sketchup.google.com/3dwarehouse/ 和 http://www.sketchup.com.cn。

量的方案审批所需统计数据，因此可以作为 SketchUp 功能的补充。

3）3ds Max / VIZ 方法：其特色主要体现对建筑方案设计所产生的视觉效果的逼真性表现方面，适合于建筑方案设计后期建筑效果图或动画的制作。

(3) 以信息模型为核心的方案发展策略

以建筑信息模型（如 ArchiCAD、TriForma、Revit）为核心的方法策略，适合于建筑规模较大或复杂程度较高的设计项目。这种方法策略有以下优点：

1）建筑信息模型 CAD 系统中的三维实体是包含了空间几何、材料、构造、造价等全息信息的虚拟构件或物体（图 2-8），当建筑师使用这些物体创造建筑空间或造型时，这些与建造经济、技术等有关的因素自然而然地被一并考虑在内，其设计成果数据能对后续设计过程形成强有力的支持。

2）建筑信息模型 CAD 系统也能提供较强的三维设计功能，以及方便灵活的观察方式，如任意高度、位置的平面、剖面视图，任意方位的立面和轴测图，任意视点的色彩或线框透视图等。这些都可形成对方案设计阶段建筑师设计思维的有力支持（图 2-9）。

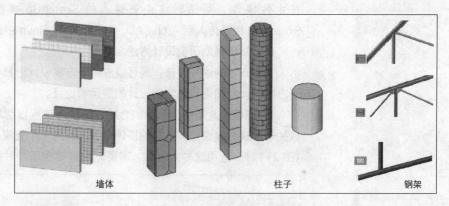

图 2-8 BIM 中的虚拟建筑构件[①]

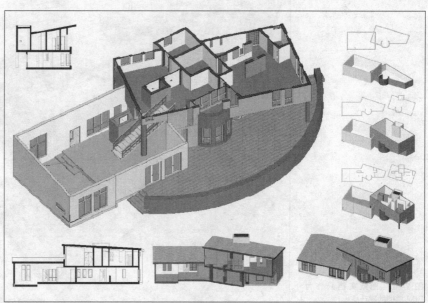

图 2-9 BIM 模型的观察方式[②]

①② 图片来源：Graphisoft 公司，ArchiCAD 9 参考指南。

3) 建筑信息模型 CAD 系统中一般都提供了材料统计、概预算、热负荷、电负荷、光照模拟等多种分析、计算工具，同时可提供图纸、报表文件等建筑设计文档的自动生成工具。这些功能可以帮助建筑师只须专注于他的核心业务，即面向建筑生命周期的设计，而建筑方案设计审批所要求的各种图纸文档仅仅作为设计的副产品而已（图 2-10）。

建筑信息模型比一般三维模型要包含过多复杂的信息，因此建筑信息模型 CAD 工具一般对计算机硬件系统要求较高，在操作上也会比一般三维模型要复杂一些。

(4) 从三维模型到信息模型的方案发展策略

在建筑方案设计阶段，单纯地选择三维模型或者信息模型中的一种方法，实际上都是会存在一些局限的，一般认为较合理的方法是将建筑信息模型和一般三维模型两者结合起来，以发挥两种方法的综合优势。例如，当采用 SketchUp 模型完成的方案设计在主题空间形态、空间序列关系，以及建筑造型等方面的内容已较明确时，作为对后续过程的支持，以及尽量减少不必要的技术性操作，可适时终止更深入的 SketchUp 模型设计，而将已有的 SketchUp 模型传入到 ArchiCAD、TriForma 或 Revit 中进一步深化。

(5) 其他辅助研究设计方法

下面介绍的这些方法，既可以应用于方案设计过程中的评估，也可以应用于方案设计后期进行的方案设计的演示和论证。

1) 环境照片与模型图像的合成：这种方法可以帮助建筑师及业主很快形成关于建筑方案造型与环境的协调性等方面的一个直观、也较客观的分析判断（图 2-11）。运用这种方法时，需要记录好拍摄照片时相机所在的位置、高度

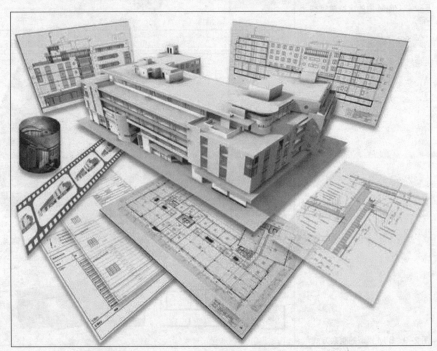

图 2-10　图纸文档只作为 BIM 模型的副产品[①]

① 图片引自：Graphisoft 公司，ArchiCAD 9 参考指南。

(a)

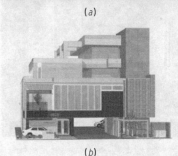
(b)

(c)

图 2-11 环境照片与模型图像的合成[1]
(a) 现场照片；(b) 计算机模型；(c) 合成后的效果

以及使用的焦距，在渲染之前亦按相同参数调整好模型中的相机；模型图像渲染之后可以在 Photoshop 中进行合成。

2) 光能传递技术与光照模拟：建筑中的各种光影效果也是建筑师在方案设计阶段所关注的问题之一。在基于 PC 机的 CAD 系统中，Lightscape 是首次采用光能传递技术的软件。Lightscape 被 Discreet 并购之后，其核心技术已被移植到 3ds Max/VIZ 之中，并更名为 Radiosity，这样，建筑师就可以直接在 3ds Max/VIZ 运用光能传递技术进行光照模拟。光能传递技术能够模拟真实环境中的光线反弹，折射，使光线具有真实、自然、丰富、柔美的光影变化。光能传递技术不仅能计算太阳光，还能计算天空光，只要用户能按真实情况放置光源，它就可以计算出真实感较强的光照效果（图 2-12）。所以这种技术对于建筑师在方案设计中预测和控制建筑光环境效果是很有帮助的。关于 Lightscape，在第 4 章中将有更深入的讨论。

3) 虚拟现实技术与建筑场景漫游：体验建筑的最佳方式无疑是亲自到建筑物现场去走走看看，而虚拟现实技术则提供了一种可让人们"进入"、并在其中"漫游"的真实场景（图 2-13）。利用虚拟现实场景，观察者可以更真切地体验到人流或车流如何从街道进入到建筑的场地，可以了解到虚拟建筑的空间、造型及其环境是如何产生步移景异的视觉连续变化等。应当说，这才是真正体验和评价建筑空间环境的科学方法。在建筑方案设计中，目前选择 VRML、VRP 等之类的低端虚拟现实技术是最为经济适用的方法。现在 3ds Max、SketchUp、ArchiCAD 和 Bentley Architecture 系统中都可以直接将其模型数据输出为 VRML 格式文件，AutoCAD 通过加装插件（如 VRMLout，可从网址 http://www.aac-solutions.cz/ 免费下载）后也能输出 VRML 格式。当采用 VRP 技术时，可以将上述不同的 CAD 系统中的模型数据通过 DXF、

---

[1] 图片来源：http://www.d-style.biz/cg/13structure3/structure3.html。

图 2-12 利用光能传递技术模拟建筑光照环境①

图 2-13 从 IE/ VRML 浏览器中看到的虚拟建筑场景②

DWG、3DS 等格式文件传入到安装有 VRP 插件的 3ds Max 系统中，经过 3ds Max 以及 VRP 插件处理后，再输出为 VRP 虚拟建筑演示模型。

2.6.3 面向生命周期的建筑性能评估与设计

面向产品生命周期的设计，是从工业制造领域中的并行工程思想发展而来的先进的设计理论与方法，它要求产品设计要面向产品生命周期中的各个环节，包括产品需求识别、产品设计、生产及运输、使用与维护、废弃物回收处理等所有阶段，以确保产品开发的速度快、质量好、成本低、服务优良和促进环保。随着人们对于生态、节能、环保以及服务等意识的不断加强，面向建筑生命周期的设计现在成为建筑学术界、设计界广为接受的建筑设计理念，而各种支持建筑产品生命周期性能设计的数字化工具的不断出现以及国家有关建筑节能法规和政策的相继出台，更促使建筑师们在其建筑设计实践中积极地研究

---

① 图片来源：http://www.chen3d.com/ 作者：陈庆峰
② 华中科技大学建筑学系写生作业，模型设计：王兆辰

和应用这些新型的设计工具与方法。

以下简要介绍一些在面向生命周期建筑性能设计方面可能涉及到的数字化工具和方法。对于建筑师而言，全方位地了解、甚至掌握其中某些工具和方法的应用，不仅可以有效地帮助建筑师从建筑的造型、空间、构造及材料、设备配置等各方面来研究、改善建筑设计性能，同时也可以帮助建筑师在可持续发展建筑观指导下有效地组织他的设计团队开展协同设计工作。

(1) 建筑生态性能评估与设计

有关生态建筑、绿色建筑的研究，在近十余年来一直是建筑学领域里的讨论热点。随着一系列面向建筑生态设计分析的实用性工具的推出，生态建筑、绿色建筑也从理论性研究逐步向实际工程中的应用研究方向转变。这里尤其值得一提的是由英国 Square One 公司开发的 ECOTECT 生态建筑设计软件，实际上这是目前唯一的由建筑师研发、为建筑师所用，并且被其他相关专业的工程师和环保人士所接受认可的建筑性能分析软件。ECOTECT 主要用于方案设计阶段中，可以帮助建筑师在确定建筑方案之前依据一些简单的概念模型进行不同的方案生态性能测试，且整个过程通过交互式方法迅速完成。关于 ECOTECT 更深入的讨论，可参阅第 4 章内容。

(2) 建筑节能性能评估与设计

建筑节能问题，毫无疑问是生态建筑、绿色建筑研究中必须首先面对的问题。过去由于缺乏必要和有效的分析工具，因此有关该领域里的研究基本上停留在一种定性的、甚至是一种十分模糊的阶段。而现在，随着越来越多功能强大的专业型节能分析工具的出现，许多有志于生态建筑、绿色建筑研究的建筑学专业人士纷纷将这些在过去看来可能是非建筑师所用的工具应用于他们的研究和实践中来。

在已推出的软件中，尤其是以美国能源部发布的 DOE-2 最具有权威性，它是目前能耗计算方面事实上通用的标准软件，并且该软件是免费软件，目前国内不少建筑学专业的研究生都较普遍地运用该工具开展有关建筑节能设计方面的研究。当然，对于大多数普通建筑师而言，DOE-2 也许显得太过于复杂和专业，不过，现在也有一些基于 DOE-2，但比 DOE-2 界面更好、更容易操作的建筑能耗模拟软件出现，如 VisualDOE、eQUEST 和 PowerDOE 等。此外，美国劳伦斯克力国家实验室现在还推出另一种新一代的建筑能耗模拟分析程序 EnergyPlus，这也是一个免费软件（下载网址 http://www.energyplus.gov/）。对于有志于绿色建筑或生态建筑应用实践的建筑学专业的同学们来说，上述这些软件都是很值得尝试的。

除上述国外软件产品之外，现在国内也有不少商业化的建筑节能分析工具被陆续推出，如天正公司开发的 TBEC，中国建筑科学研究院建筑工程软件研究所开发的 HEC、CHEC、WHEC 和 PBEC，清华大学开发的 DeST 等。这些软件都是以现行国家建筑节能设计标准为参照的实用型分析软件，主要用于建筑设计部门以及规划主管部门对建筑方案及初步设计中有关建筑节能的性能进行控制和评估。

上述软件中的 DOE-2 和 DeST，在第 4 章中将有更加深入的讨论。

(3) 建筑声学性能评估与设计

在建筑声学性能设计方面，现在也有非常多的分析的工具出现，对于今后可能从事观演建筑设计的建筑师而言，它们也是值得了解的设计工具。这些工具主要有：由国际上比较著名的比利时 LMS 公司开发的 RAYNOISE；丹麦科技大学声学系开发的 ODEON；德国 ADA 公司开发的高级声学工程模拟软件 EASE；美国 BOSE 公司开发的声学设计与仿真软件 BOSE Modeler / Auditioner；瑞典哥德堡（Gothenburg）技术大学应用声学系开发的 CATT–Acoustic 等。上述软件中的 ODEON 和 EASE，在第 4 章中将有更深入的讨论。

(4) 建筑日照性能评估与设计

在建筑日照设计方面，目前国内已陆续推出了多种以建筑日照现行国家及地方标准为参照的实用型分析评估工具，这些工具主要为满足规划主管部门对建筑方案、初步设计进行审批的需要，当然，作为建筑设计部门也可以将之应用于控制建筑设计的日照性能。这些工具主要有：由洛阳众智软件有限公司和国内众多规划局联合开发的 SUN[①]；由北京天正公司推出的 TSun；由中国建筑科学研究院建筑工程软件研究所开发的 Sunlight[②]；由清华大学开发的建筑日照软件[③]；由上海鸿业同行信息科技有限公司开发 HYSUN；由杭州飞时达软件有限公司开发的 FastSUN 等。

(5) 建筑微气候环境性能评估与设计

微气候主要是因冷、热空气的流动所引起的局部气候环境变化，空气是一种流体对象，因此微气候环境研究主要依赖各种计算流体力学（简称 CFD）分析工具。目前已有相当多的可用于建筑微气候环境研究的 CFD 分析工具，对于今后可能从事建筑微气候环境研究的建筑师或同学们而言，了解一些 CFD 工具，对于帮助他们寻求合适的研究技术路线是很有用的。目前可用于建筑微气候环境研究的 CFD 工具主要有：由英国 CHAM 公司推出的 PHOENICS；美国 Fluent 公司发布的 FLUENT；比利时 NUMECA 公司推出的 FINE 系列软件；法国 CEDRAT 公司推出的 FLUX 等。

上述软件中的 PHOENICS 和 FLUENT，在第 4 章中将有更深入的讨论。

2.6.4 面向过程管理与知识创新的协同设计

建筑设计是一种牵涉面广、系统性很强的活动，其中包括了多种层次交流与协作的需求，例如，设计团队内部不同工种、不同职责的建筑师、工程师之间的交流与协作；设计团队与房地产开发商、业主、市场营销人员、市政规划及勘察部门等之间的交流与协作等。特别是当项目进行到初步设计和施工图设计阶段，这种交流与协作就变得更为频繁和重要。因为只有通过广泛、深入的交流和信息沟通，才能将参与项目的多方人员的知识和智慧综合在一起，并最终形成可组织实施的项目施工图文件。由此可见，建筑设计过程本质上是一种信息互动和知识重构的创新的过程，该过程能否成功，很大程度上取决于信

---

① SUN 于 2003 年由建设部发文推广，后被列入国家"重点新产品计划"和国家"火炬计划"。
② Sunlight 是建立在完全自主版权的纯中文三维图形平台之上，是 2004 年国家 863 重点科研课题技术成果之一。
③ 该软件的 2.0 版本在 2004 年 6 月通过建设部认证，在本书第 4 章有介绍。

息互动的频率和知识重构所涉及的领域范围。而所谓协同设计，正是为促进人们这些积极有效的交流、互动和知识重构而发展出来的先进设计模式。随着建筑领域数字技术的应用发展，基于网络的协同设计必将成为今后建筑设计部门必然选择的工作模式，因为只有这种工作模式才能真正符合信息社会人们在建筑设计与建造活动中所表现出来的群体性、交互性、分布性、协作性，以及共享信息基础上的知识创新等基本特征（关于协同设计的深入讨论，参阅第7章）。

为了满足建筑领域协同设计的需求，目前，国外一些著名CAD软件商纷纷推出了相应的建筑协同设计CAD解决方案。从支持建筑协同设计的专业门类及区域范围来看，大体上可以分为以下三种类型：第一种类型为适合于建筑专业的协同设计的平台，如Autodesk公司的ADT、Revit，Graphisoft公司的ArchiCAD，以及Bentley公司的Bentley Architecture等，可以满足基于LAN（局域网）环境的建筑设计专业人员间的协同设计需求。第二种类型为适合于建筑设计团队的协同设计的平台，如Bentley公司的TriForma，可以满足基于LAN或Intranet（企业内部网）环境的建筑设计团队内部各专业、工种之间的协同设计需求。第三种类型为适合于项目过程远程协同管理与设计的平台，如Autodesk公司的Buzzsaw，Bentley公司的ProjectWise等，可以满足基于因特网环境下项目参与各方的跨部门、企业的协同工作需求。关于上述软件的深入讨论，参阅第3、6两章。

除上述国外软件商开发的系统外，目前国内也有不少CAD系统集成商也推出了不少能将现有CAD系统及其他应用程序集成在一起、并提供远程项目管理和协同设计功能的平台软件。如：洛阳众智软件有限公司推出的ZZPDM，该系统是结合了国际上成熟的PDM技术而开发出来的一套面向设计单位的工程数据管理的项目级协同软件，可以实现远程项目管理、协同设计和资源共享。其他类似的国产软件还有：上海微硕信息技术有限公司开发的远程协同设计平台WaySaw；香港纬衡科技有限公司推出的面向设计过程的协同设计平台VHCodesign；杭州恒创计算机软件有限公司推出的以设计项目管理为核心的APM，等。

上面提及的这些软件，都是为实现特定领域的协同设计而开发的专业化工具。实际上，假如我们真正理解了建筑协同设计的基本目的，并发挥一些想像力的话，那么如今流行于网络上的不少大众化的交流工具，也是可以用来作为建筑协同设计工具来使用的。例如Windows MSN这种典型的即时消息聊天工具，其提供的实时语音、视频功能，可以解决基本的语言沟通问题；其共享白板、共享文档数据和应用程序等功能，可以在不同程度上解决草图交流、数据交换、远程CAD模型互操作等问题。此外如Windows NetMeeting视频会议系统，各门户网站提供的BBS，德国blaxxun公司提供的多用户VRML虚拟现实三维聊天平台（图2-14）等工具，都可以从不同的应用角度来支持建筑协同设计。

值得注意的是，随着因特网技术，以及集成化建筑协同CAD系统水平的不断提高，人们的建筑设计活动将不断地突破时间与空间的种种限制。利用这些先进的CAD系统，建筑设计部门及团队将获得一种极强的整合知识、人

2 数字化建筑设计基础 57

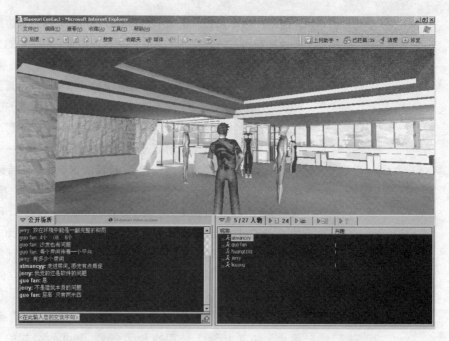

图 2-14 将 VRML 设计模型连接至 blaxxun 多用户交流平台①

才、信息等资源的能力，为组织跨企业、地区乃至跨国界的建筑协同设计准备最大的可能。

参考文献

[1] 白静. 建筑设计媒介的发展及其影响. 北京：清华大学博士学位论文，2002.

[2] 秦佑国，周榕. 建筑信息中介系统与设计范式的演变. 建筑学报，2001 (6).

[3] ［美］Rendow Yee. 建筑绘画——绘画类型与方法图解. 陆卫东等译. 北京：中国建筑工业出版社，1999.

[4] ［美］诺曼·克罗，保罗·拉索. 建筑师与设计师视觉笔记. 吴宇江等译. 北京：中国建筑工业出版社，1999.

[5] 俞传飞. 分化与整合——数字化背景（前景）下的建筑及其设计. 南京：东南大学博士学位论文，2002.

[6] 周正楠. 关于建筑传媒手段的思考. 建筑学报，2000 (9).

[7] 帕拉欧·马提刚尼，雷卡多·蒙弟尼哥罗（Paolo Martegani & Riccardo Montenegro）著. 数位化设计——工业设计产品的新疆域（NEW DESIGN New Frontiers for the Objects）. 陈珍诚译. 中国台湾：旭营文化事业有限公司，2002.

[8] ［英］汤姆·波特，约翰·尼尔著. 建筑超级模型——实体设计的模拟. 段炼、蒋方译. 北京：中国建筑工业出版社，2002.

[9] 王戈. 从工业社会向信息社会转变中的建筑. 建筑师 (51).

[10] 吴硕贤，何光华. 信息技术革命对未来建筑领域的影响. 建筑师，1997 (74).

[11] 吴良镛. 关于建筑学未来的几点思考（上）、（下）. 建筑学报，1997 (2),1997 (3).

[12] 朱文一. 迈向知识时代的建筑与环境. 建筑学报，1998 (9).

---

① 华中科技大学建筑学系写生作业，模型制作：郭凡

[13] 韩冬青. 面向21世纪的建筑与城市——建筑领域若干前沿问题的探讨. 建筑学报, 1998（12）.

[14] Danicla Bertol with David Foell, R. A..Designing Digital Space-An Architect's Guide to Virtual Reality.New York: John Wiley & Sons Inc., 1997.

[15] James Steele. Architecture and Computers: Action and Reaction in the Digital Design Revolution, London: Laurence King Publishing, 2001.

[16] http://tech.163.com/06/0306/01/2BGAP4ET0009158R.html.

[17] http://www.lttk.com.cn/read.php?tid=253.

[18] http://www.newclass.com.cn/service/channel/detail001772.asp.

[19] http://course.cug.edu.cn/21cn/.

[20] http://www.77my.com/Article_Show.asp?ArticleID=400.

[21] http://www.hpe.cn/ShowNews.asp?ArticleID=30087.

[22] http://www.itisedu.com/phrase/200604231236585.html.

[23] http://www.tc184-sc4.org/SC4_Open/Projects/maindisp.cfm.

[24] http://www.86vr.com/scripts/print.asp?did=4853.

[25] http://www.gbxml.org/about.htm.

[26] 孟晓梅, 刘文庆编著. MultiGen Creator 教程. 北京：国防工业出版社, 2005.

[27] http://www.vrplatform.com/product/intro.asp#features.

[28] http://www.vr100.com/article/view.asp?id=257.

[29] 杨富春, 崔路. 建筑信息模型技术和相关国际标准发展现状. 第九届建筑业企业信息化应用发展研讨会论文集, 2005, 11（19）.

[30] http://www.archicad.cn/ArchiCAD/index.asp.

[31] http://www.bentley.com.cn.

[32] 田利. 设计思维的表达与演进——评介《草图·方案·建筑：世界优秀建筑师展示如何进行设计》. 华中建筑, 2006（7）：15-20.

[33] 吕列克, 张富文, 陈晔. 计算机辅助建筑设计的思考. 沈阳建筑工程学院学报（自然科学版）, 2003（4）:131-133.

[34] 罗志华, 李希. 计算机草图技术在建筑设计中应用剖析. 工业建筑, 2005（9）:32-34.

[35] http://ecotect.igreen.org/index.php?op=Default&postCategoryId=6&blogId=6.

[36] Graphisoft 白皮书-2005：使用 ArchiCAD 进行能量分析.http://www.archicad.cn/.

[37] 张琼, 宋晢, 石教英. 可听化技术综述. 计算机辅助设计与图形学学报, 1999（2）.

[38] http://www.cin.gov.cn/tech/project/2003/2002069.htm.

[39] http://www.tangent.com.cn/product/sun.htm?cscat_id=11.

[40] 姚征, 陈康民. CFD 通用软件综述. 上海理工大学学报, 2002（2）:137-144.

[41] http://www.gisroad.com/zzpdm.htm.

[42] 黄涛. 建筑协同设计与 Internet 的潜力. 新建筑, 2004（2）:67-68.

3　数字化建筑设计软件

　　数字化建筑设计软件在建筑领域内，越来越广泛而有效地应用在建筑设计的各个阶段中。这些阶段是：概念设计与体量设计、方案设计与工程制图、项目管理与经济核算、建筑表现与三维动画以及其他成果展示手段。下面介绍的都是针对不同阶段和用途,具有典型特点的一些最常用、最著名的主流数字化建筑设计软件。

　　SketchUp 作为辅助建筑设计构思的典型应用软件，适用于在方案设计过程中利用计算机进行体量形体分析推敲的一种可视化,实时化的技术手段。AutoCAD 和天正软件属于工程制图软件，是目前国内设计单位使用最广泛的制图工具。ADT、Revit Building、MicroStation、TriForma 和 ArchiCAD，它们都属于新一代使用建筑信息模型（Building Information Modeling，BIM）技术的建筑 CAD 软件，BIM 标志着计算机辅助设计在建筑设计应用的重大进步。3ds Max、Maya 和 form Z 属于视觉造型类软件，主要应用于专业的影视、广告、动画、电影特技等行业。而 3ds Max 在建筑的最终表达手段——建筑效果图和建筑动画制作中目前在国内更是占据了绝对的优势；Photoshop 是目前国际上公认的二维图像后期处理优秀软件，在同类产品中最为流行；同样 Piranesi 也是一个出色的建筑画后期制作软件，它为我们提供了一个交互式的绘图平台，不仅能通过导入一个经过简单渲染的三维模型，制作一幅效果逼真的建筑表现图，还能绘制更为生动、具有手绘风格的表现图，与 Sketchup 配合使用，效果堪称完美。

3.1　SketchUp

　　SketchUp 是美国 @Last Software 公司开发的建筑草图设计软件，其第一个版本在 2000 年发布，2005 年发布了 SketchUp 5.0。SketchUp 在 2006 年被美国 Google 公司收购，在国际上目前它的主流版本为 Google SketchUp 5.0，最新的 Google SketchUp6.0 也于 2007 年 1 月发布。由于该软件在我国的代理商上海曼恒信息技术有限公司获得了 Google 公司的授权，在 SketchUp 5.0 的基础上开发出面向中国用户的 SketchUp 5.0（G）增值版，该增值版比 SketchUp 5.0 增加了 14 个功能模块。

　　SketchUp 打破以往建筑师在应用计算机辅助设计构思时所受到的束缚，给建筑师带来边构思边表现的体验，产品快速形成便于交流和沟通的建筑图形，适用于建筑方案创作阶段的工作。SketchUp 被建筑师称为最优秀的建筑草图工具。

3.1.1　软件功能特色

　　SketchUp 提供了一种实质上可以视为"计算机草图"的手段，它吸收了

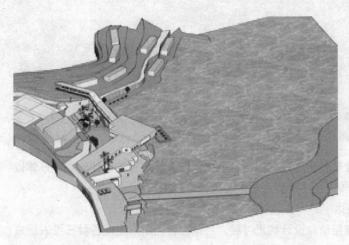

图 3-1　模拟地形

图 3-2　环境结合

图 3-3　万神庙空间分析剖切图

"手绘草图"加"工作模型"两种传统辅助设计手段的特点，切实地使用数字技术辅助方案构思，而不仅仅是把计算机作为表现工具。具体表现在以下四个方面。

(1) 环境模拟

可以利用 SketchUp 快速创建三维建筑环境模型，并在其上推敲设计方案。利用强大的视图控制和分析工具从多个角度动态观察环境空间特征，从而触发构思创作灵感（图3-1）。其次，其丰富的环境素材图库，如人、树、车等，均按对象的实际尺寸建模，保证了配景素材能成为环境尺度的准确参照物，如图3-2 所示的配景对该建筑体量的推敲很有帮助。另外 SketchUp 还可以设定特定城市经纬度和时间下日照阴影效果，还可以形成阴影的演示动画。建筑师可以借助 SketchUp 这些特性随心所欲的在相对准确而真实的模拟环境中进行设计创作构思，决策将更加合理、科学，方案构思更具说服力。

(2) 空间分析

利用 SketchUp 建模后，在虚拟场景中可以从任意角度浏览建筑外观、内部空间以及建筑细部，分析各种空间节点。可以自定义虚拟漫游路线，以身临其境的方式观察设计成果的展示，从而获得更逼真生动的空间体验。另外，SketchUp 能根据需要方便快捷地生成各种空间分析剖面透视图（图3-3），甚至可以生成空间剖切动画，表达建筑空间概念以及营造过程。这无疑提供了一种方便快捷而又相对准确的空间分析手段。

(3) 形体构思

SketchUp 建模操作简单直接，易于修改，完全迎合设计师推敲方案的工作思路，尊重他们的工作习惯。SketchUp 配备了视点实时变换功能，可从多角度观察对象，重要的场景可存储为"页

3　数字化建筑设计软件　61

图 3-4 方案设计的初期、中期和后期的成果表现

面",方便以后比较抉择。还可以以各种比例放大缩小建筑设计的细部形体以推敲细节,这是传统工作模型无法比拟的。

(4) 成果表达

SketchUp 直接面向设计构思过程,可以在任何阶段生成各种三维表现成果。SketchUp 提供了高效而低成本的设计表现技术。针对方案设计各阶段的表现需要,提供了不同表现成果,如图 3-4 所示分别模拟了在方案设计的初期、中期和后期的成果表现。

3.1.2 SketchUp 辅助建筑设计构思应用技术特点

SketchUp 又称"草图设计大师",从产品研发之初已定位为"为了探索意念以及合成信息所专门设计的一种媒介",由于 SketchUp 直接面向设计过程而不是渲染成品,与设计师用手工绘制构思草图的过程很相似,因此 SketchUp 的目标是设计师做设计而不是绘图员作图。

SketchUp 辅助建筑设计思想最重要的一点是试图使建筑师在设计的整个过程均可使用该软件,从设计构思到表现的各个环节,它克服了当前存在的设计与计算机表现脱节的弊病(设计与效果图制作分为两个行业工种),让建筑师回归设计与表现连贯进行的传统工作模式上来,具体表现在以下几个方面。

(1) 顺应建筑师的工作习惯,软件操作如使用传统纸笔

SketchUp 界面简洁,易学易用。它集成了简洁紧凑却功能强大的命令系统,只需反复使用为数不多的命令即可实现强大的辅助构思与表现功能,整个过程轻松流畅。初学者通过简单学习就能够快速、动态而实时地在三维造型、材质、光影等多方面进行设计构思、调整和研究。

SketchUp 为了顺应建筑师的工作习惯,在建模过程中有意使光标以铅笔的形象示人,实际的软件操作有如在纸上画草图、勾方案,正如 @Last Software 公司描述的:"它是建筑师的电子铅笔,辅助设计的利器。"与传统手绘图缺乏精准相比,SketchUp 拥有智能导引系统,"灵活快速"和"精准"这两方面兼顾良好。其独特的"参考锁定功能",就像三维的丁字尺,而模型中的线与面则取代以往制图用的三角尺与模板。由此可见,传统铅笔草图的优雅自如,现代数字科技的速度、严谨和多向选择,在这里得到了很好的结合。

建筑设计是一个从模糊到清晰,从整体到局部的过程。建筑师习惯一开始就撇开形体具体尺寸而整体思考,随着思路的推进逐步添加细节。SketchUp 可以在粗略的作图以及精准的确定尺寸两种工作方式之间随时切换。所提供的修改工具可以方便地解决整个设计过程中出现的各种修改。这对方案的推敲深

化尤为重要。

(2) 设计与表现一体化，所见即为所得

建筑设计的启端可能是个想法，而不一定是具体的事物，建筑师的努力是把这种抽象的思维转换为直接可视化的具象图形。SketchUp 在探索如何促进设计与表现的有效互动，以及设计与表现一体化等方面所作的努力，体现在以下几个方面。

● 基于三维的创作环境

设计对象在实际生活中以三维的形象示人，因此基于三维的互动创作环境无疑是设计师的首选，SketchUp 的整个建模操作就是在三维场景中进行的。

● 实时渲染的场景，所见即为所得

SketchUp 把场景的关联材质、组件和图像副本合成到文件中。在异地设计交流时，收发 SketchUp 文件的任何一方都能看到完全相同的屏幕画面，避免了因各种因素而出现的误差。同时在操作过程中，SketchUp 实时渲染场景，因此场景显示的效果与最后渲染输出的图片效果完全一致，无需单独渲染图形文件，这可使设计与表现的一致性更加紧密。

● 强大的实时表现工具

如基于视图操作的照相机工具，能够从不同角度和显示比例浏览建筑形体和空间效果；又如 SketchUp 有多种模型显示模式：线框模式、消隐线模式、着色模式、X 光透视模式等，这些模式特点鲜明，是根据辅助建筑设计的不同阶段和习惯的侧重点不同而设置的。

(3) 辅助设计功能强大，为设计工作开辟坦途

SketchUp 的软件开发者对建筑设计有深刻的理解："建筑设计本身是一种模糊性设计，前期并不需要严格的定性定量，而且，美学问题是无法用定量的方法来描述的"，SketchUp 的设计开发正向这一理念靠拢，主要体现在以下几个方面。

● 特殊的几何体引擎

SketchUp 取得专利的几何体引擎是特别为辅助设计构思开发的，具有相当的延展性和灵活性，这种几何体是由线在三维空间中互相连接，组合成面的架构，而表面则是由这些线围合而成，互相连接的线与面保持着对周边几何体的识别，因此与其他简单的 CAD 系统相比更加智能，同时也比参数设计系统更为灵活。

● 材质的推敲（图 3-5）

SketchUp 的材质纹理和颜色的变换功能与其他 CAD 系统差别很大，主要体现在它能够将形体与材质的关系调整可视化、实时化，犹如设计者在现场直接更换材质，效果非常直观。

● 光影分析（图 3-6）

SketchUp 具备强大的光影分析功能，可以模拟建筑在特定时间和地域下的日照阴影效果，实时互动地分析阴影。该投影特性使设计者更准确地把握模型尺度，控制造型和立面的光影效果。另外还可用于评估一幢建筑的各项日照技术指标。

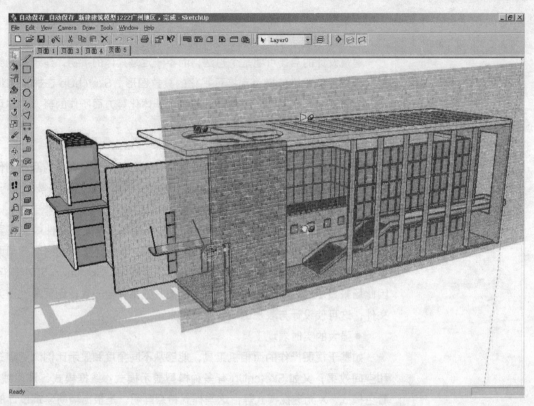

图 3-5 材质的推敲

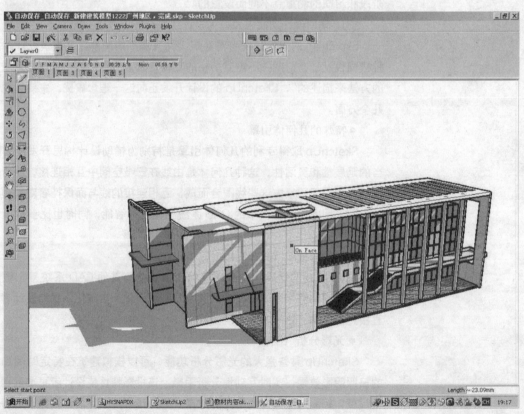

图 3-6 光影分析

● 剖切空间及虚拟漫游

剖切透视不但可表现横向上下层或同一平面的空间结构，还可以直观准确地表现纵深空间关系。SketchUp 能按建筑师的要求方便快捷地生成各种空间分析剖切透视图，让你看到模型的内部空间，并且可以在模型内部设计创作。另外可以把剖切面导出到矢量图软件中，制作图表、图释、表现图等，或者作为施工图制作的基础素材。

SketchUp 提供了虚拟漫游功能，可自定义人的视高以及在建筑空间中的行走路线，将建筑未来的建成状况以身临其境的方式体验。

● 页面的使用

SketchUp 提出了"页面"的概念，页面的形式类似一般软件界面中的页框。通过页框标签的选取，能在同一视口中进行多个页面视图的比较，这对设计对象的多角度分析评价相当有利，图 3-7 的（a）、(b)、(c) 所示分别是萨伏伊别墅的整体外观、内部结构和二层平面的空间关系。页面的使用特点就像滤镜一样，可以根据设置过滤图像的显示属性。每一个页面可自定义需要保存的属性，如阴影、视点、显示模式等。因此可以明确每个页面表现的侧重点，通过切换页面，可有效地在设计过程中推敲方案各方面特点，有利于成果的展示。

(4) 分阶段的多元化表现手法，最大限度地满足设计表达需要

SketchUp 可以针对方案设计各阶段的表现特点，生成各种形式的三维表现成品，这些形式有如概念草图的（图 3-7a），有清新脱俗，充满艺术感的（图 3-8），也有朴实无华，忠于设计对象实景效果的（图 3-9），如能结合其他软件（如 Photoshop、Piranesi），其表现形式会更加丰富。因此建筑师能在设计全程根据表达需要分阶段表现设计对象，进而向业主提供相应的表现成果。

使用 SketchUp 全程表现设计对象并非否定当前常用的计算机表现形式（如 AutoCAD 绘制的工程图，3ds Max 和 Photoshop 绘制的表现图），而是一定程度上与之兼容互补。首先从分工的角度看，使用 SketchUp 应更偏重设计构思过程表现，对于后期严谨的工程制图和仿真效果图则应借助其他软件；其次，从软件兼容性角度看，SketchUp 的模型数据能转换为 AutoCAD、3ds Max、Revit Building、ArchiCAD 等的文件格式，因此在 SketchUp 中的成果

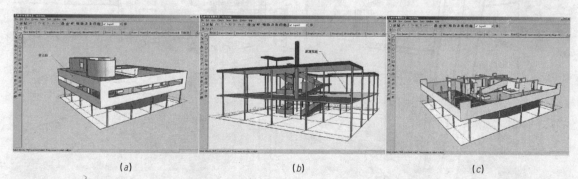

图 3-7 萨伏伊别墅的整体外观、内部结构和二层平面的空间关系
(a) 整体外观；(b) 内部结构；(c) 二层平面

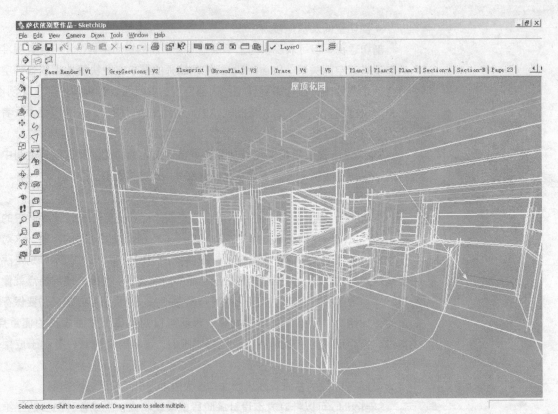

图 3-8 清新脱俗，充满艺术感的效果图

图 3-9 朴实无华，忠于设计对象实景的效果图

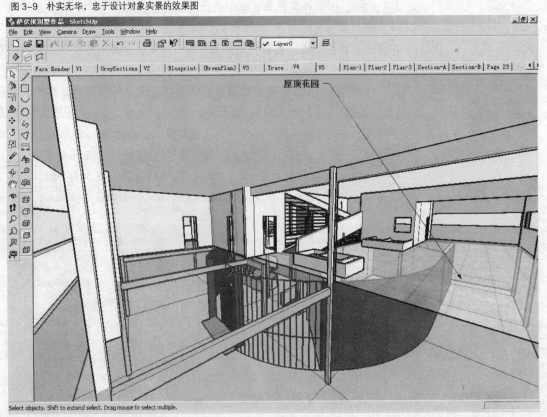

完全可与其他软件共享。

SketchUp还可以通过导出插件直接把建筑模型从SketchUp中导入到Google Earth中去，和卫星地图比对，同时也可以在建筑上设定标签。随着Google Earth为我国提供越来越多的地理信息，这将大大地方便SketchUp的用户。

3.2 AutoCAD

AutoCAD是美国Autodesk公司开发研制的一种通用计算机辅助设计软件包，它在设计、绘图和相互协作方面展示了强大的功能。其优点在于易于学习、使用方便、体系结构开放等，因而深受广大工程技术人员的喜爱。

Autodesk公司成立于1982年，总部设在美国加州圣拉斐尔。从1982年推出的AutoCAD第一个版本V1.0，发展到目前最新的AutoCAD 2007（图3-10）。在这二十多年的时间里，AutoCAD产品在不断适应计算机软硬件发展的同时，自身功能也日益增强且趋于完善。AutoCAD在全世界150多个国家和地区广为流行，占据了近75%的国际CAD市场。在机械、建筑、电子、纺织、地理、航空等领域得到了广泛的使用。在我国，超过90%以上的建筑设计部门在应用AutoCAD。可以这样说，AutoCAD已经成为微机最常用的CAD系统，而AutoCAD的DWG格式文件也成为工程设计人员交流设计技术思想的公共语言。

3.2.1 AutoCAD的特点

AutoCAD与其他CAD产品相比，具有如下特点：
- 直观的用户界面（图3-11）、下拉菜单、图标、易于使用的对话框等。
- 丰富的二维绘图、编辑命令以及建模方式新颖的三维造型功能。
- 多样的绘图方式，可以通过交互方式绘图，也可通过编程自动绘图。

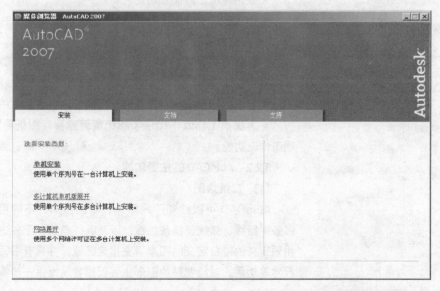

图3-10 AutoCAD 2007 安装界面

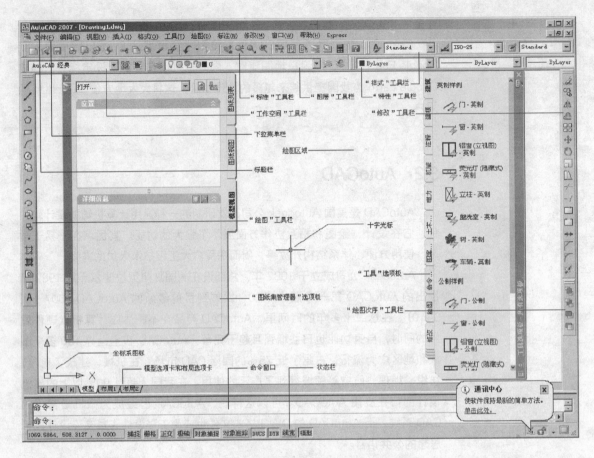

图3-11 "AutoCAD经典"界面

● 能够对光栅图像和矢量图形进行混合编辑。

● 产生具有照片真实感（Phone 或 Gourand 光照模型）的着色，且渲染速度快、质量高。

● 多行文字编辑器与标准的 Windows 系统下的文字处理软件工作方式相同，并支持 Windows 系统的 TrueType 字体。

● 数据库操作方便且功能完善。

● 强大的文件兼容性，可以通过标准的或专用的数据格式与其他 CAD、CAM 系统交换数据。

● 提供了许多因特网工具，使用户可通过 AutoCAD 在 Web 上发布、打开、插入或保存图形。

● 开放的体系结构，为其他开发商提供了多元化的开发工具。

● 为提高工作效率提供了标记集管理器、图纸集管理器、工作空间等多项工作流功能。

3.2.2 AutoCAD 的主要功能

（1） 二维绘图

AutoCAD 可以绘制不同颜色、不同线形、不同粗细的二维直线、折线、多条平行线、弧线、样条曲线，以及圆、椭圆、正多边形等几何图形，还可以用预定义的或自定义的图案填充指定区域，并具有书写文字、创建表格、标注尺寸等功能，对绘制好的图形也可以很容易地进一步编辑。另外，强大的坐标锁定（捕捉、追踪）功能使得图形定位方便精准。这可以满足绘制建筑设计各个阶段（如方案设计、施工图等）不同深度要求的图纸绘制。

(2) 三维建模

AutoCAD 三维建模功能也在不断增强与完善，它由刚开始的二维半建模（即在二维图形的基础上增加一个厚度）、三维表面建模（如空间三维面、空间网格面等），经历了附加 AME 三维建模软件模块阶段，发展到目前的内置三维实体建模功能，除了可以绘制各种基本几何体，并可以通过布尔运算或其他的编辑功能，组合成复杂的形体，还可以通过拉伸、旋转、扫掠、放样等命令，直接生成各种复杂的曲面三维模型。同时，可以对模型附着材质特性，渲染出具有照片真实感的图像。这些功能极大地方便了建筑设计几何空间分析及效果表现的需要（图 3-12）。

AutoCAD2007 版，在概念设计方面的功能得到了很大的加强，增加了面、边缘、顶点操作，三维多段线（Polysolid），扫描和放样等操作命令，有利于将这些命令应用到建筑的概念设计中。

(3) 协同设计

AutoCAD 可以通过计算机网络与其他人和组织协同工作。

为了保障项目的安全，可以对图形实施保护和签名，即使用密码和数字签名进行设计工程协作。例如：受密码保护的图形，不输入密码便无法查看该图形。对进行了签名的图形，签名将通过数字 ID（证书）识别个人或组织。

用户可以使用因特网共享图形，即访问和存储因特网上的图形以及相关文件。用户需要安装 Microsoft Internet Explorer 6.1 Service Pack 1（或更高版本），并拥有访问 Internet 或 intranet 的权限。

AutoCAD 可以将文件存为 DWF 格式，以方便设计人员共享工程设计数据，使设计人员能方便地与其他人员交流设计信息和构想。当设计处于最后阶段时，可以使用用于设计检查的标记，发布要检查的图形，并通过电子方式接收更正和注释。然后可以针对这些注释进行相应处理和响应，并重新发布图形。通过电子方式完成这些工作可以简化交流过程、缩短检查周期并提高设计过程的效率。

(4) 开放的二次开发环境

AutoCAD 不仅具有丰富的命令和工具集，而且同时具有开放的体系结构，

图 3-12 利用 AutoCAD 绘制的建筑平面图和三维图

为用户和其他开发商提供了多元化的开发工具。用户可以选择使用 AutoLISP、ActiveX 和 VBA、以及 ObjectARX 等，进行二次开发，以满足用户的特殊需要。我国从 1989 年开始出现的 House、ABD、建筑之星、Dowell-ADE、Arch-T、天正等建筑设计软件都是以 AutoCAD 为平台进行二次开发推出的。Autodesk 公司也在 AutoCAD 上开发出专用的建筑设计软件 ADT（Autodesk Architectural Desktop）。

有许多用于建筑物理环境分析的软件与 AutoCAD 有很好的交互性。如用于建筑声环境分析的 Odeon、EASE，可以直接应用在 AutoCAD 上建立的建筑模型来进行分析，而用于建筑热环境分析的 DeST 就是直接在 AutoCAD 的界面上开发的。

3.3 天正 TArch

3.3.1 天正建筑 TArch 软件简介

天正建筑 TArch 软件是北京天正工程软件有限公司自 1994 年开始在 AutoCAD 图形平台上开发的一系列建筑、暖通、电气等专业的商业化建筑软件（表 3-1）。十多年来，天正公司的系列建筑 CAD 软件在国内的建筑设计单位市场上取得了极大的成功。目前最新的版本是 TArch7.0。

20 世纪 90 年代初是我国建筑业发展的顶峰时期，大量建筑工程项目对建筑设计行业的工作效率提出了急迫的要求，传统的手绘施工图显然无法应付新的建筑行业形势下对建筑绘图的要求。当时 CAD 建筑绘图软件对大多数设计人员来说都还是十分陌生的新鲜事物，更不要说在此基础上进行二次开发的建筑专业绘图软件了。随着建筑市场的不断扩大以及建筑设计周期的不断缩短，建筑设计行业需求专业绘图软件的呼声也越来越高。巨大的建筑软件市场吸引了不少软件开发公司进入到专业建筑绘图软件的开发行列中来。天正公司就是其中的佼佼者，特别是在天正软件和 AutoCAD 平台的兼容性上取得了很好的突破，满足了用户同时使用天正软件的专业命令和 AutoCAD 标准

天正建筑 TArch 软件与 AutoCAD 平台不同版本的兼容性对照表　　表 3-1

	DWG 文件格式	R12	R14	R15			R16		R17
AutoCAD	平台	R12	R14	2000	2002	2004	2005	2006	2007
TArch	1.0~1.8	支持	—	—	—	—	—	—	—
	3.0~3.52	—	支持	—	—	—	—	—	—
	3.6	—	支持	支持	支持	—	—	—	—
	3.8	—	支持	支持	支持	支持	支持	—	—
	5.0	—	—	支持	支持	—	—	—	—
	5.5	—	—	支持	支持	—	—	—	—
	6.0	—	—	支持	支持	支持	—	—	—
	6.5	—	—	支持	支持	支持	支持	—	—
	7.0	—	—	—	支持	支持	支持	支持	支持

命令的需求。

　　DWG 文件是由 AutoCAD 自己的图形（点、直线、圆、圆弧等）对象构成的。由于使用基本几何图形对象绘图效率太低，天正公司便利用 AutoCADR14 版提供的面向对象技术，定义了数十种专门针对建筑设计的图形对象。其中部分对象代表建筑构件，如墙体、柱子、门、窗等，并把与建筑设计有关的数据与操作封装在建筑对象中。也就是说，这些对象在程序实现的时候，就在其中预设了许多属性和智能特征，例如门窗碰到墙，墙就自动开洞并装入门窗。另有部分对象代表图纸标注，包括文字、符号和尺寸标注，预设了图纸的比例和制图标准。还有部分对象作为几何形状，如矩形、平板、路径曲面，供用户自己使用。经过扩展后的天正建筑对象功能大大提高，既可以使用建筑构件的编辑功能也可以使用 AutoCAD 通用的编辑机制。为了保持紧凑的 DWG 文件的容量，天正默认关闭了代理对象的显示，使得标准的 AutoCAD 无法显示这些图形。目前天正公司免费向公众发行 T7 插件对象解释器用于在 AutoCAD200X 平台上对天正对象的解释（表 3–2）。

天正平台与 AutoCAD 接收文件版本兼容解决方案对照表　　　　表 3–2

天正平台/接收文件版本	R14（R14）	R15（2000~2002）	R16（2004~2006）	R17（2007）
R14	直接保存	图形导出 T3	图形导出 T3	图形导出 T3
其他平台无插件	直接保存	图形导出 T3	图形导出 T3	图形导出 T3
其他平台–T7 插件	直接保存	直接保存	直接保存	直接保存

3.3.2　天正建筑 TArch 软件主要特点

　　当然，包括天正软件在内的很多专业绘图软件仍然有许多需要改进的地方，比如：有些行业人士认为天正建筑软件过分地求大求全，在具体的功能运用上反倒不如其他专业软件丰富和方便。天正建筑在建筑方案三维体量形体推敲方面就不如 SketchUp 软件，在三维模型渲染方面没有 3ds Max 效果好，在平面色彩制作方面又不如 Photoshop 功能强大。其实每个专业软件在软件开发的初期就制定了开发软件的目标定位，不同的软件实现的开发目标是不同的。再者，每个软件都有自己的思路，如果能适应它的思路，那一定会觉得它的人性化的地方。天正建筑从 1994 年以来到现在沿用了一贯的开发思路，逐步提高和完善天正建筑的实用性。只要用户真正习惯了天正建筑软件的思路，就会体会到它在建筑设计和绘图方面的强大实力。

　　建筑设计包括建筑方案设计、扩大初步设计和施工图设计三个阶段。不同的设计阶段对专业软件的要求是不一样的。在很多领域里，一般的做法是结合不同的专业在不同阶段的需要，运用最为方便有利的专业软件，但随之带来的是不同专业软件之间的兼容性问题。而天正建筑软件则为广大建筑专业用户提供了一套整体运用的方案，无需在不同专业软件之间相互转换。这也就是为什么天正建筑软件求大求全的原因。另外，整体方案的开发有利于软件设计思路的统一，方便专业用户对软件的适应。当然，这也对天正软件公司提出了更高的要求，需要开发公司具有很强的开发实力和强大的开发团队。

天正建筑软件没有将功能模块分为建筑方案、扩大初步设计和施工图设计三个部分，而是让用户选择合适的功能命令，达到什么设计深度，完全取决于用户的设计任务。

(1) 建筑方案设计

为了符合建筑设计的规律和习惯，天正建筑软件的方案设计阶段也是从平面图的设计绘制开始的。用户通过天正有关命令首先布置平面的轴网，接着再布置柱子和墙体。然后用户可以通过天正的门窗命令在墙体上开不同尺寸和形式的建筑门窗。如果是不止一层的建筑，还需通过天正的命令来绘制楼梯和电梯等不同形式的建筑楼梯。之后利用图库图案来进行室内家具洁具以及不同铺地的布置。最后也是用天正的命令进行建筑轴线尺寸的标注。这样建筑平面图就绘制完成了。如果是不止一层的建筑，其他层平面图可以复制之后利用天正的各种命令修改调整成所需的平面图。

立面图和剖面图的绘制首先需要通过天正相关命令建立数据库文件夹和楼层表，再生成立面和剖面，之后通过天正立面和剖面的各种命令来调整修改形成最终的建筑立面图和建筑剖面图。可能有些用户认为天正建筑软件的立面和剖面的生成比较麻烦，不太愿意使用它们，不过这要和以前的版本比起来已经完善了很多。目前的现状是，还是有不少用户采用 AutoCAD 自身的命令来"硬画"建筑立面图和剖面图，看来天正建筑软件在这方面的方便性还有待进一步提高和完善。

由于天正建筑软件使用自定义建筑专业对象构建图形，因此用户绘制的各层平面图本身就具备单层三维模型的完整信息，只需要进行各楼层的组合就可得到整个建筑的三维模型。但由于天正建筑软件所使用的 AutoCAD 软件平台本身在渲染方面的不足以及建模方面的缺陷，在天正建筑软件里生成的三维模型更多是辅助生成建筑立面和剖面以及方案研究，而在建筑效果图方面目前大多数用户还是选择合作建筑效果图公司，利用 3ds Max 等图像处理软件进行渲染，最后在 Photoshop 软件里进行后期制作。

此外，在建筑方案设计的过程中，随着国家对建筑日照和建筑节能的要求越加严格，建筑设计中的日照和节能问题显得十分突出。天正建筑软件有关日照分析和节能分析的命令为用户在设计阶段对方案有关日照和节能方面的分析提供了强大的技术支持。

(2) 建筑初步设计

建筑专业用户一个最大的体会就是使用天正建筑软件在不同的设计阶段可同时共享设计成果，初步设计完全可以在方案图的基础之上进行深化设计绘图。初步设计不需要生成三维模型，而更多需要标注功能。而这正是天正建筑软件的强项。

(3) 建筑施工图设计

建筑施工图的核心就是"尺寸"、"做法"、"统计"三大问题。天正建筑软件为广大用户提供了方便高效的标注命令，使得以前施工图制图头疼的标注规范化问题得到很好的解决。在施工图阶段，除了完成与初步设计类似的绘图工作以外，还要经常绘制建筑详图大样。而天正建筑软件强大的统计工具可以为用户方便地生成门窗表等各种统计表格，大大节约了绘图工作量，提高用户的工作效率。

3.4 ADT

ADT（Autodesk Architectural Desktop）是 Autodesk 公司开发的三维建筑设计专业软件。在当前建筑业最新流行的术语 BLM 与 BIM[①]的定义下，ADT 与同为 Autodesk 公司开发的 Revit，Graphisoft 公司开发的 ArchiCAD 和 Bentley 公司开发的 TriForma 等软件一样，都属于建筑信息建模类软件，只是各自采用的建模技术和集成方式等有所不同。ADT 软件的主版本号经历了从 1，2，3 到 2004，2005 和 2006，其最新版本为 ADT 2007。从数据文件格式与主要功能划分，ADT 2004~2006 属于同一系列，也是目前国内外使用 ADT 用户的主要环境。Autodesk 公司从 ADT 2005 版开始，目前只推出外文版，暂时不再继续支持中文版的开发。

3.4.1 AutoCAD 和 ADT

从前面介绍的内容中可以知道，AutoCAD 一开始就是作为一种通用的交互式绘图软件面世的。从二维到三维，AutoCAD 都是使用最基本的图形元素作为绘图和建模的要素。AutoCAD 的普及对推动 CAD 在工程领域的应用和提高绘图效率确实起到了巨大的作用。但随着 CAD 应用的普及与深化，这种通用的 CAD 软件难以完全满足工程各专业设计的特殊性，对进一步提高专业设计与绘图的质量、速度和效率的效果并不十分理想。针对这种现实的要求，各专业工程技术人员和软件公司纷纷开始在 AutoCAD 基础上利用其基本图形元素和绘图功能开发出大量适合各自专业特殊需要的各类绘图实用程序（二次开发），或者以 AutoCAD 为核心扩充新的专业对象形成全新的专业 CAD 软件。ADT 和前面介绍的天正建筑软件 TArch 就是属于后一类的建筑 CAD 系统。

ADT 是 AutoCAD 与建筑设计专用程序的完整集成。与天正软件安装前必须要先安装版本相适的 AutoCAD 不一样，ADT 安装的同时事实上已包含了 AutoCAD 的安装。由于 ADT 是以 AutoCAD 为核心和基本环境，它继承了 AutoCAD 的全部风格与特性，包括用户界面与操作命令。用户如果不需要使用 ADT 专有的与建筑有关的对象和命令，他完全可将 ADT 作为单纯的 Auto-CAD 来使用。同样，所有以 AutoCAD 为基础开发的实用性程序，甚至像天正这样的专业软件也可以在 ADT 下同时安装和运行。因此从某种意义上可以说，ADT 是一种"增强版"的 AutoCAD。

这种以 AutoCAD 为支撑环境的建筑 CAD 系统的最大优点是：

1）熟悉 AutoCAD 的用户可以免除使用新软件时所必须面临了解和掌握基本操作环境的学习过程和代价；

2）用户可以在熟悉的环境下使用最适合自己的操作经验与应用技巧来使

---

① BLM 是 Building Lifecycle Management（建筑工程生命周期管理）的缩写，BIM 是 Building Information Modeling（建筑信息模型）的缩写。BLM 和 BIM 分别代表了当前建设领域信息技术应用的先进思想和先进技术。有关这方面的介绍详见本书第 6 章。

用新的功能，发挥其最大效率；

3）用户在使用专业软件提供的建筑对象进行建筑设计和绘图时，可以同时使用 AutoCAD 成熟的命令，基本图素和积累的绘图资源等，有效地完成设计与绘图任务。特别是目前建筑 CAD 软件的专业设计功能普遍处于不断成熟和完善阶段，单纯使用这种专业功能还不足以完成复杂的建筑设计与繁复的施工图绘制，往往或者必须要辅以或结合 AutoCAD 的基本的绘图功能与图形要素。

与 AutoCAD 的版本历史相仿，AutoCAD 的外部版本号直到 2000 版开始，才基本与其推出年份直接关联。ADT 则直到 2004 版才开始与同期的 AutoCAD 的版本号相一致。

3.4.2 ADT 的对象模型

ADT 是以 AutoCAD 为基本环境的，因此，它具有 AutoCAD 所具有的全部特性。但它又是以建筑设计为专业目标，因此，它在建筑专业对象的设计特性与应用性能方面建立和使用了全新的对象模型。

ADT 使用的是面向对象建模技术的建筑信息建模 CAD 系统，它让用户通过组合使用其内含的各种三维或二维 AEC[①]对象来设计、建立、完成或制作建筑的三维模型、平、立、剖、施工详图或明细表等。

ADT 的三维 AEC 对象用于建立三维建筑模型，主要有这几类：

- 用于方案设计的体量元素对象，类似于 AutoCAD 的三维 SOLID 实体，包括拱顶、长方体、圆柱体、球体、四面体、锥体等；
- 墙、门、窗、幕墙、楼梯、屋顶等建筑构件对象；
- 柱、梁、支架、楼板、屋顶板等结构构件对象；
- 开口、栏杆、扶手等其他附属对象。

二维 AEC 对象主要用于建立模型的各种平、立、剖面视图、施工图和明细表等。包括柱网和顶棚（软件中用天花板）网格对象、立面和剖面对象、明细表对象、AEC 尺寸线对象、AEC 多边形对象和区域标记对象等。

除了上述三维和二维 AEC 对象以外，ADT 还使用了一种特殊的多视向图块对象：不同的视图（观察）方向具有不同的显示形态。如在轴侧（模型）视图下显示为三维图形，平面或不同立面视图下显示为不同的二维图形等。多视向图块实际上是一个具体的三维或二维图形对象的若干不同图块的特殊组合，其中每一个图块包含了在一个或几个视图方向上的显示内容。

ADT 的多视向图块对象主要用于表示：

- 各种家具、设备等；
- 各种图形批注，如云形符号、消防等级等；
- 明细表标记符号，如门编号等。

与在 AutoCAD 中可以利用图块技术构建用户自己的平面图库一样，利用 ADT 特殊的多视向图块对象特性，用户可以构建起专用的集二、三维表示于一身的专业图库（图 3-13）。

[①] AEC 是 Architecture、Engineering、Construction 的缩写，泛指建筑工程。

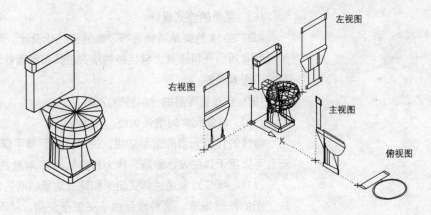

图 3-13 ADT 多视向图块定义

3.4.3 ADT 的主要功能特点

(1) 项目图形管理功能

以整个建筑设计为一个项目，项目图形管理功能通过提供一组新的工具将项目中的模型设计和施工图绘制相关的过程进行自动化管理。功能所采用的项目概念模型的重点在于外部引用文件的自动管理，以增强协调整个项目的进展。事实上，基于 AutoCAD 外部引用的文件组织与管理已成为 ADT 2004 及其以后版本的系统核心。

(2) AEC 对象的直接操作

为了使设计师在设计时能集中于图形区的工作，ADT 从 2004 版起增强了对象的夹点功能：一个对象在不同的视图模式下可能具有不同编辑特性的夹点；不同编辑特性的夹点使用不同的夹点图形符号；当光标移动到某一夹点上时，会显示不同的操作或尺寸提示等。

(3) 增强的工具面板

工具面板使用图标方式将常用的对象设计工具，如门、窗、墙体等集合在一起。它完全继承了 AutoCAD 工具面板的所有功能特性，又增加或增强了一些新的特性。

(4) 增强的属性面板

属性面板也是对 AutoCAD 属性面板特性的增强。

(5) 内容浏览器

内容浏览器提供了可快速存取的 ADT 工具和设计内容。这些工具和设计内容可以组成工具目录库、工具包或工具面板，内容可供设计人员共享。

内容浏览器和设计中心一样，都使用 i-drop 技术。因此，用户可以通过企业内部网或因特网将其单个工具对象、工具包或工具面板拖拉到个人的工具面板中使用。

(6) 对象材质特性

ADT 2004 新增的材质特性使得设计人员能够为设计图、施工图和模型渲染提供图形与非图形的细节。

(7) VIZ 渲染器

ADT 从 2004 版开始不再提供直接渲染的功能菜单，代之集成了新的 VIZ 渲染器。

(8) 菜单的流式设计

ADT 2004 的菜单系统进行了新的流线化设计。菜单中高度集中了设计各阶段都有用的一组工具，包括各种格式工具和管理器对话框的格式菜单、设计和施工图菜单等。

(9) 样式管理器的分组管理功能

(10) 体量元素的增强功能

增强的体量元素的造型功能，使得体量元素不仅可以用于概念设计阶段，而且可以用于详细设计阶段，作为对其他 AEC 对象的补充（图 3-14）。

(11) AEC 对象通过样式定义和建立功能的增强，提供了更多用于设计与施工图的图形细节。这种增强由于更便于使用，从而提高了设计的效率。例如，在墙体上插入门对象的过程中，可实时显示相关的尺寸度量，以便于控制精确定位。

(12) 立面和剖面功能的增强

1) 由于 AEC 对象可以定义材质，模型的立面、剖面视图中可以实现材质图案的自动填充，不再需要在生成后再进行人工填充。

2) 在编辑剖面 / 立面图形时，可以使用窗口等方式对编辑线进行多选，从而提高了剖 / 立面线条的编辑效率。

3) 编辑结果可以在剖 / 立面更新后得以保留。

4) 在生成的剖 / 立面图上，可以定义材质填充边界，从而控制边界区域内的材质图案的填充，图 3-15 所示。要定义材质填充边界，只需要先在剖 /

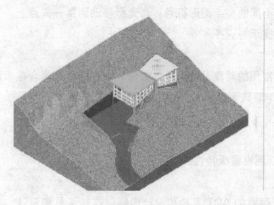

图 3-14 覆布体量元素模拟地面模型

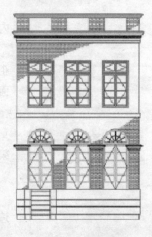

图 3-15 边界控制的材质填充

立面图上绘制一条闭合的多段线，然后将其转换为材质填充边界。

(13) 制表功能的增强

3.4.4 ADT 建筑建模绘图的基本过程

(1) 新建项目定义

项目定义的主要目的是建立设计项目的概念模型，概念模型包含项目的总体描述与项目结构，该项目结构既表示项目建筑模型的几何组成，又代表集中管理其相应的项目文件系统的结构层。这部分工作主要是利用 ADT 的项目浏览器和项目导航器的项目选项卡，通过对话框操作方式进行的。

(2) 按楼层建立构件模型

构件是项目管理模型的基础。建模前应该规划好，即使不是一次就完成全部定义，也应事先将整个建筑模型按建模和绘图的需要从物理与逻辑上有机划分成不同层次的构件模型。通过简单的辅助构件的组合来创建复杂构件，通过组合不同的构件以构成所需的模型与平、立、剖视图等。每个构件对应一个图形文件，但一个构件模型中可以包含（引用）多个其他的构件模型，就像一个普通 AutoCAD 图形中可以包含多个其他外部文件的引用一样。只是在 ADT 下，这种构件的引用必须在其定制的导航器或命令操作方式下执行。构件模型的建立包括模型二维或三维建筑对象的创建，对象材质的添加与指定等。

不同楼层的构件模型可以通过对现有楼层的构件拷贝等专用操作功能较简单地完成。

(3) 建立建筑的轴侧与平/立/剖面视图模型

建立起模型的构件以后，就可以通过有选择地将有关构件组合建立包括整体模型、局部模型或平、立、剖面视图在内各种所需要的三维或二维视图模型。在 ADT 的项目管理模式下，所建立的每个视图同样对应着一个图形文件，尽管这种视图模型可能只是已有构件模型的简单引用。

视图模型有两个作用：一是视图的实时显示与观察。一旦构建了某一视图模型，那么其引用的任何构件模型中的任何修改与变动都会实时直观的反映到视图模型中，另一个作用是用于建立图纸的输出模型。

(4) 建立绘图输出图纸

前几步关于各类构件和视图的建立，本质上都是在模型空间布局中进行的。输出绘图则要在图纸空间布局中进行。这种转换可以通过简单地选择引用一个或几个已建立的视图模型来构成所需要输出的图纸布局而实现。

3.5 Revit Building

Autodesk Revit Building（图 3-16）的前身是美国 Revit Technology 公司在 1998 年开发的一个参数化的设计软件 Revit。2002 年 Revit Technology 公司被 Autodesk 公司收购，其后 Revit 就成为 Autodesk 的系列产品之一。从 2003 年发表的 Autodesk Revit 5.0 到 2004 年的 Autodesk Revit 6.1，其基本功能都在建筑设计方面。2005 年，Autodesk 公司分别开发出用于建筑设计的

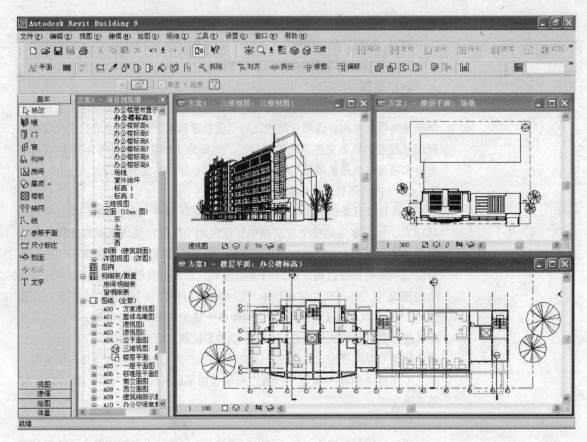

图 3-16 Revit Building 9 的界面

Autodesk Revit Building，用于结构设计的 Autodesk Revit Structural 和用于给水排水、采暖、空调、电气设计的 Autodesk Revit Systems。目前最新版本是 Autodesk Revit Building 9.1。

在 21 世纪伊始，Autodesk 就提出了以 BLM-BIM 的理论为指导开发工程软件的战略思想，Revit 系列软件就是在这种思想指导下发展起来的。Revit Building、Revit Structure 和 Revit Systems 一起，共同构成了一个完整的，并且基于建筑信息模型的设计体系。在这个体系中，可以实现不同专业信息的共享与交叉链接，为实现协同设计提供一个良好的平台。

Revit Building 有如下的一些主要特点：

(1) 完全集成化、信息化的单一建筑模型

这是 Revit Building 与传统的绘制 CAD 图的软件最根本区别的地方。

在 Revit Building 中，其基本图元不再是直线、点、圆这些简单的几何图元，而是墙、门、窗、楼梯这些基本的建筑构件对象。应用 Revit Building 进行建筑设计的基本过程是建立建筑信息模型的过程。同时也建成这个模型的数据库，所有构件的各种属性都以数字化的形式保存在数据库中。所有图纸将直接从建筑模型生成，图纸上的信息直接与数据库双向关联。从而保证了模型与图纸的关系是同步协调的。

(2) 参数化设计方法

参数化设计方法体现在两个方面：参数化建筑图元和参数化修改引擎。

参数化建筑图元是 Revit Building 的核心。Revit Building 已经提供了许多在设计中可以立刻启用的图元,这些图元以建筑构件的形式出现,同一类构件的不同类型通过参数的调整反映出来,例如不同厚度的砖墙、不同宽度的双开门。

参数化修改引擎提供的参数更改技术,使用户对建筑设计或文档任何部分的更改能够自动确定位置,实现关联变更,从而大幅度提高工作效率、协同效率以及成果质量。它采用智能建筑构件、视图和注释符号,使每一个构件都通过一个变更传播引擎相互关联。构件的移动、删除、尺寸的改变所引起的参数变化会引起相关构件的参数同步产生关联的变化;任一视图下所发生的变更都能参数化地、双向地同步传播到所有视图,以保证所有图纸的一致性,毋须逐一对所有视图进行修改。

(3) 设计数据的关联变更

在上两点中都提到了 Revit Building 中设计数据的双向关联机制,而且这种关联互动是实时的,在任何视图、表格上对设计做出的任何更改,都马上可以在其他视图、表格上关联的地方反映出来,无须用人工方式对每个视图、表格进行逐一修改。这就从根本上避免了不同视图之间容易出现的不一致现象,有效地防止这类设计错误的产生。

关联变更还表现在各个构件之间的智能关联。例如墙体的移动除了引起墙上的门、窗和墙体一起移动外,还会引起与该墙体连接的墙的几何尺寸发生变化。

在 Revit Building 中的各个建筑设计视图(平、立、剖视图),都是由建筑模型直接产生的,因此视图的生成非常快捷方便,而且这些视图与模型存在着关联关系。设计人员对任何视图的修改,就是对建筑模型的修改,因此其他视图相关的地方也同时被修改,不会存在各视图之间不一致的问题。

(4) 基于同一个模型的协同设计

Revit Building 内嵌的大型数据库支持多名设计人员通过网络在同一建筑数据模型上进行建筑设计,从而实现真正意义上的协同设计。不同的设计人员可以通过建立各自的工作集(这些工作集之间互不重叠),在同一个模型中同时工作,通过不同的工作集可以使他们的工作既有分工,同时又是完全协调的,既提高了工作效率,又保证了完成质量。

(5) 自定义族

族(family)是 Revit Building 中构件的分类方式,众多的构件分别属于不同的族。Revit Building 中配备了大量的族类型。为了满足建筑师的创新要求,Revit Building 还可以让用户直接设计自己的建筑构件,建立起自定义的族。族类型创建后可直接载入到项目中。

(6) 可进行多种有关设计的分析

由于在数据库中储存着建筑模型中所有构件十分丰富的信息,如构件的几何数据(构件的几何尺寸、位置坐标等)、物理数据(重量、传热系数、隔声系数、防火等级等)、构造数据(组成材料、功能分类等)、经济数据(价格、安装人工费等)、技术数据(技术标准、施工说明、类型编号等),其他数据(制造商、供货周期等)。这就为结构分析、节能分析、造价分析等提供了条件。同时 Revit Building 三维可视化的表现方式，也为建筑设计的空间分析、体量分析、日照分析、效果图分析等带来了方便。

(7) 支持多种数据表达方式与信息传输方式

Revit Building 可以导出的文件格式非常丰富，包含：dwg、dxf、dgn、sat 等图形格式，avi 等影片格式，ODBC 数据库格式，图像格式，IFC[①]格式，还有 gbXML 格式。此外，还能够实时输出工程量、建筑、结构构件等各种明细表。

Revit Building 具有很好的开放性和互操作性。可以导入 AutoCAD 的 dwg 和 dxf 文件，MicroStation 的 dgn 文件。支持将模型发布为二维或三维 dwf 格式，用户利用这一功能，可以实现高效率、动态地交换设计信息。Revit Building 的三维文档可以导入到 Autodesk，VIZ 或 Autodesk 3ds Max 中去，创建具有照片效果的室内外渲染效果图。Revit Building 还支持 IFC 国际标准，实现了 IFC 格式的导入与导出，这样就更好地支持信息交换。

目前全球的 Revit Building 的用户已经有 10 万户。在美国纽约"9·11"事件废墟上将要建起的自由塔（Freedom Tower）将成为应用 Revit Building 软件最大的工程项目（图3-17）。

图3-17 自由塔的设计方案

---

① IFC（Industry Foundation Class，工业基础类别）是由 IAI（International Alliance for Interoperability，国际协作联盟）组织制定的，是开放的建筑产品数据表达与交换的国际标准，是建筑工程软件共享信息的基础。ISO（International Standard Organization，国际标准化组织）已通过将 IFC 作为 ISO 的标准。详见第6章。

3.6 MicroStation

MicroStation 是美国 Bentley 公司开发的工程软件平台。1984 年，Bentley 公司成立并发表了 MicroStation 第一个版本，这是一个基于 PC 的 CAD 软件。MicroStation 早期的版本从 Intergraph 公司的 IGDS（Interactive Graphic Design System，一个在工作站上运行的 CAD 系统）中得到了很多的借鉴。其后陆续开发出在 PC、Mac、UNIX 等各种平台上的版本。在 1999 年发布的 MicroStation/J，就开始应用实体建模技术并引入了工程配置的概念。工程配置是 MicroStation/J 的扩展，它以 MicroStation/J 为平台，开发出一系列的应用软件，为建筑工程、制造工程、地理工程、土木市政工程和工厂设计等领域提供了专业的应用内容。进入 21 世纪伊始，Bentley 公司提出了集成化项目模型（Integrated Project Model，IPM）以及全信息建筑模型（Single Building Model，SBM）的概念，并在 2001 年发布的 MicroStation V8 中，应用了这些新概念。其实，IPM 和 SBM 的实质，就是现在的 BLM 和 BIM。

经过多年发展，MicroStation 已成为一个面向建筑、土木工程、交通运输、工厂系统设计、地理空间等多个专业解决方案的核心，以及工作流程的集成平台（图 3-18）。它不仅是一个适用于设计和工程项目的统一的综合性平台，而且是 MicroStation 系列软件的基础。目前最新的版本是 MicroStation V8 XM。MicroStation 系列软件生成的文件格式为 DGN 格式。

MicroStation 不仅具有强大的图形绘制、编辑功能，而且在以下的各个方面性能突出：可直接建立真三维实体模型，并可生成专业级渲染效果图和动画，实现可视化操作；其强大的网络功能、设计历史功能、数据库管理和数据共享能力使其具有很强的协同工作能力；兼容包括 AutoCAD 的 DWG、DXF 格式在内的多种文件格式体现了其互操作性；采用了包括数字权限、数字签名在内的多种安全技术；并具有很强的可扩展性等。从方案设计和施工图

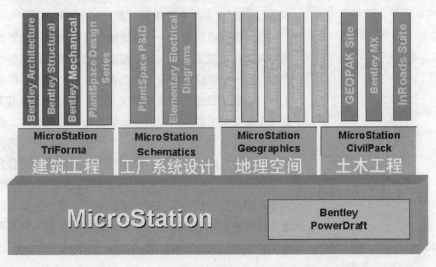

图 3-18 在 Bentley 的产品体系中，MicroStation 是整个体系的基础与信息集成平台

设计到建造和运营，MicroStation 的模型保存了资产及其配置、整个建筑生命周期的所有信息，使项目的管理得到简化并使设备的运行更高效，成本更有效益。

由于 MicroStation 有这么强大的功能，Bentley 公司的建筑、土木等各专业软件其实都是 MicroStation 在各个专业的扩展。在各个专业软件上创建的信息，都可以通过 MicroStation 这个平台进行交流、进行管理。

MicroStation 的显著特点体现在四个基本方面。

(1) 数据的协同工作能力

MicroStation 可以装载并保存其他格式的文件，它可以参考并直接编辑 AutoCAD 的 DWG 格式的文件，甚至可以通过参考文件方式使 DGN、DWG 这两种格式的文件在同一时间内混用。

除了可以和不同种类的文件（不同计量单位、2D 和 3D、DGN 和 DWG 等）彼此参考外，MicroStation 的单元库可以包含按不同计量单位和维数（英制 / 公制、2D/3D 等）建立的单元，并能够感知用户正在放置并进行调整的单元的前后关系。

最新版本的 MicroStation V8 XM 配合 Bentley ProjectWise（动态工程内容管理平台），还能实现多人同时编辑同一个文件的协同作业。

(2) 对文件变更的管理和统计能力

无论是什么专业或工程环境，DGN 文件的全部历史都被作为每一个 DGN 文件的一个完整的组成部分。它的历史日志的综合性记录机制为设计数据增加了时间维。此日志可以跟踪一个设计所做的任何修改，包括改了什么，修改的日期和时间，谁做的修改和为什么进行修改等的内容。用户可以返回到给定设计的某一历史时刻，所做的处理可以被"撤消"，并且一个设计以前的情况可以被恢复。

(3) 高效的工作流

下面从模型和参考文件两方面来说明这一特征。

MicroStation DGN 文件中有两种模型，一种是设计模型（由设计几何形体组成），另一种是图纸模型（用来连接用于创建图纸的几个参考文件）。一个 DGN 文件包含多个专业模型，都可以单独地察看。

在大型的项目中，一个设计模型可能由激活模型加上一个或多个其他模型的参考文件组成，此时，其他模型仍然保持和原模型的链接。参考文件允许几个用户在一个项目中同时工作。例如，一个土木工程设计师可以在场地模型中工作，建筑工程师在建筑模型上工作，同时，设备工程师在管道模型中工作。每一个人可以把其他的模型参考到他自己的模型中，这样就可以和其他专业的设计变化齐头并进。模型的另一个优势是它们可以作为单元或在设计文件中被成组放置的几何形体使用。模型作为单元使用会更容易编辑。

MicroStation 的参考文件功能很强。参考文件提供了在一个项目中对所做的修改和追加设计实施无痕查看的功能。此外还有设计文件的自身参考、在参考文件中查询特定的图形对象，以及非矩形剪切掩盖和非矩形边界等功能。参考文件也可以做成 DWG 文件。

另外，MicroStation 的 AccuDraw（精确绘图）、AccuSnap（智能捕捉）、PopSet（弹出设置）、SmartLine（智能线）、Packager（打包器）、PowerSelector（强力选择器）、Particle Trace Rendering（粒子跟踪渲染）等功能使 MicroStation 的功能更强大。

(4) 宽泛的平台性能

作为一个平台软件，必须有很宽泛的适应性和很强大的可扩展性。MicroStation 提供了多种高级应用开发工具，包括 MicroStation 自带得 MDL 开发语言（和 MicroStation 无缝集成的机器编程环境）、MicroStation VBA、C、C++ 和 Java 等。MicroStation 还可以直接连接或通过 ODBC 连接 Oracle。

应用 MicroStation 的工程项目遍布全球。比较著名的项目有：悉尼奥运会主场馆、伦敦市政厅、夏威夷 H-3 洲际公路、迪拜国际机场等。在我国，目前在建的世界最高建筑上海环球金融中心、2008 年北京奥运会游泳馆"水立方"、首都机场 3 号航站楼等工程都采用了 MicroStation 作为其工程软件。

3.7 MicroStation TriForma 与 Bentley Architecture

3.7.1 MicroStation TriForma 简介

从 1998 年的 MicroStation/J 开始，Bentley 公司就开始应用实体建模技术并引入了工程配置的概念，TriForma 就是在这个时候开发出来的。它是 MicroStation 在建筑工程方面的扩展，也是其建筑工程系列软件的应用平台。在 TriForma 基础之上 Bentley 开发了多个专业软件模块：Architecture、Structural、Mechanical（HVAC 和给水排水）、Electrical、PlantSpace Design Series 这些模块涵盖了建筑、结构、设备、电气、管道多方面的需求。应用 TriForma 来搞建筑设计可以使各相关专业的设计工作高效、协调地进行。目前其最新的版本是 MicroStation TriForma V8 XM Edition。

由于 TriForma 是建立在 MicroStation 的平台上的，因而它可以充分利用 MicroStation 强大的网络功能、数据库管理和数据共享能力使其具有很强的协同工作能力，并可以将设计信息扩展到整个建筑工程周期应用。因此是一个具有高整合性之优异设计环境。

TriForma 除了拥有 MicroStation 的强大功能外，还有如下的特点。

(1) 基于建筑信息模型的设计产品

建筑信息模型技术贯穿 TriForma 工作流程的始终。全部 2D 图纸、各种报告、材料表都能毫不费力地从建筑信息模型中生成。所有文档都动态地链接到建筑信息模型，所以模型的任何变化都能快速地反映到相应的文档去。这样既省时又减少了出错的可能性。TriForma 的预算控制系统可以基于模型分析备用材料所发生的费用变化。

(2) 用于建筑设计的真 3D 实体建模

TriForma 提供了用户所需要的利用 3D 体元素快速塑造、修改、剖切和可视化等概念设计的便捷工具。这些元素既可以是墙、板和柱等简单体，也可以

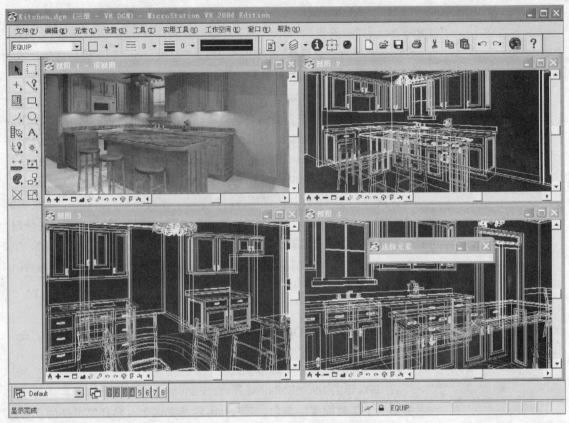

图 3-19 在 MicroStation 的界面可以同时打开 8 个视图窗口

是建筑物或工程的装配、墙洞或结构件等复合体。而且，TriForma 允许在多达 8 个激活的、尺寸可调的窗口中同步地工作，这些窗口包括平面、立面、轴测和透视等视图（图 3-19）。

TriForma 采用智能化构件，实现建筑模型的二维三维关联变化和建筑构件的智能联动。特别其 NURBS[①]自由造型模块功能非常强大，可以生成有别于传统造型以外的新的造型，这为建筑师提供了一个广阔的自由创作空间以及数字化创作工具。

（3）先进的建筑表现手段

TriForma 提供创建照片般真实的渲染图像和动画所需的便捷工具，强大的功能包括光迹追踪、反射、折射、透明、半透明、辐射运算、影像贴附及阴影等，同时为包括环境光、太阳光和射灯光在内的等多种光源提供了真实的光照和阴影。另外，为了表现更为真实，也提供了材质贴图之功能。可以很容易打印完美的、高分辨率的、消除锯齿的高品质图像。

（4）强大的网络功能

TriForma 提供了强大的网页建立、发布，以及 HTML 制作工具。具有强大的网络搜索功能。可直接由网页上拖曳并放置对象。还可以经由浏览器操作 TriForma。支持用 VRML、SVF 及 CGM 之格式表现的虚拟现实。支援 java 及 XML。

---

① NURBS 是 Non-Uniform Rational B-Spline（非一致有理 B 样条曲线）的缩写，NURBS 方法是 20 世纪 70 年代出现的一种现代曲面造型的方法，它可以用统一的数学形式表达规则曲面和自由曲面。国际标准化组织（ISO）于 1991 年颁布了关于工业产品数据表达与交换的 STEP 国际标准，将NURBS 方法作为定义工业产品几何形状的唯一数学描述方法，从而使 NURBS 方法成为曲面造型技术发展趋势中最重要的基础。

3.7.2 Bentley Architecture 简介

在 Bentley 公司的系列软件中，TriForma 是建筑工程的平台，而 Bentley Architecture（图 3-20）是 Bentley 公司针对建筑师的需求开发的，是 TriForma 的扩展模块之一。

Architecture 提供了最直观的使用者界面、2D/3D 共用的工具以及高度的自动化设计辅助。在 Architecture 中可以使用 2D、3D 或是 2D/3D 混合的工作流程，一切的编辑与修改都能在 2D/3D 间自动同步更新，大幅增加设计工作进行的速度及效率。

除了具备 TriForma 的特点外，Architecture 有如下的一些特点。

(1) 使用参数化的工具设计及修改建筑中的对象

提供参数式的墙体、楼板、柱、梁、门、窗、屋顶、楼梯、家具，可随意进行编修。

(2) 2D/3D 作业流程选择

利用 Architecture，建筑师可以在 2D 及 3D 的环境中直接以同样的工具进行设计。以 2D 方式进行设计时，软件自动处理线条的连接、剖面线及门窗的开口，同时即时产生 3D 模型。反过来，建筑师也能选择以 3D 方式进行设计，并由软件自动同步绘出平面图。在整个设计流程中，用户可以依照不同工作阶段的需求以及使用者的个人习惯，在 2D 与 3D 间随意切换。

(3) Data Group

可以不受限制、随意地建立文字资料至 3D 模型之中，让 3D 模型中得

图 3-20 Bentley Architecture 的界面

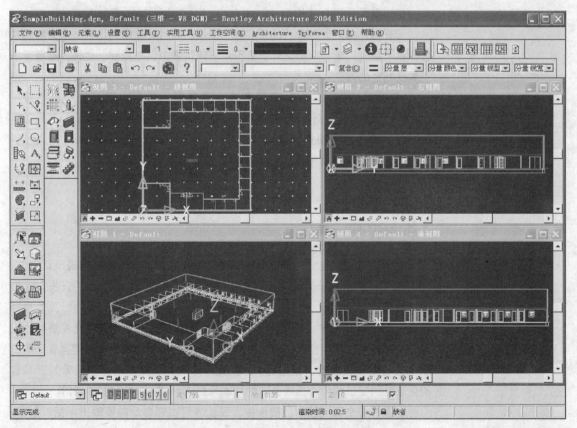

图 3-21 国家游泳馆("水立方")的设计方案获得了美国建筑师学会颁发的"建筑信息模型"奖

以储存大量的非图形资讯,供所有建筑物之设计、施工、经营、管理及使用者分享。

(4) 自动产生预算报表

由模型中自动产生楼板的使用面积计算、建材数量计算报表、门窗表、规范等。

(5) 参数化组合式构件(Parametric Assembly Cell,PAC)

所有构件都能以参数式的方式进行编辑,同时还能随意组合,产生新的构件。除了用于门窗、橱柜之外,更可用于建筑物中包括楼梯、栏杆、幕墙等所有具规则性的对象。

MicroStation TriForma 有很多成功的案例。最令人瞩目的要数为迎接 2008 年北京奥运会而修建的国家游泳馆("水立方")(图 3-21)。利用 TriForma 设计的这个项目,获得了 2005 年 AIA(American Institute of Architecture,美国建筑师学会)颁发的"建筑信息模型"奖。

3.8 ArchiCAD

ArchiCAD 是成立于 1982 年的 Graphisoft 公司推出的虚拟建筑设计软件。20 年来 Graphisoft 一直致力于"虚拟建筑"(virtual building)的开发。虚拟建筑的核心是利用软件生成一个真实建筑的数字模型,将所有的相关信息存储在一个工程文件中,这实际上也是 BIM 技术在建筑设计软件开发最早的应用。设计师通过使用楼板、墙、屋顶、门、窗、楼梯和其他构件等建筑元素的组合来构建一幢建筑。虚拟建筑中的每一个物体都是具有建筑元素特征和智能化属性的建筑构件。目前最新的版本号是 ArchiCAD 10(图 3-22)。

在这样一个真实的智能模型中,设计者可以任意地转换输出平面、剖面、立面，以及各种细部大样、预算报表、建筑材料、门窗表，甚至施工进度，建筑设计表现所需要的渲染，动画，虚拟现实的效果更是包含在基本功能里面了。

不仅仅如此，虚拟建筑可以轻松实现建筑、结构、水暖电等各工种之间的协调。各工种工作在单一的数字建筑中，各种需求与变更能够实时的表现与传递，从而避免了传统绘图设计中的重复劳动、信息滞后的过程。

ArchiCAD 软件有如下的一些特点。

(1) 采用 IFC 标准

ArchiCAD 的文件格式采用的是 IFC 标准。横向上支持各应用系统之间的数据交换，纵向上解决建筑物全部生命周期的数据管理。让建筑从规划、设计、施工，一直到后期的物业管理，都采用统一的数据标准。

(2) 把时间和精力集中在设计上

多年来建筑师一直局限于以二维平面图纸来表达他们的设计，通过二维草图表达与反馈设计构思，推敲完毕后再绘制二维的平立剖图，然后请人建模渲染。当建筑师发现建出的三维模型与构思的设计有冲突时，时间往往来不及去同时修改模型和图纸，容易出现最终的效果图和平立剖图纸不一致的现象。这种设计的模式妨碍了设计质量的提高。

ArchiCAD 提供了建筑师在三维模型上思考的手段。当一个三维的建筑模型完成之后，相应的平立剖图纸也全部完成了。建筑师从此可以把时间和精

图 3-22 ArchiCAD 10 工作界面

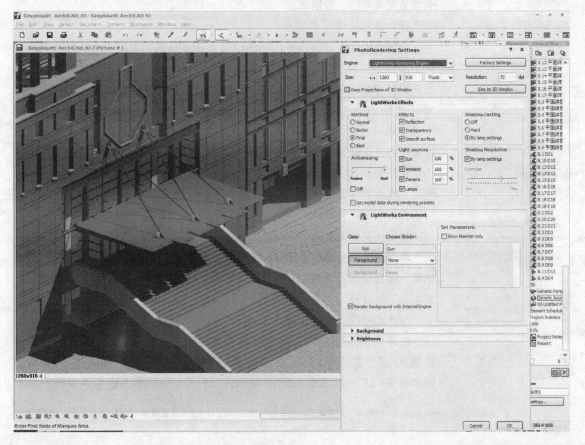

力集中在设计和创作上,而不是只是简单重复地画图。

(3) 智能化的设计评估

通过三维虚拟模型,建筑师和业主可以直观地看到建筑物各个角度、方位的效果,以便更加准确地进行方案优选和设计评价。

利用非图形数据,ArchiCAD 能自动生成多种报表:进度表、工程量、估价等。与其他配套软件相结合,可以进行结构工程、建筑性能、管道冲突检验、安全性、规范检验等各种分析,以及能效分析、建筑物理方面的各项分析。

(4) 变更管理

使用 ArchiCAD,将彻底解决在设计过程中必然存在的修改、再修改这一占用了建筑师大量宝贵的时间和精力的问题。其三维模型与平立剖具有一致性,实际上它是在一个数据库中打开的不同窗口。因此,无论是对模型,还是对平立剖等任何图纸所作的任何改动,都会在其他图纸窗口中实时得以准确体现。

这种图纸的自动更改大大降低了建筑师的工作强度,建筑师从繁杂的图纸绘制工作中得以解脱。

(5) 内建的参数化程序设计语言 GDL[①]

GDL 是智能构件的基础,用来描绘三维空间的实体和对应于平面图上的二维符号。把模型的二维信息独立描述,使二维和三维统一在一个数据库,所有信息采集与同一数据库。

(6) 协同工作

在建筑设计内部协作上,ArchiCAD 可以通过其强大的 TeamWork 功能将一个工作组的成员通过局域网连接起来。当一个工程文件被共享时,同组成员只要简单地通过网络登录进这个工程中,并使用楼层、图层等组合工具定义一个工作空间。工程的一个附属文件接着被创建到组员的计算机上,可以不必依赖网络是否连接。任何时候通过网络或调制解调器,组员可以发送设计变更到主工程文档上,并可以接收收到其他组员作出的变动。

在外部协作上,通过 IFC 文件标准,ArchiCAD 可以实现和结构、设备、施工、物业管理等其他专业软件及几乎所有相关文件格式的数据传输。

(7) 配套软件支持

利用相关的配套软件,ArchiCAD 的三维模型数据可以方便快捷地进行建筑生命周期内的全部数据管理:结构模型与分析、建筑物理及能量分析、成本估算、项目管理、管道冲突检验、暖通电力设备、安全疏散检验、规范检验、虚拟施工过程等。

ArchiCAD 在世界上已经有许多成功的应用案例。

在澳大利亚墨尔本兴建的世界最高住宅——Eureka Tower(图 3-23)建筑 92 层,高 300m,有 10 层裙房,塔楼部分为 82 层公寓;由 FKA 设计师事务所(Fender Katasalidis Architects)于 1998 年开始着手设计,2002

---

① GDL 是 Geometric Description Language 的缩写,是智能化参数驱动构件的基础。1982 年开发以来一直是 Graphisoft 公司所开发的 ArchiCAD 技术支持。

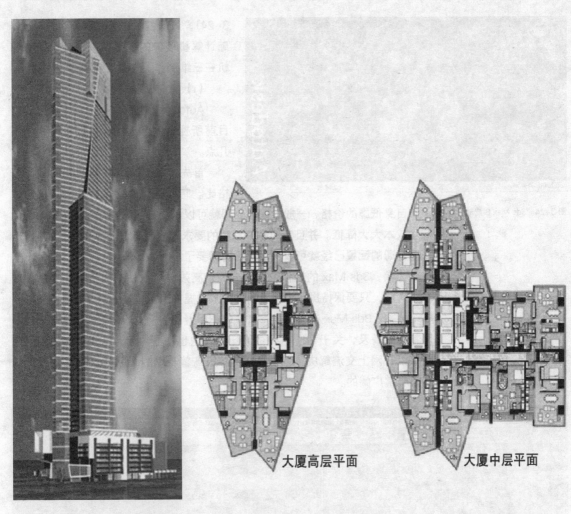

图 3-23 Euroka Tower 的效果图和平面图[①]

年开始建造,目前已完工。整个工程预算 3.54 亿美元。该项目用 ArchiCAD6.5 完成,近 1000 张 A1 图纸全部从 3D 模型中获得;完整的工程模型文件约 300MB。

3.9　Autodesk 3ds Max

　　Autodesk 公司 1994 年推出 3D Studio 4.0,成为当时个人电脑上较为成功的三维动画制作软件之一。它相对较好的稳定性和强大的功能使它在个人计算机上迅速普及,也成为当时国内最为流行的三维软件。在随后的升级中,3ds Max 不断把优秀的插件整合进来,3ds Max4.0 版中将以前单独出售的 Character Studio 并入;5.0 版中加入了功能强大的 Reactor 动力学模拟系统,全局光和光能传递渲染系统;6.0 版本中则将电影级渲染器 Mental Ray 整合了进来。3ds Max 在几年中发展很快,迅速从 1.0 发展到目前的 8.0 版(图

---

　①　图片来源:http://www.archicad.cn/。

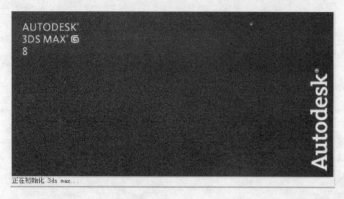

图 3-24　3ds Max 8 启动界面

3-24），最新的 9.0 版刚刚面世，同时伴随计算机硬件的迅猛发展，使个人计算机在三维制作上直逼专业图形工作站。

（1）软件优势

Autodesk 3ds Max 8.0（图 3-25）目前所拥有的几大优势可以概括为如下几点。

首先，3ds Max 有非常好的性能价格比。它所提供的强大的功能远远超过了它自身低廉的价格，一般的制作公司就可以承受得起。这样就可以使作品的制作成本大大降低。并且它对硬件系统的要求相对其他同类软件来说也很低，一般普通的配置已经就可以满足学习的需要了。

其次，3ds Max 的制作流程十分简洁高效，可以使初学者很快地掌握其基本功能，只要保持操作思路清晰，熟练掌握并运用该软件是非常容易的。

再次，3ds Max 在国内拥有最多的使用者，便于交流，教程也很多。随着因特网的普及，关于 3ds Max 的论坛在国内也相当热闹，运用中出现问题完全可以在网上交流解决。可以说，拥有极高普及率的 3ds Max 今后的发展前景是非常广阔的。

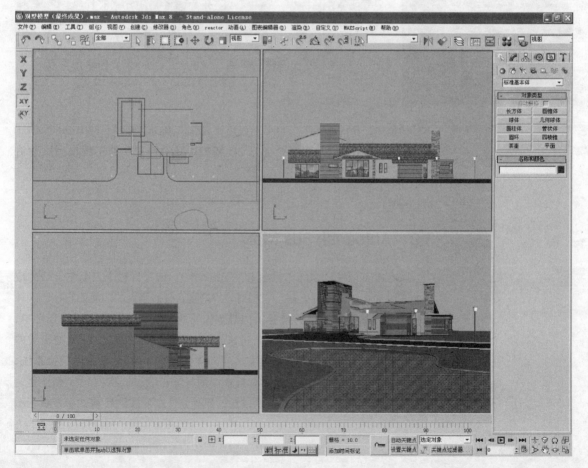

图 3-25　3ds Max 8.0 工作界面

(2) 3ds Max8.0 主要功能

作为一个三维软件，3ds Max 是一个集建模、材质、灯光、动画和各项扩展功能的于一身的软件系统。

● 在建模方面，3ds Max 拥有大量多边形工具，通过历次改进，已经实现了低精度和高精度的模型制作。

● 在材质方面，3ds Max 使用材质编辑器，可以方便地模拟出任意复杂的材质，通过对 UVW 坐标的控制能够精确地将纹理匹配到模型上，还可以制作出具有真实尺寸的建筑材质。

● 在灯光方面，3ds Max 使用了多种灯光模型，可以方便地模拟各种灯光效果。目前还支持光能传递功能，能够在场景里制作出逼真的光照效果。

● 在动画方面，3ds Max 中几乎所有的参数都可以制作为动画。除此之外，可以对来自不同 3ds Max 动画的动作进行混合，编辑和转场操作。可以将标准的运动捕捉格式直接导入给已设计的骨架。拥有角色开发工具，布料和头发模拟系统，以及动力学系统，可以制作出高质量的角色动画（图3-26）。

● 在渲染方面，3ds Max 近年来极力弥补了原来的不足，增加了一系列不同的渲染器。可以渲染出高质量的静态图片或动态图片序列。

● 在扩展功能方面，3ds Max 通过制作 MAX Script 脚本，可以在工具集中添加各种功能，从而扩展用户的 3ds Max 工具集，或是优化工作流程。同时，3ds Max 还拥有软件开发工具包（SDK），可以用编程的方法直接创建出高性能的定制工具。

(3) 软件主要特点

3ds Max 的首要特点是方便的图形界面控制体系，它很好地继承了 Windows 的图形化的操作界面，在同一窗口内可以非常方便地访问对象的属性，材质，控制器，修改器，层级结构等，这点有别于早期的 3DS 及 Softimage 等软件，后者在操作时，需要在不同模块窗口之间频繁地切换。

作为建筑行业广泛采用的三维软件之一，3ds Max 的另一个特点就是它的参数化控制。在 3ds Max 里，所有网格模型及二维图形上的点都有一个空间坐标，坐标数值可以通过输入具体参数来控制。能够通过数值精确定位，这一点在建筑应用上尤为重要。除此之外，3ds Max 还可以和 Auto CAD 实现无缝连接，两种软件在交换文件时，可以做到尺寸和单位的高度统一。

3ds Max 的另一个特点就是它推出时所极力推崇的功能——即时显示，即

图 3-26　3ds Max 制作的计算机游戏角色

图 3-27 3ds Max 制作的静态建筑效果图

"所见即所得"。在配置相对较低的电脑上,对于对象所作的修改操作都可以在窗口中实时地看到结果。在配置更加高级的机器上,一些高级属性的修改如环境中的雾效,材质的反射及凹凸也可以实时地看到,同时也更加接近渲染后的最终效果。这一特性对于实际制作过程而言是非常重要的。相对于很多交互性不是很强的三维软件来说,3ds Max 显然比前者在设计上更加直观和方便。由于贴图在 3ds Max 里的调整结果是实时显示的,也不需要每次都要渲染一下才能看得到,工作效率得到极大的提高。

3ds Max 的还有个特点是它几乎无穷尽的扩展性。可以说 3ds Max 能够发展到今天这样一个具有强大功能的软件,是和吸收众多第三方软件作为其内置程序分不开的。从早期的 3DS 4.0 开始,就出现了为它所写的特效外挂程序 IPAS 软件包,专门处理类似粒子系统,特殊变形效果,复杂模型生成等一系列难以在 3DS 中实现的功能。在 3ds Max 的历次版本进化的过程中,许多功能也是从无到有,由弱变强,在这个过程里外部插件的发展起着至关重要的作用。

(4)软件在建筑表现中的应用

在实际应用范围方面,拥有强大功能的 3ds Max 被广泛地应用于电视及娱乐业中,比如片头动画和视频游戏的制作。在影视特效方面也有一定的应用。而在国内发展得相对比较成熟的建筑效果图和建筑动画制作中,3ds Max 的使用率更是占据了绝对的优势。

过去,3ds Max 首先被用于制作单幅的静态建筑效果图(图3-27),尽管它是一款动画制作软件。在建筑设计与建筑表现的关系中可以看到,建筑设计过程中需要不断地把建筑设计人员头脑中想像的建筑设计方案用通俗易懂的直观方式表达出来,从而方便与非建筑专业的人士进行交流。对于普通公众,一张或一系列建筑建成以后的图片是最容易理解的。同时,静态图像也是很容易通过大众媒体传播,可以在更广大的范围内进行信息的交流。因此,目前几乎所有建设项目实施之前都会制作一张或一系列静态的计算机渲染效果图,对建筑设计方案进行逼真的表现。

同时，3ds Max 更是一款功能较为完善的三维动画软件。在对制作静态渲染图的建筑模型进行完善和优化以后，很容易通过进一步的调整，设置多幅关键画面，最后由计算机渲染出连续的的画面形成动画。除了通过改变摄影机的位置、镜头等产生行进在建筑空间之中的游览动画以外，3ds Max 软件也能同时调整照明灯光，产生动态的光影变化以观察建筑不同照明条件下的状态和对周围环境的影响。需要的时候，甚至建筑模型和材质也可以在动画过程中进行变化，用来表现建筑的建设或改造过程。

3ds Max 还可以以 HTML 格式导出模型，成为一个初级的虚拟现实软件。另外，通过一些第三方软件或插件，利用 3ds Max 的模型、材质、灯光等，也可以产生可以交互浏览的虚拟现实场景。很多专业的虚拟现实软件也会接受 3ds 格式的模型作为进一步制作虚拟现实的基础。

3.10 Maya

3.10.1 Maya 的诞生及其应用领域

Maya（图 3-28）原是加拿大 Alias 公司（2003 年前称为 Alias/Wavefront 公司）出品的世界顶级的三维动画软件，应用对象是专业的影视广告，角色动画，电影特技等。随着 2005 年 10 月 Alias 公司被 Autodesk 公司收购，

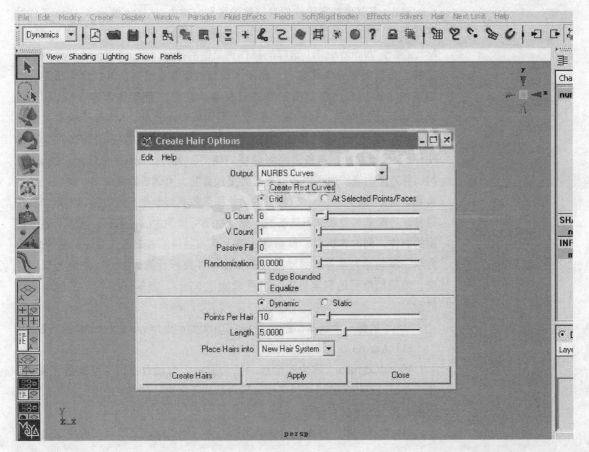

图 3-28 Maya 工作界面

Maya 也就成了 Autodesk 公司的产品。目前其最新的版本是 Maya 7。

Maya 功能完善，工作灵活，易学易用，制作效率极高，渲染真实感极强，是电影级别的高端制作软件，声名显赫，是制作者梦寐以求的制作工具。掌握了 Maya，会极大地提高制作效率和品质，调节出仿真的角色动画，渲染出电影一般的真实效果，向世界顶级动画师迈进。从其高昂的售价就可体现其技术优势。

Maya 集成了 Alias Wavefront 最先进的动画及数字效果技术。不仅包括一般三维和视觉效果制作的功能，而且还与最先进的建模、数字化布料模拟、毛发渲染、运动匹配技术相结合。Maya 可在 Windows NT 与 SGI IRIX 操作系统上运行。

Maya 的应用领域：

1) 平面美术设计（Art Design）；
2) 电影动画（Movie）；
3) 游戏开发（Game Design）；
4) 网络应用（Web Design）；
5) 医学外科整型（Medical Visualization）；
6) 广告影片制作（Commercial Film）；
7) 建筑效果图（Architectural Effect Picture）。

3.10.2 Maya 的技术特点

Maya 与其他的三维软件有明显的区别，首先，Maya 继承了 Alias 工作站级优秀软件的所有的特性，灵活、快捷、准确、专业、可扩展、可调性。Maya 基于 Windows NT 这样的操作更简便的操作平台。同时，Maya 独一无二的工作界面使操作更直观，利用了窗口的所有空间并将其发挥到极至，快捷键的合理组合也使动画制作的过程事半功倍。就制作而言，Maya 相对来说运行比较稳定，对计算机的硬件利用率也比较高。Maya 不仅有类似于 3ds Max 等 PC 三维软件的普通建模功能，同时更具备了其他软件少有的 NURBS 建模功能，具备了高级建模的能力。另外，Maya 在灯光、摄像机、材质等方面的表现也不俗，模拟灯光更加真实，可调参数更突出；特技灯光种类更丰富更具有吸引力。摄像机的功能和参数更加专业，如镜头、焦距、景深等特殊功能是其他软件不具备的。矢量材质可模仿木纹、毛石、水等节省了贴图的制作，同时在折射、反射等效果上更加独特。在动画设置上，粒子、动力学、反向动力学等高级动画设置都由软件自行计算，提高了动画的真实程度，渲染精度可达到电影级。只要掌握了 Maya，就等于走在了三维动画的前沿。

Maya 的每一个版本都包含 Maya Complete 和 Maya Unlimited 两种版本。

(1) Maya Complete

Maya Complete 称为完全版。它为完成大型项目提供了所需的工具包，在一个经过制作实践检验的工作流程中集成了最先进的 3D 建模、动画和渲染工具。其突出的亮点包括：

1) 直观的用户界面：简便易用的工具（例如标记菜单和三维操纵器）可

加快用户的工作流程。

2) 建模工具：一整套先进的多边形、NURBS 和细分表面建模工具。

3) 动画：利用全面的关键帧、非线性和高级角色动画编辑工具，用于制作、动画处理、调整和重新设计动画数据及编辑数字角色。

4) 视觉特效：按照物理学规则确定的刚体和柔软体在高速状态下的动力学效果以及具有领先水平的粒子工具。

5) 基于笔刷的技术：提供了一套先进的集成压敏式笔刷工具，可用于建模、制作二维和三维特效以及在几何体和纹理上喷涂，容易产生最复杂、细致、真实的场景。

6) 渲染：统一的渲染工作流程可让用户通过一个共同界面轻松访问 Maya 软件、硬件、mental ray 和矢量渲染器。Toon Shader 可使用户轻松地创作出绘画效果。

7) API/SDK 和 MEL：开发资源能让用户通过 Maya 嵌入式脚本语言和完整的应用程序编程人员接口定制和扩展 Autodesk Maya 软件的功能。

(2) Maya Unlimited

Maya Unlimited 不仅包含 Maya Complete 的所有功能，同时为艺术家和动画师提供了更多的新技术，例如在快速、精确地模拟多种衣服和其他布料方面，模拟和渲染大量的大气现象、烟火场面、黏性流体和开阔大洋的效果方面，制作逼真的毛皮、短发、羊毛和草以及通过画笔界面得到短发和毛皮的完美逼真的渲染效果方面，用 Maya 制作的三维元素准确地匹配原始拍摄素材等多个方面都很出色（图 3-29）。

3.10.3 Maya 的新功能

到目前为止 Maya 的最新版本是 Maya7.0，是在 6.5 版本构架和性能提升基础之上发布的功能更加丰富的新版本，引起轰动的是它提供了全新的，经改进的工具，可快速逼真地创作角色动画，简化建模和纹理流程，创作极富创造力的视觉效果。

软件的开启速度有了明显的提升。视图区也有改进，在透视图中增加了控制手柄，一点周围的箭头，透视图就会向相应的轴向翻转，操作更加人性化。

● 更加灵活的操作工具：在工具栏增加了选项，移动，旋转，缩放更自由，视图中增加参数显示，点击参数可以手动输入准确的数值变化。

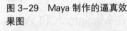
图 3-29 Maya 制作的逼真效果图

● 增加了一个功能强大的 Toon Shader（卡通着色器）。
● 与 Photoshop 的交互更加便捷，建立了 PSD 纹理。
● Paint Effects 变得更加强大。

Maya 在建筑设计方面的应用主要是在建筑效果图制作以及表达建筑设计方案动画制作方面。

3.11 formZ

formZ（图3-30）是美国 auto.des.sys 公司研制的三维造型软件。auto.des.sys 公司成立于 1989 年，总部设在美国的俄亥俄州哥伦布。公司一直致力于研制基于 PC 的高级 3D 模型技术，而在此之前，这种技术仅仅用于大型计算机，1991 年运行在苹果计算机上的 formZ1.0 诞生。

早期的 formZ 仅仅用于一些小场景的 3D 模拟需要，随着技术的发展，软件集合了实体和表面模型构造功能、草图、渲染、漫游动画功能，并引入光能传递以及更完善的渲染器，无论在渲染速度和质量上都有优秀的表现，并广泛运用在娱乐、建筑、产品设计等多个领域。formZ 以功能强、体积小、易上手、支持广等特点使更多的展品视觉设计者、动画创作人员和网站设计者开始喜欢上这个软件。目前最新的版本是 6 版本，可以在 Macintosh 和 Windows 平台上使用。

formZ 除一般实体构件外，还提供了各类曲面造型、材质真实彩色渲染、灯光、dwg 文件格式转换等满足产品和造型设计需求的功能。其中，AutoCAD 的 dwg 文件的直接输入方便了大量用户的使用。其次，精确的 3D 空间捕捉方式、参数式的数据输入和修改等一系列的图形化交互式操作使得学习软件变得轻而易举。另外，软件还支持新的 3D 激光扫描量测点数据输入，为数据的模型再造提供了新的手段。

图 3-30　formZ 启动界面

formZ 的一些主要功能如下。

1）交互式图形操作界面：提供精确的数值输入，无限次的回退和重做功能，并可将恢复资料存储供参考，可在 2D 或 3D 透视状态下构建模型。

2）丰富的绘图工具：动态直接绘制 2D 和 3D 实体、各种多变形、圆、曲线、草图线以及双线墙等；2D 和 3D 文字命令可制作平面和立体文字，并可将这些文字任意沿各式曲线放置。

3）完善的 3D 对象及编辑命令：提供经纬六角面等构造的不同大小和不等比例的各种球形对象；各种扩展衍生对

象工具，如：路径扫描、拉伸、旋转、连续断面、曲面填充等用以创建丰富的建筑模型；另外还提供其他变形命令，如：弯曲、扭曲、裁剪、分割、缝补；点波动和移动网格可以产生造山造海的特殊效果；还可以将灰度图以颜色深浅的变化强度转化为 3D 模型，可做出浮雕墙面效果；提供标准布尔运算的并、交、差操作。

4）地形模型：可借助 2D 等高线，生成精确的地形网格模型，如梯田、河流、道路、山坡等。

5）平滑曲线、曲面与网格面：提供数十种曲线和曲面绘制与编辑工具，其中包含诸如 NURBS、Bezier 等；应用导圆角功能可对 3D 对象边作等 R 及不等 R 圆角。

6）对象属性查询：可方便利用查询命令查询对象从点、线、面到体的面积、体积、坐标等信息。

7）2D 与 3D 图库：内建多种图库，并可自建专用图库。可按比例输入方式以精确的数据改变对象图案尺寸变化。

8）其他功能：Metaformz 功能以特殊的 Metaball 创建各式意想不到的形体。并可由几何体或是衍生对象创建出各式特殊圆滑造型；图形化的 2D/3D 几何变换，可以随意进行移动、旋转、缩放等操作，并可把变换过程纪录；可用影像作为光源直接照射于模型上，产生如阳光穿透门窗的照明效果；反射 Reflectivity 可以用图像作为对象物件表面反射图像，增加反射效果；模糊命令产生景深效果，模拟摄影机对焦；可创建混合线框和材质阴影效果；Sky 命令可在背景制造天空的模拟效果。

在国外 AutoCAD 是 2D 的代名词，formZ 是 3D 的代名词。美国有 200 多所大学开设 formZ 软件必修课程；在我国台湾很多大专院校也把它作为 3D 技术学习的软件；一些著名的设计事务所也选用这个软件，可见其应用的广泛性。一家位于美国洛杉矶的名为 Schulitz +Partner 的设计机构，在为德国 2006 世界杯汉诺威足球体育场的设计中就应用了 fromZ 做顶棚和屋顶的模拟设计（图 3-31）。

图 3-31 利用 fromZ 模拟 2006 世界杯汉诺威体育场顶棚和屋顶

3.12 Photoshop

3.12.1 Photoshop 简介

Photoshop 是由 Adobe 公司推出，它是迄今为止世界上最畅销的图像编辑软件，并已成为许多涉及图像处理的行业的标准。是 Adobe 公司最大的收入来源。它强大的功能，人性化的设计以及多得数不清楚的插件，都是让它有口皆碑的原因。

Photoshop 起源于 Michigan 大学一位名为 Thomes Knoll 的博士研究生编写一个程序 Display，该程序可以使黑白位图监视器上能够显示灰阶图像。更名为 Photoshop 后的第一个版本是 Photoshop0.87，一家扫描仪公司采用了这个软件并随着 Banreyscan XP 扫描仪捆绑出售。1989 年 Adobe 公司买下了 Photoshop 的发行权，同年 Photoshop1.0 正式发布。

经历了十几年的发展，Photoshop 不断地根据发展的需求进行升级与完善，发展到如今具备更强大功能的 Photoshop Creative Suite，即 Photoshop CS（图 3–32、图 3–33）。它与 Adobe 其他系列产品组合成一个创作套装软件，与兄弟产品的融汇更加协调通畅。CS 版本把原来的原始文件插件进行改进并成为 CS 的一部分，更多新功能为数码相机而开发，如智能调节不同地区亮度，镜头畸变修正，镜头模糊滤镜等。目前最新的版本是 2006 年 5 月上市的 Photoshop CS2。

3.12.2 Photoshop 的特点及其应用

Photoshop 主要有两大功能，图像处理和绘制图像。

图像处理，即把现有的一些图片资料进行叠加，组合，得到一个完整的可以表达作者意图的画面，常见的应用领域如广告制作、建筑表现后期处理。

绘制图像，即完全利用软件提供的工具进行代替手工绘制的任务，实现作

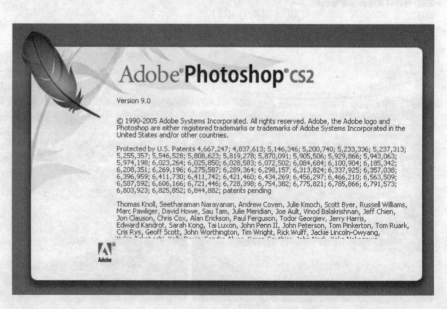

图 3–32　Photoshop CS 启动界面

图 3-33 Photoshop CS 工作界面

者的意图,这是较前一种功能更为复杂的功能,对使用者的要求也更高。无论哪种功能都要求操作者有较好的美术功底,对色彩、构图有一定的控制能力,否则是无法实现好的效果的。

3.12.3 Photoshop 的应用

针对 Photoshop 的特点,具体到建筑表现领域,Photoshop 有以下几方面的应用。

1) 后期处理:配景的融合、色调明暗的调整、图片精度的设置等。在静态建筑表现图中,场景中的树木、人物、汽车等配景都是利用 Photoshop 加入的(图 3-34)。

2) 材质的制作:为模型"制作"合适的贴图,如贴图的颜色,纹理大小等,使贴图尽量满足质感的要求。

3) 平面渲染,将一些用 CAD 绘制的矢量文件,通过虚拟打印的方式转化为光栅文件后,再在 Photoshop 里进行渲染,增加图面的表现力。

3.12.4 Photoshop 的核心技术及其使用技巧

Photoshop 的功能十分的强大,但核心的技术却很简单,因为位图的处理是建立在选择的基础上,其最核心的技术就是如何去选择要处理的图像区域。Photoshop 从某种意义上来讲,是一种选择的技巧。通道概念的引入使 Photoshop 几乎所有的修改工具和滤镜都成了选择工具。其具体的技术特点如下。

(1) 选择工具的使用——配景融合技巧

如何选择图像的区域是对图像进行一切修改的前提。人物与树木是效果图中必备的配景,从设计者的角度,配景不仅可以渲染环境的气氛还是重要的尺度参照物，可以体现和烘托建筑的尺度。在 Photoshop 的配景融合技巧中，人物和树木是两种有代表性的事物：人物代表边缘平滑、形体分明、轮廓清晰的配景，如家具、汽车等；而树木代表无明确边界、轮廓模糊不确定、透明变化丰富的事物，如云、雾、光等。所以说掌握了人物与树木的选择融合技巧也就解决了效果图配景剪切融合问题。

(2) 图像的色彩调整

图像的色彩处理是对图像的色相，饱和度以及明度进行任意的调节，使整个画面达到所需要的气氛。

把各种配景剪切至背景图片后，就必须对配景图片进行边缘、倒影、阴影、色调上的处理，因为配景融合效果会直接影响到效果图的最终可信度。Photoshop 对图像色彩的调整工具都集中在下拉式菜单 Image/Adjust 中，其中 Level、Curve、Brightness/Contrast、Color Balance、Hue/Saturation、Variations 命令是经常使用的。

(3) Layer（层）控制面板的使用

在 Photoshop 中，层可以使各种组合图像的元素独立保存并修改，更重要的是，层与层之间不是简单的覆盖关系，通过对各层合成模式的调整，可以在各层图像间生成多种融合效果，创建不同凡响的视觉效果。

层之间有 22 种模式，其中 Normal 方式是默认的合成效果，产生的是简单的覆盖效果；另外，同时要通过对层的不透明度的调整来控制当前层与其下一层的混合程度。通过调整层的合成模式，可以实现很多特殊的画面效果。

(4) 滤镜功能

滤镜是 Photoshop 中制作特殊效果的利器，它操作简单、效果直观，对画面效果的改变有很大的帮助；但是对滤镜的使用应该是有限制的，不能够只依靠滤镜来实现画面的效果。

在近几年的效果图制作中，许多人尝试一种反真实效果的新路，即渲染出

图 3-34 Photoshop 用于建筑表现后期处理

图 3-35　Photoshop 制作的渲染图彩铅效果

草图、手绘、铅笔淡彩等效果（图 3-35）。这些效果一方面可以通过渲染器的渲染直接获得，如 MAX6 中的 Ink'n Paint 材质类型，FinalRender Stage-1 中的 FinalToon 渲染器，Brazail 的 Toon 材质；另一种方法就是利用 Photoshop 中的滤镜功能。

3.13　Piranesi

3.13.1　Piranesi 简介

Piranesi（图 3-36）是由英国 Informatix 公司和剑桥大学联合研制，专门为艺术家、建筑师和设计师开发的三维立体彩绘软件。它的软件名称来自 Giovanni·Battista·Piranesi（1720—1778），18 世纪意大利著名的建筑师和艺术家。因为具有独特的三维立体绘图功能，国内也将 Piranesi 译为"空间彩绘大师"。

对于建筑师来说，Piranesi 是一个出色的建筑画后期制作软件，它为我们提供了一个交互式的绘图平台。我们只要向 Piranesi 中导入一个经过简单渲染的三维模型，就能够凭借它自动识别空间信息的功能，按照透视规律很快地为模型添加材质和配景，作出一幅效果逼真的建筑表现图。最难得的是，Piranesi 还能制作更为生动的、具有手绘风格的表现图，与 Sketchup 配合使用，效果堪称完美。虽然 Piranesi 以出色的三维功能而著称，但并非仅限于作透视图，二维的平面图和立面图同样可以经过 Piranesi 的加工而得到令人满意的效果。

图 3-36　Piranesi 启动界面

Piranesi 于 1998 年问世，起初仅支持 Windows 操作系统，后来在 2003 年又专为苹果机用户开发了 Mac OS X 版。现在，Piranesi for Windows 的最新版是发布于 2004 年 9 月的 v4.0，它可以在 Windows 98、Windows Me、Windows NT 4.0、Windows 2000、Windows XP Home 和 Windows XP Pro 环境下运行，对硬件环境的最低要求是 Intel Pentium processor 300 MHz 和 256 MB RAM。

如今，Piranesi 在国外已经拥有较广泛的用户，市场上大多数常用的三维建模软件都与之兼容。2004年，由上海曼恒公司引入中国并发布中文版之后，Piranesi正在得到国内建筑市场的认可与支持。

3.13.2 Piranesi的功能特点

（1）超强的三维功能

作为一个专业的三维立体彩绘软件，拥有强大的三维功能是Piranesi（图3-37）最基本的特点。Piranesi的标准文件格式是Epix（Extended Pixel file），它在携带色彩信息的同时，还携带有景深信息和材质信息，分别贮存在文件的色彩通道（RGB Channel）、景深通道（Depth Channel）和材质通道（Material Channel）中。

因为软件能够自动识别空间信息和材质信息，在Piranesi中作画时，我们可以按照画面中的空间特征和材质特征来选择绘图区域，软件还能够自动调整纹理图案使它和所绘物体的透视一致。而在场景中插入剪贴画（Cutout）做配景时，剪贴画会根据在场景中所处位置的不同，按照透视规律自动调整大小和遮挡关系，并且能够在场景中投射阴影。在v4.0的版本中，Piranesi甚至能够插入三维剪贴画，随着在画面中位置的改变，剪贴画所呈现出的视角也在变化。

（2）快捷的锁定功能

同样有赖于Epix文件对景深与材质信息的携带，Piranesi除色彩方式外，

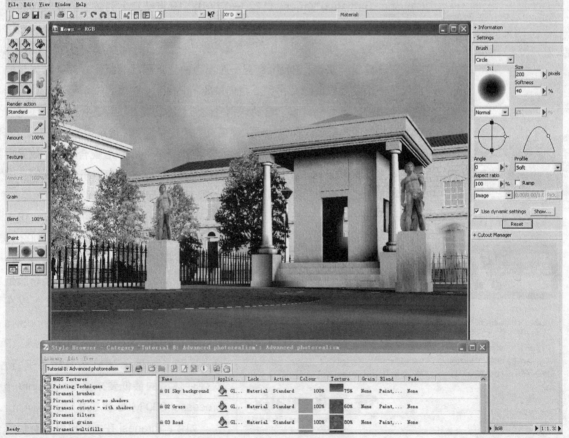

图3-37 Piranesi工作界面

还设置了空间方向（Plane 和 Orientation）与材质（Material）这两类绘图区域的锁定方式，作图时可以任意锁定墙体、地面等空间中的面，或者是具有相同材质的某一类物体作为绘图区域，软件可以自动识别绘图区域的边界而不必担心画到界外。这一锁定功能为作图带来了极大的方便。

（3）多变的绘画风格

不同于其他的二维图像软件，用 Piranesi 作画更像是以鼠标代笔来"画"图，因为它提供了非常丰富的笔刷设置功能和多种不同的混色（Blend）方式。我们通过设置笔刷和混色方式，再加上使用特效滤镜，可以画出不同风格的画面。就像不同的手绘画种会因画具和颜料的不同而具有不同的笔触特征、色彩特点和画面质感。

因此，只要具有足够的想像力，建筑师可以随着主观意愿，创作出各种不同的饶有趣味的画面效果，因为软件为建筑师留出了足够大的创作空间。这正是 Piranesi 的另一个迷人之处。

（4）高效的样式库

Piranesi 还有一个备受赞赏的功能——样式库（Style Library）。前面已经介绍，Piranesi 拥有非常丰富的绘图设置，每一个绘图动作都可能涉及到锁定、色彩、纹理、退晕、混色和笔刷等多种参数设定，而所有这些设定都可以作为一个样式（Style）保存在样式库（Style Library）中，留待日后需要相同效果时调用。如果能随时保存一些样式在库中，将会大大加快今后作图的速度。

Piranesi 自带的样式库中，保存有"帮助"文件中所有教程示例中所用到的绘图设置，对自学者十分方便。

3.13.3 Piranesi 的工作过程

Piranesi 的工作过程，可以用如图 3-38 所示的框图来概括。

用 Piranesi 作图，首先要将其他软件制作的三维模型导入 Piranesi 成为 Epix 格式的文件。目前，常用的三维建模软件基本上都与 Piranesi 兼容，其中大部分能直接导出 Epix 文件[①]，另有一部分，如 3ds Max 和 VIZ 等在安装插件后也可直接导出 Epix 文件。此外 Piranesi 自身还带有一个专门的文件转换工具 Vedute。dxf、3ds 和 skp 等文件都能在 Vedute（图 3-39）中打开，还可使用它的相机设定、光源调节和材质编辑功能对模型进行简单的编辑与设定，最后保存为 Epix 文件。Vedute 是个非常小巧的程序，操作也很

图 3-38 Piranesi 工作流程图

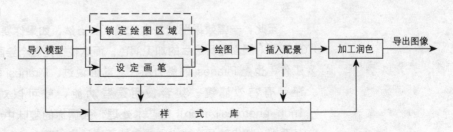

---

① 能直接导出 Epix 文件的三维软件有：AccuRender、ArchiCAD、Artlantis、Form·Z、Microstation 和 Sketchup 等，详见 http://www.informatix.co.uk/piranesi/product_information_supp.shtml#plugin。

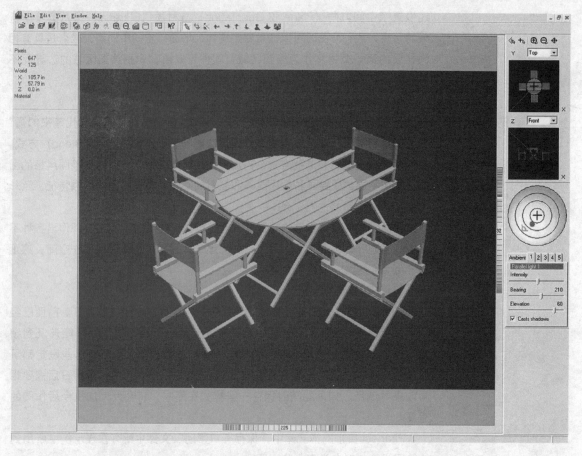

图 3-39 Vedute 工作界面

简便直观。

导入三维模型之后，就可以开始表现图的绘制了。

使用 Piranesi 的锁定功能，我们可以建筑师所习惯的方式来锁定绘图区域，在三维空间中快速精准地作画。Piranesi 的画笔功能强大，可以随意设置不同的笔形、笔触和混色方式，就像我们手工绘图时可以挑选不同的画种和工具。它自带的材质库中也含有写实和手绘等不同的风格的纹理和剪贴画。

接下来，就进入为画面添加配景的步骤。可独立插入画面中作为配景的的人物、树木等图像，在 Piranesi 中被称为剪贴画（Cutout），由专门的剪贴画插入工具放入场景中。剪贴画的尺寸随它在场景中放置的位置不同而变化，与整幅画面的透视完全吻合，其阴影方向也可智能化地调整到与三维模型的阴影一致。

至此，一幅效果图就基本完成了。当然，如果你要求较高的艺术表现力，就还要对画面进行最后的加工润色，而这往往是整个绘画过程中最令人兴奋的工作，也是 Piranesi 的魅力所在。前面说过，Piranesi 的绘图工具功能强大，还带有特效滤镜，组合使用这些功能，就可以对画面进行非拟真化（non-photorealization）的艺术处理，强调你的趣味中心，把画面变得生动，甚至把一幅电脑画变成水彩或者油画的风格（图 3-40、图 3-41）。

图 3-40 Piranesi 作品示例 1（图片来源：http://www.sketchup.com.cn/。）

图 3-41 Piranesi 作品示例 2（图片来源：http://www.sketchup.com.cn/。）

参考文献

[1] 李建成，王朔，杜嵘. Revit Building 建筑设计教程 [M]. 北京：中国建筑工业出版社，2006.

[2] 王景阳，汤众，邓元媛. 3ds Max 建筑表现教程 [M]. 北京：中国建筑工业出版社，2006

[3] 钱敬平，倪伟桥，汤众. AutoCAD 建筑制图教程 [M]. 北京：中国建筑工业出版社，2006

[4] 黄亚斌，秦军主编. Autodesk Revit Building 8 实战绘图教程 [M]. 北京：中国建筑工业

出版社，2005.

[5] Noel Addison 著. MicroStation J 工程设计基础教程 [M]. 竺幼定，张怀莉译.北京：科学出版社，2000.

[6] Bentley 研究所. MicroStation 三维工程设计应用教程 [M]. 北京：科学出版社，2001.

[7] 顾景文，张桦，陈云昊，王国俭，秦绮等编著. ADT 实例详解教程 [M]. 北京：中国建筑工业出版社，2004.

[8] 罗志华. 计算机草图技术在建筑设计中应用剖析 [J]. 工业建筑，2005（9）.

[9] 罗志华. SketchUp 辅助建筑设计创作思想解读 [J]. 南方建筑，2005（3）.

[10] 杨宇振. 从概念草图到计算机建模 [J]. 新建筑，2001（5）.

[11] 上海曼恒信息技术有限公司. Piranesi 空间彩绘大师标准教程.

[12] 王望. 从鼠标到画笔——用"Piranesi"画徒手表现图 [M]. 北京：中国建筑工业出版社，2005．

[13] 曾旭东，赵昂. 轻松学用 ArchiCAD9 [M]. 重庆：重庆大学出版社，2005.

[14] http://www.autodesk.com.

[15] http://www.bentley.com.

[16] http://www.sketchup.com.cn/.

[17] http://www.informatix.co.uk/index.shtml.

[18] http://www.aitop.com.

[19] http://www.archicad.cn.

[20] http://www.wswin.com.

[21] http://www.sketchup.com.

[22] http://www.formz.com.

[23] http://www.abbs.com.

4 建筑性能分析

4.1 概述

4.1.1 计算机辅助工程简介

随着数字技术的高速发展,极大地推动了相关学科研究和产业的进步。计算机辅助工程(Computer Aided Engineering,CAE)作为一项跨学科的数值模拟分析技术,越来越受到科技界和工程界的重视。现在,国外在科学研究和工业化应用方面,计算机辅助工程技术已达到了较高的水平,许多大型的通用分析软件已相当成熟并已商品化,计算机模拟分析不仅在科学研究中普遍采用,而且在工程上也已达到了实用化阶段。

计算机辅助工程的特点是以工程和科学问题为背景,建立计算模型并进行计算机仿真分析。一方面,CAE技术的应用,使许多过去受条件限制无法分析的复杂问题,通过计算机数值模拟得到满意的解答;另一方面,计算机辅助分析使大量繁杂的工程分析问题简单化,使复杂的过程层次化,节省了大量的时间,避免了低水平重复的工作,使工程分析更快、更准确。在产品设计和新产品的开发等方面发挥了重要作用,同时CAE这一新兴的计算机辅助分析技术的迅猛发展又推动了许多相关学科的进步。

就CAE技术的工业化应用而言,西方发达国家目前已经达到了实用化阶段。通过CAE与CAD技术的结合,使企业能针对市场需求的产品设计做出迅速的反应,增强了企业的市场竞争能力。在许多行业中,计算机辅助分析已经作为产品设计的一种强制性的工艺规范加以实施。以国外某大汽车公司为例,绝大多数的汽车零部件设计都必须经过多方面的计算机仿真分析,否则根本通不过设计审查,更谈不上试制和投入生产。计算机辅助分析现在已不仅仅作为科学研究的一种手段,在生产实践中也已作为必备工具普遍应用。

网络化时代的到来也将对CAE技术的发展带来不可估量的促进作用。现在许多大的软件公司已经采用因特网对用户在其分析过程中遇到的困难提供技术支持。随着因特网技术的不断发展和普及,不仅对某些技术难题,甚至对于全面的CAE分析过程都有可能得到专家的技术支持,这必将在CAE技术的推广应用方面发挥极为重要的作用。

我国在CAE技术的应用方面与发达国家相比水平还比较低。包括建筑业在内的大多数企业对CAE技术还处于初步的认同阶段。过去长期沿用的那些静态的、孤立的、不准确的、甚至有时只能凭经验进行的设计和分析方法必然将处于被淘汰的地位。包括建筑业在内的我国的工业界要想在激烈的国际市场竞争中占有一席之地,就必须跟上现代科学技术的发展,从现在起就应该对 CAE 技术予以足够的重视。

4.1.2 计算机辅助工程 CAE 在建筑性能分析中的应用

本章主要介绍计算机辅助工程 CAE 技术在建筑性能分析中的应用，在这里建筑性能分析主要指建筑的物理性能分析，其中包括：

1) 建筑声环境分析；
2) 建筑光环境分析；
3) 建筑热环境与能耗分析；
4) 建筑日照分析；
5) 建筑风环境分析。

建筑性能分析是建筑学学科中最早应用数字技术的领域之一，经过多年的研究发展，在计算方法、系统开发等方面已经取得了不少成果。目前已经出现了一批比较成熟的软件，可以应用于实际工程设计的模拟分析。以下将分别对主要的环境模拟分析软件进行介绍。

4.2 建筑声环境分析软件

在建筑声环境控制中，经常需要对可能产生的结果进行预测，如进行一个观演建筑观众厅的音质设计，希望了解工程完工后会有怎样的音质效果，以便采取相应的对策。采用数字技术模拟分析是建筑声环境预测的手段之一，由于计算机的普及，模拟软件的不断完善，计算机模拟分析建筑声环境的费用相对很低，因此在近年来得到了广泛的应用。

4.2.1 建筑声环境计算机分析的原理与方法

(1) 原理与方法

室内声环境模拟技术主要有两大类：基于波动方程的数值计算方法和基于几何声学的模拟方法。由于基于波动方程的数值计算工作量过于巨大，给实际应用带来困难。现阶段实用的模拟软件都基于几何声学原理，即假定建筑构件尺寸远大于声波波长，声波入射到建筑表面，除部分声能被吸收和透射外，被反射的声能符合光学反射原理。基于几何声学的模拟技术包括声线跟踪法和虚声源法。

声线跟踪法的模拟过程包括：确定声线的起始点即声源位置，沿着声线方向，确定声线方程，然后计算该声线与房间某个界面的交点，按反射原理确定反射声线方向，同时根据界面吸声系数及距离计算衰减量。再以反射点为新的起点，反射方向为新的传播方向继续前进，再次与界面相交，直到满足设定的条件而终止该声线的跟踪，转而跟踪下一条声线。在完成对所有声线跟踪的基础上，合成接收点处的声场。

虚声源法是将声波的反射现象用声源对反射面形成的虚声源等效，室内所有的反射声均由各相应虚声源发出。声源及所有虚声源发出的声波在接收点合成总的声场。虚声源法的模拟过程为：按照精度要求逐阶求出房间各个界面对声源所形成的虚声源，然后连接从各虚声源到接收点的直线，从而得到各次反射声的历程、方向、强度和反射点的位置，同时考虑界面对声能的吸收，最终得到接收点处各次反射声强度的时间和方向分布。

声线跟踪法对于需要了解某个点的声学情况比较合适。对于一个几何形状很复杂的房间，采用声线跟踪法模拟，相对比较简单，计算速度快。虚声源法主要用于模拟与声能有关的声场性质。一个计算机模拟软件常常同时采用上述两种方法，以提高模拟效率。为提高模拟精度，目前，大多数软件在模拟过程中考虑了界面扩散反射现象。

(2) 常用软件的分析比较

比较著名的室内声学模拟软件有丹麦技术大学开发的 ODEON、德国 ADA 公司开发的 EASE、比利时 LMS 公司开发的 RAYNOISE、瑞典的 CATT、德国的 CAESAR、意大利的 RAMSTETE 等。ODEON 主要用于房间建筑声学模拟，模拟结果比较符合实际。EASE 重点在于扩声系统的声场模拟，其自带的扬声器数据库十分丰富，国际知名品牌扬声器基本都有，EASE4.0 还加入了可选购建筑声学模拟模块、可听化模块等，使功能更加强大，其建筑声学模块以 CAESAR 为基础适当完善而成。RAYNOISE 既用于建筑声学也用于扩声系统的模拟。目前，国内使用的声学模拟软件主要为 ODEON、EASE 和 RAYNOISE。

4.2.2 ODEON 软件介绍

ODEON 是丹麦技术大学在 1984 年开始研究开发，最初的目的是开发一个可靠的室内声场模拟软件。经过 20 多年的不断完善，目前 ODEON 不仅用于观众厅音质模拟，而且也用于工厂噪声环境模拟分析。2006 年，ODEON8.5 版发布。ODEON 运行环境为 Windows98/Me/NT/2000/XP。下面基于 ODEON7.0 版进行介绍。

(1) ODEON 建模

ODEON 提供两种建模方式：一种是直接在软件中输入房间各界面顶点的坐标，建立完整的房间模型；另一种是通过在 AUTOCAD 平台建模，建立 DXF 格式文件，由 ODEON 读取文件数据进行模拟分析。ODEON 模型中的面均为平面，对于曲面，需要通过一组平面来逼近。

为保证所建立的厅堂模型符合模拟分析要求，ODEON 可以对模型是否有重叠的面及缝隙进行检查。与其他软件要求模型完全闭合不同，ODEON 可以容忍一定程度以内的界面重叠及缝隙。由于靠近声源的反射面提供大部分早期反射声，因此，正确建立这部分反射面可以提高模拟精度。

声源的位置、指向性、声功率等参数都可以交互形式定义。ODEON 带有界面材料吸声性能数据库，有几十种不同类型的常用材料可供选择。每一种材料均给出八个倍频带（8~63kHz）的吸声系数。

对于混响时间的计算，ODEON 提供快速估算和整体估算两种方法。快速估算法主要用于对房间混响时间进行初步判断，以便调整界面材料。整体估算法可以提供更高精度的模拟结果。

ODEON 采用虚声源和声线跟踪相结合的方法计算房间的脉冲响应。根据用户在设定的转换阶次，脉冲响应的计算分为两部分：与受声点位置有关的部分（早期反射部分）和与受声点位置无关的部分（后期反射部分）。

与受声点位置有关的早期反射声部分，在转换阶次前的任何时刻声线反射一次，不管它对受声点是否有贡献，都会产生一个虚声源。虚声源的位置取决于声线入射方向和传播路径。ODEON会检查每一个虚声源是否在受声点处可见（图4-1），如果为可见则把反射声加入到脉冲响应图中。虚声源法中的声线能量衰变计算考虑以下因素：

- 声源的指向性因素；
- 界面的吸声系数；
- 声线传播过程中由于空气吸收造成的衰减；

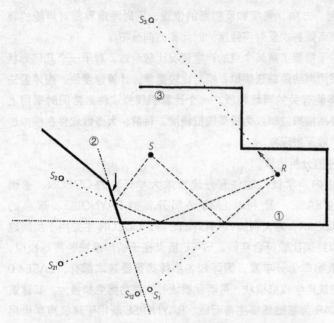

图4-1 可见和不可见虚声源判断示意图

- 随着传播距离的增加造成的衰减；
- 由于反射面尺寸有限造成的衍射损失。

与受声点位置无关的后期反射声部分计算方法为：当声线的反射阶次大于转换阶次时，在入射点处产生次级声源。当界面扩散系数为0时，表明界面平滑并且无限大，反射声线方向按光学反射法则确定；当界面扩散系数为1时，表明界面完全扩散，反射声线方向按朗伯余弦定律确定；当界面扩散系数在0~1之间，反射声线方向按朗伯余弦定律及光学反射法则加权确定。每次反射的入射点，传播时间和反射次数等数据不断被记录，直到声线传播所经历的时间长度或反射的次数达到设定的值时停止跟踪。通过对早期反射声及后期反射声的模拟，生成房间的既有早期能量又有后期能量的能量衰变曲线。

(2) ODEON 模拟参数

ODEON 可以提供单个点的声学参数及多个点的声学参数，也可以提供各种参数的空间分布，网格大小可以由用户设定。

ODEON 可以模拟的声学参数几乎包括目前室内音质评价的所有重要参数，主要的参数有：

混响时间 T_{30}，根据声压级衰变曲线上从 −5dB 到 −35dB 范围获得的混响时间；

早期衰减时间（EDT），根据声压级衰变曲线上最初的 10dB 衰变斜率获得的混响时间；

声压级分布；

强度指数（G）分布，点声源在室内形成的声压级相对于自由场中距声源10m处声压级的差值；

明晰度（C_{80}），$C_{80}=10\log(E_{0-80}/E_{0-\infty})$ (dB)；

清晰度（D），$D=E_{0-50}/E_{0-\infty}$；

重心时间 T_S，$T_S = \sum_0^\infty tE_t/E_{0-\infty}$；

侧向能量因子 LF_{80}；

舞台支持 $ST1$（ST_{early}），$ST_{early}=E_{20-100}/E_{0-10}$（dB）；

语言传递指数（清晰度指数）STI，根据接收到的语言信号与原始信号的差异计算得到的值。STI 值与主观评价的关系如表 4-1。

STI 值与主观评价的关系 表 4-1

主观评价	STI 值
差	0.00~0.30
较差	0.30~0.45
一般	0.45~0.60
好	0.60~0.75
很好	0.75~1.00

ODEON 可以给出指定反射面的反射声分布，该功能对反射面优化设计十分有用，设计者可以根据模拟结果调整反射面。

除提供多种音质参数的模拟结果外，ODEON 还可对拟建厅堂的音质效果进行试听。ODEON 根据观测点的脉冲响应模拟结果，可以试听脉冲响应效果。也可利用在消声室录制的无混响的"干"信号，试听实际的音乐或语言效果。ODEON 带有人头双耳响应参数，可以给出"真实"的立体声效果。

ODEON 具有对模型进行渲染的功能，提供的实体模型可以让人直观地判断观测点是否看得见声源，用于判断直达声有否遮挡。该实体模型在实际工程设计中还具有视线分析的作用，即可以获得观测点某个方向的视线效果。图 4-2 中分别为从楼座看舞台及从舞台看观众席效果。

(3) ODEON 模拟实例

以河南省艺术中心歌剧院为例，介绍 ODEON 模拟结果。

歌剧院观众厅的最大容座为 1731 座，其中包括残疾人座椅 4 个，池座 1159 座，二层楼座 452 座，两侧包厢共有座椅 120 个。观众厅设计有效容积 13825m³，每座容积平均为 8.0m³。

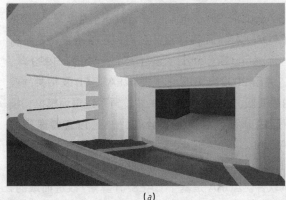

(a) (b)

图 4-2 ODEON 实体模型图
(a) 从楼座看舞台；(b) 从舞台看观众席

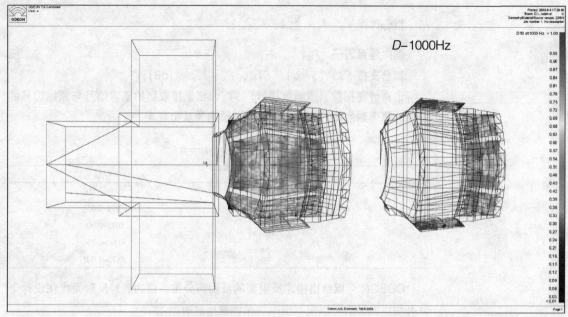

图 4-3 1000Hz 清晰度 D 分布图

观众厅平面大致呈钟形,二层及三层侧墙带有半凸出式包厢。观众厅最大宽度为 33.8m,池座后墙距大幕线(水平投影距离)34m,二层楼座后墙距大幕线(垂直距离)37.8m。

计算参数的设置:在计算各个参量在观众厅的分布时,把观众厅座椅区域的面定义为观众面,接收点高度为 1.2m,间距为 0.5m。反射声线数量为 13494 条,模型早后期声线算法的转换阶次为 2。后期算法考虑朗伯余弦定律,当反射阶次为 2000 阶次或者脉冲响应时间为 2000ms 时停止计算。模拟时温度为 20℃,相对湿度为 50%。

声源及接收点设置:声源为无指向性点声源。位置在舞台中心线上、大幕线内 1m 处,距舞台面高度为 1.5m。观众厅共布置了 10 个接收点,其中池座 7 个,楼座 3 个。接收点均距地面 1.2m 高。

利用 ODEON 可以模拟计算出各种声学参数并采用可视化方式表达,图 4-3 是 1000Hz 清晰度 D 的分布图。

4.2.3 EASE 软件介绍

EASE 是 The Enhanced Acoustic Simulator for Engineers 的缩写。EASE 最早的版本是在 1990 年由 ADA(Ahnert 声学设计公司)在瑞士蒙特勒举行的第 88 届 AES(Audio Engineering Society)大会上公布于众的。1999 年,该公司发布了 ESAE3.0 版,并于 2002 年 8 月正式发布 EASE4.0 及相关的使用手册和指南,这是目前的最新版。EASE 早期仅关注扩声系统声场模拟,模拟的声学参数为直达声声压级分布、总声压级分布、快速语言传递指数 RASTI、辅音清晰度损失 Alcons。在 EASE4.0 版中,增加了建筑声学模块 AURA 和双耳试听模块 EARS。AURA 是 Analysis Utility for Room Acoustics 的缩写,意为室内声学分析软件。AURA 是基于 CAESAR 算法[①]改进而成的,

---

① CAESAR 算法由德国 Aachen 大学的科学家开发。

该软件可以计算各种常用室内声学参数。

EASE4.0 可以在 Window98/2000/NT/XP 的环境运行。在我国，EASE 主要应用于扩声系统声场模拟，有庞大的用户群，使用十分广泛。

(1) EASE 建模

EASE 对建模提供很多方便。最简便的建模方法是利用 AutoCAD 建模，通过 DXF 文件交换数据。也可在 EASE 软件中建立坐标直接建模，EASE 采用类似 AutoCAD 的命令格式，如可以使用块、复制、移动、旋转等编辑命令，具有把建成的模块储存的功能等。

在扩声系统声场模拟中，直达声 L_{dir} 的计算采用以下公式：

$$L_{dir} = L_k + 10\log P_{cf} - 20\log r_{LH} + 20\log T_L(\theta_H) \quad (dB) \quad (4-1)$$

式中　L_k——扬声器特性灵敏度，dB/m/W；

　　　P_{cf}——扬声器电功率，W；

　　　r_{LH}——扬声器与观测点之间的距离，m；

　　　$T_L(\theta_H)$——与扬声器参考轴成 θ 角处辐射的声音和在参考轴上的声音中心等距离处产生的声音之比。

总声压级的计算根据能量叠加原理进行。

室内声场模拟模块 AURA 采用声线跟踪法进行模拟分析，模拟过程中考虑了界面的扩散。

EASE 内带有巨大的扬声器数据库，包括了以下世界知名品牌：A.C.E.、Altec、APL、Apogee、Atlas、Bag End、B.E.S.T、Beyer、Cannon、Celestion、Cervin Vega、Community、d & b、D.A.S.、Dynacord、EAW、EVI、Fourjay、Frazier、Galaxy、H-Design、Icela、JBL、K&F、Klipsch、MacPherson、Meyer、Nexo、OAP、PAS、Philips、Quam、Ramsa、RCF、Renkus-Heinz、Sammi、Sound Sphere、Tannoy、TOA、Turbosound、University、Yamaha、Yorkville。

EASE 在它音箱数据库里存储了丰富的音箱参数，将音箱的幅度和相位分别画在一个每格 5°的球中，频率为 100~10kHz 的 1/3 倍频程。更精密的音箱数据包括每格 1°和 1/24 倍频程。EASE 允许用户添加新的音箱参数。由于丰富的音箱参数数据库，使用户模拟扩声系统声场时十分方便。EASE 自带界面材料数据库。

除此之外，EASE 的声源还包括人声（男声和女声），并且提供管弦乐器和乐队的方向性。

(2) EASE 模拟参数

EASE 除扩声系统的直达声声压级分布、总声压级分布、快速语言传递指数 RASTI 及辅音清晰度损失 Alcons 四个参数外，常用室内音质指标均可模拟，这些音质指标有：早期衰变时间（EDT），混响时间 RT、T_{10}、T_{20}、T_{30}（分别由衰变 10、20、30dB 所经历的时间计算得到的混响时间），清晰度（Definition），重心时间（CenterTime），侧向因子 LF 等。

EASE 具备把模拟结果用于双耳试听的功能。

(3) EASE 模拟实例

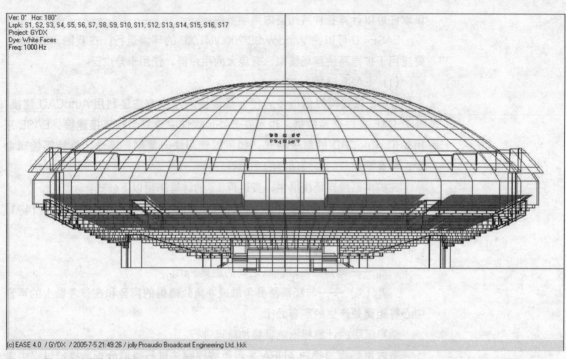

图 4-4　浙江工业大学体育馆模型立面图

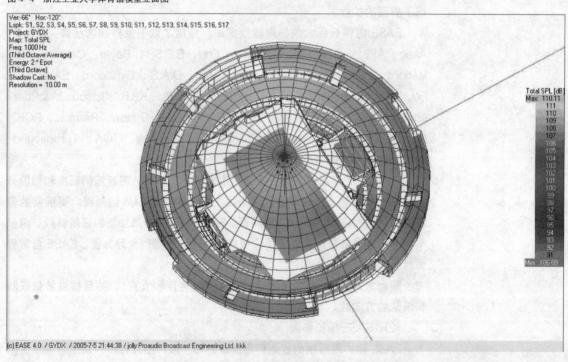

图 4-5　1000Hz 总声压级分布图

以浙江工业大学体育馆扩声系统声场模拟为例，对 EASE 的模拟分析进行介绍。该体育馆用于体育比赛、训练、大型会议及演出。该体育馆大厅平面为一个直径为 68m 的圆形，中间比赛场地为 38.5m×25.8m，屋顶为一穹顶，中间最高处距地面 25m。屋面板内侧部分为穿孔吸声结构，屋顶下悬吊空间吸声体，体育馆四周为木穿孔板吸声结构。体育馆中频满场混响时间设计为 1.8s，扩声系统声场仿真模型如图 4-4 所示。

体育馆顶部中央配置语言用扬声器组,为满足文艺演出要求,配置两组流动扬声器,这里仅以比赛状态下扩声系统声场模拟作介绍。中央扬声器组由12只恒指向号角扬声器和5只低音扬声器组成。其中10只恒指向号角扬声器覆盖观众席,另有2只覆盖比赛场地。

图4-5为用EASE模拟的该体育馆1000Hz总声压级分布图。

4.3 建筑光环境分析软件

建筑光环境包括天然采光和人工照明两方面的研究。建筑光环境分析软件种类众多,如LumenMicro、Dialux、Radiance和Lightscape等,本文以Radiance和Lightscape为例,简单介绍建筑光环境分析软件的原理及其运用。

在应用Radiance和Lightscape这类建筑光环境分析软件的时候,很多人只看重其渲染功能。其实,这些软件的计算、分析功能都很强大。这才是我们应用的重点。

4.3.1 Radiance软件

Radiance是美国能源部资助、由劳伦斯伯克利国家实验室(Lawrence Berkeley Laboratories)研制开发的一个功能强大的高精度的光照分析软件,可用于可视化照明设计,可展现一个三维模型在人工照明和日光下的效果。该软件可从网站http://radsite.lbl.gov免费下载。

Radiance是专门用于在虚拟环境中分析可见光的程序。它包括50多种工具,很多都是其他软件不具备的,因为这些工具有很多组合变化,使之具有强大的模拟现实的能力,这正是Radiance区别于其他同类软件之处。

以下对Radiance的功能、特点进行介绍。

(1) 具备照明可视化分析的必要条件

一个好的照明可视化程序的首要条件就是能正确解决"球面照明"问题,尤其是必须准确计算三维模型各表面的光束路径。如果希望模拟出绝对物理量,那就需要将物理单位运用于计算中,如照度和亮度的单位。

1) 精确计算亮度和辐射率

亮度是光度学单位,它最能反映人眼实际视看效果。辐射率也是光度学单位,是与亮度具有等价意义的辐射度量。Radiance软件能精确模拟在模型空间内上述参量。

2) 模拟电光源和自然光

对于建筑空间来说,电光源和自然光是两个重要的光源。精确模拟电光源意味着运用测量的和计算的照明装置(灯具)的光输出分布数据。精确模拟自然光意味着在太阳强烈辐射后,从其他物体表面各种反射的再分布,以及天空的散射。

3) 支持大量的反射模型

亮度或辐射率的计算准确度严重依赖模型表面反射系数的准确度,因为它差不多决定了有多少光线进入人眼。Radiance包括大约25种不同表面的材质类型，每一个材质类型都有很多种可调参数，而且这些基本材质可以通过12种不同的模式以及纹理类型相互组合。最重要的是，每一种材质类型都是基于特定表面光分布的物理性质，而不是来源于普遍流行的便利算法。

4) 支持复杂几何体

为了进一步减少计算机内存对复杂场景的制约，Radiance 使用实例来支持一系列在场景中的重复物体和它们的存在。使用这项技术，可使模拟如森林这样数百万的表面场景仅使用几兆内存就行了。

5) 从 CAD 系统中得到的输入无需更改

Radiance 可以从任何软件得到场景几何体，不需要这个模型在 Radiance 中重生成。Radiance 唯一需要的是用一定的方法来使建模表面与材质相结合，这对渲染来说更有必要。

(2) Radiance 的工具和原理

1) 场景几何体工具

常用于表现环境中物体的形状，以及输入和编辑这个信息方法的模型。在渲染程序中的场景几何体是用三种基本表面分类的边界表示法来建模，这三种基本表面分类如下。

(A) 多边形：不少于3边的多边形。一个多边形也许是可凹可凸的，只要它是个明确的面（可重叠，不可交叉）便可。

(B) 球体：由一个中心点和半径确定。它的表面朝向内或朝向外。

(C) 锥体：包括截去顶的圆锥，截去顶的圆柱，以及环（一个圆盘的内、外半径）。

每一个原始表面是独立的，也就是顶点没有共享或者在原始表面间没有其他的几何体信息。除了上面提到的几何体形式外，还有一个隐藏的几何体形式，"源"。

源，包括一个方向和对角，用来表示进入环境的光线的立体角，例如来自太阳或天空的光线。

虽然 Radiance 的几何模型非常有限。但是通过物体处理器和生成器的有关命令，可有效增加 Radiance 支持的几何体。这些命令包括：伸缩、旋转和移动 Radiance 物体及场景描述的命令，创建平行六面体的命令，创建截去顶端的棱柱的命令，基于用户自定义的函数生成旋转表面的命令，通过用户确定的参数曲线生成变半径螺旋体的命令，通过用户自定义函数生成参数面的命令。

Radiance 还可以生成各种类型的天空，包括有太阳或没有太阳的、清晰的或半清晰的、乌云密布的或均质的天空。

Radiance 可以用对物体的描述来替代特殊"标记"的多边形。

为方便用户使用 CAD 软件来创建场景。很多不同的 CAD 软件格式的转换程序包含在 Radiance 软件中，还可以从其官方网站 ftp://radsite.lbl.gov/ 以及另外的渠道获得更多的转换程序。常用的 CAD 格式如 AutoCAD、ArchiCAD 等都可以转换到 Radiance 格式。

2) 表面材质工具

Radiance3.1 版本有 25 种材质类型和 12 种修改的材质类型。常用的材质类型有：

- 光：光被当作一个发射亮度的表面，Radiance 通过材质类型决定光源是哪个表面。相对于很多使用非物理光源，然后再隐藏迹象的渲染方式来说，Radiance 在渲染中的光常常是可见的。光源结合的模式来确定光适当方向的分布。
- Illum：Illum 是间接光源的类型，有时也叫顶替光源。间接光源的一个例子就是窗户，天空光线从窗户进入房间。因为将玻璃视作间接光源，对于计算找寻光源来说更有效，而且不会增加计算时间，只会改善渲染质量。
- 塑料：大多数材料归为这一类。塑料表面拥有与漫反射辐射有关的颜色，但镜向反射部分是没有颜色的。塑料，上色的表面，木头和岩石等都使用这一类材质。
- 金属：金属除了镜向反射部分被金属颜色所修改外，其他与塑料一样。
- 绝缘体：一般绝缘材料包括玻璃、水和水晶。一个薄玻璃面用玻璃材质最能代表，不需要追踪光线就可计算多重内部反射，既节约了大量的渲染时间又没有降低准确性。
- 反物质：反物质在每一个方向都包括漫射和镜面反射模式来传递和反射光线。这个模式可用于薄的半透明物质。
- BRTDfunc：这是最普遍的可编辑材料，提供镜面反射、方向性漫射以及漫射和传递。

所有材质类型都接受各种纹理模式，只需要通过用户自己确定的程序或数据修改自身颜色或表面法向。

3) 照明模拟和渲染工具

这个技术用于计算光线在环境中的传播和计算值的特性。

Radiance 采用向后光线追踪方法，计算结果与光线向前发射所计算的结果是相等的，但一般来说，这个方法更有效，因为大部分从光源射出的光线都不会到达关注的点。例如，使用前向光线追踪方法，用最快的计算机，以 512×512 象素来渲染在浅色的房屋内的一个裸露的亮球大约需要 1 个月的时间。用 Radiance 渲染同样的物体大约需要 3s。

大多数采用向后光线追踪技术的软件，最主要的困难在光线交叉时的模型不完善。Radiance 用高效的运算法则克服了这个困难，隐藏表面间接光线，同时提供更准确和符合实际的光源和表面材质。

Radiance 的渲染程序有如下的功能。

- 场景观察的交互式程序：可以快速的预览场景，检查光线的布置和矛盾的地方，选择最终的视角，进行高质量的渲染。
- 渲染程序：产生高质量未加工（未过滤）的图片。Radiance 图片是二维真彩色的图片，对于照明可视化和分析是有用的。渲染计算一结束，图片就可以观看了。

此外 Radiance 还有许多用于照明分析的工具。

4) 图片的处理和分析工具

Radiance 图像处理器有很多，主要有：

- 将图像转化成代表亮度值的虚拟颜色，并用更容易阐述的图例来表示；
- 基于扫描标准颜色表的扫描图像对比和颜色校正；
- 基于 Radiance 使用的函数程序语言，用任意方式处理像素值；
- 用适当的艺术效果合成图像；
- 找寻并回到最小和最大像素值及位置；
- 进行减小混叠效应以及曝光调整；
- 浮点运算图像，左到右和/或上到下；
- 顺时针旋转图像 90°；
- 转变外部图像格式，如 AVS、PICT、PPM、Sun 光栅文件、PostScript 和 Targa 等格式。

5) 综合性工具

所有单独的工具提供了极大的灵活性，但是命令及选项的数量能够使初学者望而却步。甚至熟练的使用者也不想为细节所累。因此 Radiance 提供了一些综合性工具来简化渲染过程，使渲染和分析过程可以互相联系和自动处理。

Radiance 提供的工具可以将 Radiance 和 CAD 或其他软件合并使用，同时 Radiance 还提供与其他系统和计算环境连接的工具。

(3) 总结

Radiance 已经被用于住宅，酒店，办公室，图书馆，教堂，剧院，博物馆，体育馆，道路，隧道，桥梁，机场，飞机以及航天飞机的虚拟照明分析和设计（图 4-6）。它已经回答了关于亮度和反射率水平、美学、自然光利用、视觉舒适和可见度、计算机图形，以及环境的问题。只要你能想到的，Radiance 就能让你知道它是怎么样的。

4.3.2 Lightscape 软件

Lightscape 原是加拿大 Discreet Logic 公司的产品，最初是用在 SGI 机

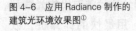

图 4-6 应用 Radiance 制作的建筑光环境效果图[①]

---

① 图片来源：http://radsite.lbl.gov/radiance/frameg.html。

上，直到1995年Lightscape 2.0的NT版本出现才开始进入了PC机领域。随着Discreet Logic公司在1999年被Autodesk公司收购，并与Autodesk公司的Kinetix分部合并成为Autodesk公司一间新的子公司——Discreet公司[①]，Lightscape继续作为Discreet公司旗下的产品并于2001年发布了Lightscape 4.0版。

Lightscape是一个非常优秀的光照渲染软件，它特有的光能传递计算方式和材质属性所产生的独特表现效果完全区别于其他渲染软件。我国用户大多都认为Lightscape只是一个专业的光照模拟系统，即专业的渲染软件。其实，Lightscape是一个功能较强的可视化设计软件，它同时提供了较强的图块和灯光（其实也是一种较特殊的图块）处理功能，图块是Lightscape快速简便地创建建筑三维室内外模型的强大手段。

Lightscape是目前世界上唯一同时拥有光影跟踪技术、光能传递技术和全息渲染技术的渲染软件。三大专有技术相辅相成，其产生效果的精确、真实、美观程度是目前世界上没有任何软件可与之比美的。

(1) Lightscape的优势

当与其他渲染技术相比，Lightscape的优势主要在于光线、交互性、逐步优化等方面。

1) 光线

Lightscape能精确模拟漫射光线在环境中的传播以及微细但非常重要的光线效果；直接和间接的漫射光线产生的柔和阴影以及表面间的颜色混合效果。这些效果是其他渲染技术不可能得到的。Lightscape可支持工业标准的光度测量格式和自然光。

2) 交互性

Lightscape光能计算的结果不仅仅是一幅图像，而且是模拟环境中光线分布的全三维描述。由于光线已被完全渲染过，模型的特定视图比用传统计算机图形技术显示要快得多，使用硬件加速，可以在被渲染的各种环境之间相互移动图形，实现实时动画漫游。

3) 逐步优化

Lightscape能提供即时的视频反馈，逐步修改不断改进质量。在处理的任一阶段，都可以改变表面的材料或光参数，系统会修改和显示新结果，而无需重新开始处理。其逐步优化算法有助于精确地控制所需完成的设计或产生的图像质量。

(2) Lightscape的技术性能

Lightscape是目前世界上首次合并光影跟踪和光能传递技术来捕捉全范围的光照效果，并根据实际定义光线、材料和动感增强场景的可视质量的软件。

1) 光影跟踪

在Lightscape中，光影跟踪可以精确地计算直接照明、阴影、镜面反射和经透明材料折射的全局照明特性。在传统的光影跟踪中，光影跟踪图像通常

---

① 2005年3月Autodesk公司宣布，将Discreet公司更名为Autodesk公司的媒体及娱乐部。

显得非常单调，缺乏层次感。这对于常常包含许多漫射表面的建筑环境来说尤其明显。而在 Lightscape 中，这种情况得到了显著的改善。

2) 光能传递

传统的渲染不计算间接光照（光线边界），图像因此显得平淡、单调，而 Lightscape 光能传递计算表面光照，它包括从光源直接向表面发射的光线和在环境中从其他表面一次或多次反射之后到达此表面的光线的两种光照。

光能传递计算的是环境中离散点的强度。强度计算的实现，首先是光能传递处理过程产生一个简单的多边形网格，这些网格的节点上保存着从一个网格元素到另一个网格元素的光能分布的特定值，一旦计算完，可从任意视点交互地显示模型。Lightscape 能充分利用 OpenGL[①]加速卡增强显示性能。高质量的图像或动画帧的生成时间仅是用传统技术所需时间的一小部分。Lightscape 优化的光能传递处理可获得立即的视觉效果，也可继续运行处理以提高质量和精确度。在处理的过程，能改变模型的材料和光源，系统会快速地计算显示新结果。它具有任意中断、继续处理的功能，下次处理会从上次中断处继续。

3) 全息渲染（光能传递和光影跟踪）

光能传递擅长多次漫反射，光影跟踪则擅长渲染镜面反射。在 Lightscape 可以将光影跟踪后处理过程与光能传递计算结果得到的特定视图结合起来，以增加反射和透明效果。

这种情况下，光能传递用精确的间接光照代替在许多软件中不精确的固定环境光，产生更逼真的图像。另外，由于直接光照已经在光能传递中计算，光影跟踪不需投射阴影，只需投射阴影反射或折射光线，大大减少光影跟踪一幅图像所需的时间。通过两种技术的综合，从快速交互地进行光效研究、到综合光能传递和光影跟踪时特别品质和逼真的图像，Lightscape 都可以提供全面的视图渲染结果。

(3) Lightscape 的光照特性

精确模拟现实光效，是 Lightscape 最突出的特点，它是建立在模拟光线在环境中的传播基础之上的，所得到的结果不仅是逼真的渲染图，而且也进行精确光分配。

Lightscape 光源的亮度是基于实际量度说明的，可从生产厂家那里得到各种光源的这些值，自然光可简单地指明位置、日期、时间和去覆盖程度设置。因此，使用 Lightscape 能方便地生成模型的任何人工或自然光照情况。Lightscape 使用光域网编辑完全控制生成一个光源的任意分布，用户能用来改变一个光源的光强度分布和使用一些如 IES、CIBS 等工业标准的光学格式输入光学数据。Lightscape 还提供一套强大的分析工具，方便定量计算模型的光照特性。其色彩、灰度及网格点形式显示模型空间的光照量，直观明了。

(4) Lightscape 实体

Lightscape 模型是由表面、图块、光源三大实体组成。

[①] OpenGL 是 Open Graphis Library 的缩写，是一套三维图形处理库，也是该领域的工业标准。OpenGL 提供了一系列的应用程序，把用数据描述的三维空间通过计算转换成二维图像并显示或打印出来。

1) 表面和材料

与表面关联的材料组成和其他属性可以通过设置材料控制表面外观，对于一些特别贴图，例如壁画、地毯等，可采用纹理贴图。Lightscape 还可让表面呈非常变化，如凹凸不平或波形等显示，可以对材料的颜色、反射、透明、折射、光滑度等特性进行修改。

2) 图块和光源

图块是准备模型的一种实体，它由表面或其他图块组成，它能被多次引用，且其变化能被所有引例继承。

Lightscape 光源是关联光学属性的特殊图块，Lightscape 支持三种基本光源：点光源、线光源、矩形光源。每个光源都有一个光照强度分布（LID），描述不同的离开方向发射光线的扩展。Lightscape 还提供三种设置光源强度或明度的方式和四种设置光源强度分布的办法。

Lightscape 使用光域网表现总的光照强度分布。能用此生成分布，或从一些标准光源光学文件格式输入它，而光学数据文件由生产厂家提供。可直接深入到光学定义上或使用光域网编辑器编辑它。

(5) Lightscape 的处理过程

Lightscape 处理制作简易，界面友好，处理过程分为三个阶段。

1) 准备阶段

输入几何模型。Lightscape 接受 DWG、DXF、3DS 和 Lightwave 的格式文件。

定义组成表面的材料。Lightscape 模拟模型中表面光线的互相作用，精确地描述表面确保模型中各表面具有合理的定向。一些模型系统允许建立极薄的表面，因为 Lightscape 是建立在光模拟系统上的，指明这种表面的哪个面为我们希望处理的面是很重要的。

定义模型中所有光源的光学特性。Lightscape 根据光源的物理参数值定义三维模型中的人照光和自然光，增加、删除、移动实体和光源。Lightscape 提供一套极有限的工具，使得在光能传递的解决阶段之前，对模型进行适当的编辑。Lightscape 在此阶段会以 LP 格式存为一个准备模型。

2) 解决阶段

在解决阶段，用户能用光能传递求解一个已在准备阶段做好的几何图形。首先初始化几何图形，模型被简化为一组能够优化光能传递处理过程的表面，一旦被初始化，就不能够再处理几何模型。

定义处理参数。定义全局处理参数和任何所要的局部处理参数（应用于指定的表面）。处理参数控制着光能传递最终解决结果的质量，对处理参数的设置是一种协调行为，好的设置值会产生更精确和高质量的图像，当然也就需要更多的时间和内存。

进行光能传递解决。计算模型中漫射光能的分布将包括直接和间接的漫射光能。

优化光能传递解决。可随时中断光能传递的处理过程，以改变或优化模型的外观。不能改变几何模型，但可改变材料特性和光源的光特性。改变后，可从中断处继续处理或重新开始处理光能传递的效果。

Lightscape 将光能传递计算结果保存到一个以 LS 格式的解决文件中。

3) 输出阶段

在输出阶段使用 OpenGL 渲染法能很快从光能传递阶段的求解结果进行渲染或使用 Lightscape 光影跟踪，给最终图像加上镜面反射和透明效果，也可通过光影跟踪直接光源。

有很多方法可以使用光能传递解决的结果，Lightscape 提供多种输出选项支持这种使用。最常见的几种使用方法有动画、单帧图像、虚拟现实、光照分析。

(A) 动画

运用动画工具，能够建立一个相机路径，用于光能传递结果生成漫游动画。

如果使用 OpenGL 渲染，能很快地生成高质量的反锯齿图像。

如果想增加镜面反射和精确的透明效果，可以对每帧使用光影跟踪来渲染。如果要对动画各帧进行光影跟踪，应使用光影跟踪批处理程序渲染，这会大大提高渲染处理的效率。

(B) 单帧图像

单张图像要求高水准的质量，Lightscape 有能力产生任何分辨率的图像。如果只是想由一个光能传递计算结果得到图像，用 OpenGL 渲染很快地生成。

为了得到更精确的结果，须对图像进行进一步的光影跟踪，可以确定对部分或全部的光源进行光影跟踪，这样的结果将产生更精确的阴影和光照效果，以及最高品质的图像。

(C) 虚拟现实

如果想产生一个实时漫步和交互的虚拟现实环境，就不能使用光影跟踪。虚拟现实支持 OpenGL 纹理贴图，但是只是在提供硬件支持的平台上才能实时显示带纹理投影的环境。

(D) 光照分析

如果你的主要目的是分析光线。Lightscape 提供了多种用于显示包含在光能传递计算结果中的光线数据的工具。总之，用于光照分析的光能传递计算结果可以比用于生成图像的粗糙一些（当然会快一些）。

Lightscape 最后产生的效果图可以多种工业标准格式输出，如 BMP、TGA、RGB、JPG、GIF、EPS 等，这些格式的图像可被所有的平面设计软件如 Photoshop、Coreldraw、photostylor 进行处理和输出打印。

(6) Lightscape 的应用领域

任何应用 Lightscape 的领域都会从其可视系统的特性和优点中受益。

1) 建筑和室内设计

能交互输出、分析和无限制地交流光线和材料的合并，检验设计，表达思想，是辅助建筑光环境设计的先进工具（图 4-7）。

2) 产品设计

生成虚拟模型，缩短设计周期，并大大降低实际成本。

图 4-7 用 Lightscape 进行办公楼入口处的日照研究（作者：Michael Fowler & Leo A. Daly）[1]

3) 灯光设计

直观的界面，快速设置和验证改变的光照配置，支持 IES、CTLI 和 CIBSE 光学格式，具有强大的分析工具。

4) 电影和电视业

方便保持动画和现实的光照效果，交互调整光照和材料，快速获得所需的精确外观。使用 Lightscape 生成的虚拟环境，能由实时或脱线方式的传统动画关键帧或活动的英尺长组成。

5) 交互性游戏

Lightscape 使交互性游戏达到虚拟质量新阶段，虚拟现实和更高的可视图质量。

6) 基于网上虚拟世界

全光照的三维环境，能转换为 VRML 格式，以致能使用标准浏览的交互

---

[1] 图片来源：http://www.seilerinst.com/cad/products/lightscape/designgallery.asp。

观看。

总之，Lightscape的出现，无疑带给渲染动画领域强烈冲击。革命的惊喜扑面而来，事半功倍，轻松自得，何乐而不为……

4.4 建筑热环境与能耗分析软件

4.4.1 概述

建筑热环境是由建筑围护结构（通过围护结构的传热、传湿、空气渗透使热量与湿量进入室内）、室外气候条件（室外空气温、湿度，风速，太阳辐射，风向变化及临时的空气温、湿度）、室内的热源状况（室内设备、照明、人体等热湿源）以及室内外通风状况所决定的。建筑环境控制系统的运行状况也必须随着建筑热环境状况的变化而不断进行相应的调节，以满足建筑环境的热舒适性或工艺要求的。由于建筑环境变化是由众多因素所决定的一个复杂过程，因此只有通过计算机模拟计算的方法才能有效地预测建筑环境在没有环境控制系统时和存在环境控制系统时可能出现的状况，例如室内温湿度随时间的变化、采暖空调系统的逐时能耗，以及建筑物全年环境控制所需的能耗。

（1）建筑能耗分析中涉及的基本概念

1）得热量：指某时刻进入房间的总热量，其来源包括：室内外温差传热、太阳辐射进入热量、室内照明、人员、设备散热等。按是否随时间变化，可分为稳定得热和瞬变得热；按性质不同可分为显热得热和潜热得热。

2）热负荷：为维持一定室内热湿环境所需要的在单位时间内向室内加入的热量。热负荷量的大小与补充热量的方式有关。热负荷分为显热负荷与潜热负荷。

3）冷负荷：为了连续保持室温恒定，在某时刻需向房间供应的冷量，或需从室内排除的热量。冷负荷量的大小与去除热量的方式有关。瞬时得热中，以对流方式传递的显热，潜热部分，直接放散到房间空气中，立刻构成房间瞬时冷负荷；显热中的辐射成分不能立即转化为冷负荷。进入房间的辐射热要经过吸收、反射、对流放热、辐射放热等多次过程才能最终转化为对流热，被空气带走，形成冷负荷。

通过各种途径进入室内的热量，即得热。热量进入到室内后并不是全部进入到空气中。图4-8显示了瞬时得热与瞬时冷负荷的关系。

图4-8 瞬时得热与瞬时冷负荷的关系

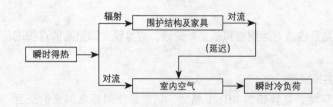

（2）建筑能耗系统分析策略

详细的建筑能耗分析软件通常是逐时、逐区模拟建筑能耗，考虑了影响建筑能耗的各个因素，如建筑围护结构、HVAC[①]系统、照明系统和控制系统等。

---

① HVAC是Heating, Ventilation & Air-Conditioning（供热、通风与空调工程）的缩写。

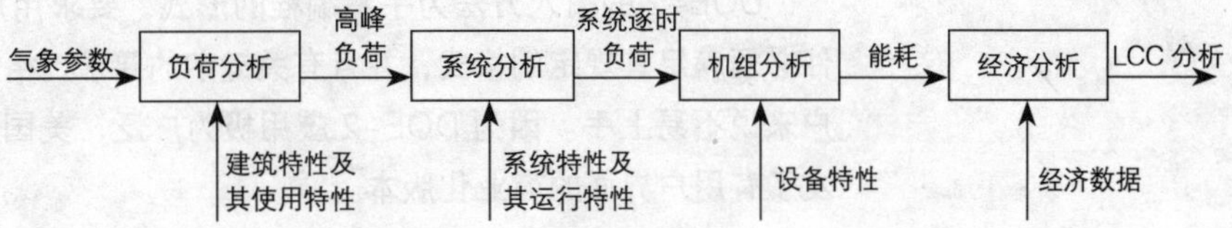

图 4-9 顺序模拟法

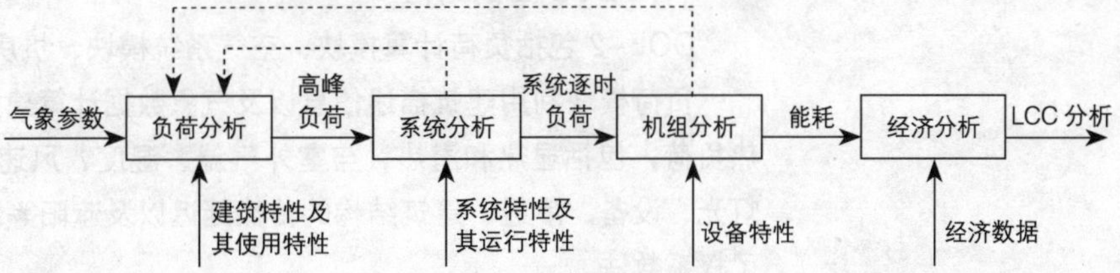

图 4-10 同步模拟法

在建筑物寿命周期分析（LCC）中，对各环节进行分析，包括设计、施工、运行、维护、管理。

详细的建筑能耗分析软件按照系统模拟策略可分为两类：顺序模拟（图4-9）和同步模拟（图4-10）。

在顺序模拟方法中，首先计算建筑全年冷热负荷，然后计算二次空调设备的负荷和能耗，接着计算一级空调设备的负荷和能耗，最后进行经济性分析。在顺序模拟方法中，每一步的输出结果是下一步的输入参数。顺序模拟方法节约计算机内存和计算时间，但是建筑负荷、空调系统和集中式空调机组三者之间缺乏联系；如果空调设备满足不了建筑冷热负荷的要求，就会产生错误。

在同步模拟方法中，考虑了建筑负荷、空调系统和集中式空调机组之间的相互联系。同步模拟方法与顺序模拟方法不同，在每一时间段同时对建筑冷热负荷、空调设备和机组进行模拟、计算。同步模拟法提高了模拟的准确性，但需要更多的计算机内存和计算时间。

(3) 国内外能耗模拟软件简介

建筑能耗模拟软件有许多，但在全世界范围内有影响且可以免费获取的能耗软件只是少数。国外较常用的建筑能耗分析软件有 DOE-2、BLAST、EnergyPlus，国内较有影响的建筑能耗分析软件是清华大学开发的 DeST 和中国建筑科学研究院建筑工程软件研究所节能中心开发的 CHEC。本书将在后面对它们作一简单介绍。

4.4.2 建筑能耗分析软件 DOE-2 介绍

DOE 是美国能源部（Department of Energy）的缩写，DOE-2 是美国劳伦斯伯克力国家实验室在美国能源部的支持下开发的能耗分析模拟软件。它可以提供整幢建筑物每小时的能量消耗分析，用于计算系统运行过程中的能效和总费用，也可以用来分析围护结构（包括屋顶、外墙、外窗、地面、楼板、内墙等）、空调系统、电器设备和照明对能耗的影响。DOE-2 的功能非常全面而强大，经过了无数工程的实践检验，是国际上都公认的比较准确的能耗分析软件，并且该软件是免费软件，使用人数和范围非常广泛。DOE-2 有 20 种输入校核报告，50 种月度或年度综合报告，700 种建筑能耗逐时分析参数，用户可根据具体需要选择输出其中一部分。有非常详细的建筑能耗逐时分析报告，可处理结构和功能较为复杂的建筑。

DOE-2 的输入方法为手写编程的形式，要求用户手写输入文件，输入文件必须满足其规定的格式，并且有关键字的要求，格式要求比较严格，对于用户来说不易上手。因为 DOE-2 应用极为广泛，美国一些公司基于 DOE-2 开发了有用户界面的商业化版本。

(1) DOE-2 的结构

DOE-2 包括负荷计算模块、空气系统模块、机房模块、经济分析模块。

负荷模块利用建筑描述信息以及气象数据计算建筑全年逐时冷热负荷。冷热负荷，包括显热和潜热，与室外气温、湿度、风速、太阳辐射、人员班次、灯光、设备、渗透、建筑结构的传热延迟以及遮阳等因素有关。负荷计算采用了权系数法。

空气系统模块利用负荷模块的结果以及用户输入的系统描述信息，确定需要系统移去或加入的热量。该模块考虑了新风需求、系统设备控制策略、送回风机功率以及系统运行特性。

机房模块利用系统模块结果以及用户输入的设备信息，计算建筑及能量系统的燃料耗量和耗电量。该模块考虑了部分负荷性能。

经济模块进行寿命周期分析。输入数据通常包括建筑及设备成本、维护费用、利率等。

以上 4 个模块顺序执行，后面模块要利用前面模块的结果。当然，每次不一定要运行 4 个模块，这取决于模拟目标，如果只考虑建筑冷热负荷，则可以只运行第一个模块。相应于以上 4 个模块，DOE-2 有 LDL、SDL、PDL 以及 EDL 程序，当然还有一个总控程序 BDLCTL。

(2) 建筑描述语言 BDL

用 DOE-2 进行建筑能耗模拟时，除了气象数据保存在单独的文件外，所有的信息，包括地理位置、建筑描述、材料特性、运行班次、设备性能等都组织在一个文件名后缀为 inp 的文件里。所有的指令、输入信息都用建筑描述语言 BDL（Building Description Language）描写。如果完整进行一次模拟，指令可按下面的格式组织，每个模块中填入相应的指令。

BDL 指令格式为：

U-name = Command

Keyword = Value

……

Keyword = Value ..

其中 U-name 是用户指定的名称，Command 是指令类型，它也决定了下面的数据输入，".." 是指令结束符，是必需的。比如，如果定义 1 个房间的 4 面墙，其东南西北墙的 U-name 可以分别指为 wall-e、wall-s、wall-w、wall-n，而 Command 就是 WALL，对应于 WALL，有 X、Y、WIDTH、AZ 等定义坐标、宽度以及方位角的关键词。描述其他信息的指令类似。在 LDL、SDL、PDL 以及 EDL 模块中，各自有非常丰富 BDL 指令类型，恕不在此一一介绍。除了输入模拟需要信息的指令外，每个模块的计算结果可以按用户要求通过相应的指令输出。

(3) 气象数据

用 DOE-2 进行建筑能耗模拟，一个基本前提是具备所在地区的全年气象数据。DOE-2 需要的逐时气象数据依次包括：①湿球温度；②干球温度；③大气压；④云量；⑤降雪量；⑥降雨量；⑦风向；⑧含湿量；⑨室外空气密度；⑩室外空气焓；⑪太阳总射强度；⑫太阳直射强度；⑬云类；⑭风速。另外还需要 12 个月的地面温度数据。实际上以上参数并不完全独立，有的可根据其他参数计算。并且，DOE-2 不一定使用以上全部数据，如果原始资料有辐射数据，则 DOE-2 不使用云量、云态、降雨和降雪数据；只有在原始资料缺少辐射数据的情况下，DOE-2 才根据这些数据估计辐射。

由于 DOE-2 程序采用的气象资料是典型气象年，其原始数据与历年平均值所用的原始气象数据年相同，按典型气象年计算的负荷为典型负荷，不是最大负荷，而在暖通设备选型中通常按最大负荷考虑。这些需要在实际设计中注意。

(4) DOE-2 的应用

除美国外，DOE-2 在 40 多个国家都得到采用。我国在前几年编制《夏热冬冷地区居住建筑节能标准》时采用了 DOE-2，一些地方节能标准也采用了 DOE-2。

(5) 基于 DOE-2 的软件简介

1) VisualDOE

这款软件可以帮助建筑师或者设备工程师进行建筑的能耗模拟，设计方案的选择，还可以进行美国绿色建筑标准中能耗分析部分的评价。VisualDOE 可以模拟包括照明，太阳辐射，暖通系统，热水供暖等建筑所有主要的能耗。并可以从 DOE-2 输出文件中自动提取计算结果。相对与 DOE-2 来说，用户可以比较容易的上手使用。但是软件的输入格式还是采用 DOE-2 的输入语言，因此用户需要了解一些 DOE-2 输入文件的格式规则，对于需要模拟复杂结果的高级用户，用户需要手动修改输入文件。

2) eQUEST

允许设计者进行多种类型的建筑能耗模拟，并且也向设计者提供了建筑物能耗经济分析、日照和照明系统的控制以及通过从列表中选择合适的测定方法自动完成能源利用效率。这款软件的主要特点是为 DOE-2 输入文件的写入提供了向导。用户可以根据向导的指引写入建筑描述的输入文件。同时，软件还提供了图形结果显示的功能，用户可以非常直观地看到输入文件生成的二维或三维的建筑模型，并且可以查看图形的输出结果。

3) PowerDOE

是基于 DOE-2 基础上开发的一款比较先进和成熟的建筑能耗分析软件，其基本功能和上述软件基本相同，主要特点是采用了交互式的 Windows 界面进行输入和输出，比较容易上手操作。

4.4.3 建筑能耗分析软件 DeST 介绍[①]

DeST (Desinger's Simulation Toolkit) 是由清华大学开发的一套面向设

---

① 燕达，谢晓娜，宋芳婷，江亿. 建筑环境设计模拟分析软件 DeST 第一讲 建筑模拟技术与 DeST 发展简介. 暖通空调. 2004，34（7）：48-56。

计人员的用于设计的模拟工具。DeST与其他传统的模拟系统的区别主要在于充分考虑了设计的阶段性,提出"分阶段设计,分阶段模拟"的思路,在设计的各个阶段,让设计者根据模拟的数据结果对其进行验证,从而保证设计的可靠性。DeST通过采用逆向的求解过程,基于全工况的设计,在每一个设计阶段都计算出逐时的各项要求(风量、送风状态、水量等),使得设计可以从传统的单点设计拓展到全工况设计。DeST采用了各种集成技术并提供了良好的界面,因此可以比较容易方便地应用到工程实际中。

(1) DeST的主要特点

为了实现"分阶段模拟"的目标,DeST在设计和开发中突出了自己的特点。

1) 以自然室温为桥梁,联系建筑物和环境控制系统

自然室温指当建筑物没有供暖空调系统时,在室外气象条件和室内各种发热量的联合作用下所导致的室内空气温度。这样,可以通过精确的建筑模型,模拟计算各室的自然室温。而在研究空调系统时,又可以以各室的自然室温为对象,把自然室温与建筑特性参数合在一起构成建筑物模块,很方便与其他部件模块,灵活组成各种形式的系统。

2) 分阶段设计,分阶段模拟

DeST在开发过程中融合了实际设计过程的阶段性特点,将模拟划分为建筑热特性分析、系统方案分析、空气处理设备方案分析、风网模拟和冷热源模拟共5个阶段,为设计的不同阶段提供准确实用的分析结果,如建筑热特性的模拟计算提供建筑本体的热特性数据,方案模拟则提供方案设计的模拟分析结果,由此实现建筑环境及其控制系统设计的分阶段模拟。

3) 理想控制的概念

由于当前阶段的模拟分析目的是评价这一阶段的设计是否满足要求以及存在哪些问题,并对下一阶段设计提出要求,DeST采用"理想化"方法来处理后续阶段的部件特性和控制效果,即假定后续阶段的部件特性和控制效果完全理想,相关部件和控制能满足任何要求(冷热量、水量等),这样处理有很多优点。

4) 图形化界面

为了简化描述定义工作,DeST开发了图形化的工作界面,所有模拟计算工作都在基于AutoCAD开发的用户界面上进行,其程序可在Windows操作系统下运行。由于与建筑物相关的各种数据(材料、几何尺寸、内扰等)通过数据库接口与用户界面相连,因此用户通过界面进行建筑物的描述,以及调用相关模拟模块进行计算都十分方便,也很容易掌握。DeST还将模拟计算的结果以Excel报表的形式输出,方便用户查询和整理。

5) 通用性平台

DeST的计算模块具有较好的开放性和可扩展性。DeST可以作为建筑环境及其控制系统模拟的通用性平台,实现相关模块的不断完善和软件功能的扩展。

(2) DeST的结构

DeST在设计时充分考虑了"设计的阶段性"这一特点。相应于设计的不

同阶段，DeST 由不同的功能性模块组成，并根据阶段之间的联系在模块之间建立其相应的关联。图 4-11 是 DeST 的整体框架结构示意图。各计算模块具有较好的开放性和可扩展性。以下对各模块作简要介绍。

1) CABD

CABD 是 DeST 的图形化用户界面（图 4-12）。由于 CABD 是基于 Auto-CAD 平台开发的用户界面，这就大大简化了建筑描述的定义工作和方便设计者的建模，用户可直接通过界面进行建筑物的描述、修改和统计，也可以方便地调用相关模块进行计算，计算结果都将以 Excel 报表的形式输出，方便用户查询和整理。

2) Medpha

DeST 所需要的气象数据由 Medpha 模块产生，其基础是全国 194 个气象

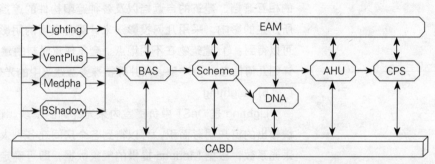

图 4-11 DeST 整体框架结构示意图

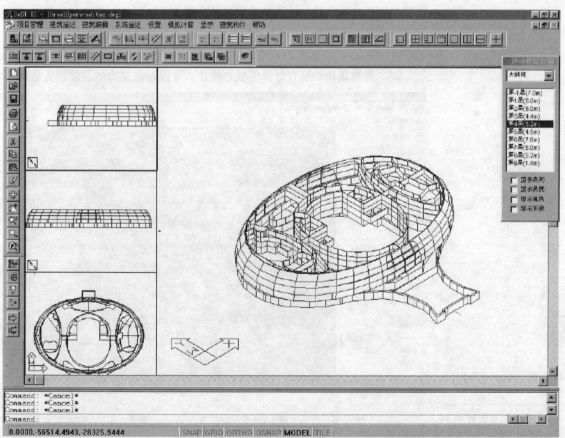

图 4-12 DeST 图形化界面

台站 50 年的实测数据和相关的气象数学模型。目前 Medpha 可以模拟生成 194 个中国城市的逐时气象数据，并以典型气象年[①]作为全年模拟基础数据。

3) VentPlus

VentPlus 是自然通风模拟模块。自然通风最主要的动力是风压和热压。由于两种压力的作用机制不同而且通风量与压差的关系非线性，因此不能对它们单独作用情况下的通风量作简单相加。DeST 在计算自然通风时，同时考虑热压与风压的作用，实现热环境参数和流体特性参数相互作用的计算。DeST 还会将自然通风模拟模块 VentPlus 得到的通风量作为热环境模拟计算的输入，从而准确模拟室内热环境。

4) BShadow

BShadow 是建筑阴影计算模块（图 4-13）。该模块综合考虑了建筑之间的相互遮挡、建筑的自遮挡以及各种遮阳构件的遮挡对建筑物接收的辐射量所产生的影响，采用几何投影法来计算各表面的阴影面积和形状。通过计算可以得到：① 建筑物在不同地点、全年任意时刻的建筑日影分布；② 阴影的详细几何信息；③ 中庭、天井等特殊类型建筑中的光斑分布。

5) Lighting

Lighting 是 DeST 中负责室内采光计算的模块。该模块根据 Bshadow 模块输出的窗户阴影面积，可以得到各个房间在各种太阳位置和天气情况下的采光系数，根据 Medpha 提供的气象数据，即可确定各个房间逐时的自然采光情况下的室内照度，结合房间照度设计要求，确定逐时的照明灯具开启情况，作为建筑热环境模拟计算的输入。

6) BAS

BAS 是建筑物热特性计算的核心模块，可以对建筑物的温度和负荷进行

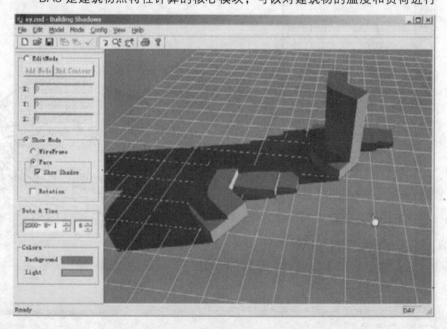

图 4-13 BShadow 阴影计算界面

---

① 典型气象年（Typical Meteorological Year，TMY）是以近 30 年的月平均值为依据，从近 10 年的资料中选取一年各月接近 30 年的平均值作为典型气象年，由于选取的月平均值在不同的年份，资料不连续，还需要进行月间平滑处理。

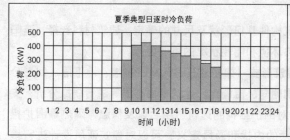
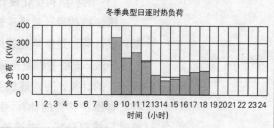

图4-14 DeST逐时负荷计算结果

详细的逐时模拟。BAS的核心算法采用基于建筑热平衡的状态空间法，该方法可直接得到积分形式的解，不必计算温度场，解的稳定性及误差与时间步长无关、计算速度快、适宜作为系统分析中的建筑动态模型。

DeST是目前世界上为数不多的考虑了建筑物内多房间的整体热平衡的建筑模拟软件之一，可同时处理上千个房间，计算准确迅速。图4-14为DeST逐时负荷计算结果示例。

7) EAM

EAM是经济性能分析评价模块。由于DeST与暖通空调系统的设计过程紧密结合，在不同设计阶段，都尽可能地利用已知信息，准确地预测和评价暖通空调系统方案的经济性，既能够准确、方便比较设计过程中某一特定方案的经济性，又能评价整个暖通空调工程的经济性，为设计人员进行方案取舍提供依据，尽早排除不经济方案。

DeST的经济评价分为概念设计阶段、初步设计阶段、详细设计阶段、设计后的经济评价四个阶段，下面结合每个阶段的具体情况，给出不同的经济评价方法。

(A) 概念设计阶段：研究对象是建筑物本身。本阶段结合设计人员拟采用的暖通空调方案，较准确地预测在确定的建筑参数下该建筑暖通空调系统的经济性，以便于设计人员及时调整建筑参数（围护结构、遮阳、朝向等），确定较佳的建筑方案。

(B) 初步设计阶段：通过对建筑拟采用的各种暖通空调系统方案进行模拟分析和比较，确定满足使用要求、经济合理的系统方案。

(C) 详细设计阶段：在本阶段设计人员能够准确、方便地比较某一暖通空调系统内部某个细节处不同方案的经济性，并结合其可及性评价，最终确定较优的局部系统和设备。

(D) 设计后的经济评价：根据对暖通空调系统各个部分都进行了模拟分析后得到的具体信息，可逐项准确计算暖通空调系统的初投资、运行费等参数，给出准确的经济性评价。

8) Scheme是空调系统方案设计模块，DNA是机械通风系统分析模块，AHU是空气处理设备设计模块，CPS是冷热源系统与水系统模拟模块，在此对这些模块不作进一步介绍。

(3) DeST在辅助建筑设计方面的应用

DeST功能强大，是建筑节能设计的强大工具。除了在空调系统辅助设计中应用之外，在以下两方面可以辅助建筑设计。

4 建筑性能分析 131

1) 围护结构优化设计

围护结构设计包括建筑构件几何形状及尺寸的确定、建筑材料选择、遮阳部件设计等，是影响建筑热环境和能耗状况的重要因素。

DeST 支持各种复杂建筑形式（如多建筑、天窗、斜墙、地下层、回形分隔等）的计算，可对建筑物朝向、窗墙比、建筑平面布局等进行模拟分析；支持各种围护构件的计算，可对围护结构的选材、组合以及保温、隔热等围护措施进行模拟分析；支持灵活的内扰和通风定义，可以对建筑通风设计进行模拟分析。通过不同方案之间的对比，对建筑设计提出有利于建筑节能的意见，供建筑师参考。

2) 建筑节能评估

建设部于 2001 年和 2003 年批准发布的《夏热冬冷地区居住建筑节能设计标准》（JGJ 134—2001）和《夏热冬暖地区居住建筑节能设计标准》（JGJ 75—2003）都指出，如果实际建筑的围护结构性能不能完全满足标准中的规定，那么可以通过辅助模拟工具进行动态模拟计算建筑全年负荷，判断其全年的冷热量消耗是否满足当地相应的能耗指标，进行建筑是否节能的评估。DeST 是非常合适的评估工具。

DeST 在国内外已得到了广泛的应用，包括国家大剧院、国家游泳中心等一些大型建筑都采用 DeST 进行了辅助设计。DeST 还应用于中央电视台空调系统改造、北京发展大厦、军事博物馆空调系统改造等多项改造工程中。DeST 在香港、欧洲、日本等地也得到应用。

4.4.4 其他建筑能耗分析软件介绍

1) BLAST

BLAST 是美国国防部支持下由依利诺依大学开发和维护的，能耗分析软件。BLAST 的适用范围包括工业供冷，供热负荷计算，建筑空气处理系统以及电力设备逐时能耗模拟。输入文件可由专门的模块 HBLC 在 Windows 操作环境下输入，也可在记事本中直接编辑。基于 Windows 的友好的操作界面，结构化的输入文件，可分析热舒适度，高强度或低强度的辐射换热，变传热系数下能耗分析。对专业知识和工程实际有较深刻的理解才能设计出符合要求的模型。

2) EnergyPlus

EnergyPlus 是美国劳伦斯克力国家实验室和依利诺依大学开发出的，它融合 BLAST 和 DOE2 的优点，是最新的能耗分析软件。这款软件的主要特点有：采用集成同步的负荷/系统/设备的模拟方法；在计算负荷时，用户可以定义小于 1h 的时间步长，在系统模拟中，时间步长自动调整；采用热平衡法模拟负荷；采用 CTF 模块模拟墙体、屋顶、地板等的瞬态传热；采用三维有限差分土壤模型和简化的解析方法对土壤传热进行模拟；采用联立的传热和传质模型对墙体的传热和传湿进行模拟；采用基于人体活动量、室内温湿度等参数的热舒适模型模拟热舒适度；采用各向异性的天空模型以改进倾斜表面的天空散射强度；先进的窗户传热的计算，可以模拟包括可控的遮阳装置、调光玻璃等；日光照明的模拟，包括室内照度的计算、眩光的模拟和控制、人工照明的减少对负荷的影响等；基于环路的可调整结构的空调系统模拟，用户可以模拟典型的系统,而无需修改源程序；源代码开放，用户可以根据自己的需要加入新的模块或功能。新版本的 EnergyPlus（Release 1.0.2）提供了即时的关键词解释，使得操作变得更加简单。对建筑的描述简单，输出文件不够直观，须经过电子数据表作进一步处理。

3) CHEC / HEC / WHEC

CHEC 是中国建筑科学研究院于 2002 年开始研发，2003 年投入使用的节能设计分析软件。这款软件采用 DOE-2 软件作为计算内核，按照《夏热冬冷地区居住建筑节能设计标准》（JGJ 134—2001）进行编制。CHEC 软件的特点是便捷的输入方式，设计师可以采用自己绘制的 CAD 图纸直接进行模型数据的转换，无需用户手写输入。同时，CHEC 软件和国内的多种建筑软件都有接口，可以直接提取模型数据。CHEC 软件可以对建筑的体形、朝向、围护结构的构造进行量化分析，生成有详尽建筑概况、窗墙比、围护结构热工参数的计算报告，对用户的节能设计进行指导和改进。同时，CHEC 软件为用户提供了强大的数据库支持，可供用户随时进行材料的选择和调整。CHEC 通过调用 DOE-2 内核，模拟全年的气象数据，进行全年的动态能耗模拟分析，生成详尽的空调采暖全年能耗报告。

除了适用于我国夏热冬冷地区节能设计分析的 CHEC 外，中国建筑科学研究院还根据《民用建筑节能设计标准（采暖居住建筑部分）》（JGJ 26—95）开发了适用于我国寒冷地区和严寒地区节能设计分析的软件 HEC；根据《夏热冬暖地区居住建筑节能设计标准》（JGJ 75—2003）开发了适用于我国夏热冬暖地区节能设计分析的软件 WHEC。这两个软件都可以通过将 DWG 图转成条件图获得节能分析的原始数据，根据不同地区的节能设计标准输出分析结果，在此不再详细介绍。

4.5 计算机辅助建筑日照分析

建筑日照是建筑物理环境的一个十分重要的组成部分。远在 20 世纪 40 年代，建筑设计人员就广泛地使用日影图、棒影图和分时阴影迭合图来计算日照，以及使用日规仪对建筑模型进行日照测试。这些方法一直沿用到今日。上世纪 80 年代末，国外已经开始采用计算机对日影、遮阳以及辐射热进行辅助分析，但是国内直到目前许多设计单位还在使用耗时耗工的手工作图方法。特别在《城市居住区规划设计规范》（GB 50180—93）推出日照间距系数表后，很多的设计人员就丢掉常规的图解方法，干脆完全依靠日照间距系数来布置建筑物。这种鲁莽的做法常常发生失误。

我国国土辽阔，南北跨越纬度数大。规范中对于最小日照时间的规定是作为为强制性条文执行的，其中的日照间距系数是按照大寒日对于特例计算确定的，属于推荐指标。当实际建筑布置不符合特例，以及 2002 年前我国北方的多数城市执行的地方法规采用以冬至日最小日照时数标准，就会出现差异。

其次规范中对窗口获得的太阳辐射热没有具体的要求，存在着不同朝向窗口获得热量的明显差异。在法规执行时存在着向群众解释的困难。

因此现行法规中规定的最小时间是一个名义性指标，使用时操作较为简单。在日照民事纠纷责任认定中精确计算窗口实际的日照时间，完全是法律上的需要。

采用计算机辅助日照分析可以精确计算日照时序和时间，计算建筑物窗口或外表面获得的太阳辐射热和天空散射热。并能计算出相邻建筑物相互之间的遮蔽效应。它不只是法律认定的测算工具，更重要的是为热环境分析提供重要手段。

4.5.1 计算机辅助建筑日照软件介绍

我国过去开发的 CAAD 软件大多不能计算日影遮蔽时间，有的软件只是简单地用计算机模仿过去的手工图解方法，或者采用分时阴影叠合，算法的计算精度和速度达不到要求。国外的一些建筑软件虽有生成建筑物指定时刻瞬时日影和日照动画的功能，却不能统计有效日照时间，不能符合我国城市居住区规划设计规范条件要求和规划方案报审的要求。

因此当前迫切需要我国自行研制的能快速精确进行日照计算和分析的软件。清华大学建筑学院 CAAD 教研室自 1996 年起经过多年的努力终于在 1999 年正式推出建筑日照软件 V1.0 版，目前已发展到 V2.1 版[①]。该软件使用 AutoCAD 的 ObjectARX 技术开发，可以在 AutoCAD 2000～2006 软件支持下运行。它向用户提供了多种日照分析手段。其中包括"天空图法"、"日照圆锥面法"、"日照等时线"、"返回光线法"、"逆日影法"及"极限容积"[②]六种方法。其中的许多技术是清华原创，拓阔了国内日照分析的技术方法手段。软件可以对单栋建筑或建筑群体作全面的日照分析，能够处理复杂的建筑形式和布局，能预测规划地段的极限容积形体和容积率。程序中采用了计算机图形学中的解析计算方法、动态搜索方法和遗传算法，并对计算过程进行了加速处理，较好地提高了日照分析的速度和精度。它已经成功地取代了过去的手工作图方法。该软件完全按照我国规范要求编制，并且考虑了今后规范的发展和各地区地方法规的可能要求。用户可以在 AutoCAD 中建模或直接采用其他建筑软件的建筑设计图纸文件进行计算，计算结果可以以图纸形式、数字文件或数据库形式输出。程序界面简明，操作方便，具有极强的实用性。目前已被国内 47 个主要城市的设计、规划管理部门共 500 余家用户采用，其中包括国内一些建筑院校和著名的房地产公司。该软件的 2.0 版本在 2004 年 3 月通过中国建筑物理研究所的技术测试，同年 6 月通过建设部认证，与会专家一致认为该软件目前处于国内领先地位。

4.5.2 建筑日照软件的常用算法

建筑日照的核心计算模块是计算测点的有效日照时间，目前有以下 5 种不

---

① 该软件在开发和推广过程中得到中国城市规划设计研究院规范编制组、北京市规划局信息中心和建筑技术交流中心，以及中国建筑科学院建筑物理研究所、上海市城市规划局信息中心等单位的大力支持和帮助。

② 其中"逆日影法"是王诂 1997 年提出的，参看：Wang Gu. Computer Aided Methods for Calculating Sunshine. In: CAADRIA'97 Workshops. 台北：胡氏图书出版社，1997. 而"极限容积"算法也是王诂在 2004 年提出。

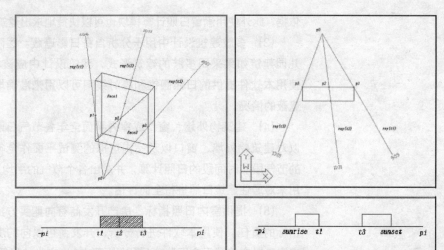

图 4-15 遮蔽面三角细分计算测点日照时序原理图

同的计算机辅助建筑日照计算方法：

（1）从棒影图中可以看到棒顶端落影轨迹的自相似性，可以用分形算法来绘制简单阴影线。

（2）国外许多建筑软件可以生成瞬时阴影，以及这些阴影随时间而改变的动画，但是不能累计有效日照时间。

（3）国内开发的一些软件采用分时阴影重叠的算法，或者进一步画出不同重叠区域的包络线。它是从手工作图方法过渡而来的，并没有发挥计算机的长处。这种方法精度较差，计算量实际上并不小。

（4）直接对不同几何形体采用参数方程求解，得出边缘光线，这种算法需要将二次圆锥曲面等参数方程和太阳参数方程混合求解，编程稍显复杂。并且不能处理计算机图形学中其他类型的曲面。比较适合在早期低性能微机上应用。

（5）采用通用的三角细分算法，将组成遮蔽的建筑物的各类平面或空间曲面分解成较小的三角面元。对它们采用统一的参数方程求解。它能在许多场合下保持足够的精度，又有着较为单一的程序算法，因此比较适合在目前的高性能微机上运行。清华建筑日照软件采用的就是这种方法（图 4-15）。

4.5.3 建筑日照软件的适用范围

清华建筑日照软件可以用于以下几种场合。

（1）小区规划设计中，检查相邻建筑物的日影遮挡情况。该软件提供的日照圆锥可以在任何以AutoCAD作为支撑的建筑软件中使用。用户可以从日照圆锥与建筑物的组合实体中及时了解相邻建筑物的日影遮挡情况；求得测点的日照时间序列表；读出日照圆锥与建筑物的相贯线上关键点的对应的标高；从而确定建筑形体的修改方案。

（2）在旧城改造中，新老建筑物混合日影遮蔽的分析。该软件提供的等时线计算命令，能够计算并绘出建筑物窗台标高水平测试面或外墙面的日照等值线图。用户可以选用建设前与建设后两种情况下的遮蔽建筑物集合，计算绘制的对应的日照等时线图。通过对比，就能求出关注部位日照时数的变化和有效日照时间损失数。从而作出准确判断，为日照民事诉讼的责任认定提供鉴定依据。此外使用满窗日照计算模块也可以快捷地求出建筑物窗口的日照指标。

(3) 多肢建筑设计中用于分析自身日影遮蔽。医院、病房、疗养院、幼儿园建筑如果采用多肢的建筑形式，建筑设计中应该考虑建筑物自身遮蔽，使用本软件提供的日照圆锥和等时线图可以用来准确地分析建筑物自身日影遮蔽的情况。

(4) 建筑物外墙、窗口或室内平面全年各节气日照时间计算。该软件可以对建筑物外墙、窗口以及室内虚拟的测试平面作全年度或任何由用户指定的节气段和时间段的日照计算，并求出各个节气的平均日照时间。这个功能可用来对居住建筑日照进行全面评估。

(5) 提供室内日照指标。房产开发商有向购买方提供商品住房建筑环境指标的责任。使用本软件进行分析，开发商可以向购房方提供住房单元主卧室窗口对应的"天空图"，必要时也可以给出室内的日照等时线图。

(6) 室内日照及日影分析。该软件可以计算建筑物内部任意测试面的有效日照时间。因此对于美术展览馆、陈列室、纺织车间和其他不允许阳光直接照射工作面的房间，本程序可以用来对它们的自然采光口及采光格栅的遮蔽效果进行分析。

(7) 受日照约束的建筑规划或设计。设计中为避免新的建筑对已有建筑物窗口日照产生有害遮挡，必须对新建筑物体形和位置作仔细的推敲。该软件的"逆日影法"可根据已有建筑物必需保证基本日照时间的窗口来确定新建筑允许占据的三维空间边界。此法同样可用于对阳光照射有要求的表面（如小区绿地、屋顶花园平台、太阳能装置、泳池等）的日照条件计算。本软件提供的"返回光线"法也可以便利地找出遮挡测试点的遮蔽物。

(8) 遮阳设计。该软件的"逆日影法"也可以用来计算满足任何指定的节气集合和遮蔽时间段、在任意方位布置的遮阳板和遮阳格栅的理论形状。可考虑或不考虑周边建筑物的附加遮蔽效应。并且通过辐射热和散射热的计算，进一步求出外遮阳的综合遮阳系数。

(9) 坡地建筑和大曲率弧墙日照计算。该软件的坡地日照计算模块能够计算坡地建筑的有效日照，也可以计算建筑物大曲率半径曲面的有效日照。由于它不需要用户设立坐标系和绘制边界圈，一次就可以计算和绘出所有表面的日照等时线，因此对于抽槽多的点式高层建筑也比较合适。它可以输出三维的日照等值线图或伪彩色图。

(10) 极限容积计算。该软件首次提出了地块的日照染色体的概念，可以在已知地块周边原有建筑日照约束条件下，采用遗传算法由程序自动求出规划地段新建筑的极限容积形体和地块的容积率，可以用来确定具体设计地段区位的控制容积率。用户也可以从需要保证基本日照的窗口的角点引出返回光线，并将它们两两组对形成返回光线切割器，通过对这些切割器的牵引实现对地块建筑形体的动态切割，从而获得新建筑合理的容积形体。

(11) 玻璃幕墙一次反射光计算。该软件提供了一次反射光照等时线和一次反射光线类，前者可以按照用户指定的节气和时间参数计算出大面积玻璃幕墙集合对周围环境的一次反射光照射区域以及滞留时间，评估光污染的程度。后者可以响应用户的牵引,实时地求出反射光落点。本软件还提供了道路一次反射眩光计算模块,它可以计算各个节气下城市道路车道由于周边建筑物大面积玻璃幕墙反射引起的眩光的路段和眩光时间序列。为解决城市居住环境中的光污染提供了辅助分析手段。

(12) 太阳直接辐射热和天空散射热的计算。该软件还设有太阳直接辐射热和天空散射热的计算模块。它在计算有效日照的同时,可以计算出窗口或外墙面接收到的与有效日照同期的太阳辐射热和天空散射热量。为从能量角度评估给出可比数据。这个功能被加入到日照等时线和遮阳板计算过程中。除了能够求出必需的遮阳板形状外,还能给出遮阳板上各部分单元面积阻断的太阳直接辐射热和天空散射热,使得可以进一步算出单元面积遮阳的效率。为我国南方地区的遮阳设计计算提供了新的解决方法。

4.6 CFD 技术及其在建筑风环境和热环境分析中的应用

在实际的规划设计中,要获得良好的建筑风环境和热环境有两种方法:一是利用风洞模型进行实验;二是利用 CFD 技术进行计算机数值模拟。风洞模型实验的方法周期长,价格昂贵,尽管结果比较可靠,却难以直接应用于设计阶段的方案预测和分析;数值计算相当于在计算机上做实验,相比于模型实验的方法周期较短,价格低廉,同时还可以形象、直观的方式展示结果,便于非专业人士通过形象的流场图和动画了解建筑室内外建筑风环境和热环境的状况。本节介绍 CFD 技术及其在建筑风环境和热环境分析中的应用。

4.6.1 CFD 技术介绍

CFD (Computational Fluid Dynamics) 即计算流体动力学是 20 世纪 60 年代起伴随计算机技术和数值计算技术的发展而迅速崛起的学科。各种 CFD 通用性软件包陆续出现,成为商品化软件,为工业界广泛接受,性能日趋完善,应用范围不断扩大,广泛应用于热能动力、航空航天、机械、土木、水利、暖通空调、环境化工等诸多领域,建筑热环境与风环境分析也是 CFD 技术应用的重要领域之一。

CFD 分析通常包含三个主要环节:建立数学物理模型、数值算法求解、结果可视化。

(1) 建立数学物理模型(前处理)

建立数学物理模型是对所研究的流动问题进行数学描述。各种 CFD 通用软件的数学模型的组成都是以纳维—斯托克斯方程组与各种湍流模型为主体,再加上多相流模型、燃烧与化学反应流模型、自由面模型以及非牛顿流体模型等。大多数附加的模型是在主体方程组上补充一些附加源项、附加输运方程与关系式。

(2) 数值算法求解

描述流动的各微分方程相互耦合,具有很强的非线性特征,目前只能利用数值方法,例如有限差分法、有限元法、边界元法以及有限分析法等方法求

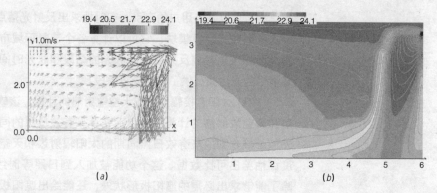

图 4-16 对某会议室进行 CFD 模拟时的可视化表达
(a) 室内气流的速度场;
(b) 室内气温的温度场

解,其中以有限差分法和有限元法为主。经过比较发现对于边界形状较规则的研究区域如矩形区域,二者模拟效果相同,但有限差分法的计算较简洁;而对于边界形状较复杂的区域,有限元法模拟效果更好。目前大多数的商用 CFD 软件都采用的是有限元法。

(3) 计算结果的可视化(后处理)

上述代数方程求解后的结果是离散后的各网格节点上的数值,这样的结果不直观,难以为一般工程人员或其他相关人员理解。因此将求解结果的速度场、温度场或浓度场等表示出来就成了 CFD 技术应用的必要组成部分。通过计算机图形学等技术,就可以将我们所求解的速度场和温度场等形象直观地表示出来,甚至便于非专业人士理解。如今,CFD 的后处理不仅能显示静态的速度、温度场图片,而且能显示流场的流线或迹线动画,非常形象生动。图 4-16 所示即为某会议室侧送风时的速度场和温度场。

此外,CFD 软件都配有网格生成(前处理)模块。网格生成质量对计算精度与稳定性有很大的影响,因此网格生成能力的强弱是衡量 CFD 软件性能的一个重要因素。网格分为结构性网格和非结构性网格两大类。目前广泛采用的是结构性网格。非结构性网格不受求解域的拓扑结构与边界形状限制,构造起来很方便,而且便于生成自适应网格,能根据流场特征自动调整网格密度,对提高局部区域计算精度十分有利。但是非结构性网格所需内存量和计算工作量都比结构性网格大很多。因此,两者结合的复合型网格是网格生成技术的发展方向。

4.6.2 常用 CFD 软件介绍

下面介绍目前在建筑领域比较有影响的 CFD 软件 Fluent 和 PHOENICS。

(1) Fluent

Fluent 是美国 FLUENT 公司的产品,也是目前世界上应用最广、影响最大的 CFD 软件,单在美国的市场占有率为 60%。它具有丰富的物理模型、先进的数值方法以及强大的前后处理功能,在航空航天、汽车设计、石油天然气、涡轮机设计、建筑通风空调等方面都有着广泛的应用。

Fluent 的软件设计基于 CFD 软件群的思想,从用户需求角度出发,针对各种复杂流动的物理现象,Fluent 软件采用不同的离散格式和数值方法,以期在特定的领域内使计算速度、稳定性和精度等方面达到最佳组合,从而高效率地解决各个领域的复杂流动计算问题。基于上述思想,Fluent 开发了适用于各个领域的流动模拟软件,软件之间采用了统一的网格生成技术及共同的图形界面,而各软件之间的区别仅在于应用的工业背景不同,因此大大方便了用户。应用于建筑方面主要的软件是 Airpak。

Airpak 是基于有限容积法专门用于建筑通风空调分析的 CFD 软件。提供的模型有强迫对流、自然对流和混合对流模型;热传导、流固耦合传热模型、热辐射模型、湍流模型。其中湍流模型采用零方程模型,也称为混合长度模型,此模型对房间内的纯自然对流、大空间流动及置换通风具有令人满意的准确度且计算速度较快。Airpak 可以模拟空调系统送风气流组织形式下室内的温度场、湿度场、速度场、空气龄场、气体污染物浓度场、PMV 场、PPD 场[①]等。Airpak 具有强大的可视化后处理能力,能够能生成速度矢量、云图和粒子流线动画,描绘气流的实时运动情况。模拟结束后,还可提供强大的数值报告,从而对房间的气流组织、热舒适性和室内空气品质(IAQ)进行全面综合评价。

在应用 Airpak 时,也会应用 Fluent 系列产品专用的前处理软件 Gambit,以建立几何模型及生成网格。还有其他的一些求解器软件,在此不作介绍。

(2) PHOENICS

PHOENICS 是英国 CHAM 公司开发的模拟传热、流动、反应、燃烧过程的通用 CFD 软件,有 30 多年的历史。

PHOENICS 软件以低速热流输运现象为主要模拟对象,而建筑环境风属于低速流体,因此该软件适用于建筑风环境的评估。PHOENICS 专门为暖通空调配置了计算模块 FLAIR,该模块目前在建筑业得到广泛应用。

PHOENICS 的 VR(虚拟现实)彩色图形界面菜单系统是这几个 CFD 软件里前处理最方便的一个,可以直接读入 Pro/E 建立的模型(需转换成 STL 格式),使复杂几何体的生成更为方便。在边界条件的定义方面也极为简单,并且网格自动生成,但其缺点则是网格比较单一粗糙,针对复杂曲面或曲率小的地方的网格不能细分,也就是说不能在 VR 环境里采用贴体网格。另外 VR 的后处理也不是很好。要进行更高级的分析则要采用命令格式进行,但这在易用性上比其他软件就要差了。

这个软件附带了 1000 多个例题与验证题,这些算例从简到繁,并附有完整的可读可改的输入文件。一般的工程应用问题几乎都可以从中找到相近的范例,再作一些修改就可计算用户的课题,所以能给用户带来极大方便。另外,PHOENICS 的开放性很好,提供对软件现有模型进行修改、增加新模型的功能和接口,可以用 Fortran 语言进行二次开发。

此外,PHOENICS 软件的价格比其他 CFD 通用软件低得多,其高性价比使之在国内建筑领域拥有大量的用户。

4.6.3 CFD 应用举例

在建筑领域,CFD 软件最初用在空调环境的模拟分析,封闭环境的热舒适评价上。后来,CFD 软件被应用在建筑物周围风环境的研究上,例如分析

---

① PMV 是 Predicted Mean Vote 的缩写,其意是指一大群人对给定的环境热感觉进行投票所得到的投票平均值,是由丹麦 Fanger 教授提出来的,被国际标准化组织(ISO)确定为评价室内热环境指标的国际标准(ISO—DIS7730)。PPD 则为 Predicated Percentage of Dissatisfied 的缩写,反映了对热环境不满意人数的百分比。

建筑物迎风面和背风面的气流规律，建筑群街道峡谷的气流规律等。随着计算机硬件水平的飞速发展和 CFD 技术的不断完善，CFD 技术数值模拟已成为研究建筑风环境的强有力工具，并为城市规划提供了有用的数据，这些数据以前是没法得到的。下面介绍在建筑方面的一些应用实例。

(1) 中庭空间的热环境分析

1967 年约翰·波特曼（John Portman）在海特·摄政旅馆设计中创造了现代中庭共享空间，此后，中庭作为一种广受欢迎的公共建筑空间，在办公、科教、医疗等各类公共建筑中得到广泛应用，中庭的形式也不断丰富。现代建筑中的频繁出现的中庭空间，更以其大空间、大采光面导致室内热环境的特殊性，成为关注的焦点。在现实中常常发现许多建筑物的中庭由于处理不当，夏季酷热难耐，冬季寒风刺骨，而一些全空调的中庭建筑的建筑能耗非常高。

保利文化广场所在地武汉市，位于我国夏热冬冷地区。武汉夏季炎热，7月平均气温 28.6℃，极端最高温度 38.9℃，且湿度达 80%，为我国著名的三大火炉之一。与此同时，冬季寒冷，一月平均气温仅为 4.1℃。因此，在建筑设计中若处理不当，保利文化广场城市大客厅中的夏热冬冷矛盾将异常突出。通过对武汉本地气候状况和经济技术条件的分析，认为在城市大客厅中采用可开启式屋面将是一项行之有效的生态节能策略。为验证该设计策略的效果，将针对此项目进行计算机 CFD 模拟。[1]

1) CFD 模拟参数设置

计算模型设置：相关尺寸及构件设置依据当前设计并进行适当简化，如图 4-17 所示。

中庭围护结构相关物理参数（表 4-2）：

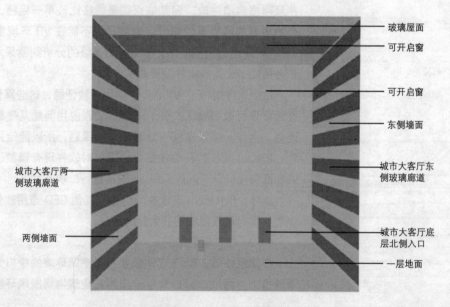

图 4-17 武汉市保利文化广场大客厅 CFD 模拟的计算模型

---

[1] 资料来源：中南建筑设计院 ATK 工作室：保利文化广场城市大客厅生态效能的计算机模拟研究. http://www.build.com.cn/adi/thesis/20050034.htm.

中庭围护结构物理特性表 表 4-2

	短波辐射		长波辐射	传热系数
	透过率	内表面吸收率	发射率	[W/(m²·K)]
玻璃	0.85	0.3	0.9	11.6
地板	0	0.4	0.9	1.64
东墙	0	0.4	0.9	1.42
西墙	0	0.4	0.9	1.42
南墙	0	0.4	0.9	1.42
北墙	0	0.4	0.9	1.42
屋顶	0	0.3	0.9	0.73

室外气象条件设置：取武汉地区夏季 6 月 2 日正午 12 时，此时室外气温 27.6℃。中庭相邻房间室温取 27℃，地下室室温取 22℃。

2）CFD 模拟结果

夏季在屋顶通风窗关闭情况下，模拟中庭室内热环境结果如图 4-18 所示。

从气流分布图可以看到在中庭下部空气流动较快，而热的空气由于密度较小，聚集在中庭中上部，因顶部通风窗的关闭无法排除，也很难与下部较冷空气形成气流循环，温度不断升高，在室外气温只有 27.6℃时，中庭顶部最高气温达到 38.1℃。需要说明，这里模拟的是一个稳定状态下的中庭室内热环境，因此模拟的结果应该较实际偏热，但这并不影响通过结果的比较得出定性的结论。

夏季开启中庭顶部通风窗，中庭热室内热环境模拟结果如图 4-19 所示。

从气流分布图可以看出，室外冷空气从底部入口处进入，被加热空气从顶部天窗排出。由于通风作用，热量在中庭顶部聚集现象明显减弱，中庭顶部空气温度大致为 29.0℃左右，同时人体高度处平均风速增大，有利于人体排热。

根据以上模拟结果可知，在夏季，城市大客厅中的温室效应非常强烈，而这对于冬季采暖应该是有利的，下面继续模拟冬季的热状况。时间取武汉

图 4-18 夏季屋顶关闭时室内热环境的模拟结果
(左：温度分布模拟；右：气流速度场分布模拟)

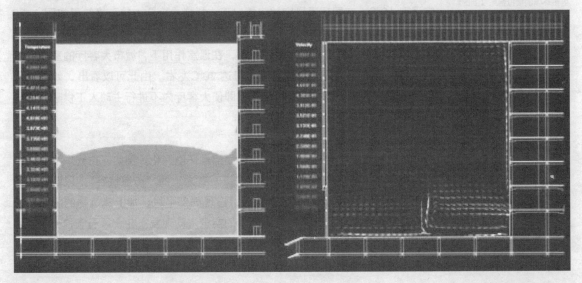

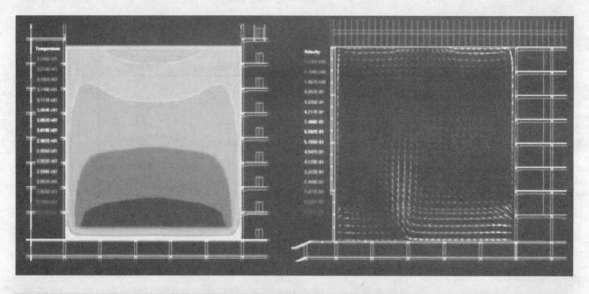

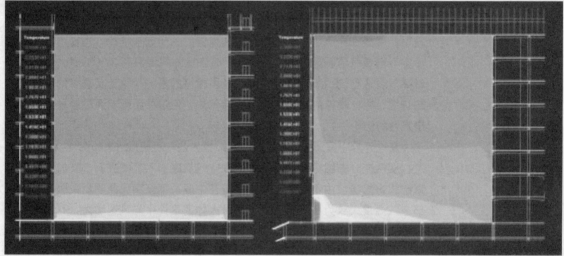

图 4-19 夏季屋顶打开时室内热环境的模拟结果（上图）（左：温度分布模拟；右：气流速度场分布模拟）

图 4-20 冬季屋顶关闭时室内热环境的模拟结果（下图）（左：温度分布模拟；右：气流速度场分布模拟）

地区 1 月 2 日正午 12 时，室外气温 5℃，中庭相邻房间室温取 20℃，地下室室温取 10℃。在屋顶通风窗关闭情况下，模拟中庭室内热环境结果如图 4-20 所示。

从图中可以看出，在寒冷的冬季，在温室作用下，城市大客厅的室内空气温度将大大高于室外，人体高度处可达 20℃左右。由此可以看出，如果能保证顶窗良好的气密性，那么在冬季，即使大客厅内不进行主动人工供暖，室内热环境也可达到或接近舒适标准。

(2) 室外风环境分析

建筑物布局不合理，会导致住区局部风环境恶化。例如，在繁华的商业中心街道两旁，高低错落的建筑群构成了一道人工的"街道峡谷"，风汇合在街道里，由于"峡谷效应"，风速加大，出现局部强风，加上建筑物的阻滞，形成涡旋和强烈变化的升降气流等复杂的空气流动现象。在大风天气，"街道峡谷效应"加强了风的作用会殃及行人。风环境不仅和人们的安全有关，也和建筑节能及健康舒适密切关系。高密度建筑群中，局部地方（尤其是高层）风速太

图4-21 枫景小区鸟瞰效果图

大可能对人们的生活、行动造成不便，也有可能在某些地方形成旋涡和死角，不利于室内的自然通风，从而形成不好的小区微气候。因此，为了营造健康舒适的建筑小区微环境，需要在规划设计阶段对小区内气流流动情况作出预测评价，以指导设计。

下面将以一个实际的建筑小区为例应用CFD软件对小区的风环境进行分析。①

1) 计算条件说明

这里将要分析的是北京东润枫景小区，小区总建筑面积约49万m^2，总居住人口约15000人。图4-21为该小区鸟瞰图。根据需要，需模拟分析的是枫景小区的W区和S区。

其中有下列情况需要事先说明。

梯度风的采用：由于枫景小区并不是一个孤立的小区，其周围势必存在较低的建筑或其他物体，因此小区外的来流风并不是均匀的，应是按边界层规律分布的，即所谓的梯度风，风速随着高度增大，如图4-22所示。

北京地区主导风速和风向的选择：北京地区秋、冬季主导风向为北风，平均风速3m/s，典型风速约5m/s（指出现频率较高的风速），春、夏季主导风向为南风，平均风速3.4m/s，典型风速约5.5m/s。而由于冬季主要为北风，应为最不利情形，加之这种复杂小区的模拟计算耗时极多，因此这里拟先对冬季情形作出模拟，即按照北风、风速5m/s（10m高处的气象数据）进行计算。

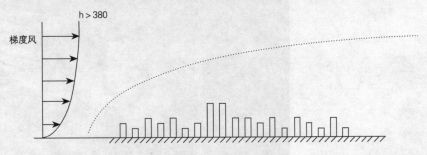

图4-22 城市梯度风

---

① 资料来源：赵彬，李先庭，彦启森.建筑小区内气流流场的数值模拟分析. http://www.hvacr.com.cn/ research/cfd/jzxq01.htm.

2) CFD 模拟结果

图 4-23、图 4-24、图 4-25 为枫景小区 W 区的模拟仿真结果。图 4-23 为高度 1m 的水平面上的流场分布，这个高度是人们经常活动和最能感知到的范围，即所谓的"人区"，这也是小区微气候最重要的关键区域。由图 4-23 可见，在 W 区中部局部地方有旋涡出现，但是风速很小，约 1～5m/s，同时，该区域内大部分地方的风速均在 5m/s 以下，因此对人员行动不会造成不便，也不会对人体热舒适感觉形成不良的影响，图 4-23 中还显示出在该区东、西两侧建筑物周围的局部地方有较大的风速，可达 15m/s，这是由于来流北风绕建筑物流动的结果，但是这块区域不是人们经常活动的地方，故影响不大。图 4-24 和图 4-25 显示了 W 区横截面和纵剖面上不同位置的风速流场分布，由图可见，来流风的绕流作用对建筑高层有一定的影响，流速从底层到高层逐渐增大，顶层附近风速比底层为高，但是最高值仅为 9m/s，并无太大的影响。

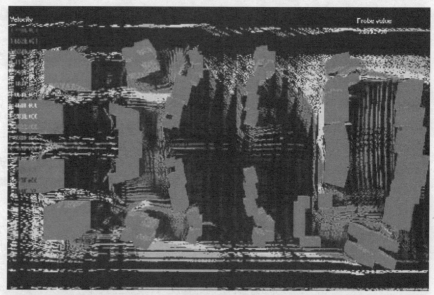

图 4-23 W 区高度 1m 之水平面流场分布

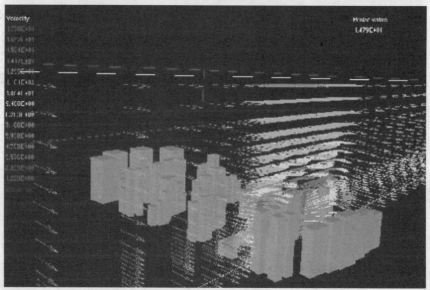

图 4-24 W 区横截面上流场分布

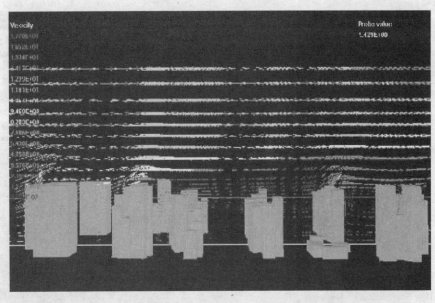

图 4-25 W 区纵剖面流场分布

总而言之，W 区在冬季北风的气候条件下的风环境令人满意，不会造成人体不适和行动不便。

关于 W 区和 S 区的室外空气流动的更详细的资料，可以通过 CFD 软件得到三个方向任意位置的流场分布，并且还可以借助别的计算机手段得出更为形象直观的动画，这非常适合专业和非专业人士快速、方便地把握小区内的流场流动情况。

4.7 生态建筑分析软件 Ecotect 介绍

4.7.1 Ecotect 简介

Ecotect 是澳大利亚 Square One Research PTY LTD 公司的产品，软件开发者是一位建筑师——加迪夫大学建筑科学研究中心的 Andrew J. Marsh 博士。

Ecotect 软件最初概念的提出是 Marsh 博士在西澳大利亚大学建筑与艺术学院的博士学位论文中。1997 年的 2.5 版是它的第一个商业化版本，之后历经 3.0、4.0、5.0 版的发展演变[①]，目前最新的商业版是 5.2 版[②]。2005 年 Topenergy（北京启迪德润能源科技有限公司）完成了 Ecotect v5.20 的汉化工作，并与上海曼恒公司和 Square One 三方合作共同在中国推广。图 4-26 是 Ecotect v5.20 汉化版的工作界面。

Ecotect 是由建筑师开发的，专门给建筑师在方案设计阶段进行建筑环境评估与分析的生态建筑设计软件，它功能全面，在一个软件中即可完成对建筑的声、光、热、日照和经济投资等的全面分析。此外，Ecotect 操作简单，计算快速，能提供可视化的数据回馈。它的累积数据输入系统，使其在设计方案

---

① 资料来自 http://www.cngbn.com/Show.asp?id=433。
② Square One 已经于 2006 年 7 月推出了 Ecotect 5.5 版的英文试用版，新版本增加了一些新功能，界面也有一定的改进。国内用户可从 http://www.sketchup.com.cn/docfile/Ecotect_trial_v550.zip 下载。本文的介绍以 5.20 版为准。

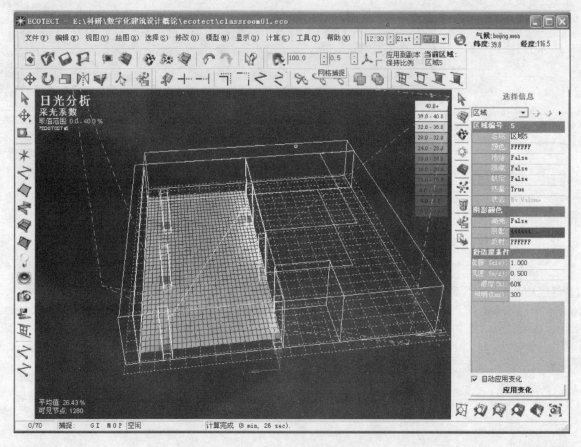

图 4-26 Ecotectv 5.20 汉化版工作界面

还是一个简单的方盒子时就能够开始分析，之后随着设计的深入，分析结果也可以伴随数据模型的精细化而变得更加精确，整个分析过程与建筑方案的深化过程完全同步。另外 Ecotect 与建筑师常用的三维设计软件 SketchUp、Archicad、3DMAX 和 AutoCAD 等都具有很好的兼容性。

现在，Ecotect 在欧洲和北美有相当的知名度，很多大学里将其作为教学研究使用，越来越多的建筑师也在用它进行建筑方案的能耗分析和环境评估。

4.7.2 Ecotect 的特点

（1）可视化分析

不同于许多工程师使用的分析软件，Ecotect 中的很多分析功能并不仅仅提供便于记录的数据结果，而是将其以可视的图形或者动画，直接体现在模型中（例如声音粒子在空间中的动画传播，如图 4-27 所示）。之所以如此，是因为建筑设计从根本上讲是一个可视化过程。因此，将计算和模拟数据直观地回馈到建筑模型中，是 Ecotect 开发的一个基本理念和软件的基本特征。

（2）新颖的三维界面

传统的几何 CAD 系统对数据输入的要求过于精确，并不适合方案设计的早期阶段。而 Ecotect 中的信息化建筑模型搭建方式灵活而直观，它巧妙地使用了物体关联属性，使一个像概念草图一样简单的模型就能够具有建筑特性，极大地简化了早期模型的创建过程，增加了它的可编辑性。

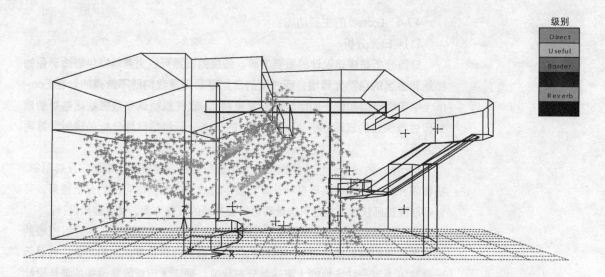

图 4-27 声音粒子在空间中传播

(3) 渐进式数据输入

因为 Ecotect 的分析功能非常全面，所以需要大范围的数据来描述建筑。为减轻冗繁的数据输入在方案初期对设计师构思的干扰，Ecotect 使用了一种独特的累积数据输入系统。在方案初始，仅需一个非常简单的模型，Ecotect 就可以基于一系列的基本假定和默认数值开始分析。而随着设计的深入，用户可以根据需要，逐步输入更多的数据，分析结果也就随之变得精确。这样，控制分析结果精确程度的就是建筑师而不是软件开发商了。

(4) 高度的兼容性及扩展性

作为建筑方案的环境评估软件，Ecotect 可以从 SketchUp、3ds Max、AutoCAD 等建筑师常用的三维设计软件中导入模型，同时还提供了众多专业的建筑性能分析软件的内置接口，使设计方案能够直接调用这些软件进行更深入的分析。

4.7.3 数据的输入与输出

(1) 模型的建立与数据输入

因为对建筑物理环境进行模拟分析所需要的模型信息非常多，所以 Ecotect 中所有物体均有被定义的属性，包含元素所属区域类型、材质分配、几何属性和元素的激活时间表等多种数据。这些属性随时可以通过控制面板进行调整。

我们既可以用 Ecotect 自带的建模工具来建模，也可以直接导入用其他三维软件建立的 3ds 和 dxf 等格式的文件，但直接导入的三维模型需要在 Ecotect 中编辑修改并赋予材质等属性。需要注意的是，不论是建立模型还是导入模型，都应当首先确定自己要在 Ecotect 中做什么事情，因为不同类型的模拟分析对模型信息的需求是不同的。

(2) 数据输出

Ecotect 提供了 MOD（ASCII 模型文件）、RAD（Radiance 场景文件）、DXF（AutoCAD DXF 文件）、IDF（EnergyPlus 输入数据文件）和 WRL（VRML 场景文件）等众多不同的文件输出格式，软件因而具有良好的兼容性。

4.7.4 Ecotect 的主要功能

(1) 日光分析

日照分析是建筑设计的重要方面。适度的日照可以为建筑提供舒适环保的热能和适当的自然光照明，而过度的日光曝晒则是我们所不希望的。在 Ecotect 中我们可以加载不同地区的气象资料①，软件根据这些数据就能够帮助建筑师进行快速的日照分析。Ecotect 中的日光分析包括日影分析和辐射计算两个方面。

Ecotect 的日影分析功能提供了太阳运行轨迹、建筑遮挡阴影、反转阴影、描影表和太阳光线追踪等多种计算和显示方式，这些实时可视的分析结果，可以帮助建筑师快速决定建筑选址和总平面布局的最佳方案，优化遮阳设计。

Ecotect 还能够精确计算模型任何表面上太阳的辐射强度，并且以图表的形式显示逐时辐射量或者某一时段的总量。辐射分析具有广泛的用途，它显示一幢建筑或者一块场地的太阳辐射分布状况，确定太阳能收集设备的最佳设计方案和建筑维护结构设计（图 4-28）。

(2) 照明模拟

Ecotect 提供了自然采光、基本的人工照明以及混合光照明这三类照明分析功能，其中自然采光的模拟功能最为精确全面。

自然采光分析的基础是采光系数，它的计算是采用建筑研究组织（Building Research Establishment）的分项研究（Split Flux）方法。该方法将到达

图 4-28　基地总体模型全年太阳辐射总量分析图②

---

① Ecotect 软件本身带有一些气象数据，但中国城市的非常少。用户可通过其他办法获得部分中国城市的气象数据：一是从美国能源部网站免费下载 EPW 数据进行转换；二是使用清华大学和中国气象局合作开发的"中国建筑热环境分析专用气象数据集"的数据，这套数据权威性较高，信息量大，但是需要购买，且不能直接转换。

② 图片提供：王鹏。

任一点上的自然光分解为三个独立的组成部分：天空光组分（Sky Component, SC）、外部反射光组分（Externally Reflected Component, ERC）、反射光组分（Reflected Component, IRC）。系统首先分别计算某一点上的三个不同组分，最后综合取得采光系数。为简化计算，Ecotect 以国际照明委员会（CIE）规定的标准全阴天天空亮度分布作为自然采光的计算条件，因此上述计算不包含直射光。

对于人工照明，Ecotect 采用逐点详述的方法来确定一个封闭空间的照度水平。因为这种方法中仅对可视光源进行统计，漫射光不考虑在内，所以结果会有误差，但用作照明方案的比较，其结果是可信的。

若想得到更精确的结果，可将文件输出到专业的光学分析软件 Radiance[①]中进行分析。Ecotect 带有一个专门的 Radiance 输出控制插件，也可以通过它直接调用 Radiance，操作起来比使用 Radiance 更简单（但部分功能受到限制）。图 4-29 是以 Radiance 为渲染的照度分析图。

(3) 热性能分析

建筑的热工性能是影响到建筑能耗水平和居住者舒适度的重要因素。Ecotect 提供了大量的热分析功能，能够进行热舒适度、温度分布和冷热负载等多项热工参数的分析计算（图 4-30）。它的计算核心是建筑工程师特许协会（CIBSE）所核定的用来计算内部温度和热负荷的准入系数法（Admittance Method）。这种计算方法非常灵活，对于建筑物的体形没有限制，而且可以同时进行多个热量区域的模拟计算。更重要的是，在完成前期不多的一些投影和遮蔽计算后，系统就能以非常快的速度快速进行计算并且能够将有用的设计信息显示出来。

由于准入系数法建立在循环变化这一概念的基础上，适用于温度波动持续稳定的情况，而不适合环境参数发生突变的场合，另外也不能追踪进入计

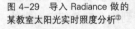
图 4-29　导入 Radiance 做的某教室太阳光实时照度分析[②]

---

① 有关 Radiance 的介绍参看本章第 4.3 节。
② 图片提供：王鹏。

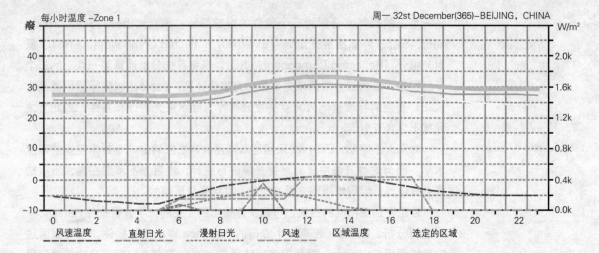

图 4-30　逐时温度曲线图

算区域的太阳辐射,因此在蓄热和辐射分析上有较大误差。对热工性能更深入的分析,可以通过 Ecotect 的输出控制插件,进入 EnergyPlus[①]、HTB2[②]或者 ESP-r[③]中进行。

(4) 声学分析

Ecotect 中使用了两种声学设计方法,其中统计声学用来计算混响时间,几何声学用来避免声学缺陷区的出现。

在 Ecotect 中,只要为模型指定了材质和相应的吸声系数,就可以计算一定频率范围内任何区域的声反射时间,结果则显示在图形结论对话框中。Ecotect 使用了三个混响时间的计算公式:赛宾(W.C.Sabine)公式、诺里斯-伊林(Norris-Eyring)公式和迈灵顿—赛塔(Millington-Sette)公式,它们分别具有不同的适用范围。

统计声学仅考虑空间体积和材质的声学属性,适用于设计的早期阶段。而要避免震动回波和声音盲区等音质缺陷的出现,则要用到几何声学。Ecotect 用喷射声音射线和动画声音颗粒的方法使建筑师直接看到声音在几何空间中的传递与衰减过程,从而能够及时调整室内空间设计,拥有更好的音质效果。

(5) 原料消耗与环境影响分析

一旦建立了具有完备的材质属性的建筑三维模型,就如同拥有了一个完整的工程建造数据库。使用这个数据库,Ecotect 可以计算出建筑的投资总额和投资构成比,还可以进行包括温室气体排放、建筑运行能耗等指标在内的环境影响评估。这样建筑师在方案阶段就能够对建筑的经济性进行控制(图 4-31)。

本章对计算机辅助建筑物理环境分析的常用软件作了一些简要的介绍,限于篇幅,未能在介绍软件的同时详细附上有关算例。同样的原因,使一些不错的软件也未能在此向读者介绍。有兴趣拓展这方面知识的读者可以找相关的资料阅读。

---

① EnergyPlus 是在美国能源部支持下,由多家大学和实验室共同开发的建筑全能耗分析软件,是 DOE-2 和 Blast 的结合体,本章第 4.4.4 节也有介绍。详情见 http://www.energyplus.gov。
② 热平衡负荷计算软件,详情见 http://www.cf.ac.uk/archi/research/envlab/htb2_1.html。
③ 一个在欧洲广泛使用的动态仿真的热分析程序,可以对影响建筑能耗以及环境品质的各种因素作深度的研究。详情见 http://www.esru.strath.ac.uk/Programs/ESP-r.htm。

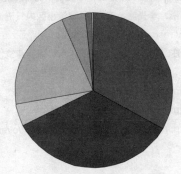

图 4-31 围护结构经济性分析示意

参考文献

[1] B&K 公司. OEDON 使用说明.

[2] 彭健新，吴硕贤等.建筑声学设计软件 ODEON 及其在工程上的应用.电声技术，2002（2）.

[3] 杭州智达建筑科技有限公司，浙江大学建筑技术研究所.河南省艺术中心歌剧院声学模拟报告.2005.

[4] ADA 公司. EASE 使用说明.

[5] 浙江浙大安达科技有限公司.浙江工业大学体育馆扩声系统设计报告.2004.

[6] 唐文英.Lightscape 3.2 标准教程（中文版）（附光盘）.北京：中国青年出版社，2006.

[7] http://radsite.lbl.gov.

[8] Drury B.Crawley, Linda K.Lawrie. EnergyPlus-Energy Simulation Program [J]. ASHRAE Journal Features, 2000.

[9] DOE-2 ENGINEERS MANUAL（Version 2.1A）.1982.

[10] Don A. York, Eva. F. Tucker, Charlence C. Cappiello. DOE-2 Reference manual, 1981.

[11] 付祥钊主编.夏热冬冷地区建筑节能技术 [M].北京：中国建筑工业出版社,2002.

[12] 苏华,王靖. 建筑能耗的计算机模拟技术 [J]. 计算机应用,2003,23(2).

[13] 燕达，谢晓娜，宋芳婷，江亿. 建筑环境设计模拟分析软件 DeST第一讲 建筑模拟技术与 DeST 发展简介.暖通空调, 2004, 34（7）:48-56.

[14] http://www.hvacr.com.cn/technology/software/dest-c/index.html.

[15] 孙大明.当前国内外建筑节能软件现状分析.http://www.rpccn.com/news/48/2006619110720.htm.

[16] 中国暖通空调资源网.建筑能耗模拟综述.http://www.hvacrr.com/ztyt/index4.asp.

[17] Uwe Willan. Test case for data transfer （second proposal），ANNEX 30 documents, AN30-960325- 11, WD-56. 1996.

[18] Wang Gu. Computer Aided Methods for Calculating Sunshine. CAADRIA'97 Workshops, 台北：胡氏图书出版社，1997.

[19] 姚征.CFD 通用软件综述 [J].上海理工大学学报，2002（2）.

[20] 李勇.介绍计算流体力学通用软件—FLUENT [J].水动力学研究与进展，2001（2）.

[21] 张智力，吴喜平.CFD 基本算法及其在暖通空调领域中的应用 [J].能源技术，2002(2).

[22] 汤广发等.室内气流数值计算及模型试验 [M].长沙：湖南大学出版社，1989.

[23] 中南建筑设计院 ATK 工作室.保利文化广场城市大客厅生态效能的计算机模拟研究. http://www.build.com.cn/adi/thesis/20050034.htm.

[24] 赵彬，李先庭，彦启森. 建筑小区内气流流场的数值模拟分析. http://www.hvacr.com.cn/ research/cfd/jzxq01.htm.

[25] 余庄. 建筑智能设计——计算机辅助建筑性能的模拟与分析. 北京：中国建筑工业出版社，2006.

[26] http://squ1.com/ecotect.

[27] http://www.ecotect.com.cn.

[28] http://www.sketchup.com.cn/ecotect/overview.htm.

5 虚拟现实技术在建筑设计中的应用

5.1 概述

5.1.1 虚拟现实技术的概念与特性

虚拟现实（Virtual Reality，VR）技术是 20 世纪 60 年代开始研究，并在 20 世纪 90 年代初崛起的一种实用技术，目前逐渐为各界所关注，并在多个领域得到了进一步应用。

虚拟现实是由计算机软硬件所构成的人工多维信息环境，是一种可以创建和体验虚拟世界（Virtual World）的计算机系统。虚拟现实技术是综合了计算机图形学、图像处理、模式识别、多传感器、语音处理、仿真技术、微电子技术、CAD 技术、网络技术等多学科技术的集成技术。通过虚拟现实系统创建的虚拟环境（Virtual Environment），能有效地模拟人在真实环境中视觉、听觉、触觉和动感等感觉和行为，使用户产生身临其境的感觉，实现与该虚拟环境的直接交互。比如，计算机虚拟的信息环境是一座楼房，内有各种设备、家具，用户可通过各种传感装置实现在楼房内行走查看，可以开门、关门、搬动家具，感受室内空间的划分是否合理，体会装修效果是否理想，置身虚拟环境中如同身临其境一样。

虚拟现实技术从人类迸发、联想、形象、模糊的思维方式出发，建立起一个定性、定量相结合，感性认识、理性认识相结合的多维信息空间，对真实世界进行动态模拟，产生的动态环境能对用户的姿势、语言命令等作出实时响应，也就是说计算机能够跟踪用户的输入，并及时修改模拟获得的虚拟环境，使用户和模拟环境之间建立起一种实时交互关系，产生一种身临其境的感觉。可见，虚拟现实技术将会改变人类获取信息的方式、提高人机间的和谐程度，使得人机界面更加直观。

虚拟现实技术本质上说是一种先进的计算机用户接口技术，系统包含用户、机器、人机接口三个基本要素。其中机器是指安装了相应的软件程序、用来生成虚拟环境的计算机；人机接口是指将虚拟环境与用户连接起来的传感和控制装置。和其他的计算机系统相比，虚拟现实系统通过给用户提供实时交互性操作、三维视觉空间和多通道（视觉、听觉、触觉、味觉等）人机界面，最大限度方便人机交互操作，提高整个系统的工作效率。

在 1993 年的世界电子学会上，美国科学家柏迪发表了《虚拟现实系统及其应用》一文中提出"虚拟现实技术三角形"，它表述了虚拟现实技术的基本特征：三个"I"，沉浸感（Immersion）、交互性（Interaction）、想像力（Imagination）（图 5-1）。

图 5-1 虚拟现实技术三角形

这种技术让计算机产生一种逼真的人工虚拟环境，从而使得用户在视觉上产生一种沉浸于虚拟环境的感觉，在虚拟环境中，场景可以跟随着用户视点的变化乃至全方位运动，使用户感到融入到虚拟环境中，得到身临其境的体验。这种感觉是如此的真实，以至于使用户能全方位地沉浸在这个虚拟的世界中。这就是虚拟现实的第一类特征，即浸没感。

虚拟现实与通常 CAD 系统所产生的模型以及传统的三维动画是不一样的，它不是一个静态的世界，而是一个开放、互动的环境，虚拟现实环境可以通过控制与监视装置和使用者的动作、行为进行互动。这是虚拟现实所具有的第二类特征，即交互性。

另外，虚拟现实不仅仅是一个演示媒体，而且还是一个设计工具。它以视觉形式反映了设计者的思想，虚拟现实可以把这种构思变成看得见、摸得着的虚拟物体和环境，使以往只能借助传统沙盘的设计模式提升到数字化的所见即所得的完美境界，可以大大提高设计和规划的质量与效率。在虚拟环境中还可以拓宽人类认知范围，不仅可再现真实存在的环境，也可以随意构想客观不存在的甚至是不可能发生的环境，能够激发用户对周围环境的想象力，因而更具有创造性。这是虚拟现实所具有的第三类特征，即想象性。

5.1.2 虚拟现实技术的历史与发展

1962 年，美国麻省理工学院博士生埃文·萨瑟兰（Ivan.Sutherland，图 5-2）应邀参加一个由电脑绘图领域高级研究人员发起的会议，会上萨瑟兰提交了他的论文和"Sketchpad"软件，其互动式电脑绘图的构想犹如给全世界投入了一颗炸弹。他不仅开创了计算机图形学的崭新领域，使广大工程技术人员最终抛弃了铅笔和丁字尺，而且实现了虚拟现实技术的一个关键环节——交互式绘图。1965 年，萨瑟兰在篇名为《终极的显示》的论文中首次提出了包括具有交互图形显示、力反馈设备以及声音提示的虚拟现实系统的基本思想。他指出，由计算机所构成的虚拟世界，应该让人们"看着真实、感觉真实"。从此，人们正式开始了对虚拟现实系统的研究探索历程。随后的 1966 年，美国麻省理工学院的林肯实验室正式开始了头盔式显示器（Head Mounted Display，HMD）的研制工作。在第一个头盔显示器的样机完成后不久，研制者又把能模拟力量和触觉的力反馈装置加入到这个系统中。1970 年，出现了第一个功能较为齐全的头盔显示器系统。1984 年，美国宇航局拥有了第一个立体的头盔显示器（图 5-3）。

刚开始的时候，虚拟现实被称为 Artificial Reality（人工实境）、Cyberspace（多维信息空间），美国的 Jaron Lanier 在 20 世纪 80 年代初提出了"Virtual Reality"一词，这个名称逐渐得到普遍的认同。

20 世纪 80 年代，美国航空航天局（National Aeronautics and Space Administration，NASA）及美国国防部组织了一系列有关虚拟现实技术的研

图 5-2 埃文·萨瑟兰（Ivan. Sutherland）

究，并获得了令人瞩目的研究成果，从而引起了人们对虚拟现实技术的广泛关注。1984年，NASA研究中心虚拟行星探测实验室的M.McGreevy和J.Humphries博士组织开发了用于火星探测的虚拟环境视觉显示器，将火星探测器发回的数据输入计算机，为地面研究人员构造了火星表面的三维虚拟环境。在随后的虚拟交互环境工作站（Virtual Interactive Environment Workstation，VIEW）项目中，他们又开发了通用多传感个人仿真器和遥控设备。1985年，VPL公司成立，推出数据手套（Data Glove，图5-4）。1989年，Autodesk公司首先推出基于PC的虚拟现实系统。华盛顿大学成立Human Interface Technology Lab并专注于虚拟实境接口及应用技术之发展，并为波音公司开发VTOL系统，作为飞行仿真之用。同年，Fake Space Lab在美国成立，发展了"BOOM"。"BOOM"是一种双目镜定位监视器，它为一具有多轴运动功能，机械结构类似于机械臂的观测器装置，操作者可移动机械臂以改变屏幕影像视角。BOOM的主要优点就是比HMD更加快速和精确。

　　进入20世纪90年代，迅速发展的计算机硬件技术与不断改进的计算机软件系统相匹配，使得基于大型数据集合的声音和图像的实时动画制作成为可能。人机交互系统的设计不断创新，新颖、实用的输入/输出设备不断的进入市场，而这些都为虚拟现实系统的发展打下了良好的基础。例如，1992年，芝加哥大学开发了"CAVE"系统[1]（图5-5）。1993年的11月，宇航员利用虚拟现实系统成功的完成了从航天飞机的运输仓内取出新的望远镜面板的工作。1995年，米歇尔·奈马克（Michael Naimark）应用全景摄影与投影技术完成了"现即在此"（Be now here）[2]（图5-6）大型虚拟世界文化遗产全景画，全景图技术在虚拟现实领域得到了进一步应用（图5-7），为虚拟现实的"沉浸感"提供了广阔的思路。而应用虚拟现实技术设计波音777获得成功，使波音777成为第一个不需要纸而成功设计的大型飞机，是近年来引起科技界瞩目的又一项科研成果。可以看出，正是因

图5-3　头盔显示器（左图）
图5-4　数据手套（右图）

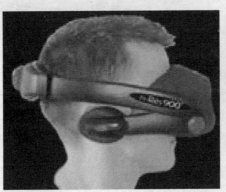
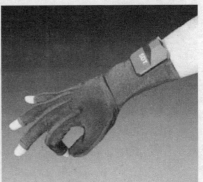

---

[1] 有关CAVE的介绍详见本章5.2.2节。
[2] "现即在此"是一个在公共空间中表现世界文化遗产所在地景观的装置。整个装置由一个环绕式立体屏幕、四声道的音响和一个供观察者站立的旋转平台组成。观察者戴上三维立体眼镜，操控旋转平台上的操作台选择时间和地点，就能进入到一个沉浸式的虚拟环境中观察某一个世界文化遗产的景观（图5-6）。

图 5-5 CAVE 系统（左图）
图 5-6 "现即在此"装置①（右图）

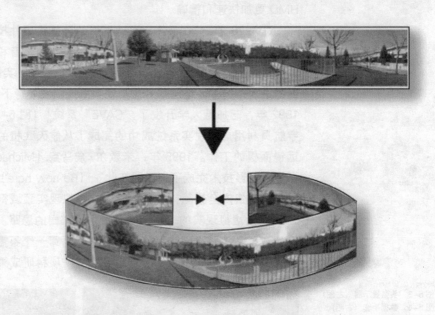

图 5-7 全景图

为虚拟现实系统具有极其广泛的应用领域，可以在娱乐、军事、航天、建筑、生产制造、信息管理、商贸、医疗保险、危险及恶劣环境下的遥控操作、教育培训、信息可视化、远程通信等方面都可以大显身手，因此，人们对迅速发展中的虚拟现实系统的广泛应用前景充满了信心和憧憬。

5.2 虚拟现实技术的分类

最早的虚拟现实系统是指利用立体眼镜、数据手套等一系列传感辅助

---

① 图片来源：http://www.naimark.net/。

设备来实现的三维显示系统，人们通过这些设备以自然的方式向计算机输入各种动作信息，同时视觉、听觉、触觉等传感设备又使人们得到三维的视觉、听觉和触觉，随着人们动作的变化，这些感觉也随之变化。事实上，虚拟现实技术不仅指那些戴着头盔和手套的技术，而且还包括一切与之有关的具有自然模拟、逼真体验的技术与方法。虚拟现实技术的根本目标就是达到真实体验和方便自然的人机交互，能够达到或者部分达到这样目标的系统都可以称为虚拟现实系统。根据用户参与虚拟现实系统的形式及沉浸程度的不同，虚拟现实系统可以分为四类，即桌面虚拟现实系统、沉浸式虚拟现实系统、分布式虚拟现实系统以及增强现实性的虚拟现实系统。

5.2.1 桌面虚拟现实系统

桌面虚拟现实系统利用个人计算机或工作站进行仿真，将计算机的屏幕作为用户观察虚拟境界的一个窗口，通过各种输入设备实现与虚拟现实世界的充分交互，这些输入设备包括鼠标、追踪球、力矩球等，它要求操作者使用输入设备，通过计算机屏幕观察360°范围内的虚拟境界，并操纵其中的物体，然而操作者并不是完全处于沉浸状态中，因为他即使戴上立体眼镜，仍然会受到周围现实环境的干扰。在桌面虚拟现实系统中，计算机的屏幕是参观者观察虚拟境界的一个窗口。在一些专业软件的帮助下，参与者可以在仿真过程中设计各种环境。桌面系统使用的外部设备主要为专业立体眼镜和一些交互设备（如数据手套和空间跟踪球等）。立体眼镜用来观看计算机屏幕中的虚拟三维场景的立体效果，它所带来的立体视觉能使参与者产生一定程度的沉浸感。交互设备用来驾驭虚拟境界，有时为了增强桌面虚拟现实系统的沉浸效果，在桌面虚拟现实系统中还会借助于专业的三枪（RGB）投影机，达到增大屏幕范围和团体观看的目的。

桌面虚拟现实系统虽然缺乏头盔显示器的沉浸效果，但是其应用仍然比较普遍，因为它的成本相对要便宜得多，而且它也具备了沉浸型虚拟现实系统的技术要求。作为开发者来说，从经费使用谨慎性的角度考虑，桌面虚拟现实系统往往被认为是从事虚拟现实研究工作的必经阶段。所以桌面虚拟现实系统比较适合于刚刚开展虚拟现实研究的单位和个人。

5.2.2 沉浸式虚拟现实系统

这是高级的虚拟现实系统，又称投入型虚拟现实系统，它提供完全沉浸的功能，使用户有置身于虚拟境界之中的感觉。它主要依赖于各种高端的虚拟现实硬件设备，如：头盔显示器、舱型模拟器、投影虚拟现实设备和其他的一些手控交互设备等，把参与者的视觉、听觉和其他感官封闭于虚拟现实的环境中，并利用位置跟踪器、数据手套等输入设备，提供完全沉浸的体验。常见的沉浸式虚拟现实系统有：基于头盔式显示器的系统、洞穴虚拟现实系统（CAVE）、远程存在系统。

(1) 基于头盔显示器的系统。如图5-8所示，参与者戴上头盔显示器后，视觉、听觉与外部世界就被有效的隔绝，根据应用的不同，系统将提供能随头部转动而随之产生的具有立体视觉的三维空间。通过语音识别、数据手套、数据服装等先进的接口设备，使参与者以自然的方式与虚拟世界进行交互，如同现实世界一样。

(2) CAVE 系统。CAVE 是 Computer Automatic Virtual Environment 的缩写，一般译作洞穴式虚拟现实环境。CAVE 最早是芝加哥依利诺依斯大学的一项研究课题，它由围绕着观察者的多个投影屏幕组成一个 10 英尺×10 英尺×10 英尺（1 英尺约合 0.305m）立方体的虚拟空间，将图形投影在这些投影屏幕上，人置身于其中并能通过控制设备模拟人在虚拟空间中的来回走动，使人可以从不同角度观察虚拟环境。最多可以有十个人完全投入到一个

图 5-8 基于头盔式显示器的系统

CAVE 虚拟境界中，其中一个人是向导，他利用虚拟现实交互设备控制该虚拟境界。由于 CAVE 系统可以产生大角度视野，产生出高分辨率的真彩图像，并允许多人同时完全沉浸在同样的虚拟环境中，特别是配合跟踪和 VR 互动设备使用时，它能够创造出无与伦比的沉浸效果（图 5-9）。

(3) 远程存在系统。该系统实际上就是一种远程控制形式，是一种虚拟现实与机器人控制技术相结合的系统。这种类型的投入需要一个立体显示器和两台摄像机以生成三维图像，这种图像使得操作员有一种深度的感觉，因而在观看虚拟境界时更清晰，当在某处的操作员操作一个虚拟现实系统时，其结果却在很远的另一个地方发生。有时候操作员可以戴一个头盔显示器，它与远地平台上的摄像机相连接，输入设备中的位置跟踪器可以控制摄像机的方向、运动，甚至控制自动操纵臂或机械手。自动操纵臂可以将远地的运动过程（如阻尼、碰撞等）反馈给操作员，使得他可以精确的定位和操纵该自动操纵臂。在某些环境中，还可以通过远地平台上话筒收集声音，以提供听觉信息。

5.2.3 分布式虚拟现实系统

图 5-9 CAVE 系统的示意图

分布式虚拟现实（Distributed Virtual Reality，DVR）系统是指基于网络的虚拟环境，在这个环境中，位于不同物理位置的多个用户或多个虚拟环境通过网络相联结，并共享信息。处于不同地理位置的用户如同进入到同一个真实环境中，通过姿势、声音或文字等在一起进行交流、学习、训练、娱乐，甚至协同完成同一件复杂的设计任务或任务演练。虚拟现实系统运行在分布式环境下有两方面的原因，一方面是充分利用分布式计算机系统[①]提供的强大计算能力，另一方面是有些应用本身具有分布特性，如多人异地可以同时在虚拟的建筑室内外体验等。

---

① 分布式计算机系统就是多台计算机通过因特网连接起来，为完成一个共同的项目组成的系统，是一个需要很多计算机共同同时参与项目的一个整体系统。分布式计算机系统具有无主从区分；计算机之间交换信息；资源共享；相互协作完成一个共同任务的特点。

根据分布式系统环境下所运行的共享应用系统的结构，可把系统分为集中式结构和复制式结构。

集中式结构是只在中心服务器上运行一份共享应用系统。该系统可以是会议代理或对话管理进程。中心服务器的作用是对多个参加者的输入/输出操纵进行管理，允许多个参加者信息共享。它的特点是结构简单，容易实现，但对网络通信带宽有较高的要求，并且高度依赖于中心服务器。

复制式结构是在每个参加者所在的机器上复制中心服务器提供的应用程序，这样每个参加者进程都有一份共享应用系统。服务器收集来自于各机器的输入信息，并把信息传送到各机器，然后各机器上的应用系统进行所需的计算并产生必要的输出。它的优点是所需网络带宽较小。另外，由于每个参加者只与应用系统的局部备份进行交互，所以，交互式响应效果好。但它比集中式结构复杂，在维护共享应用系统中的多个备份的信息和状态一致性方面比较困难。

分布式虚拟现实的研究开发工作可追溯到 20 世纪 80 年代初，出现了许多出色的工作，如 1983 年美国国防部制定的 SIMNET（Simulator Networking）研究计划。该计划的目标是开发一个供军事训练用的低价格、联网的分布式军用虚拟环境，该系统由 BBN、Perceptionics 和 Delta Graphics 等单位联合开发，于 1990 年 3 月底正式交付使用。这个项目的研制成功，为后来分布式虚拟现实系统的开发奠定了基础。基于 SIMNET 这一研究成果，在其协议的基础上制定的 DIS（Distributed Interactive Simulation）协议最终成为分布式虚拟现实系统的一项标准（IEEE 1278）。

网络游戏和演示也是分布式虚拟现实系统一个比较成功的应用领域。SGI 公司在 1985 年推出其分布式网络游戏 DogFlight。其他分布式网络游戏还有运行在 Macintosh 机器上的 Marathon、运行在 Appletalk 上的坦克游戏 Bolo 等。

在一些著名的大学和研究所，研究人员也开展了对分布式虚拟现实系统的研究工作，并且陆续推出了多个实验性 VR 系统或开发环境，典型的例子有美国开发的 NPSNET（1990 年）、美国斯坦福大学的 PARADISE/Inverse 系统（1992 年）、瑞典计算机所的 DIVE（1993 年）、新加坡国立大学的 BrickNet/NetEffet（1994 年）、加拿大阿尔伯特大学的 MR 工具库（1993 年）及英国诺丁汉大学的 AVIARY（1994 年）等。

5.2.4 增强现实性的虚拟现实系统

尽管由计算机生成的 3D 沉浸式虚拟现实环境领域得到了迅速发展，但我们仍然要在真实的世界里度过绝大部分时间。增强现实（Augmented Reality，AR）是交互计算机图形中一个相对较新的领域。它是对现实世界的补充，使得虚拟物体从感官上成为周围真实环境的组成部分。与传统的虚拟现实不同，增强现实只是实现对现实环境补充的而不是完全替代现实环境。

增强现实性的虚拟现实不仅是利用虚拟现实技术来模拟现实世界、仿真现实世界，而且要利用它来增强参与者对真实环境的感受，也就是增强现实中无法感知或不方便的感受。

AR环境不同于纯粹虚拟空间，因为我们可以同时访问真实和虚拟的对象，这样就不是代替我们周围的真实环境了，而是用真实环境中不可能得到的工具和体验来增强它们。AR不仅是利用虚拟现实技术来模拟现实世界、仿真现实世界，而且要利用它来增强参与者对真实环境的感受，也就是增强现实中无法感知或不方便的感受。

增强现实的主要特征：添加虚拟信息到真实世界上（在同一个交互空间中组合虚拟和物理的对象）是实时交互的，同时具有空间性——虚拟对象交互于3D空间中。

虚拟环境（VE）和增强现实（AR）不是相互分离的，而是属于纯粹真实与纯粹虚拟之间的这个统一体上的两个点（图5-10）。

图5-10 增强现实与虚拟环境的关系

典型的实例是战机飞行员的平视显示器，它可以将仪表读数和武器瞄准数据投射到安装在飞行员面前的穿透式屏幕上，它可以使飞行员不必低头读座舱中仪表的数据，从而可集中精力盯着敌人的飞机或导航偏差仪。

5.3 虚拟现实的实现

虚拟现实系统是一个将各种先进的硬件技术和软件技术集合在一起的、极其复杂的系统，因此提供一种使用方便、功能强大的系统开发支撑就变得极为重要，虚拟现实软件由此应运而生，目前已有许多种虚拟现实系统软件。本节着重介绍几个在建筑数字化技术领域使用比较广泛具有代表性的虚拟现实软件：Multigen Creator/Vega、WTK、VR-Platform、VRML和其他的Web3D软件。

5.3.1 Multigen Creator/Vega

Multigen-Paradigm Inc.（简称MPI）是一家于1998年9月由Multigen Inc.和Paradigm Simulation Inc.合并而成的世界领先的视景仿真技术公司，它向客户提供了一整套的视景仿真解决方案。其中Multigen Inc.成立于1986年，主要提供易于使用的视景仿真建模工具；Paradigm Inc.成立于1990年，主要提供广泛应用的实时视景仿真驱动和声音仿真的商业工具。

MPI的产品主要有四大类：三维视景数据库创建（如Creator系列、Terrain等）；场景运行管理（如VegaPrime、Sensor Prime等）；三维地理信息系统（如Sitebuilder3、ModelBuilder 3D等）；仿真标准数据格式（如OpenFlight、Metaflight等）。MutiGen Creator三维建模工具、Vega系列是MPI的两大旗舰产品。Creator是一个将多边形建模、矢量建模和地形生成集成在一个软件包的建模工具，能交互地进行矢量编辑和建模以及地形表面生成。Vega是MPI最主要的工业软件环境，用于实时视觉模拟，虚拟现实和普通视觉应用。两者之间相互相存，Vega所需的三维模型数据主要来自Creator，而Creator创建的三维模型通过Vega才能最佳地展现在用户面前。

MPI产品广泛应用于下列领域：商业仿真、模拟训练、城市仿真、建筑虚拟展示、军事仿真等，尤其在大型城市规划设计方面具有较好的表现。

（1）Multigen Creator 可视化仿真技术介绍

Multigen Creator 是一个交互式的、三维的实时建模软件，它提供了一"所见即所得"的工作环境，包含了一整套建造层次结构数据库的强大工具集，你可以建立你所期望的、优化的三维模型。Multigen Creator 系列产品是目前世界上领先的实时三维数据库生成系统，它可以用来对战场仿真、娱乐、城市仿真和计算可视化等领域的视景数据库进行产生、编辑和查看。它在满足实时性的前提下生成面向仿真的、逼真的大面积场景，满足城市仿真等应用领域的要求。Creator 主要包括如下几个特点。

1）具有可层次编辑的可视化数据库（Database Hierarchy），Creator 提供了一个相应的二维可视化数据结构层，通过对其组织来实现对三维模型的构建和修改，它像一个倒立的树型结构，上层的节点称为"父"节点，下一层称为"子"节点，依次下去，相邻的两层构成"父子"关系，从而形成节点树，可以方便地进行编辑、改变、断开或重新进行节点之间的连接。

2）具有纹理创建、编辑和映射功能。纹理是被映射到三维模型的多边形上的二维图像，用来提供真实感的物体表面，而纹理特征可以使虚拟环境的真实度得到最大限度的提高。Multigen 纹理支持多种不同的图像格式，包括 RGB、TIFF、JPEG、RGBa 等，纹理映射方式有表面映射、球面映射、极映射等，通过这些模式来给平面多边形映射纹理。

3）具有确定地形地貌的工具。Creator 有一套完整的工具，可以快速地创建大面积精确地形。自动化的层次细节 LOD（Level of Detail）和组筛选能够很容易地创建多种分辨率的地表特征，并能够精确控制地表的面片数以及与原始数据的误差值。

4）采用了实例化技术。当三维复杂模型中具有多个几何形状相同但是位置不同的物体时，可采用实例化技术，例如相同的树木通过实例化，只在内存中存放一份实例，将一棵树进行平移、旋转、缩放之后得到所有结构相同的树木，从而大大地节约了内存空间，减少了机器的计算量。

5）具有较强的开放性，它可以接收当前大多数三维建模软件的模型数据，如：3ds Max、Maya、AutoCAD 等，都可以通过 Okino Polytrans 软件转换成 Multigen Creator 格式文件，导入后再作相应的优化。

MPI 的产品采用 OpenFlight 格式来存储数据。OpenFlight 数据库也已成为仿真领域事实上的业界标准，它在专业市场的占有率高达 80% 以上，是虚拟现实/仿真业界的首选产品。OpenFlight 数据库是一种层次结构的可视化数据库，采用树状结构层次来组织管理场景数据，这个树状结构由许多节点组成，每一个节点可以有子节点或兄弟节点。它的节点类型和支持的功能主要有：全貌层（Header Level）模型、集合层（Group Level）模型、对象层（Object Level）模型、表面层（Face Level）模型、顶点层（Vertex Level）模型等。

Multigen 的建模环境提供同时交互的、多重显示和用户定义的三维图形观察器和一个有二维层次的结构图。图5-11是一个校园的模型层次结构视

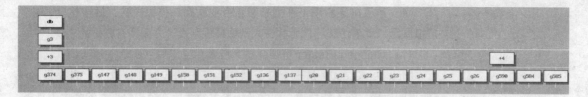

图 5-11 OpenFlight 层次化的数据库结构

图,所有的显示是交互的并是充分关联的,这种灵活的组合加速了数据库的组织、模型生成、修改编辑、赋予属性和结构关系的定义。Multigen 的逻辑结构可让用户轻松地组织场景数据库,为超级实时图形硬件提供了优化的性能。

(2) Vega 实时三维视景仿真技术

Vega 是美国 MPI 公司用于虚拟现实、实时视景仿真、声音仿真以及其他可视化领域的世界领先级应用软件工具。它支持快速复杂的视觉仿真系统,能为用户提供一种处理复杂仿真事件的便捷手段。

Vega 是在 SGI Performer 软件的基础之上发展起来的,为 Performer 增加了许多重要特性。它将易用的工具和高级的仿真功能巧妙地结合起来,使用户以简单的操作迅速地创建、编辑和运行复杂的仿真应用程序。由于 Vega 大幅度减少了源代码的编程,使软件的维护和实时性能的进一步优化变得更加容易,从而大大提高了工作效率。使用 Vega 可以迅速创建各种实时交互的 3D 环境,以满足不同行业的需求。

Vega 包括友好的图形环境界面、完整的 C 语言应用程序接口 API、丰富的相关实用库函数和一批可选的功能模块,能够满足多种特殊的仿真要求。无论是专业程序员还是仿真爱好者,Vega 都是理想的实用工具,因为 Vega 提供了一个运行稳定、兼容性好、简单易用的界面,从而能提供开发工作和维护工作的高效率。Vega 可使用户集中精力解决特殊领域内的问题而无需花费大量时间和精力去编程。Vega 和它的可选模块均支持 SGIIRIX 平台(SGI 公司开发的 64 位操作系统)和 Windows NT 平台,跨平台应用的兼容性达 99%。

Vega 的 Lynx 功能提供了一个图形用户界面如图 5-12 所示,用来创建用于实时应用的应用定义文件(Application Definition File,简称 ADF)。ADF 描述了用于实时应用的 OpenFlight 文件、运动体及路径、如爆炸等的特殊效果、环境效果及其他功能。由于 ADF 的这些功能,在一般的城市虚拟仿真应用中,几乎不用编任何源代码就可以实现三维场景漫游。

Vega 应用是指用 Vega 开发环境创建的程序,Vega 程序包提供了一些基本的可执行程序,利用这些程序包开发的程序同样也属于 Vega 应用,包括使用 LynX 在可视化环境下实现场景漫游设置,它可以辅助用户管理相关的仿真参数详细设置工作。

LynX 图形环境是点击式的,用户只需利用鼠标的左、中、右键点击即可驱动图形中的对象物件,实现动画中的实时控制。LynX 的开放性使用户可以根据自己的特殊需求赋予其新的功能。LynX 的预览功能可使用户实时地看到任何改变的特征。

图 5-13 为 Creator/Vega 应用举例,上图为某校园的虚拟仿真,下图为某城市规划建设的仿真。

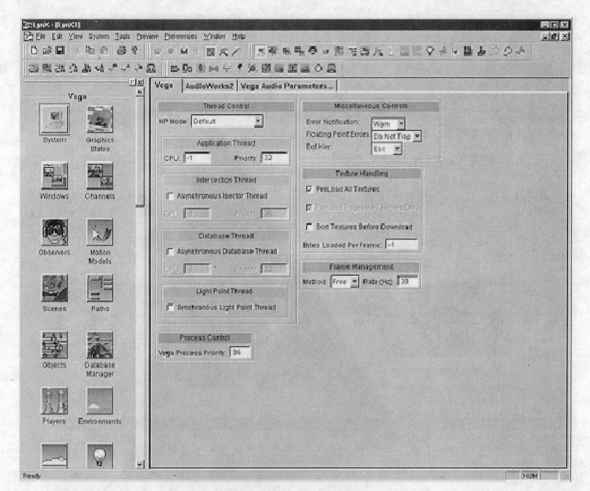

图 5-12 Lynx 界面

5.3.2 WTK 工具包

WTK（World Tool Kit）虚拟工具包是美国 Sense8 公司开发的虚拟现实系统中的一种简洁的、跨平台软件开发环境，也是目前世界上最先进的虚拟现实和视觉模拟开发软件之一，是实时 3D 开发工具中的旗舰产品，WTK 在建筑领域主要应用在对建筑的施工过程进行虚拟仿真。WTK 主要有如下特点。

（1）WTK 是具有很强功能的终端用户工具，可用来建立和管理一个项目并使之商业化，它也支持基于网络的分布式模拟以及工业上大量的界面设计，例如头盔式显示器、跟踪器和导航控制器。WTK 构造的虚拟世界可以具有真实特征和行为对象，通过一系列的输入传感器来控制这个虚拟世界，通过头盔和立体眼镜来浏览这个虚拟世界。它还提供了外设驱动程序开发接口和指南，有利于用户开发自己的三维外设。

（2）WTK 内含大量的虚拟现实硬件驱动程序，可以方便地连接多种虚拟现实输入输出设备，它支持 20 多种 3D 输入设备，几乎包含了市场上提供的所有 3D 设备。另一方面它具有与设备无关的特性，可以广泛应用于普通计算机，而强大的图形处理功能，使它能够逼真地模拟虚拟现实环境，因此在国内正得到越来越广泛的应用。

（3）WTK 是用 C 语言开发的面向对象的 VR 开发函数库，当前最新的版

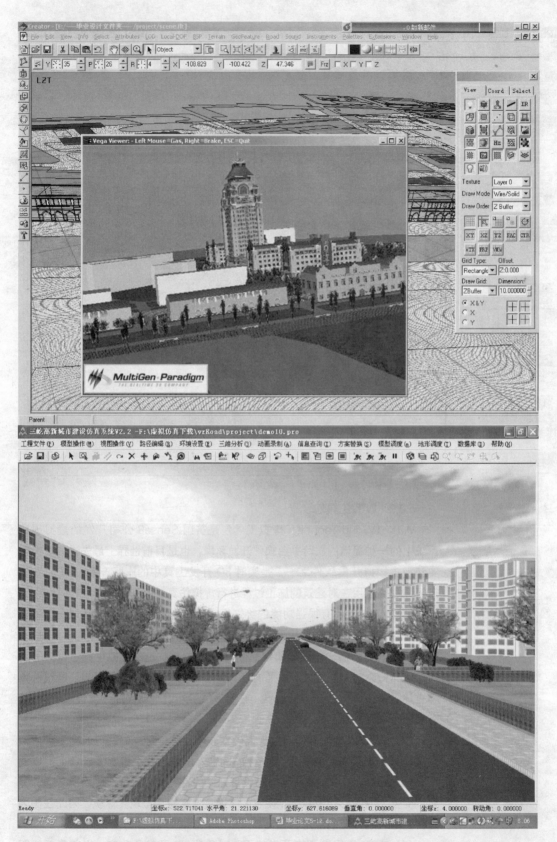

图 5-13 Creator/Vega 应用举例（上图为某校园的虚拟仿真，下图为某城市规划建设仿真示例）

本为 Release 9，它提供超过 1000 个 C 语言编写的函数库，按照 18 个类来组织，采用 DXF 或 WTK 的 NFF 文件作为模型输入。通过提供一系列 WTK 函数，用户可以调用这些函数用于构造虚拟世界，极大地缩短了开发时间。

（4）WTK 的体系结构中引入了场景层次的功能，用户通过把节点按层次组装成一个场景图来构造一个虚拟现实应用。

（5）WTK 的仿真流程管理是仿真程序的核心，它主要包括接收外部事件、更新对象状态、触发事件句柄和任务句柄三个过程，最终完成场景对象的各种行为描述。

WTK 本身不具备模型的建立与编辑功能，需要其他的三维建模软件来生成场景模型，再由 WTK 组装生成三维虚拟场景，因此以 WTK 为开发工具的虚拟现实系统由 3D 建模层（包括建模工具、数据库及连接它们的数据接口）、VR 层（包括 C++ 语言、虚拟现实建模工具 WTK 及将二者结合的虚拟现实环境）和驱动层（包括数据手套、鸟标、操纵器等硬件，以及用户界面和图形输出等）组成。

清华大学在承担国家自然科学基金项目"厅堂音质设计和评价的虚拟环境系统"的过程中，通过采用 WTK 作为开发平台，应用建筑声学原理、计算机图形学、信号处理理论、虚拟现实技术、建筑三维可视化生成技术和三维可听化生成技术等的集成技术，实现在设计阶段就对厅堂的实际音质效果，做出正确的先期演示验证和主观评价。[①]

5.3.3 VR-Platform

中视典数字科技有限公司成立于 2002 年，是从事虚拟现实与仿真、多媒体技术、三维动画研究与开发的专业机构，是虚拟现实技术整体解决方案供应商和相关服务提供商。中视典科技运用先进的仿真系统、图形、图像技术，对数字城市的核心技术——虚拟现实技术整体解决方案进行研究，成功开发出拥有自主知识产权的虚拟场景浏览器软件 VR-Platform（VRP）。内嵌的 VR-Platform 编辑器是 VR-Platform 三维互动仿真平台的核心组件，用户通过它来编辑和生成三维互动场景。它可广泛地应用于城市规划、室内设计、工业仿真、古迹复原、桥梁道路设计、军事模拟等行业。

VRP 开发了许多可选的高级软件模块，作为 VRP 功能的延伸，它们能提高您所制作的虚拟现实场景的沉浸感，给最终客户带来全方位的感观体验，这些模块主要有：游戏外设模块，可使用游戏方向盘、操纵杆对 VRP 场景进行操作；ActiveX 插件模块，可将制作成的 VRP 文件嵌入 Director、IE、VC、VB 软件中；立体投影模块，将单通道图像进行视觉分离，输出为左眼、右眼两个通道，以实现立体影像；三通道模块，包括 VRP 边缘融合模块（VRP-Blender）、几何矫正模块（VRP-Rectify）、帧同步模块（VRP-Sync）；SDK 软件开发包，可在 VRP 基础之上进行 VC 源码级软件开发，以满足用户更多需要。

VRP 的主要特点有人性化，易操作，所见即所得；高真实感实时画质；

[①] 张跃，张丛哲，黄韬，耿川东. 建筑设计的先期技术成果演示与论证技术. 计算机世界（周刊）. 1998（5）。

具有高效渲染引擎和良好的硬件兼容性；强大的二次开发接口；良好的交互特性；高效、高精度碰撞检测算法。它针对不同的行业应用，分别提供各自的专用模块，专业性更强：主要有建筑设计应用模块、室内设计应用模块、桥梁/道路设计应用模块、船舶/港口码头应用模块、展馆/古迹应用模块。

图 5-14 是一个超大型城市规划仿真实例的实时截图，该项目采用的是 VR-Platform 三维互动仿真平台。借助 VR-Platform 仿真平台优良的画质表现、海量数据处理能力、丰富的交互功能以及良好的插件系统（无缝嵌入 Director 多媒体软件），已经将整个城市约 100 平方公里的区域进行了三维数字化仿真，其中精细建模约 25 平方公里。

该项目主要特点如下：项目的规模十分宏大，场景面数超过了 100 万；场景中设置了多处的动作触发事件；场景具有云雾效果，空中可以有飞鸟徐徐飞过，使得场景更加生动；可以轻松实现大楼方案切换，进行形象而直观的对

图 5-14　VRP 超大型城市规划仿真实例

比；在重点景观，可调出信息窗口，查看相关信息；摆脱鼠标和键盘操作带来的不便，用户可以用虚拟开车或飞行的方式对城市进行浏览；具有景深效果，沉浸感更强。

中视典科技提供了共享版的 VRP 编辑器 V3.0731、VRP 浏览器及 VRP-for-Max 插件，用户可到网站 www.vrplatform.com 下载体验。

5.3.4 Web3D/VRML 语言

（1）Web 3D 简介

网络三维（Web 3D）技术的出现最早可以追溯到 VRML（Virtual Reality Modeling Language，虚拟现实建模语言）。VRML 开始于 20 世纪 90 年代初期，1994 年 3 月在日内瓦召开的第一届 WWW（World Wide Web，万维网）大会上，首次正式提出了 VRML 这个名字，并于 10 月公布了规范的 VRML 1.0。规范的 VRML2.0 第一版在 1996 年 8 月公布。1997 年 12 月 VRML 作为国际标准正式发布，1998 年 1 月正式获得国际标准化组织 ISO 批准，简称 VRML97。

1998 年 VRML 组织把自己改名为 Web3D 组织，同时制订了一个新的标准 X3D（Extensible 3D），到了 2000 年 Web3D 组织完成了 VRML 到 X3D 的转换。X3D 整合正在发展的 XML、JAVA、流技术等先进技术，包括了更强大、更高效的 3D 计算能力、渲染质量和传输速度。虽然 Web3D 技术将有好的发展前景，但仍然不可盲目乐观，它还面临着很多问题，如带宽、处理器速度等。

当前 Web3D 技术主要应用于商业、教育、娱乐和虚拟社区等领域。

1）虚拟现实展示与虚拟社区：使用 Web3D 实现网络上的 VR 展示，只须构建一个三维场景，人以第一视角在其中穿行。场景和控制者之间能产生交互，加之高质量的生成画面使人产生身临其境的感觉。对于虚拟展厅、建筑房地产虚拟漫游展示，都很好提供了解决方案。虚拟社区是 Wed3D 在因特网上的一种主要应用形式。

2）地理信息系统的数据可视化：将 GIS 与 Wed3D 结合起来，可以在因特网上建立许多应用系统，如地图、导游、城市建设、交通运输等。

3）科技与工程的可视化：科普、工程演示、城市建设、建筑装修。

4）教育业：现今的教学方式不再是单纯的依靠书本、教师授课的形式，通过使用具有交互功能的 3D 课件，学生可以在实际的动手操作中得到更深的体会，三维图形是建筑专业的重要特点，因而在建筑设计中引入 Web3D 技术，可以更形象地展示三维空间，提高教学效果。

5）企业和电子商务，虚拟商场在网络上用三维图形展示商品，更能吸引客户。

6）娱乐游戏业：多用户联机 3D 游戏将搬上因特网。

7）医学：医疗培训、医疗商业的 B2B[①]，许多医学图像的处理将使用 Wed3D 图形技术。

---

① B2B 是英文 Business-to-Business 的缩写，是电子商务的一种模式，即商业对商业。B2B 是企业与企业之间的电子商务，它们通过互联网进行产品、服务及信息的交换。B2B 电子商务模式包括两种基本模式：一种是企业之间直接进行的电子商务（如制造商的在线采购和在线供货等）；另一种是通过第三方电子商务网站平台进行的商务活动。

目前应用于建筑数字化领域的 Web3D 技术主要有 VRML、Java3D 等软件，如图 5-15 就是两个基于 VRML 技术的虚拟现实系统截图。

图 5-15 两个 VRML 虚拟技术实例截图
（上）园林虚拟现实系统截图；（下）电子商务虚拟展示系统截图

(2) VRML 概述

虚拟现实建模语言 VRML（Virtual Reality Modeling Language）是计算机科学技术的前沿技术，它实现了真正意义上的三维立体网络世界、动态交互和智能感知，实现计算机网络、多媒体及人工智能的完美结合。VRML 是一种三维造型和渲染的图形描述语言，通过创建一个虚拟场景以达到现实中的效果，VRML 支持三维动画，实时交互功能大大改变了原来万维网上单调、交互性较差的弱点，创建一个全新的可进入、可参与的三维虚拟世界。

VRML 语言相对其他虚拟现实软件，具有如下几个特点：

1) 具有强大的网络功能，可以通过 VRML 程序直接连接因特网；

2) 具有多媒体功能，能够实现多媒体制作、合成声音、图像以达到影视效果；

3) 可以创建三维立体造型和场景，结合 Java3D 可以实现更好的立体交互界面；

4) 具有人工智能，主要体现在 VRML 具有感知功能。

VRML 文件以 wrl 为文件的后缀名，它主要由文件头、节点、事件、场景、原型、脚本与路由等部分组成。其中节点又由域名、域值类型组成，是 VRML 文件最基本的组成要素，节点是对客观世界中各种事物、对象、概念的抽象描述。简而言之，VRML 文件就是由许多节点之间并列或层层嵌套而构成的。展示 VRML 文件需要通过 VRML 浏览器支持才能运行，常见的有 MicroSoft VRML 浏览器和 Cosmo 播放器。

VRML 在电子商务、教育、工程技术、建筑、娱乐、艺术等领域的广泛应用，将会促使它迅速发展，并成为构建虚拟现实应用系统的基础。通过 VRML 技术，网上漫游成为 VR 技术应用的领域之一，建筑物 VR 漫游一般都要表现该建筑物所处的虚拟地理环境、建筑物全貌，以及该建筑物的各种附属设施，给人以身临其境的感觉，对房地产业、旅游业等产生很大的影响。

(3) Java 语言在虚拟现实中的应用

Java3D API 是 Sun 定义的用于实现 3D 显示的接口。3D 技术是底层的显示技术，Java3D 提供了基于 Java 的上层接口，同时把 OpenGL 和 DirectX 这些底层技术包装在 Java 接口中。这种全新的设计使 Java3D 技术变得不再繁琐并且可以加入到 J2SE、J2EE 的整套架构中，这些特性保证了 Java3D 技术强大的扩展性。

Java3D 建立在 Java2 基础之上，Java 语言的简单性使 Java3D 的推广有了可能。它实现了以下三维显示能够用到的功能：生成简单或复杂的形体；使形体具有颜色、透明、贴图等效果；在三维环境中生成灯光、移动灯光；具有行为的处理判断能力（键盘、鼠标、定时等）；生成雾、背景、声音；使形体变形、移动、生成三维动画；编写复杂的应用程序，用于各种领域。

与 VRML 等软件相比，Java3D 提出了一种新的基于视平台的视模型和输入设备模型的技术实现方案，即通过改变视平台的位置、方向来浏览整个虚拟场景，其中 Java3D 视模型由虚拟环境和物质环境两部分组成。Java3D 主要应用在三维动画、三维游戏、机械 CAD 等多个领域。

(4) Java3D 与 VRML 的结合

VRML 是目前在网上建立虚拟三维场景所采用的最为广泛的工具，其本身已成为国际标准，许多三维模型软件都带有 VRML 格式文件的输出工具，可以确保快速地建立基于 VRML 的三维场景。另一方面，VRML 也有它的限局性：首先需要下载安装相应的浏览器插件，其次它是用于建立基于因特网的虚拟场景的描述语言，提供的交互能力很不足。

Java3D 则是 Java 语言在三维应用的扩展，它的功能和可编程性更强，具有丰富的 Java 类库的支持，也可以调用其他格式的三维图形文件（如 VRML2.0 格式、OBJ 格式）来获得复杂形体。Java3D API 也提供了丰富的可用于建立虚拟建筑环境应用的类，如灯光、雾、纹理、声音等，可以实现科学数据（如数字高程模型数据，洪水淹模型）的三维可视化的效果。

综上所述，采用 VRML 描述三维场景有助于场景资源的获取，而 Java3D 提供了开发基于 Web 的 3D 应用的理想工具，综合利用 VRML 与 Java3D 可以有效地建立起基于网络的虚拟建筑环境的开发平台，从而实现建筑领域的虚拟仿真应用。

(5) 其他 Web 3D 技术

Web3D 在建筑领域虚拟仿真的应用一般分三步：第一步通过三维模型软件（3ds Max、Maya 等）制作三维模型，有的 Web3D 技术有自己的建模软件如 Atmosphere 等；第二步引入模型到 Web3D 设计软件中，添加动画、声音、网页交互；最后通过浏览器渲染插件把模型显示在浏览器屏幕上，通过点击设置的交互区域进行互动。

当前在虚拟现实应用领域中，还有其他许多 Web3D 的 VR 软件，它们都建立在 VRML 基础上，如 Viewpoint、Cult3d、Pulse3D、Atmosphere、shockwave3D、Blaxxun and Shout3D 和 B3D 等。

Blaxxun3D 和 Shout3D 是一个基于 JAVA applet 的渲染引擎，是一项新颖而有趣的技术，它渲染特定的 VRML 结点而不需要插件的下载安装，并遵循 VRML、X3D 规范，因此应用相对广泛，是网上建筑作品展示的理想选择之一。

Atmosphere 是在图像处理和出版领域具有权威地位的 Adobe 公司推出的一个可以通过互连网连接多用户的三维环境式在线聊天工具。由于它提供了制作工具 Atmosphere Builder，使得场景开发相对容易，从而也得到了比较好的应用。

Pulse3D 是 Pulse 公司凭着在游戏方面的开发经验把 3D 带到了网上，它提供了一个多媒体平台，囊括 2D、3D 图形、声音、文本、动画，平台主要分为三个组件：Pusle Player、Pusle Producer 和 Pusle Creator。

Viewpoint 是一家领先的网络高端媒体（rich media）可视化解决方案提供商，在目前窄带环境里同样可以发挥它逼真的效果，主要应用于物品展示的产品宣传和电子商务领域。

Cult3d 是 Cycore 公司开发的流式三维技术，主要向娱乐领域扩充，提供全面解决方案和最稳定可靠的渲染引擎。

5.3.5 IBR 与三维扫描

虚拟现实技术是一种新的人机交互技术，其目标是使用户置身于一个由计算机生成的虚拟环境中，产生一种"看起来像真的、听起来像真的、摸起来也像真的"全方位的感受，其基础与核心是构造由三维视景组成的"真实"虚拟环境及对这个环境进行交互。构造虚拟环境的主要工作包括模型化和描述生成两大部分：模型化是对环境动态性、交互性及外部形状特征的抽象；描述生成则是对模型进行构造。虚拟环境中实时图形绘制技术本质上是一种限时计算技术，即场景的绘制必须在给定的时间内完成。复杂场景造型的困难及场景绘制速度的缓慢是制约虚拟现实技术实用化的难点之一。

除了前面所介绍的方法外，目前构造虚拟环境的方法主要还有基于图像绘制（Image Based Rendering，IBR）的方法和基于三维扫描的方法。

(1) 基于图像绘制的方法

1) IBR 概述

IBR 是 20 世纪 90 年代中期出现的一种新的图像绘制技术，它可以同时提高渲染速度和真实感，具有传统图形表示和渲染方法所不可替代的优势。IBR 技术是基于一些预先生成的图像（或环境映照）来生成不同视点的场景画面，是一个新兴的研究领域，它将改变人们对计算机图形学的传统认识。传统图形绘制的每一帧场景画面都只描述了一给定视点沿一特定视线方向观察场景的结果。为摆脱单帧画面视域的局限性，可在一给定视点处拍摄或计算得到其沿所有方向的图像，并将它们拼接成一张全景图像。为使用户能在场景中漫游，需要建立场景在不同位置处的全景图。目前可供采用的算法有图像投影变形、光场重建和混合式 IBR 等技术。

IBR 方法具有以下特点（图 5-16）。

(A) 真实感强：由场景的真实照片构造全景图，用这种方法构造的场景真实感强；

(B) 无需烦琐的建模工作：该方法构造场景的复杂性仅取决于照片的数量，场景的处理时间独立于场景本身的复杂性，即使场景的复杂性增加，构造虚拟场景的复杂性依然保持均衡；

(C) 数据量小、实时性好，图形绘制速度独立于场景的复杂度，仅与要生成的图像的分辨率有关；

(D) 预先存储的图像既可以是计算机生成的，也可以是实际拍摄的图片。

(E) 该方法构造的场景是由图像组成的封闭空间，它建立的并不是真正的三维场景，因此只能浏览而无法操纵，交互性较差。

IBR 技术在全景图的虚拟环境、旅游景区展示、房地产展示等领域得到应用。由于 IBR 图片具有丰富的纹理、色彩信息，所以在一些虚拟场景的三维建

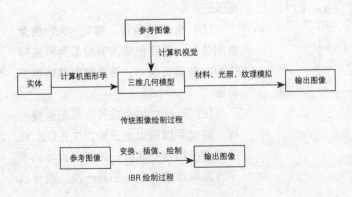

图 5-16　IBR 的绘制过程

模中也引入了 IBR 技术。例如建好房屋的模型后，再在房屋的表面上贴上 IBR 图片（可以是实地拍下来各个表面的照片），使房屋模型具有门窗、色彩、质感等信息。

2）基于全景图的 IBR 技术

现有的 IBR 技术大概可以分为四类：基于全景图的方法，基于图像深度信息的方法，基于光场信息和基于 Morphing 的方法。现阶段相对成熟的技术是第一种基于全景图的方法，它实现方便，且易于在因特网上实现。

目前，业界对全景图的基本制作方法是：在固定的视点用照相机或者摄像机按照一定的方式（通常是按照均匀角度绕轴旋转 360°）采集图像，采集之后的图像输入计算机执行图像拼接、整合等处理，生成无缝全景图像，最后再用计算机经过投影展示出来，并且提供局部的有限的漫游功能。虽然全景图有其自身的局限性，比如视点单一，只能在场景内部实现漫游等，但是由于该技术具有极强的可操作性，而且技术也相对成熟，已经成为应用最为普遍的 IBR 技术之一。目前全景视图主要应用在：虚拟环境、游戏设计、电影特技效果、虚拟博物馆等。

全景图制作流程包括全景模型选择，图像采集，图像拼接，图像缝合，全景图展示等五个步骤，如图 5-17 所示。

（A）全景模型选择：根据全景图投影展示方式的不同，主要可以分为三种模式：立方体模式、圆柱模式、球面模式。这三种模式就是分别把已经拼接好的全景图投影到立方体/圆柱体/球体的内表面。

（B）图像采集：一般有两种方法，用全景拍摄器材进行拍摄或者通过普通相机拍摄再进行图像拼接。前一种方式比较容易采集图像，但是这种方法往往意味着购买昂贵的摄影器材，因此影响了其通用性。而后一种方式，用普通相机在固定点拍摄图片然后拼接生成全景图的研究就显得比较活跃了，而全景图生成的核心技术——图像拼接算法正是研究的重点。

（C）图橡拼接与缝合：现有的全景图像拼接生成算法主要可以分为三类：基于特征的方法、基于流的方法和基于相位相关的方法。在得到拼接好的图像后，还需要对图像重叠部分进行处理，以实现图像的无缝拼接。目前常采用的一种简单的图像缝合技术就是线性插值法。

（D）全景图展示：得到 360° 的全景图像后，还要把该图像投影到所选模型的内表面展示，并提供简单的浏览功能。

（E）运动物体生成和全景图生成一样，同样可以用以上三种方法生成。在用照相机拍摄物体时，如果对物体的水平方向和垂直方向各拍摄一圈，就可以

图 5-17 基于图像的漫游系统模型

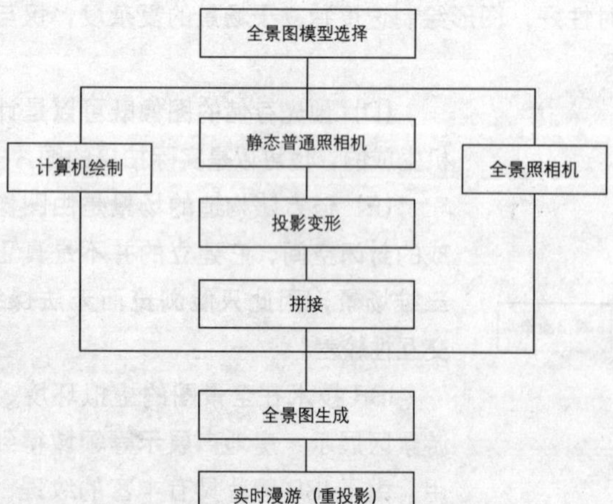

对物体进行二维的交互控制并链接到场景中。链接是指：①把得到的全景图按一定方式组织起来，供交互式显示用；②把运动物体嵌入到全景图中去，成为"热点"，使用户可以对它进行交互式控制。

（2）三维激光扫描

1）三维激光扫描的工作原理和概念

三维激光扫描仪（图5-18）是近年来出现的一种新的仪器。其工作原理是：扫描仪对目标发射激光，根据激光发射和接收的时间差原理，得到一个被测点与扫描仪的距离量测值。然后利用这个距离量测值，与测量该数据时同时记录下来的扫描仪垂直和水平两个方向的步进角度值进行计算，得出被测点上的 X、Y、Z 的相对三维坐标。这个带有三维坐标值的点，被送到计算机上记录并显示出来，众多的点依据各自的空间坐标排列，形成测量目标表面的空间数据点云。点云也就揭示了目标的形体和目标空间结构（图5-19）。通过对点云的加工处理，可以得到测量目标的 CAD 图、线框图以及多边形模型图（图5-20）。

2）三维激光扫描仪的应用发展

国外的三维激光扫描工作，起源于矿业地形地貌和石油化工企业管道走向数据的采集。近年来在建筑、城市规划、数字地形、隧道、文物考古等方面发展迅速。欧洲有许多古堡和老式建筑，某公司采用激光扫描的方法，一年可以做出一两千个三维数字建筑模型。一个德国公司则以三维激光扫描技术为基础，制造出数字城市的汽车专用移动采集设备，用于快速制作城市数字模型，市场很大。激光扫描用于公路桥梁的形变检测监测，也是现代城市普遍采用技术手段之一。

（3）利用三维扫描和 IBR 技术创建虚拟场景

三维扫描技术为实现古建筑等复杂场景的虚拟现实开辟了一条新路。我国传统的古建筑，雕梁画栋，斗拱飞檐，除了结构、造型复杂之外，建筑物表面的彩绘、色彩纹理都相当之丰富和精美。采用传统的三维建模方式如 3ds Max

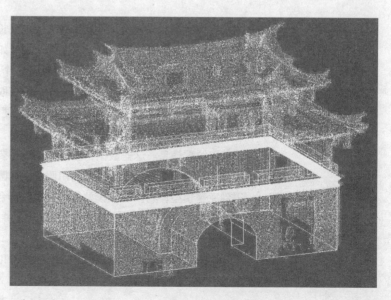

图 5-18 三维激光扫描仪（左图）
图 5-19 扫描点云影像（右图）

图 5-20 扫描及资料流程

来建模，不但难度很大，所需要的时间也很长。

对于具有复杂轮廓和复杂表面的对象（如雕塑、古建筑等）建模，采用三维扫描和 IBR 图片相结合的方法显然是一个好办法。这种方法的建模数据来源来自两方面：一是利用三维激光扫描仪获取立体信息；二是利用摄影获取纹理和 IBR 图片。三维扫描技术虽然能够方便、快速、高精度获得被扫描对象的三维图形数据，却无法同时获取纹理信息，因此，需要通过摄影的方法来另行获取纹理信息。这些数据都获取后，还需要一些技术处理才能获得最终的模型结果。这些处理过程包括：利用照片生成圆柱贴图纹理；利用三维模型拼接得到完整模型；利用三维模型简化技术获得合适精度的模型等多种专门的处理方法。通过三维扫描和 IBR 技术的结合，并通过适当的技术处理手段，就可以得到理想的三维模型。

图 5-21 就是浙江大学利用三维扫描和 IBR 图片相结合的方法建立起来的敦煌石窟彩塑三维虚拟场景的界面。

图 5-21 敦煌石窟彩塑三维虚拟场景的界面[①]

5.4 虚拟现实技术在建筑设计中的应用

虚拟现实系统拥有广阔的市场前景，它可以应用在军事上模拟训练（图 5-22）、战场仿真、侦察测绘等领域；应用在工业设计、工业制造、虚拟制造/虚拟设计/虚拟装配领域、以及虚拟产品展示（图 5-23）；还可以应用在城市规划、建筑设计、房地产销售等建设、建筑行业；甚至还可以应用在医疗（图 5-24）、旅游、教育培训（图 5-25）、娱乐等众多的与百姓生活息息相关的领域中。它具有使用安全、方便简单、效果真实、成本低廉、不受外界环境干扰、使人印象深刻等众多特点。虚拟现实技术的产生和发展，为解决和处理需要巨额资金和巨大人力投入，或者不得不承担人员伤亡危险的各种问题提供了新思路。在建筑工程领域，虚拟现实技术的直观与交互特征弥补了传统设计分析工具的不足，将为概念设计、方案设计、设计评价等方面提供有力的支持。

下面，将对虚拟现实技术在建筑设计中的应用作进一步的介绍。

5.4.1 虚拟现实技术对建筑设计的影响

在建筑设计中既要进行空间形象思维，又要考虑到用户的感受，可以说建筑设计是一连串的创新过程，包括规划、设计、建设施工、维护等。巨大的成本和不可逆的执行程序，不允许建筑设计出现过多的差错。虚拟现实是一种可

[①] 图片来源：鲁东明，潘云鹤，陈任. 敦煌石窟虚拟重现与壁画修复模拟. 测绘学报. 2002, 31 (1)。

图 5-22 虚拟现实技术在军事上的应用

图 5-23 网上虚拟产品展示

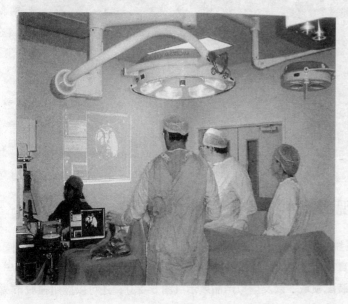

图 5-24 虚拟现实技术在医疗中的应用

以创造和体现虚拟世界的计算机系统，虚拟世界是整体虚拟环境或给定仿真的对象的全体，充分利用计算机辅助设计和虚拟现实，可减轻设计人员的劳动强度，缩短设计周期，提高设计质量，节省投资。

自从 1991 年起，德国就开始将仿真系统应用于建筑设计中。在 20 世纪的最后十年中，欧洲和北美在建筑物设计、室内设计、城市景观设计、施工过程模拟、物理环境模拟、防灾模拟、历史性建筑保护，园林造景等许多建筑设计领域开始广泛使用虚拟现实技术，并逐渐取代电脑表现图和模型等手段，成为主要的销售和设计辅助手段之一。但是，高昂的成本和高使用费用多年来限制了仿真技术在我国的普及和应用，使其成为国际大型企业的专属和象征。近年来，由于科技的进步，仿真技术的应用成本大幅下降、图像效果极大改善、功能日益丰富，无论是价格和性能都已经可以满足国内有一定实力用户的应用要求，使用的简单程度也已经可以使它被普遍接受。具体而言，虚拟现实技术

图 5-25 汽车驾驶培训虚拟环境

在以下几个方面对建筑设计起到了积极的影响。

(1) 展现设计方案

虚拟现实系统的沉浸感和互动性不但能够给用户带来强烈、逼真的感官冲击，获得身临其境的体验，还可以通过其数据接口在实时的虚拟环境中随时获取项目的数据资料，方便大型复杂工程项目的规划、设计、投标、报批、管理，有利于设计与管理人员对各种规划设计方案进行辅助设计与方案评审。

(2) 规避设计风险

虚拟现实所建立的虚拟环境是由基于真实数据建立的数字模型组合而成，严格遵循工程项目设计的标准和要求建立的逼真三维场景，对规划项目进行真实的"再现"。用户在三维场景中任意漫游，人机交互，这样很多不易察觉的设计缺陷能够轻易地被发现，这就可以减少由于事先规划不周全而造成的无可挽回的损失与遗憾，大大提高项目的评估质量。

(3) 加快设计速度

运用虚拟现实系统，设计师可以很轻松地随意进行修改，可以改变建筑高度，改变建筑外立面的材质、颜色，改变绿化密度，只要修改系统中的参数即可。从而大大加快了方案设计的速度和质量，提高了方案设计和修正的效率，也节省了大量的资金。

(4) 提供合作平台

有效的合作是保证建筑设计最终成功的前提。虚拟现实技术能够使政府建设部门、项目开发商、工程人员及公众可从任意角度，实时互动并真实地看到规划效果，更好地掌握建筑的形态和理解建筑师与规划师的设计意图。虚拟现实技术为各方合作提供了理想的桥梁，这是传统手段（如平面图、效果图、沙盘乃至动画等）所不能达到的。

(5) 增强宣传效果

对于公众关心的大型建设项目，在项目方案设计过程中，虚拟现实系统可以将现有的方案导出为视频文件用来制作多媒体资料予以一定程度的公示，让公众真正的参与到项目中来。当项目方案最终确定后，也可以通过视频输出制作多媒体宣传片，进一步提高项目的宣传展示效果。

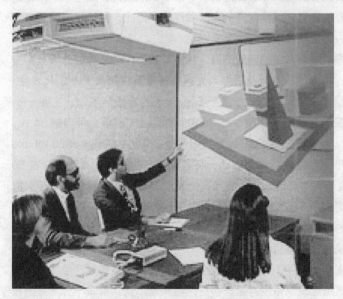

图 5-26 投影式虚拟现实系统

5.4.2 基于虚拟现实技术的建筑设计的特征

基于虚拟现实技术的建筑设计主要具有三个特点：交互性、网络化、高效率。

(1) 交互性

基于虚拟现实技术的建筑设计是以三维虚拟信息模型为载体，多人员协同的工作。如图 5-26 的投影式虚拟现实系统所示，数字信息模型如果与虚拟现实设备（立体眼镜、头盔、数据手套、跟踪器等）及投影设备相连，就可以生成一个虚拟世界，这个虚拟世界是全体虚拟环境和给定的仿真对象的结合，通过视觉、触觉、听觉等作用于人，使之产生亲临其境的感觉，而且人们对虚拟模型所做的操作和修改可以实时的体现在数字模型上，实现了人与人之间，人与计算机之间的信息交互。

(2) 网络化

如图 5-27 所示，基于虚拟现实技术的建筑设计常常是以网络为基础的，通过网络建立起一个并行的设计系统，将规划、设计、施工、评价集于一体。因特网技术改变了建设者、设计师、管理者以及公众的信息交流与反馈的方式。随着邮电通信网和有线电视网的数字化和计算机网络化、网络传输速度的大幅度提高，这些人员可以方便地通过因特网进行静态和动态的信息交流，尤其是交互式双向信息传输，使他们之间的信息交流可以跨越空间、时间限制。

图 5-27 虚拟现实技术改变了设计师、管理者和公众的信息交流与反馈的方式

(3) 高效率

运用虚拟现实系统，我们可以很方便地进行修改，而不需要像传统三维动画那样，每做一次修改都需要对场景进行一次渲染。这样不同的方案、不同的规划设计意图通过 VR 技术实时的反映出来，用户可以做出很全面的对比，并且虚拟现实系统可以很快捷、方便地随着方案的变化而作出调整，辅助用户作出决定。这样就大大加快了方案设计的速度和质量，提高了方案设计和修正的效率，也节省了大量的资金。

5.4.3 虚拟现实技术在建筑设计中的应用

(1) 真实建筑场景的虚拟漫游

这种虚拟漫游的最大特点是：被漫游的对象是已客观真实存在着的，只不过漫游形式是异地虚拟的而已，同时，漫游对象的制作是基于对象的真实数据。

这种虚拟漫游可以使游客足不出户地游历世界各地的名胜和风光。异地漫游的对象，除久负盛名的名胜和宏伟建筑群等景物景点以外，还可以包括被进行虚拟漫游式检查的管道、纵横复杂的车间和厂房。因此，制作虚拟漫游对象时，对真实数据的测量精确度要求很高。

在名胜景点虚拟漫游系统的开发方面，我国科技工作者制作的敦煌莫高窟博物馆参观系统、中国的故宫以及西湖风光虚拟游览系统都具有一定代表性。特别值得一提的是于 2003 年完成的《紫禁城·天子的宫殿》项目。它是一个安装在故宫博物院的、基于 SGI Reality Center 的沉浸式剧场，可容纳 54 人，三台 Barco Galaxy WARP 立体 DLP 投影机以一个三管道的 Onyx 3800 Infinite Reality 4 系统和千兆专用纹理库为驱动，将高分辨率的图像逼真地投射在 50 英尺（1 英尺约合 0.305m）宽、14 英尺高的弧形屏幕上。参观者能够在虚拟的紫禁城中自由翱翔——借助操控器可以漫游于康乾盛世的紫禁城，最近距离的观看太和殿的全景。

(2) 虚拟建筑场景的虚拟漫游

虚拟建筑是指客观上并不存在而是完全虚构的，或者虽有设计数据但尚未建造的建筑物。虚拟建筑场景漫游是一种应用越来越广泛、前景十分看好的技术领域。在虚拟战争演练场和作战指挥模拟训练方面，在游戏设计与娱乐行业，乃至在促进未来新艺术形式诞生等方面，它都大有用武之地，而且代表着这些行业的新技术和新水平。同样，在建筑设计、城乡规划、室内装潢等建筑行业也可以大显身手。

建筑师或规划师可将其设计、规划方案或理念以三维形式呈现出来，让投资方或审查者"身临其境"地在漫游中进行多角度的体验性观察，找出不理想之处并当即加以改进，以免施工后特别是交付后再去更改设计。

正在建设之中或即将开始建设的（已立项招标成功的）房地产开发商，由于其销售方式大多为一边建设，一边销售，用户无法在现场看到实际的房屋，只能通过施工图纸和销售人员的介绍进行了解，有了三维虚拟现实的技术就可以在计算机上真实地看到房屋建好后的情况，为促成销售打下坚实的基础。

在大型建筑工程招标中，利用三维虚拟现实可以充分展示提交的方案，充分展示工程动态蓝图，在建设之前，便于直观地看到建成后的效果，给招标的决策者以最直观的认识和介绍，这是赢得招标的有利手段。

在城市规划中，可以应用 VR 展示城市规划的成果，可以采用多种运动方式在运动中感受城市空间，并可从特定角度观察城市；可以实现多方案的实时比较和城市设计元素的实时编辑；可以实现三维空间综合信息以及规划信息的存储、共享与交流。它为公众参与和辅助决策提供了协作平台。这对于提高城市规划的质量与效率，提高公众参与度和部门协同作业的水平，都有积极的作用。

(3) 建筑物理环境等的模拟

通过虚拟现实系统对建筑物理环境（日照、照明、声音等）的模拟，可以为环境分析和优化建筑设计提供有力的手段。

例如，英国航空公司总部拟建六栋沿街办公楼。原设计为步行街顶部和侧面空旷处全部以玻璃覆盖，在顶部和侧面采用内外百叶窗遮阳，同时采用排气量为 $4.4m^3/s$ 的 21 台排气装备以冷却步行街。在应用虚拟现实系统对日照、热动力和空气动力作模拟以后，发现完全没有必要采用百叶窗遮阳，而采用特性玻璃就可达到同样目的。在模拟中，还发现了不同于常识的情况，即步行街的温度大部分时间低于室外气温，故没有必要安装风机。这样，就算不考虑常年运行耗费，单投资一项就节省 30 万英镑。[①]

如果将虚拟现实和仿真建模结合起来，还可以应用到建筑防灾减灾之中，例如通过对城市遭受洪水淹没过程的模拟、高层建筑起火过程的模拟，对研究避灾路线提供有力的帮助。

除了虚拟现实可以应用在建筑设计外，在建筑业的其他领域，例如在房地产销售、虚拟施工仿真等方面，虚拟现实也是大有可为的。

在商品房的预售中，由于预售的房屋实际上尚不存在，购买者很难根据开发商的毫无空间感的一纸楼书全面了解未来的小区和房屋的样子。即使有条件的房地产商可以建造样品屋，但也有一次性的局限而且成本较高，并难以表现

---

① 张跃，张丛哲，黄韬，耿川东. 建筑设计的先期技术成果演示与论证技术. 计算机世界（周刊）. 1998 (5)。

出实际房产的外部环境。对于复杂或庞大的房地产产品,样品屋的作用更是有限。如果换之以虚拟现实技术生成的虚拟房地产展示方式,不仅可以获得远远超过样品屋的适用范围和效果,而且更为经济。心存疑惑的买家可以戴上头盔显示器或立体眼镜、数据手套,就可以超越时空,在展销的房屋中尽情漫游一番,以作出明智决断。房地产开发商也可以从中收集购房者的意见,把与设计有关的意见反馈给设计人员。

此外,虚拟施工可以帮助施工人员发现施工计划中甚至设计中的问题。根据英国建筑研究院最近一项统计表明:存在问题的建筑工程项目中,错误来自设计阶段的占50%;因施工不当的占40%,其他的占10%。[①]

由于建筑的高成本和复杂性,不可能预先加工样品。建筑施工是复杂的大型的动态系统,它通常包括基础、立模、架设钢筋、浇筑、振捣、拆模、养护、砌筑、吊装以及其后装修等多道工序。而这些工序中涉及的因素繁多,其间关系复杂,都会直接影响建筑质量和施工进度,一旦返工,就会增加建筑成本。如果利用三维仿真虚拟现实系统,实现对施工的全过程进行仿真模拟,决策者处于这一虚拟的现实环境之中,就可以迅速发现问题,及时修改施工方案。

5.4.4 虚拟校园建设的案例

(1) 研究区域选取

南京师范大学仙林新校区位于南京市东郊,南京都市圈仙西地区内,区内自然环境优美。新校区规划充分考虑了学校发展需要、基地条件及人文社会因素,力图塑造一个功能分区合理、经济可行、环境优美的高品位校园。校区内建筑风格新颖、融合了现代气息和校园建筑的特征。建成后的新校区作为南京市的窗口小区和高校建设典范,将吸引众多的国内外人士前去观摩游览,但是由于受客观条件的限制,未必人人都能如愿。针对这个问题,萌发了建设虚拟新校区的想法。

所谓虚拟新校区,就是在计算机环境中,虚拟再现新校区的景观,通过头盔、三维鼠标等设备,人们可以进入到虚拟的新校区进行漫游,领略校园的美景,通过这个途径让更多的人对新校区有清晰的认识,对于该地区的发展规划及交通、旅游等方面有更明确的目标。

(2) 软硬件环境

硬件设备:SGI Octane 图形工作站两台,Intergraph NT 工作站多台,IBM PⅢ550 微机一台,头盔,操纵杆,三维鼠标,立体眼镜,Intergraph 高精度扫描仪,刻录机,磁带机(4mm),外置50G 硬盘。

软件支持:数字摄影测量软件——VirtuoZo3.1;GIS 软件——Arcinfo7.1, Arcview3.1, IMAGIS;VR 软件——MultiGen, Vega;图像处理软件——Photoshop;三维建模软件——AutoCAD, 3ds Max。

(3) 实施步骤

1) 数据准备阶段

原始资料:包括南京师范大学仙林校区大比例尺航摄相片(影像比例尺

---

① 参看:陈正华,李希华,王燕. 虚拟现实技术在建筑领域的应用. 工程建设与设计. 2005 (8)。

1:2500); 相机检校参数文件; 地面控制点文件。

元数据[①]库建设: 包括航摄比例尺分母; 航高; 航摄仪焦距; 航摄单位; 航摄日期; 航片数; 航片编号; 高斯—克吕格投影带号; 分带方式; 中央子午线和标准纬线等。

2) 数据预处理阶段

数据采集: 将航摄相片经扫描数字化, 转入数字摄影测量软件中。利用 VirtuoZo3.1 建立南京师范大学仙林校区的数字高程模型 DEM (Digital Elevation Model)[②], 获得正射影像图并测得这一地区的建筑模型数据以及道路、湖泊等属性数据。

数据转换: 将数据采集阶段获得的数据通过数据转换, 分别按地形数据、文化数据和建筑数据等方式转入虚拟现实建模软件 MultiGen 中。在完成了上述转换过程后, 用户成功实现了异构系统间的转换, 将测量数据通过 GIS 转换为创建数字虚拟城市所需的数据格式, 如数字高程模型数据、数字文化数据、建筑模型数据、纹理数据 TIFF 或 JPG 格式。

3) 数据建模阶段

地形数据处理: 将数字高程模型数据 DED (Digital Elevation Data) 通过选择合适的算法建立起三维地表模型, 按照与地表模型相对应的经纬度坐标, 贴上正射影像图作为地表纹理, 形成仙林校区的真实的三维地貌景观。

属性数据处理: 地物的属性数据, 如道路、湖泊的名称、相关的描述等, 可按照不同的地物属性分层输入 MultiGen, 选择或重新建立对应的特征码 (FeatureID) 和表面材质码 (SMC), 赋予其适当的纹理。然后选择合适的投影方式, 按照与地表模型对应的经纬度坐标投影到地貌景观上, 得到更为突出和真实的地貌景观。

建筑数据处理: 将建筑模型数据 FLT 在 MultiGen 中打开, 贴上真实的纹理, 然后叠加到地景中。并在地景中栽上树木、花草等。这样, 就把真实世界在计算机中虚拟再现了出来。

纹理包括不透明纹理和透明纹理, 用于建筑物、道路、水面、树木、草地等地物。可以利用近景摄影得到照片, 然后扫描数字化 (或数字相机得到的数字化相片), 在 Photoshop 等图像处理软件中进行纠正处理后, 以 TIFF 或 JPEG 格式存储, 作为模型纹理库。部分可从光盘材质库中获取。这一过程很耗费时间。

4) 建立虚拟现实系统

把上述结果数据导入到视景仿真软件 Vega 中, 首先配置合适的驱动环境, 设置显示方式为头盔或立体眼镜, 输入方式为鼠标或操纵杆。然后调整天空、云雾等环境参数, 也可以在场景中加入汽车等移动物体。经过上述参数的配置, 就在计算机系统中建立起了对真实校区仿真模拟的虚拟环境。这时, 利

[①] 元数据的英文名称是"Metadata", 它是"关于数据的数据"。 元数据在地理空间信息中用于描述地理数据集的内容、质量、表示方式、空间参考、管理方式以及数据集的其他特征, 它是实现地理空间信息共享的核心标准之一。

[②] 在地理信息系统中, 数字高程模型是建立数字地形模型 (Digital Terrain Model) 的基础数据, 其他的地形要素, 如坡度、坡向等可由 DEM 直接或间接导出, 称为"派生数据"。

用头盔（或立体眼镜）、操纵杆（三维鼠标），用户就可以在这个虚拟现实环境里漫游。另外，利用 Vega 提供的函数与接口进行二次开发，可以实现在虚拟环境中的交互操作，加强身临其境的感觉。

参考文献

[1] 王乘，周均清，李利军编著.Creator 可视化仿真建模技术.武汉:华中科技大学出版社，2005.

[2] 王乘，李利军，周均清，陈大炜编著.Vega 实时三维视景仿真技术.武汉:华中科技大学出版社，2005.

[3] 张金钊，张金镝，张金锐著.虚拟现实三维立体网络程序设计语言 VRML.北京:清华大学出版社，2004.

[4] 李怡，李树涛.虚拟工业设计.北京:电子工业出版社，2003.

[5] 吕永杰，张芸等.任我虚拟.北京:北京希望电子出版社，2002.

[6] 陈定方，罗亚波等.虚拟设计.北京：机械工业出版社，2004.

[7] 石宜辉，鲁东明，潘云鹤.敦煌石窟彩塑漫游技术.计算机应用研究，2002.

[8] 鲁东明，潘云鹤，陈任.敦煌石窟虚拟重现与壁画修复模拟.测绘学报，2002,31（1）.

[9] 张跃，张丛哲，黄韬，耿川东.建筑设计的先期技术成果演示与论证技术.计算机世界（周刊），1998（5）.

[10] 潘志庚.分布式虚拟现实技术.计算机世界（周刊），1998（42）.

[11] 陈正华，李希华，王燕.虚拟现实技术在建筑领域的应用.工程建设与设计，2005（8）.

[12] 刘晓艳，阎国年，张宏，沈婕.南京师范大学虚拟新校区设计与建设.南京师范大学学报（自然科学版），2001,24（1）.

[13] http:// www.vrplatform.com.

[14] http://www.sense8.com.

[15] http://www.91tech.cn/Article/MachTech/CADCAM/200507/1564.html.

[16] http://www.naimark.net/.

6 建筑设计信息集成

6.1 概述

6.1.1 信息集成是数字化建筑设计发展的需要

在建筑数字技术应用日益广泛、深入发展的过程中，在建筑设计中许多影响数字技术向纵深发展的问题渐露端倪。其中最突出的是信息共享的程度低。这表现在设计部门中"信息孤岛"大量存在、不同品牌的设计软件互不兼容、各专业的程序独立运行而不能交换数据，信息资源无法共享与整合。导致的结果是信息传递缓慢、设计信息重复、不一致或者丢失等现象大量存在。

很多设计团队依然使用单机版的建筑绘图软件画建筑图，管理人员沿用老一套方式管理设计。由于设计人员之间协调得不好，施工图重复绘制、施工图缺失或者施工图彼此不一致等现象时有发生，对工程施工以及设计管理造成很大的影响。

同时，由于设计企业各个业务部门之间的资源和信息缺乏综合的、系统的分析和利用，再加上企业机构的层次多，造成横向沟通困难、信息传递失真，因此根本无法提高整个企业的经营管理水平以及经营效益。虽然应用了计算机，但效率并没有得到显著提高。

这些问题已经成为数字化建筑设计发展的障碍，必须努力寻找能够解决问题的突破口。这个突破口就是信息集成。

随着建设规模日益扩大，对建筑设计的要求越来越高，建筑设计必须向协同设计[1]的方向发展。协同设计就是在信息集成的基础上，充分利用计算机和网络的新技术，组织建筑各专业的设计人员，在协同工作的环境下进行设计。因此，要搞好协同设计，需要解决的第一个问题就是信息集成化，即要解决不同品牌、不同专业（如建筑、结构、给水排水、电气、采暖通风等专业）的设计软件之间的数据集成问题。

近年来，建筑工程的规模越来越大，工程复杂程度之高、技术含量之大，也是前所未有的，附加在工程项目上的信息量也越来越大。人们已经认识到与工程项目有关的信息会对整个工程周期的项目管理乃至整个建筑物生命周期产生重要的影响。例如，建筑物用地的地质资料、所用的建筑材料以及材料的各种数据对项目的施工方式、生产成本及工期、使用后的维护都密切相关。对这些信息利用得好、处理得好，就能够节省工程开支，缩短工期，也可以惠及使

---

[1] 协同设计的内容将在第 7 章中介绍。

用后的维护工作。因此，十分需要在建筑工程全生命周期中广泛应用信息技术，快速处理与建设工程有关的各种信息，合理安排工期，控制好生产成本，消灭建筑项目中由于各种原因所造成的工程损失以及工期延误。鉴于此，就必须在整个建筑工程周期的项目管理乃至整个建筑物生命周期中，实现对信息的全面管理。

毋庸置疑的是，当前还有不少工程项目管理者习惯于传统的工作方法和惯例，他们以纸张为基础进行管理，用传统的档案管理方式进行设计文件和施工文件的管理。这些手工作业缓慢而繁琐，还不时会出现一些纰漏、差错，给工程带来损失。尽管设计过程是使用计算机进行的，但是接着下来如何管理和共享这些已经进入了计算机的设计信息却没有相关的措施跟进。由于设计成果是以图纸的形式而不是以电子文件方式提供，因此，更多的工作例如概预算、招投标、项目管理等都是以纸张信息为根据来进行。

美国《经济学家》杂志刊登的研究报告表明，由于管理过程的手工操作而给建设工程带来了庞大开支：美国建筑业每年约 6500 亿美元的成本中，有 2000 亿美元是由于低效、错误和延误造成的[①]。在我国，还没有类似的研究，但估计这方面的情况不容乐观。

造成建筑业项目管理效率低下的原因是多方面的，但"信息孤岛"造成的信息流不畅是信息丢失的主要原因之一。

在整个建设工程项目周期中，信息量应当如同图 6-1 上面那条曲线那样，是随着时间不断增长的；而实际上，在目前的建设工程中，项目各个阶段的信息并不能够很好地衔接，使得信息量的增长如同图 6-1 下面那条曲线那样，在不同阶段的衔接处出现了断点，出现了信息丢失的现象。正如前面所提及的那样，现在应用计算机进行建筑设计最后成果的提交形式都是打印好的图纸，作为设计信息流向的下游，例如概预算、施工等阶段就无法从上游获取在设计阶段已经输入到电子媒体上的信息，实际上还需要人工读图才能应用计算机软件进行概预算、组织施工，信息在这里明显出现了丢失。

参与工程建设各方之间基于纸介质转换信息的机制是一种在建筑业中应用了几十年的做法。可是，随着信息技术的应用，在设计和施工过程中，都会产生更为丰富的信息。虽然信息通常是借助于数字技术产生的，但由于它仍然是通过纸张来传递，当信息转换为纸介质方式时，许多数字化的信息就丢失了。

造成这种信息丢失现象的原因有很多，其中一个重要原因，就是在建设工程项目中没有建立起科学的、能够支持建设工程全生命周期的建筑信息模型以及基于信息技术的工程项目集成管理环境，对信息进行集成管理。

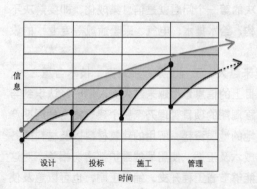

图 6-1 建筑工程中的信息回流

---

① New wiring: Construction and the Internet: Builders go online. The Economiist, 2000。

6.1.2 信息集成的主要技术

(1) 数字化建模（digital modeling）

信息集成是实现数字化建筑设计的前提，也是实现"数字化设计—数字化建造—数字化施工—数字化管理"用数字技术覆盖建筑工程全生命周期的前提。而解决信息集成的主要途径，就是在数字化建筑设计中建立的信息化的建筑模型。

在建筑设计过程中创建的信息并不仅限于在建筑施工中应用，其实还会在建筑物的运营过程中被应用。因此，信息化的建筑模型应当是能够覆盖建筑物从规划、设计开始到被弃用、拆除为止的整个建筑生命周期的，能对建筑进行完整描述的数字化表达。该模型能够为该建筑项目的建筑师、结构工程师、设备工程师、施工工程师、监理工程师、房屋管理人员、维修人员等相关人员共同理解，能够为上述人员处理相关数据，也是他们进行信息交换的基础。

经过多年的研究，近年来出现的建筑信息模型技术已经担当起数字化建模的重任，成为开发数字化建筑设计软件的主流技术。

(2) 信息交换标准（standard for information exchange）

在数字化建筑设计的过程中，信息的交换量是很大的，建筑师需要不断和结构工程师、设备工程师、施工工程师、房地产开发商、业主、政府有关部门等交换各种信息，包括原始设计资料、设计方案、统计资料、设计文件等。由于这些信息的交换都是通过网络在计算机之间进行的，所以数字化建筑设计中的信息交换其实是不同计算机系统之间的交换。这包括不同类型的硬件（工作站、PC 系列微机、Apple 系列微机），不同类型的操作系统（Unix、Windows、Mactonish、Linux），不同专业的应用软件（建筑设计、结构设计、给水排水设计、概预算分析、节能设计、防火设计），不同品牌的建筑设计软件（ArchiCAD、MicroStation TriForma、AutoCAD、Revit Building、天正建筑）。因此，有必要建立一个统一的、支持不同的计算机应用系统的建筑信息描述和交换标准。

在国际建筑业界的共同努力下，一个跨平台、跨专业、跨国界的 IFC（Industry Foundation Classes，工业基础类别）标准应运而生，将承担起统一的建筑信息描述和交换标准的重任。

(3) 设计产品数据管理（design product data management）

数字技术的普及，使建筑设计企业中存在的设计产品数据信息共享程度低、设计方式陈旧、信息传递速度慢、业务管理落后和支撑技术不配套的矛盾越来越突出，需要配套的软件产品来支持信息集成。

PDM（Product Data Management，产品数据管理）是管理与产品有关的信息、过程及其人员与组织的技术。PDM 通过数据和文档管理、权限管理、工作流管理、项目管理和配置与变更管理等，实现在正确的时间、把正确的信息、以正确的形式、传送给正确的人、完成正确的任务，最终达到信息集成、数据共享、人员协同、过程优化和减员增效的目的。

建筑设计企业的产品就是他们的设计作品以及相应的图纸，产品数据应包括所有与设计项目有关的数据。目前，已经出现了一批作为建筑设计信息管理平台的 PDM 系统，在数字化建筑设计中起到重要的作用。

(4) 数据挖掘（data mining）

随着数字技术的不断进步，新的信息采集和获取技术不断发展，使得数据库中所存储的数据量也随之急剧增长，出现所谓"信息爆炸"的现象。另一方面，大量的信息散布在各地的计算机中，或者保存在各数据库中，但对数据库中的数据之间存在的关系和规则、数据的群体特征、数据集内部蕴涵的规律和趋势等，却缺少有效的技术手段将其提取出来，从而出现所谓的"信息爆炸而知识缺乏"的现象。近年来学术界对此进行了大量的研究，提出了"数据挖掘"的对策。

数据挖掘，是指从大量的、不完全的、有噪声的、模糊的、随机的数据中发现隐含的、先前不知道的、潜在而有用的信息的过程，其目的是改变"信息爆炸而知识缺乏"的现象，把大量的原始数据转换成有价值的、便于利用的知识。

数据挖掘的方法可粗略分为：统计方法、机器学习方法、神经网络方法和数据库方法。每种方法还可以细分为多种具体的方法。

建筑设计也面临这样的问题。例如，大量的住宅投入使用后，其设计是否符合用户的要求，怎样设计住宅才能满足人民生活不断提高的需要。这就需要对现有住宅的各种数据进行科学地分析，从中找出指导住宅设计的导则。近年来，国内外不断有基于统计方法研究建筑设计的研究报告发表。与建筑设计密切相关的城市规划有关城市土地利用、城市结构分布（工业、服务业、教育、经济等）、旅游资源、文物、资源评估等方面的课题，已经开始探索应用数据挖掘方法进行研究。显然，数据挖掘技术已经开始得到建筑设计界的重视。数据挖掘的成果能有效地提高信息的利用率和信息的价值，有利于提高建筑设计水平和城市规划水平。随着对数据挖掘研究的深入发展，必将促进建筑设计和城市规划水平的进一步提高。

6.2 建筑信息模型

信息集成的主要手段就是建立一个信息化的建筑模型，而这个模型就是建筑信息模型。

建筑信息模型是近年来在建筑业出现的数字化建模新技术。它的出现，大大提高了建筑信息和建筑工程的集成化程度，引领着建筑数字技术走向更高的层次，将为建筑业界的科技进步产生无可估量的影响。它的全面应用，将给建筑设计模式带来一场新的革命，使设计乃至整个工程的质量和效率显著提高，成本降低，为建筑业的发展带来巨大的效益。

6.2.1 计算机建模的发展概述

模型，从本义上讲，是原型（研究对象）的替代物，是用类比、抽象或简化的方法对客观事物及其规律的描述。由于表达方式的不同，就产生不同类型的模型。例如，数学模型，是运用符号或数学公式，对原型予以模拟表述；图形模型，是运用曲线、柱状图、饼图等反映事物的变化规律；实体模型，参照事物制作，从形状和尺寸上应当符合几何相似的要求。模型的概念被广泛应用于包括自然科学、工程技术、经济、艺术等不同的领域。模型所反映的客观规律越接近、表达原型附带的信息越详尽，则模型的应用水平就越高。

制作实体模型也是建筑师在设计中经常使用的建筑表现手段。通过工作模型，建筑师可以在设计过程中对建筑物的体量、造型、立面处理进行推敲、调整；在设计完成后，用户可以通过模型直观地了解到建筑师的设计意图。但一个制作得较好的模型制作非常费时、费力，根本无法在设计过程中用这种方法随时对设计进行分析和调整，也无法用这种方法保存在设计过程中产生的大量信息。尽管如此，由于建筑实体模型的直观性，直到今天仍然被人们大量应用。

应用计算机后，设计人员一直在探索如何使用软件在计算机上进行三维建模。最早实现的是用三维线框图（图6-2）去表现所设计的建筑物，但这种模型过于简化，仅仅是满足了几何形状和尺寸相似的要求。

随着计算机技术的发展，后来出现了诸如Autodesk 3ds Max/Viz FormZ这类专门用于建筑三维建模和渲染的软件，可以给建筑物表面赋予不同的颜色以及不同的材质，再配上光学效果，可以生成具有照片效果的建筑效果图。

但是这种建立在计算机环境中的建筑三维模型，仅仅是建筑物的一个表面模型，没有建筑物内部空间的划分，更没有包含附属在建筑物上的各种信息，造成很多设计信息缺失。建筑物的表面模型，只能用来表达设计的体量、造型、立面和外部空间，展示设计的成果无法用于施工。

对于一个可以应用于施工的设计来说，需要的信息是非常多的，以墙体为例，设计人员除了需要确定墙体的几何尺寸、位置、所用的材料、表面的颜色外，还需要确定墙体的重量、施工工艺、传热系数等。设计过程会创建大量的信息，正是这些信息，保证了建筑概预算、建筑施工等很多后续工作能顺利进行。如何在计算机上建立起附加丰富信息的模型，成了学术界的研究热点。

学术界在这方面最早的研究可以追溯到计算机辅助建筑设计研究的先驱——美国的查理斯·伊斯曼（Charles M Eastman）教授在20世纪70年代

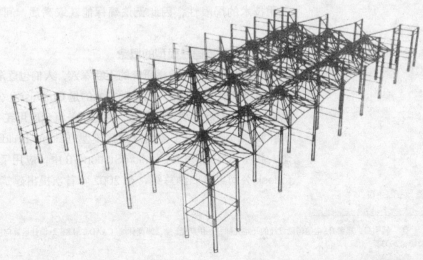

图6-2 美国SOM建筑师事务所在20世纪70年代用计算机对沙特阿拉伯的吉达机场候机棚所作的模拟设计

6 建筑设计信息集成

所做的工作，当时他在计算机辅助建筑设计研究中就高瞻远瞩地陈述了以下观点：①

● 应用计算机进行建筑设计"是在空间中安排三维元素的集合，这些元素包括强化横梁、预制梁板、或一个房间"；

● 设计必须包含相互作用且具有明确定义的元素，可以从相同描述的元素中获得剖面图、平面图、轴测图、或透视图等；对任何设计安排上的改变，在图形上的更新必须一致，因为所有的图形都取之于相同的元素，因此可以一致性地作资料更新；

● 计算机提供一个单一的集成数据库用作视觉分析及量化分析，任何量化分析都可以直接与之结合。

20多年后出现的建筑信息模型技术证实了伊斯曼教授的预见性。事实上，从20世纪70~90年代学术界发表了大量有关信息建模的研究成果，不断把研究引向深入。

在20世纪90年代，正在蓬勃发展的面向对象方法被引入到建筑设计软件的开发中，出现了ADT、天正建筑等用面向对象方法进行二次开发的建筑设计软件。这些软件把建筑上的各种构件（墙、柱、梁、门、窗、设备等）定义为不同的对象，把与建筑设计有关的数据与操作封装在建筑对象中。这样，在计算机上完成的设计图不再是由线段、弧线、圆等基本图元构成的几何图形来合成，而是由具有属性的建筑构件对象构成。由于应用了面向对象技术，使得三维建模与平面图可以同步完成，实现了三维模型和平面图双向联动，修改平面图（三维模型）时，三维模型（平面图）上的对应构件也同时被修改。此外，还可以实现关联构件的智能联动、视算一体化等。如果更进一步，还可以在建筑对象中封装更多的属性数据，使系统具有为优化设计提供实时计算分析的能力。

这样，通过应用面向对象技术在计算机辅助建筑设计中实现了信息建模。

实践表明，光是在建筑设计中实现信息建模是远远不够的。虽然，前面提及的ADT、天正建筑这类建筑设计软件具有信息建模能力，但由于它们是以诸如AutoCAD这样的计算机绘图软件为平台开发的，由于绘图软件所用技术的局限性，因此无法确保能获取高质、可靠、集成和完全协调的信息。

6.2.2 建筑信息模型的概念

随着人们对信息建模研究的不断深入，人们也逐渐建立起名称各异的、信息化的建筑模型。最早应用这项技术的是Graphisoft公司，他们提出虚拟建筑（Virtual Building，VB）的概念，并把这一概念应用在ArchiCAD的开发中。而Bentley公司则提出了全信息建筑模型（Single Building Model，SBM）的概念，并在2001年发布的MicroStation V8中，应用了这些新概念。此后Autodesk公司经过归纳总结，在2002年首次提出建筑信息模型（Building In-

---

① 转引自：郑泰升. 电脑辅助设计的开路先锋——伊斯曼. 见：邱茂林编. CAAD TALKS 2·设计运算向度. 台北：田园城市文化事业有限公司，2003.

formation Modeling，BIM）的概念，并将其应用到 Revit 的开发中。目前，建筑信息模型这一名称已经得到学术界和其他软件开发商的普遍认同，建筑信息模型的研究也在不断深入。

目前不同的软件开发商在应用这项技术时，着重点有所差异。仔细研究软件开发商有关建筑信息模型的含义，其实包含了建立模型和应用模型这两重意义。经过归纳总结，建筑信息模型的概念可以用如下文字描述：

建筑信息模型，是以三维数字技术为基础，集成了建筑工程项目各种相关信息的工程数据模型，是对该工程项目相关信息详尽的数字化表达。建筑信息模型同时又是一种应用于设计、建造、管理的数字化方法，这种方法支持建筑工程的集成管理环境，可以使建筑工程在其整个进程中显著提高效率和大量减少风险。

以上文字从建筑工程信息的建模与应用两方面对建筑信息模型进行了描述。从建模的角度来说，建筑信息模型是 Building Information Model（BIM）；而从应用的角度来讲，建筑信息模型则是 Building Information Modeling（BIM）。

从建模的角度讲，一些权威部门分别对建筑信息模型给出定义。

为了制定美国的建筑信息模型标准，美国国家建筑科学协会（National Institute of Building Sciences，NIBS）的设备信息委员会（Facilities Information Council，FIC）对建筑信息模型（Building Information Model，BIM）曾不定期给出 BIM 的工作定义（Working Definition）在网上征求意见，在 2006 年 2 月给出的工作定义是：

A Building Information Model, or BIM, utilizes cutting edge digital technology to establish a computable representation of all the physical and functional characteristics of a facility and its related project/life-cycle information, and is intended to be a repository of information for the facility owner/operator to use and maintain throughout the life-cycle of a facility.[①]

我国正在制定的行业标准《建筑信息模型：平台部分》在其征求意见稿中把建筑信息模型（building information model）定义为：

建筑信息完整协调的数据组织，便于计算机应用程序进行访问、修改或添加。这些信息包括按照开放工业标准表达的建筑设施的物理和功能特点、以及其相关的项目或生命周期信息。[②]

以上定义均强调了"生命周期"，也就包含了模型的应用。本书所介绍的建筑信息模型（BIM）技术均覆盖了从建模到应用，包括整个建筑物的生命周期。

BIM 应用数字技术，较好地解决了建筑工程信息建模过程中的数据描述及数据集成的问题。必须注意的是，建模过程并不是仅存于设计阶段，而应当覆盖建筑工程的全过程，随着建筑工程由设计阶段向施工阶段、管理阶段的发展，更多的信息将添加到建筑模型中。由于相关信息不断增添到建筑模型中，这些信息非常充分，已经数字化且相互关联。这就为在建筑工程全过程中实施

---

① http://www.nibs.org/newsstory1.html. 参考译文：一个建筑信息模型，或 BIM，应用前沿的数字技术创建一个对设施所有的物理和功能特性及其相关项目／生命周期信息的可运算的表达，并在设施的拥有人和管理运行人员对设施在整个生命周期的使用和维护中，作为一个信息的储存库。
② 中华人民共和国建筑工业行业标准《建筑信息模型：平台部分》（送审稿）。

数字化设计、数字化建造、数字化管理创造了必要的条件。

总的来说，基于建筑信息模型的建筑设计软件系统（以后将简称为 BIM 软件）融合了以下三种主要思想：

第一，在三维空间建立起单一的、数字化的建筑信息模型，建筑物的所有信息均出自于该模型，并将设计信息以数字形式保存保存在数据库中，以便于更新和共享。

这一点非常重要，这决定了模型是由数字化的墙、数字化的门窗等三维数字化构件实体组成，这些构件实体具有几何、物理、构造、技术等信息，均保存在数据库中。

第二，在设计数据之间创建实时的、一致性的关联。这一点表明了源于同一个数字化建筑模型的所有设计图纸、图表均相互关联，各数字化构件实体之间可以实现关联显示、智能互动。对模型数据库中数据的任何更改，都马上可以在其他关联的地方反映出来，这样可以提高项目的工作效率和质量。

第三，支持多种方式的数据表达与信息传输。该点表明 BIM 提供了信息的共享环境。BIM 软件既支持以平面图、立面图、剖面图为代表的传统二维方式显示以及图表表达，还支持三维方式显示甚至动画方式显示。特别地，为方便模型（包括模型所附带的信息）通过网络进行传输，BIM 软件支持 XML（Extensible Markup Language，可扩展标记语言）[①]。

正是这非常重要的三种思想，使数字化建筑设计工作发生了本质上的变化。

6.2.3 基于建筑信息模型的设计软件的技术特点

（1）参数化设计

当设计人员应用 BIM 软件来进行建筑设计时，就会发现和原来应用绘图软件搞设计有很大的区别。BIM 建模工具不再提供低水平的几何绘图工具，操作的对象不再是点、线、圆这些简单的几何对象，而是墙体、门、窗等建筑构件；在屏幕上建立和修改的不再是一堆没有建立起关联关系的点和线，而是由一个个互相有关联的建筑构件组成的建筑物整体。整个设计过程就是不断确定和修改各种建筑构件的参数，全面采用参数化设计方式。

（2）构件关联变化、智能联动

BIM 软件立足于数据关联的技术上进行三维建模，模型中的构件界存在关联关系。例如模型中的屋顶是和墙相连的，如果要把屋顶升高，墙的高度就会随即发生改变，也跟着变高。又如，门和窗都是开在墙上的，如果把模型中的墙平移 1m，墙上的门和窗也同时跟着按相同方向平移 1m；如果把模型中的墙删除，墙上的门和窗马上也被删除。

（3）单一建筑模型

BIM 软件建立起的模型就是设计的成果。至于各种平、立、剖二维图纸，以及三维效果图、三维动画等都可以根据模型随意生成，这就为设计的可视化提供了方便。

[①] XML 与因特网上常用的 HTML（HyperText Markup Language，超文本标记语言）的区别主要在三个方面：（1）信息提供商能够根据自己的需要随意定义新的标签和属性；（2）文件结构层次能够具有任意深度；（3）任意一个 XML 文件都能够包含一个可选的描述自身的语法以供需要进行结构的有效性检查。

由于生成的各种图纸都是来源于同一个建筑模型，因此所有的图纸都是相互关联的，同时这种关联互动是实时的。在任何视图上对设计做出的任何更改，都马上可以在其他视图上关联的地方反映出来。这就从根本上避免了不同视图之间出现不一致的现象。

(4) 统一的关系数据库实现了信息集成

在建筑信息模型中，有关建筑工程的所有基本构件的有关数据都存放在统一的数据库中，实现了信息集成。虽然不同软件的数据库结构有所不同，但构件的有关数据一般都可以分成两类，即基本数据和附属数据，基本数据是模型中构件本身特征和属性的描述。以"门"构件为例，基本数据包括几何数据（门框和门扇的几何尺寸、位置坐标等）、物理数据（重量、传热系数、隔声系数、防火等级等）、构造数据（组成材料、开启方式、功能分类等）；附属数据包括经济数据（价格、安装人工费等）、技术数据（技术标准、施工说明、类型编号等），其他数据（制造商、供货周期等）。一般来说，用户可以根据自己的需要增加必要的数据项用以描述模型中的构件。由于模型中包含了详细的信息，这就为进行各种分析（空间分析、体量分析、效果图分析、结构分析、传热分析等）提供了条件。

建筑信息模型的结构其实是一个包含有数据模型和行为模型的复合结构，数据模型与几何图形及数据有关，行为模型则与管理行为以及图元间的关联有关。彼此结合通过关联为数据赋予意义，因而可以用于模拟真实世界的行为。实现信息集成的建筑信息模型为建筑工程全生命周期的管理提供了有力的支持。

(5) 能有更多的时间搞设计构思

以前应用 2D CAD 软件搞设计，由于绘制施工图的工作量很大，建筑师无法在方案构思阶段花很多的时间和精力，否则来不及绘制施工图以及后期的调整。而应用 BIM 软件搞设计后，使建筑师能够把主要的精力放在建筑设计的核心工作——设计构思上。只要完成了设计构思，确定了最后的模型构成，马上就可以根据模型生成各种施工图，只需用很少的时间就能完成施工图。由于 BIM 软件在设计过程中良好的协调性，因此在后期需要调整设计的工作量是很少的。（图 6-3）

(6) 丰富的附加功能

由于建筑信息模型包含了所代表的建筑物的详尽信息，因此，要从模型中生成各种门窗表、材料表以及各种综合表格都是十分容易的事。这样就为 BIM 的进一步应用创造了条件。例如，应用这些表格进行概预算、向建筑材料供应商提供采购清单等。实际上，BIM 的应用范围已经超出了建筑设计的范畴。

BIM 的应用，也为进行各种可视化分析（空间分析、体量分析、效果图分析、结构分析、传热分析等）提供了方便，同时还为其他专业要进行的设计分析（结构分

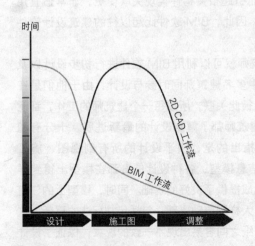

图 6-3 应用建筑信息模型可以有更多的时间进行建筑设计构思，更少的时间花在施工图和后期调整上

析、传热分析等）创造了条件。

(7) 实现信息共享、协同工作

BIM 支持 XML，对实现在建筑设计过程甚至在整个建筑工程生命周期中的计算机支持协同工作（Computer Supported Cooperative Work, CSCW）具有十分重要的意义。这样，就可以以 BIM 为核心构建协同工作平台，使身处异地的设计人员都能够通过网络在同一个建筑模型上展开协同设计。同样地，在整个建筑工程的建设过程中，参与工程的不同角色如土建施工工程师、监理工程师、机电安装工程师、材料供应商等可以通过网络在以建筑信息模型为支撑的协同工作平台上进行各种协调与沟通，使信息能及时地传达到有关方面，各种信息得到有效的管理与应用，保证工程高效、顺利地进行。

6.2.4 建筑信息模型在数字化建筑设计中的作用与地位

(1) 全新的信息化建筑设计方法

建筑信息模型的出现，使信息化技术在建筑设计中的应用迈了一大步。由于它建基于关系数据库，在模型中建立起各种图元的关联关系，能够对建筑设计的各个方面进行详尽的描述，因而成为建筑设计方案的载体和建筑设计描述的理想工具。

诚然，建筑设计并不单纯是信息的堆积，它更是一项艺术创作。建筑师在建筑概念设计阶段需要对建筑的平面布置、立面处理、体型、体量、空间作反复的推敲，以往这些工作一般通过手勾草图来进行，然后辅之以一些工作模型。由于这些工作并不是完全在三维环境中进行，特别当建筑设计方案中用到了一些稍为复杂的形体组合或者空间曲面时，效果难以尽如人意。而 BIM 软件立足于三维空间，在设计中可以不断变换角度对其造型、单元组合进行观察、思考、推敲、修改，最后达至方案的确定。事实上，造型比较复杂的空间曲面，如果不应用计算机的三维图形技术，则根本无法表达出来。同时，应用 BIM 软件建立起来的建筑模型，是以建筑构件为最基本的作图单元，并且在对模型的任何部分进行变更时都能引起相关构件实现关联变更，非常适宜用于在构思阶段对模型的反复修改。因此，BIM 软件比起以往的建筑设计软件更加适宜用来进行建筑设计构思。

当建筑概念设计完成后，建筑师就可以利用 BIM 软件进行初步设计以及详细设计。尽管同一个设计小组中多名建筑师同时参与设计，由于他们是在同一个建筑信息模型上工作，信息彼此关联，所以每一个建筑师的工作，都能够及时地反映到模型中并使其他建筑师都了解到设计的最新进展，十分有利于建筑师之间的协作。特别值得指出的是，由于设计的所有剖视图、施工图、大样图都是出自同一个建筑信息模型，各种设计信息都在模型上得到详尽的表达，这就为各种设计图的生成提供了良好的基础。同时，模型上的任何修改都会使这些剖视图、施工图、大样图自动更新，包括尺寸标注的更新。这就从根本上消除了以往在不同的图纸之间容易出现不一致的现象，保证了设计的高质量。

由于建筑信息模型可以承载每个建筑构件的材料信息、价格信息，可以很方便地利用这些信息进行设计后的经济评价，为控制整个工程的成本、提高工程的经济效益提供了有力的保证。

综上所述，应用建筑信息模型，能够较好地将建筑设计的四个阶段：建筑的概念设计阶段、初步设计阶段、详细设计阶段和设计后的经济评价阶段结合在一起，使整个设计降低了成本，提高了工作效率，保证了高质量。因此，建筑信息模型的出现，为建筑师提供了一种全新的建筑信息化设计方法。

(2) 建筑信息模型是进行协同设计的基础

在前面已经分析过，未来的建筑设计必须向集成化、协同设计的方向发展。集成化体现在两个方面，设计信息集成化和设计过程集成化。也就是在信息集成的基础上，充分利用计算机和网络的新技术，组织建筑各专业的设计人员，在协同工作的环境下进行设计。因此，实现设计集成化要解决的第一个问题就是信息集成化。建筑信息模型正好可以担当起这一个任务，它是整个建筑工程单一的、数字化的信息模型，所有专业的设计信息都往这一个模型里添加。因此，它是信息集成的实体。这样，我们就可以以它为基础，建立起各个专业设计人员都可以参与工作的协同设计平台，进而实现设计过程的集成化。

在本书前面曾指出建筑信息"回流"出现的原因是，在信息的源头——建筑设计阶段，没有建立起科学的、能够支持建筑工程全生命周期的建筑信息模型以及相应的集成管理环境。应用建筑信息模型后，信息都全部集成到模型上，从技术上保证了信息不被丢失，这样就可以从根本上消除这种信息"回流"的现象。

(3) 建筑信息模型为设计人员增加了附加设计能力

建筑信息模型的出现，给设计人员带来了很多的方便，减少了在设计过程中出现的错误，提高了设计的效率，同时，也为设计人员增加了许多附加设计的能力。

以前生成所设计建筑物的渲染图、动画或虚拟现实场景需要专门的软件，现在利用 BIM 软件就可以很方便地做到这些。

以前需要用人工方式或借助其他软件生成各种构件明细表和统计图表，现在利用 BIM 软件就可以自动地生成这些表格或图表。

利用 BIM 软件，可以对设计对象进行多方面的可视化分析，例如日照分析、空间分析、体量分析等，大大丰富了软件的分析功能。

由于可以在建筑信息模型中附加上材料的传热系数、表面换热系数、容重和各种力学指标等多种信息，这就为开展实时的能耗分析、结构分析创造了条件。

还可以利用建筑信息模型对在建筑物的整个生命周期中的变化进行分析，为建筑物以及建设工程生命周期的信息化管理创造了条件。

这些丰富的设计工具与附加的设计能力，使设计人员的设计比以往更为完美，创造的价值也比以前更高。

6.2.5 建筑信息模型在数字化建筑设计中的应用

建筑信息模型技术一问世，就得到建筑界的青睐，并在建筑业中迅速得到应用。以下通过一些实例来介绍 BIM 在建筑设计中的应用。

(1) Eureka 大厦

以正在兴建中的坐落在澳大利亚墨尔本的 Eureka 大厦（图 6-4）为例，

图6-4 Eureka大厦的效果图[1]

大厦共92层，总高度300m（984英尺）。它不仅是世界上最高的住宅建筑，也是世界上较早应用BIM的概念、方法和步骤进行设计、施工的最大的工程项目之一。

承担该工程的澳大利亚FKA公司以前一直采用2D CAD软件出图，由于软件的局限性，导致在工程中出过一些差错，既影响他们的工期、工程质量，也影响他们的经济效益。FKA公司在承接Eureka大厦这个项目时，鉴于项目的重要性和复杂性，决定采用BIM技术并引进了ArchiCAD作为设计软件，结果吃到了很多甜头。例如，该工程的大部分施工文件，包括大约1000张A1大小的施工图都是从BIM的3D模型上直接生成的，节省了许多绘制施工图的时间。同时，由于每一张图都来源于该模型，模型的任何修改都会使这些施工图自动更新，包括尺寸标注的更新，这就消除了图纸之间出现不一致的现象。在这样一个规模巨大的工程项目中，这样节省下来的时间以及因为减少施工文件的错误所提高的生产效率都是非常可观的，因此使经济上获得的利益比以前增加了很多倍。使用BIM技术后，公司的多层管理结构减少了层次，趋于平面化，还减少了设计负责人和年轻的技术人员之间的矛盾。公司在经济上获益的同时，还获得了许多非技术方面的收益。

(2) 国家游泳中心

国家游泳中心是为迎接2008年北京奥运会而兴建的比赛场馆，又名"水立方"。建筑面积约5万m^2，设有1.7万个坐席，工程造价约1亿美元。

设计方案是由中国建筑工程总公司、澳大利亚PTW公司、澳大利亚ARUP公司组成的联合体设计，设计体现出"水立方"的设计理念，融建筑设计与结构设计于一体。（图6-5）

"水立方"的设计灵感来自于肥皂泡泡以及有机细胞天然图案的形成，由于采用了BIM技术，使这一设计灵感得以实现。设计人员采用的建筑结构是3D的维伦第尔式空间梁架（Vierendeel space frame），每边都是175m，高35m。空间梁架的基本单位是一个由12个五边形和2个六边形所组成的几何细胞。设计人员使用Bentley Structural和MicroStation TriForma制作一个3D细胞阵列，然后为建筑物作造型。其余元件的切削表面形成这个混合式结构的凸缘，

图6-5 国家游泳中心效果图（左）和在结构上使用的维伦第尔式空间梁架（右）[2]

---

[1] 图片来源：http://www.eurekatower.com.au。
[2] 图片来源：http://view2008.com/olympic/oycn/200602/1193.htm。

而内部元件则形成网状，在 3D 空间中一直重覆，没有留下任何闲置空间。

由于设计人员应用了 BIM 技术，在较短的时间内完成如此复杂的几何图形的设计以及相关的文档，他们赢得了 2005 年美国建筑师学会（AIA）颁发的"建筑信息模型奖"。

(3) 自由塔

美国决定在"9.11"事件中被摧毁的纽约世贸大厦原址上重建自由塔（Freedom Tower）成了世人关注的事件。自由塔的设计由美国著名的 SOM 建筑设计事务所承担。在最后确定的方案中，自由塔的高度为 1776 英尺（541m），计划于 2010 年建成（图 6-6）。自由塔的设计得到了 Autodesk 公司的大力支持，SOM 决定采用基于 BIM 技术的 Revit 软件进行设计。在 2004 年 9 月发布的设计方案中，99% 是用 Revit 来完成的，其中包括 132 张图纸。Autodesk 还决定在继续用 Revit 软件来支持自由塔设计的基础上，应用 Buzzsaw 软件来支持自由塔工程的工程管理工作，让它成为应用 BLM-BIM 的典范。

在方案设计的过程中，有这么一段经历，建筑师在推敲方案时需要对原有的建筑造型进行扭曲，结果他应用 Revit 软件在计算机上抓住建筑的巨大的立面，将它进行扭曲。由于在建立了建筑信息模型后，对模型的任何部分进行变更时都能引起相关构件实现关联变更，因此在这种状态下，每一层都会根据建筑师的操作自动进行调整（图 6-7）。以前在标准的二维制图软件中，这样做需要几周的时间。

图 6-6 自由塔的设计方案①

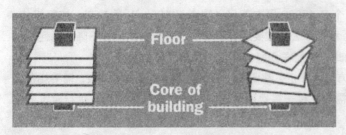

图 6-7 建筑师在推敲方案时用 Revit 软件对原有的建筑造型进行扭曲

6.2.6 建筑信息模型在建筑节能设计中的应用

(1) 应用建筑信息模型进行节能分析的方法

一般来说，应用 BIM 进行建筑节能分析可以通过以下两种方式进行。

第一种方法是将建筑信息模型与节能分析软件集成。

由于 BIM 中的数据库集成了各种设计信息，能够进行各种复杂的设计评价和分析，因此 BIM 具有支持各种建筑能耗分析和建筑节能设计的能力。

---

① 图片来源：http://news.sohu.com/20050630/n226139733.shtml。

BIM 提供的设计信息达到了必要的详细度和可信度，能在设计阶段的前期完成能源分析，使常规分析成为可能。只要将 BIM 和能耗分析的软件或者商业化的能耗分析软件集成在一起，就使得复杂严密的建筑能耗分析变得容易。建筑师可以直接利用工具在设计过程的早期，通过多种能源效率设计的比较，得到及时的信息反馈，从而选择出合理的建筑设计方案，实现节能和可持续发展的目标（图6-8）。

第二种方法是通过 XML 实现建筑设计与能耗分析的互操作。

这里一个突出的例子就是 gbXML（Green Building XML）。gbXML 是一种基于 XML 的、用于能耗分析的、简单的数据传输协议，可以应用该协议来传输 BIM 软件中建筑模型的数据到能源分析的应用程序。gbXML 实现了 BIM 和大量第三方分析应用软件之间集成的交互操作性。

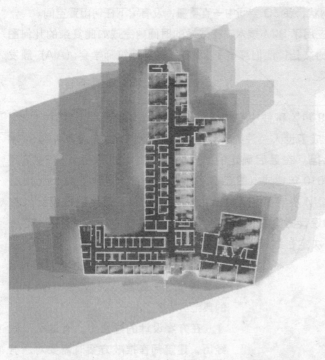

图6-8 Architectural Resources 公司应用 BIM 进行包括日照分析在内的多种能耗分析

GBS（Green Building Studio，绿色建筑工作室，美国建筑业界建筑节能分析工具和网上解决方案的引领者）是这些第三方软件中的一种，主要提供给美国建筑师使用。建筑师使用 gbXML 向 GBS 服务网输出他们的建筑模型，GBS 服务网络在得到输入文件后，按照当地的建筑规范执行分析，并将结果摘要返回到设计师的浏览器。这个过程可以按照需要的次数重复，以便于重新配置空间和设施后与以前的结果相比较。BIM 和 GBS 服务网络之间的交互操作性大大方便了设计人员、模型和分析工具之间的对话，并获得了精确的能源分析，进一步提高了建筑设计的效率，降低了设计成本。

(2) 案例介绍

1) 纽约的皇后社区精神病服务中心

美国一间从事建筑设计、室内设计和规划设计的 Architectural Resources 公司（位于布法罗和纽约）承接了纽约的皇后社区精神病服务中心这一项目，该服务中心是一个有 45000 平方英尺（约合 14180m^2）的教育、康复机构。Architectural Resources 公司被要求在不增加原来预算的前提下降低能耗的预算费用20%。为此，他们将 BIM 技术应用到节能分析上。

以往要做这方面的分析，都要委托专业的工程顾问公司来做，需要耗费数周时间，而且还需要支付一笔费用。现在采用 BIM 技术之后，进行建筑节能分析就方便得多。

该公司设计人员使用 BIM 技术和 GBS 服务网络通过网上连接，将建筑物模型输入到 GBS 的工程分析软件中，10min 后就可以得到基本的分析结果。设计人员根据分析结果，改进采暖、通风和空调系统，调整建筑设计以及建筑材料的热阻值，然后又再次使用 GBS 的计算过程，验证改进设计后的节能效果。如此反复进行，不用一个星期，就能够得到符合要求的、理想的节能设计。

2）加拿大 Jasper 国家公园内的旅店（图 6-9）

公司设在加拿大 Alberta 省 Edmonton 市的 HIP 建筑事务所承担了在加拿大 Jasper 国家公园设计一家新旅店的任务。该旅店共三层，建筑面积 18000 平方英尺（约合 1672m²），最多可容纳 120 位旅客。由于新旅店靠近联合国教科文组织认定的世界文化遗址，因此决定该旅店采用可持续发展设计思想，这也体现了旅店业主对保护环境的承诺，并确定了按照 LEED 绿色建筑评级系统的黄金级标准①来设计。为此 HIP 采用了 BIM 软件进行设计。

为了在环绕旅店基地的山谷中给这幢建筑准确地定位，设计人员利用现有的地形图为基地四周的山地创建了地形模型，并利用这个模型进行了全年的日照分析，以求出在什么位置上可以利用山体地形实现遮阳。通过这些信息，确定了旅馆建筑的最佳朝向，在盛夏下午可以实现最大程度的遮荫，并合理确定屋檐尺寸尽量减少对太阳热能的吸收。

设计人员还研究了很多种不同的设计方案及它们对能源需求的影响——所有内容均在同一个建筑信息模型中。设计人员将模型数据和加拿大能源效能模拟软件结合在一起进行基本能源分析。分析表明初步设计超越了他们的能源目标，比传统建筑提高了 50%。

建筑信息模型的应用还为他们后来申请 LEED 证书带来了很多方便，模型中的大量信息包括有关材料的数据，如回收物、可更新的材料、来自 500 英里（约合 805km）半径以内的材料等可以通过 BIM 软件自动筛选和分类，省去了通常申请绿色证书需要这方面的手工筛选/计算过程。

图 6-9 建于加拿大的 Jasper 国家公园的旅店

---

① LEED（leadership in energy and environmental design，能源和环境设计导则）是美国绿色建筑委员会（Green Building Council，GBC）制定的绿色建筑评估体系，从以下 5 个方面评价建筑对环境和用户造成的负面影响：1）选择可持续发展的建筑场地；2）对水源保护和对水的有效利用；3）高效用能、可再生能源的利用及保护环境；4）就地取材、资源的循环利用；5）良好的室内环境质量。最后按照总得分将绿色建筑分为 4 个级别：认证级、白银级、黄金级和铂金级。目前美国仅有少数建筑被认定为最高级别的铂金级。

6.3 建筑信息交换标准与 IFC

6.3.1 信息集成需要建筑信息交换标准

上一节介绍的建筑信息模型，提供了信息集成的主要手段。接着下来的问题，就是不同源的信息如何交换、如何共享的问题。

一个建筑项目的设计过程是由多个专业的设计人员共同完成的，不同专业的设计人员选用不同品牌的软件完成本专业的设计任务也是常有的事。由于参与同一项目设计的不同专业设计人员采用了不同类型的计算机系统，或者不同品牌、不同专业的设计软件，就可能会出现在甲的计算机中，不能打开或不能完全打开在乙的计算机中所画的图。事实上，即使彼此使用在同一平台（如 AutoCAD）上进行二次开发的各种设计软件，由于各软件公司采用不同的开发策略和技术措施，结果互相之间也并不是完全兼容的。这些问题如不解决，设计资源就无法共享，设计信息就无法交换，这将会严重影响建筑 CAD 技术的深入发展。如果这问题不解决，计算机将只能是作为一个画图工具，也就更谈不上在因特网上进行协同设计了。

随着数字技术在工程与设计行业得到了广泛应用，越来越多的用户需要将设计产品数据在不同的应用系统间进行交换。所以，有必要建立一个统一的、支持不同的应用系统的产品信息描述与交换的规范。这种交换应当考虑到以下几个方面：

- 不同的设计部门间的数据交换；
- 设计、制造、施工部门、业主之间的数据交换；
- 与政府部门、合作单位之间的数据交换；
- 不同时期的数据交换；
- 考虑到软件升级的同一系统的不同版本之间的数据交换；
- 各种不同的 CAD 系统之间的数据交换。

实现数据交换的方式基本上有两种形式：点对点交换和星式交换（图 6-10）。点对点的交换是指系统之间的数据通过专门编写的数据转换程序直接进行交换，如果有 n 种文件格式彼此需要互相转换，就必须有 $n(n-1)$ 种转换手段；而星式交换是指所有系统之间的数据借助于一个通用标准的数据交换规范进行交换，这样，只需要 $2n$ 种转换手段就可以了。一般来说更常用的是后者。

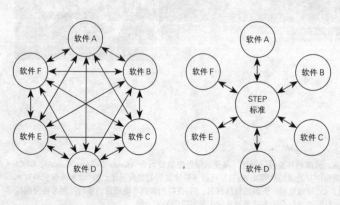

图 6-10 点对点交换（左）与星式交换（右）

6.3.2 信息交换标准的发展概述

到了 20 世纪 70 年代，不同软件商开发的 CAD 软件系统不断推出，由于这些系统通用性较差，影响了 CAD 的进一步的发展，这导致了产品数据交换标准的出现。

美国在 1981 年提出了 IGES（Initial Graphics Exchange Specification，初始化图形标准）、随后又提出 PDDI（Product Definition Data Interface，产品数据定义接口），在总结了 IGES 和 PDDI 的经验后，在 1987 年提出了 PDES（Product Data Exchange Specification，产品数据交换规范）。PDES 把产品信息有机地结合在一起，完成一个完整的产品模型，这个模型支持整个产品生命周期。PDES 的独到之处是基于一个三层的体系结构并使用形式化语言 EX-PRESS 来为产品数据建立模型，为后来 STEP 标准的制订奠定了基础。

在欧洲，也有类似的研究。法国在 IGES 的基础上自行开发了 SET（Standard d'Exchange et de Transfert，数据交换规范），于 1983 年发表了 SET 的第一个文本。此外，德国也在 IGES 的基础上开发了 VDAFS（Verband der Deutschen Automobilindustrie – Flachennittstelle）作为产品数据交换的德国国家标准。与其他标准不同的是，VDAFS 只集中于自由曲面的数据交换，在 CAD 的特定领域中应用的很好。欧盟在 1984 年开发的 CAD*I（Computer Aided Design Interface，计算机辅助设计接口）是欧盟 ESPRIT 计划的一部分。为了描述 CAD 数据结构还开发出 HDSL（High-level Data Specification Language）语言，可以把 CAD 数据结构的基本元素表达出来。CAD*I 对 STEP 标准的制订有很大影响。

以上这些工作，都为以后 STEP 标准的诞生提供了很好的理论基础和实践经验。

6.3.3　STEP 标准与 EXPRESS 语言简介

(1) STEP 标准简介

国际标准化组织（ISO）制订的 STEP（STandard for the Exchange of Product model data）标准的全名为：

ISO 10303：工业自动化系统与集成—产品数据表达与交换

1984 年，ISO 启动了制定 STEP 标准的计划。STEP 标准规模十分庞大，分为描述方法、实现方法、一致性测试、集成通用资源、集成应用资源、应用协议、抽象测试共 7 个系列 2000 多个分标准。从 1994 年发布第一个分标准起，到目前为止正式发布的分标准已经超过 170 个，仍有多个分标准正处于编制阶段或准备阶段。STEP 标准适用于工业中包括机械、汽车、造船、电气、航空、建筑等多个行业。例如 ISO 10303-225《显示形状表达的建筑单元》，就是一个用于建筑业的应用协议。

STEP 的体系结构分三层，底层是物理层，给出在计算机上的实现形式，包括若干种用于具体实现应用协议的不同方式；第二层是逻辑层，包括集成通用资源和集成应用资源，它们定义了全局信息模型，支持应用协议的信息需求，所定义的是一个完美的产品模型，从实际应用中抽象出来，但与具体实现无关；最上层是应用层，包括应用协议与抽象测试套件，每项应用协议对应一项抽象测试套件，这是一个与应用有关的层次，如机械产品设计、电器产品设计等。

STEP 标准吸取了已有的数据交换标准的长处，提供了一种不依赖于具体系统的中性机制，规定了产品设计、开发、制造、以至产品生命全周期中所包括的诸如产品形状、解析模型、材料、加工方法、组装/分解顺序、检验测试等必要的信息定义和数据交换的外部描述。适用于不同品牌 CAD 软件之间的数据交换与共享，是一个计算机可理解的国际标准。

制订 STEP 标准要解决的两个问题是：产品的数据用什么方法来表示？产品的数据怎样实现共享与交换？产品数据的共享与交换可按照 STEP 标准中应用协议的规定进行，而产品的数据表示则采用 EXPRESS 语言来描述。EXPRESS 语言是 STEP 标准提供的一种用于描述产品信息的语言，也是 STEP 最重要的组成部分之一。

(2) EXPRESS 语言简介

EXPRESS 语言是一种形式化的信息建模语言，由于它根据 STEP 标准的要求制订，因此可以保证在描述产品信息时的描述一致性和消除二义性。制定 EXPRESS 语言时，吸收了 Ada、ALGOL、C、C++、Pascal 等高级语言的功能和特点，使该语言对人和计算机都是可读的。一方面人们能比较方便地理解它的语义，另一方面又容易与高级语言建立起映射关系，这样就有利于计算机支撑工具和应用程序的生成。由于 EXPRESS 语言不是程序设计语言，因此不包括输入、输出等程序设计语言常见的语义符。

STEP 标准中的所有描述都是应用 EXPRESS 语言来进行。后面将要介绍的 IFC 标准也是采用 EXPRESS 语言。

6.3.4 IFC 标准及其应用简介

1994 年 ISO 发布了 STEP 标准的第一批共 22 个分标准，确定了 STEP 标准的总体架构。根据总体架构，ISO 在继续着庞大的 STEP 标准的编制工作。此时，建筑业界已经迫不及待自发地开展如何在建筑业内实现信息共享和信息交换的研究。IAI 在这方面扮演着重要的角色，并组织研发出 IFC 标准。

(1) IAI 简介

IAI 是 International Alliance for Interoperability（国际协作联盟）的缩写。是一个非赢利、公私营机构合作的组织。该联盟着眼于在建筑工程全生命周期中信息交换、生产率、工期、成本和质量的改善，其任务是为循序改进建筑业的信息共享提供一个共同的基础，目标是为全球建筑业制定 IFC（Industry Foundation Class，工业基础类别）模型标准。

1994 年 8 月，美国 12 个公司的人员为测试不同软件在一起工作的可能性而走到了一起，他们迫切感到实现软件之间互操作性的重要性，在此基础上，促成了 IAI 于 1995 年 10 月在北美成立。会员包括建筑业的方方面面，有科研院所、学术团体、标准协会、设计事务所、工程公司、软件开发商等，其会员资格对外开放。

IAI 的宗旨很快得到世界上其他国家同行的认可，在 1995 年 12 月就成立了德语分部，1996 年 1 月成立了英国分部，第一届 IAI 的国际会议也在 1996 年在英国伦敦举行。经过多年的发展，IAI 已经发展到成为一个全球性的国际组织。目前全球共有 11 个分部，包含 23 个国家。这些分部与所包含的国家分别是：
    北美分部（美国、加拿大）；
    德语分部（德国、奥地利、荷兰、比利时、瑞士）；
    英国分部（英国、爱尔兰、南非）；
    日本分部（日本）；
    新加坡分部（新加坡）；
    北欧分部（丹麦、挪威、瑞典、芬兰）；
    法语分部（法国）；
    澳新分部（澳大利亚、新西兰）；
    伊比利亚分部（西班牙、葡萄牙）；
    意大利分部（意大利）；
    中国分部（中国）。

IAI 除了致力于制定 IFC 标准外，还同时研究制定 ifcXML。ifcXML 是基于 XML 开发出来的一种适用于表达 IFC 标准的 XML。有了 ifcXML，基于 IFC 标准的建筑业专用符号就很容易在因特网上传输。

(2) IFC 标准简介

IFC 标准是由 IAI 制定的、开放的建筑产品数据表达与交换的国际标准，是建筑工程软件共享信息的基础。IFC 标准是基于 STEP 标准和技术，针对建筑领域制定的标准，在建筑工程中的规划设计、工程施工、企业管理、电子政务等领域都有广泛应用。1997 年 1 月，IAI 发布了 IFC 标准的第一个完整版本，随后发布了几个升级版本。当前最新的版本是 2006 年 2 月发布的 IFC2x3。

IFC 标准最值得称道的是采用 STEP 标准中形式化的数据规范语言 EXPRESS 来描述设计产品数据，采用面向对象的方法，把数据组织成有层次关系的类，所采用的语法适合于在计算机系统之间进行数据的传输。这样，有关 STEP 中的大量成熟研究成果可以直接得到借鉴，例如 STEP 中的几何定义、建筑工程核心模型等。同时，全世界基于 EXPRESS 语言的领先研究成果都可以很容易地引入 IFC 标准中。

在应用 IFC 建立起来的建筑模型里，不再是简单的线条、圆、圆弧、样条曲线等简单的几何元素所组成的模型，而应当是具有属性的在一个建成环境里发生的事物，包括有形的建筑构件单元，如：门、窗、顶棚、墙体等，以及抽象的概念，如：设计处理、空间、机构、设备维护等（图 6-11）。

目前 IAI 的这些工作得到了 ISO 的认可，IFC 标准的核心内容（平台部分）已经在 2005 年被 ISO 公布为国际标准，其编号为 ISO/ PAS 16739。这意味着，IFC 标准将成为主导建筑信息模型建构的技术标准。

目前世界上大多数著名的建筑软件生产商如 Autodesk、Bentley、Graphisoft 等都支持 IFC 标准，并已有 23 个软件厂商的产品取得了 IAI 关于 IFC 的认证（表 6-1），还有许多新的软件产品正在认证测试的过程中。应用 IFC 标准的好处是，用户可以根据自身需求和使用习惯来选择不同软件厂商的产品，只要该产品有合格的 IFC 输出就可以完成信息的共享。

形状（显式）：建筑物的表达　　形状（拉伸）：梁、柱、管线、墙等　　形状（拓扑）：用线表达管线、结构等　　建筑元素：墙、门、窗、楼梯等　　元素之间的关系：开洞、暗槽、范围等

空间与空间结构：空间、楼层、建筑局部、建筑、场地　　分区：防火分区、工作分区　　网格：直线或弧形网格、网格中的位置　　设备：冷却器、风扇、水泵等　　家具

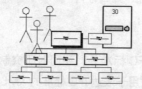  

参与者：人员、组织、组织结构、地址　　成本：成本计划、估价、预算　　工作计划和安排：不同层次的计划、资源分配

  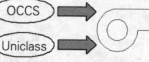

订单：工作订单、修改订单、采购订单　　外部数据　　分类

 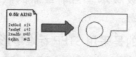 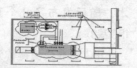

图 6-11　在应用 IFC 建立起来的建筑模型中包括有形的建筑构件单元以及抽象的概念

关联文档　　设备管理：资产标示、维护历史、详细目录、移动管理　　查找及恢复产品信息：制造信息、电子目录、库存数据

表 6-1　三大软件公司产品通过 IFC 认证的情况[①]

软件公司	软件产品	IFC 认证情况			
		IFC 1.5.1	IFC 2.0	IFC 2x	IFC 2x3
Autodesk	Architectural Desktop	通过		通过	
	Revit				正在认证的过程中
Bentley	Microstation TriForma			通过	
	Bentley Architecture				正在认证的过程中
Graphisoft	ArchiCAD	通过	通过	通过	正在认证的过程中

---

① http://www.bauwesen.fh-muenchen.de/iai/ImplementationOverview.htm

(3) IFC 标准的应用

2005 年在挪威奥斯陆举行的 IAI 年会上，东道主挪威进行了一场综合性的实际操作演示，这场演示涉及到多个不同领域的用户，演示的内容依次是：
- 建筑师检查调整规划方案；
- 政府部门审批规划方案；
- 结构工程师进行结构分析；
- 建筑师调整楼层高度，结构也自动跟随变动；
- 能源顾问设计暖通空调系统并计算每日、每月、每年之能源消耗；
- 管线工程师进行供电系统和给水排水系统的管线设计；
- 业主制作概预算；
- 营建商准备投标文件；
- 业主评标；
- 物业管理部门的营运管理；
- 政府消防局模拟火灾时烟火的蔓延状况并规划逃生路线，制定救火对策。

每个演示内容使用的软件品牌各不相同，都是各个领域内的专用软件。每步骤地演示都是先读入 IFC 格式文件，然后进行各专业的工作，求得结果后再输出新的 IFC 格式文件，然后下一步的演示就将刚刚新输出的 IFC 格式文件读入到另一个软件环境中继续工作。演示过程表现出不同软件之间良好的互操作性，使人们看到了 IFC 标准的强大力量。只要大家统一执行 IFC 标准，建筑业的生产效率必将大大提高。

IFC 标准已经在实际中得到应用。例如，在美国加州科学院的项目中，建筑设计单位使用的是 Autodesk Architectural Desktop，而施工公司使用的是 Graphisoft Constructor。他们就是通过 IFC 格式来传递三维建筑信息模型的。

新加坡政府已经将 IFC 应用在电子政务中，具体地说，就是应用在建筑设计方案的电子报批上。政府编写出检查建筑设计方案的计算机程序 ePlan，将规范的强制要求编成 ePlan 中的检查条件，这样就可以应用计算机自动进行规范检查，并能在报批方案上标示出违反规范的地方和原因。政府编写的检查程序 ePlan 是按照 IFC2x 标准编写的，只能识别 IFC2x 标准的数据。虽然新加坡政府没有规定设计师采用什么 CAAD 软件，但它要求所有的 CAAD 软件都要输出符合 IFC2x 标准的数据。因此，在新加坡应用的建筑设计软件都必须支持 IFC2x 标准。政府的检查程序读入 IFC 格式文件，检查位置、预留宽度等多个项目。据说每份设计方案的检查时间约需 40min。

挪威的政府部门已经与新加坡政府有关部门签订了 e-Plan 建筑设计自动审查系统的合作应用计划。我国政府有关部门、美国纽约市政府也有意向引进这一先进技术。

除了新加坡政府的施工图自动审批系统外，挪威政府也采用了包含 GIS 信息的建筑设计提交系统。美国正在制订基于 IFC 标准的建筑信息模型标准，美国总务管理局已要求在美国所有政府项目上推广使用 IFC。推广应用 IFC 已是大势所趋，不可阻挡。

我国是在 2005 年 6 月加入 IAI 的。随着越来越多的国家支持 IFC 标准，使得以 IFC 标准为基础的建筑信息模型已经成为国际建筑业发展的一个重要方向。我国已经开始了推广应用 IFC 标准的工作，在 2006 年 5 月通过专家评审的行业标准《建筑信息模型：平台部分》就是基于 IFC 标准开发的，待建设部审批后便付诸实施。对于我国来说，采用 IFC 标准不仅可以通过共享标准的数据源提高建筑业以及政府相关部门的效率，提高建设领域中工程的质量和效益，节省工程投资，还将有利于我国建筑业与国际接轨，走向国际的建筑大市场。

6.4 建筑设计信息管理平台

信息集成不是为集成而集成，信息集成是要为建筑设计和整个建筑工程服务的。建筑信息模型和建筑信息交换标准已经为建筑信息集成化提供了技术基础，因此还需要一个实现信息集成化的建筑信息管理平台。在这个平台的建设中，PDM（Product Data Management，产品数据管理）系统将发挥重要的作用。

6.4.1 建筑设计产品数据管理与建筑工程生命周期管理

建筑设计企业的产品就是他们的设计作品以及相应的设计图纸，其设计产品数据应包括所有与设计项目有关的数据。以前，这些数据都是以纸张为载体，并形成了一套纸质文件的管理办法。

随着数字技术的普及，设计产品数据向数字化方向转变，在建筑设计过程中出现了大量的电子文件。这些电子文件包括：原始的设计资料、设计文件、材料明细表、工程规范、来往文书、概预算文件、合同文件等。文件的来自多个方面，有调查的资料、绘制的图档、扫描的图像、计算的表格、合作方的文件等。文件的格式也多种多样，有图形文件、图像文件、电子表格、文本文档、录像资料等。而且这些电子文件的数量急速增长，如何管理这些电子文件成了一大难题。目前，很多设计企业还沿用管理纸质文件的办法来管理，导致无法实现检索，信息的重用程度低。

同时存在的问题还有：信息共享程度低、信息传输速度慢、支撑技术不配套等。

目前，虽然网络发展很快，但大多数建筑设计企业的计算机还未能围绕工程项目建立起真正的互联协作平台。信息孤岛大量存在，各种数据分别存放在不同的计算机中，各部门仍无法实现信息共享。直接导致在设计过程中出现的重复出图、图纸不一致、图纸缺失等现象大量存在，反映出设计管理方式陈旧。

书面文件、报表、电话、传真等还是目前传递信息的主要手段，这些手段导致信息传输速度慢，既影响设计工作的进度，也使设计人员无法及时了解设计过程中的变化。

支撑技术不配套所产生的影响也很大。由于设计企业缺乏相应的支撑系统，因此无法管理图像、图形等信息，更无法把握流动、变化中的数据实现过程管理，从而不能满足设计企业在分布式环境中实现信息集成、功能集成、过程集成的目标。

随着矛盾越来越突出，就产生了对设计产品数据实行数字化科学管理的需求，需要配套的管理软件来支持信息集成与信息共享。

在20世纪80年代初开始，因应企业管理的需要，国际上出现了一批PDM系统。PDM是管理与产品有关的信息、过程及其人与组织的技术。PDM通过数据和文档管理、权限管理、工作流管理、项目管理和配置与变更管理等，实现在正确的时间、把正确的信息、以正确的形式、传送给正确的人、完成正确的任务，最终达到信息集成、数据共享、人员协同、过程优化和减员增效的目的。建筑设计企业必须要有自己的设计产品数据管理系统。

从长远的角度看，建立建筑设计企业的PDM系统也是实行建设工程生命周期管理（Building Lifecycle Management，BLM）的需要。建设工程生命周期管理是在建设工程全生命周期中创建信息、管理信息、共享信息的一整套科学的方法，能够显著地改善工作效能、协作水平和生产率。

BLM对信息的管理提出了很高的要求，要求项目参与各方之间的工程信息共享，能根据不同阶段的需要对参与项目的设计方、施工方、材料设备供应方、运营方等保持较高程度的信息透明性和可操作性。除了需要项目参与各方改变传统的工作方式，改善彼此的信息交流和搞好协调之外，还需要应用最新的数字技术为信息的交流和利用提供有力的技术支持。BLM是一个新的工作理念，而建筑信息模型（BIM）则是BLM的技术核心。由于建筑设计阶段创建的设计信息会影响到整个建筑工程全生命周期，所以，建立建筑设计企业的PDM系统对BLM的实施具有重要的意义。

6.4.2 建筑设计信息管理平台的功能

随着建筑工程的规模日益扩大，建立企业的建筑设计信息管理平台的需求已经摆到各建筑设计企业的议事日程上来，以期改变信息交流中的无序现象（图6-12）。

各行各业实施PDM的经验表明，PDM作为一个管理系统，需要针对企业的特殊需求来定制和实施，为此，企业模型的建立、实施规范的制定是加速PDM推广应用的关键因素。在建设建筑设计企业的PDM系统作为建筑设计信息管理平台时，应当充分注意建筑设计业的特点。对于建筑设计企业的

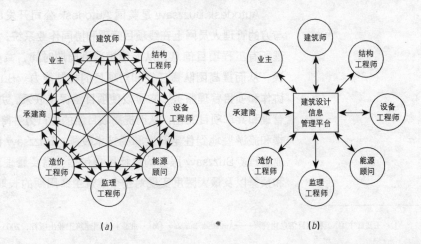

图6-12 建筑设计信息的交流从分散管理走向集中管理
(a) 以前采用点对点方式进行信息交流；(b) PDM实现了信息集成与共享

6 建筑设计信息集成 205

PDM系统来说，要特别关注设计的环节，将这个环节产生的数据和设计知识有效地管理起来。

综合以上分析，以下三个方面应当是建筑设计企业的PDM系统应具有的主要功能：

(1) 文档管理

管理的对象应当是各种文件及文档、设计产品数据以及相应的属性和版本方面的信息。其主要的功能为：文件的检入/检出（Checkin/Checkout）和引用；分布式文件/数据库的管理；安全功能（防止非法操作和误操作）；动态浏览和导航机制；属性管理（属性的创建、删除、修改和查询）；设计检索；版本管理。

(2) 工作流和过程管理

覆盖建筑工程全生命周期的工作流和过程管理着眼于控制有关人员产生数据、修改数据的办法，为项目的实施建立起高效的工作流程和任务实施的框架，以提高协同工作的水平。其主要功能包括：面向任务的工作流管理；图示化的工作流程定义；触发、警告、提醒机制；工作流的异常处理和过程重组；电子邮件的应用接口。

(3) 项目管理

管理的内容主要是设计企业的项目信息，涉及项目任务的指派、项目资源的分配、人员组织结构、人员角色分类、用户信息库等。其主要功能一般应包括：项目的创建、删除和属性修改；项目参加人员的机构组织定义及角色指派；项目基本信息及进展情况的浏览；项目所需资源的规划和管理；项目变更管理；项目有关工作活动的审查，项目进度管理与进度报告。

一般来说，PDM系统还具有如下的辅助功能，这些功能包括：各种数据接口、日志管理、备份工具、批注工具、通信和公告板等。

目前，已经出现了一批作为建筑设计信息管理平台的设计产品数据管理系统，例如Buzzsaw、ProjectWise、SmarTeam等，在国内许多大型的设计院发挥了重要的作用。在本节后面的内容中，将对Buzzsaw和ProjectWise进行简要的介绍。

6.4.3 Buzzsaw 简介[1]

Autodesk Buzzsaw是美国Autodesk公司开发的一种适合工程项目各参与方的管理人员网上在线项目管理和协同作业系统，使用该系统可以高效地管理所有工程项目信息，从而缩短项目周期时间，减少由于沟通不畅导致的错误，从而提高团队责任性和对项目的控制能力。Buzzsaw是一项安全的联机协作和项目管理服务，它可以使项目组保持联系，并通过因特网连接来存储、管理和共享项目文档，从而提高项目组的生产力并降低成本。从多用途摩天大楼和旅游胜地到住宅开发和高技术设施，Buzzsaw已广泛用于各类项目和物业管理。Buzzsaw服务的目标用户包括：需要管理建筑项目的范围、日程表和预算以及最大限度实现对整个建筑生命周期的长期资产管理的公司和业主；

---

[1] 王要武主编. 工程项目信息化管理——Autodesk Buzzsaw [M]. 北京：中国建筑工业出版社，2005

需要管理建筑设计和施工项目日常工作的建筑师、工程师和承包商。

(1) Buzzsaw 的主要特点

1）储存完整的项目资料的信息中心

完整的项目资料是项目管理的主要成果之一。项目资料管理有两个目标：集中统一管理和方便安全利用，前者是为了后者服务的。项目资料不仅仅包括工程图纸和工程文档本身，项目资料的管理标准、分类结构以及形成过程（即项目的实施过程）也是重要的项目资料。此外，项目资料具有不同的创建者和使用者，因此需要分层次管理。Buzzsaw 在资料的储存管理中做到了如下几点：

(A) 集中性：所有项目资料集中存放；

(B) 数字化：利用 Volo View 数字审查工具缩短审查周期，减少昂贵的绘图、打印、投递作业的费用；

(C) 标准化：所有项目资料管理模式统一和文件类型统一；

(D) 完整性：有关项目的所有图纸、文档、标准、事件、目录结构和会议记录等资料，都集中在一个联机数据库中；

(E) 一致性：所有项目成员都获取同样信息；

(F) 安全性：SSL 安全机制，多级权限控制，保证合适的人看到合适的资料；

(G) 可检索：包括内容查询和跨项目条目检索在内的多种查询方法；

(H) 再利用：包括项目、文件夹、文件级的管理模式和项目资料再利用。

2）沟通项目成员的协同作业平台

在找到合适的项目成员（包括外部合作公司和内部员工）以后，影响项目周期、预算、质量的最主要因素，就是项目成员之间的沟通、决策、审批方式和渠道。为了使沟通的渠道畅顺，确保工作顺利进行，Buzzsaw 采用了如下的解决方案：

(A) 可以使用不同的工作时间，每周 7 天、每天 24h 都可以随时上网；

(B) 不同地区的成员可以使用不同的语言；

(C) 自动电子邮件通知；

(D) 在线会议来讨论，在线访问各种图档、文件，在线实时标记图档；

(E) 项目和事件自动记录、跟踪、汇总。

3）检查项目进展的动态追踪手段

项目管理过程中最大的问题是什么？就是不知道何时何地有问题存在。

在项目的实施计划确定以后，如何随时随地看到每个项目成员和每个事件的执行情况，并对出现的问题采取及时措施，是保障项目按计划实施的关键。Buzzsaw 采用如下对策：

(A) 总经理：所有项目进展状态的动态显示；

(B) 项目经理：本项目进展状态的动态显示；

(C) 项目成员：本人负责项目事件动态显示；

(D) 事件、项目、企业级的各类报表；

(E) 通过项目动态追踪保障项目按时按预算完成。

4）版本控制和浏览批注工具

由于项目成员上至企业高层、下到一般文员，层次复杂，项目资料从工程图纸、各种文档到传真、照片，内容繁复，因此易学易用是项目管理和协同作业系统能够成功的关键。

（A）具有用户熟悉的 Microsoft Windows 资源管理器以及 Microsoft Office 界面，容易使用（图 6-13）；

（B）与 AutoCAD 无缝集成；

（C）跨项目的条目检索和内容检索；

（D）具有版本控制功能；

（E）可以浏览各种文件格式：DWG、DWF、DXF、PDF、Word、Excel、Project 等；

（F）具有红线批注功能。

（2）Buzzsaw 的主要功能

1）项目成员的信息交流

包括项目成员登录、利用电子邮件传递消息、预定项目文档的变更通知等功能。

通知功能是指用户可预订文件、项目或表单日志的通知。预定文件或项目后，无论何时上传图纸或进行修改，均能即时邮件通知其他项目团队成员，这样用户就无需经常登陆 Buzzsaw 站点，便可跟踪文件和项目的更改情况，获取最新信息。

2）项目文档管理

包括工程项目文档资料的提交、查询、编辑等功能。

其中的提交功能包括添加文件夹、添加文件、添加便笺与链接、删除文件夹、还原和下载文件夹或文件。查阅功能包括查阅文件和链接、查阅新增文档

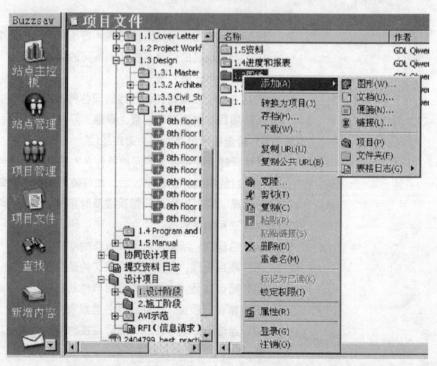

图 6-13 Buzzsaw 文档管理和文件存取的界面

内容、搜索所需工程项目文档资料等。编辑功能包括锁定和解锁文件、编辑和更新文件等。

为了保证文档安全，文件不会被改变，Buzzsaw 提供了锁定文件的方法，每次只允许一名成员可以编辑文档。当用户操作文件时，应锁定文件以便其他项目成员知道该文件正在更新，这样可以控制工作流程并避免图形版本混乱。

3) 项目各参与方的协同工作

(A) 工程项目和相关事宜的讨论功能

讨论和注解是项目团队成员彼此就设计问题、修改或项目事项交换意见的快捷方式。讨论是针对特定文件的若干注解，讨论选项卡会显示对该文件的讨论串，可以在添加和更新文件时发起讨论，也可以给现有的文件添加注释并回复讨论。

(B) 浏览功能和在图纸上标记更改信息功能

项目成员可以轻松浏览与标记图纸、地图和模型，简化评估与编辑流程，而无需使用原始设计制作软件。例如使用 Volo View 或 DWF Composer[①]，无需安装 AutoCAD 就可以查看和标记图形文件（DWG、DXF 和 DWF）。可以对图形文件创建红线草图和标记，并可以保存标记（图 6-14）。

(C) 保持工程项目图纸的同步更新功能

Buzzsaw 可以下载和上传具有外部参照（Xref）的 AutoCAD 图形。外部参照（Xref）是 AutoCAD 将图形文件链接在一起的方法。当上传一个 DWG 格式的文件时，用户能链接其包含的外部参照，图形文件一旦链接，所有外部参照文件的更新都将自动反映在原始图形文件中，因此可以简便地保持图纸的一致性、传达用户的意图。

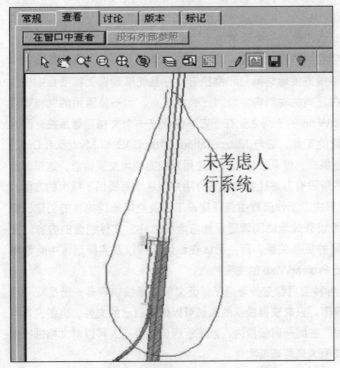

图 6-14 创建红线标注图

(D) 项目成员组信息交流功能

为了方便管理和协调，可以把项目参与人员划分成不同的项目组成员。组内的成员拥有相同的权限，共同完成同一份工作。可以将一个组内的用户视作单个用户进行管理，也可以给一个组发送电子邮件。

(E) 表单及报表的应用

Buzzsaw 具有表单及报表功能，提供高级在线协作服务，能增进建筑生命周期各个阶段的项目沟通。Buzzsaw 使用中央在线数据库管理团队成员之间的信息请求、每日报表、提交资料、函件、变更通知单和审批等标准建筑表格，可以定制表格，跟踪通信进展情况，制作

---

① DWF Composer 是 Autodesk 公司开发的免费软件，是用来标记 DWF 文件的。该软件最近已改名为 Design Review，可以从网站 http://www.autodesk.com/designreview 下载。

报表,以及搜索全部通信从而快速查找所需数据。

(F) 配置表格日志

配置表格日志使用于某工作流程,工作流程会根据一套流程规则,将文档、信息或任务从一个参与者传递至另一参与者,从而实现操作,通过创建已配置为使用某一工作流程类型的表格日志,可实现内部业务运营过程的自动化。

在美国纽约"9•11"事件废墟上将要建起的自由塔(Freedom Tower)将成为目前应用 Buzzsaw 最大的工程项目。我国深圳市政工程设计院应用 Buzzsaw 后取得了很好的效益,他们认为,Buzzsaw 的应用将是设计行业的一场革命。

6.4.4 ProjectWise 简介

在本书的第三章,曾对 Bentley 公司及其产品作过简单的介绍。这里介绍的 ProjectWise,就是 Bentley 公司开发的一个动态工程内容管理平台。该平台服务于 Bentley 公司的系列软件,也可以服务于其他工程软件。

(1) ProjectWise 的发展历史

1996 年,Bentley 公司开发出 C/S 结构的文档管理系统 TeamMate,后来又与其战略合作伙伴 WorkPlace 系统公司共同开发了三层结构的 ActiveAsset Manager 的管理软件,这些产品和技术为 ProjectWise 的研发奠定了基础。1998 年,Bentley 公司正式推出了工程管理软件 ProjectWise,经过 10 年的不断完善,已经逐步趋于成熟。ProjectWise 为工程项目内容的管理提供了一个集成的环境,可以精确有效地管理各种工程领域内文件内容,并通过良好的安全访问机制,使项目各个参与方在一个统一的平台上协同工作。

(2) 主要特点

Bentley ProjectWise 是一个通用的协同设计环境,它能把分布在世界各地的同一个工程项目的信息统一在一个单一的环境中,以便工程项目团队中的每一个人都能够很方便地访问它和维护它,并且能够确保工程项目中担负不同职责的人员在正确的时间内参考到正确的信息。和一些通用的文档管理系统相比,ProjectWise 的不同之处在于它不仅仅是一个文档存储系统,而且还是一个信息创建的工具,它与 MicroStation、AutoCAD 和 Microsoft Office 等办公软件的紧密集成,使系统能和许多应用系统方便地交换信息,这是其他任何文档管理软件所没有办法比拟的,它为用户创建信息提供了极大的方便。

ProjectWise 解决了工作流程中各项建设工程及空间地理内容的创建、查看和使用问题,可以有效地协同管理设计与地图文件、文件包含的内容以及任何相关内容之间的复杂关系,用户可以在设计工作以及实际运营中有效地管理变更。下列是 ProjectWise 的主要特点:

1) 唯一性:各种应用都充分考虑了保证文档在系统中只有一份是唯一准确的。严格控制权限,只有获得授权的人员可以修改自己的文件;当多人对某个文档具有权限时,在同一时间段内,系统能保证只有一人可以对文档进行修改编辑等操作,其他人只能查看文件。

2) 实时性:所有设计人员在同一环境进行设计,并随时可以参考其他人或者其他专业的模型,任何时间,任何地点项目成员都可在第一时间获得唯一准确的文档。各级管理人员随时可以查看和控制整个项目的进度。

3）安全性：所有的设计文档都保存在服务器上，丰富的、多层次的安全授权体系，以及文件目录与数据库分离的文件存储模式，通过文件夹或文档管理访问权限（具有继承性）最大限度的保护了项目文档的安全。

4）扩展性：可以弹性地调整应用的规模，既适合小型工作组的应用，更适合于大型跨国、跨地域集团的应用。

5）易用性：采用树型目录结构、最流行的 Windows 资源管理器工作界面和 IE 浏览器的界面。ProjectWise explore 的使用和 Windows explore 基本一样，双击就可以用对应的应用程序打开模型，用户无须进行更多的应用培训，极易上手。采用三层式的 Client Server 系统架构以及弹性的集中管理、分散储存方式、可以帮助分散在不同地点的使用者，有效率地来存取所需的方案信息（图 6-15）。

（3）功能介绍

ProjectWise 为用户提供了强大的系统管理、文件访问、查询、信息扩充和项目信息及文档的迁移等功能，不仅具备了一般企业文件管理系统（Document Management System）的功能，还另外针对 CAD 环境（不管是 MicroStation 或是 AutoCAD）提供了包含参考文档处理、出图（Plotting）管理、批注（Redline）、网络即时出版（Publishing）等各种整合的功能。

以下是 Bentley ProjectWise 基本管理功能介绍：

1）工作流程管理

工作流程能够描述和管理文档的生命周期。根据不同的工程项目，用户定义不同的工作流程，并可使每个具体的工作流程包含任意多个所需的工作状态。

通过对工作流程和状态的使用，用户赋予项目文档在各个状态的访问权限，文件在各个状态之间串行流动，从一种状态转到另一种状态会自动通知所有受影响的成员，在这个状态具有权限的人员才可以访问文件内容，这样就更加规范设计工作流程，保证各状态的安全访问，而且从而减少了完成任务的延时。

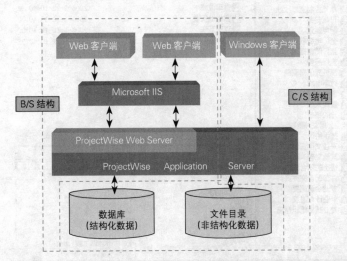

图 6-15 ProjectWise 的三级结构体系

2）内部通知

ProjectWise 用户之间可以通过消息系统相互发送内部邮件，通知对方设计变更、版本更新或者项目会议等事项，并能将相关的文档作为附件传送。同时 ProjectWise 还支持自动发送消息，当发生某个事件，如文件修改、流程状态变化等，会自动发送消息给预先指定的接收人，接到通知的用户，如果 2min 内没有阅读，则 ProjectWise 会自动地在操作窗口的左下角显示提示并发出报警，以提示用户收到新的通知。

3）版本控制

ProjectWise 所提供的版本控制功能为存储和管理同一文档的多个版本提供了有效的手段。当新的文档版本被建立后，旧的文档版本将被转换为只读版本，而且被自动地保护，保持在它们最终所处的状态，只有最新的版本才能被检出、修改并检入项目库中。

4) 搜索功能

ProjectWise 对数据资源的搜索可遍历全部文件夹，可以根据文档所涉及到的所有基本属性和扩展属性进行查询，包括名称、时间、创建人、文件格式等；也可以根据项目情况，自定义一些属性，根据这些自定义属性进行查询；同时也支持全文检索的方式以及工程组件索引；用户可根据查询需求任意组合查询条件，经常使用的查询条件还可以进行保存，保证了查询实时的更新。

5) 审查和批注

用户在不需要安装原始的应用软件的情况下就可以直接察看文件的内容。批注的功能可以让用户快速传递审查、修改 CAD 文件的信息，批注文档通过 ProjectWise 来储存并管理，这样可以在设计、运营及管理等各个阶段改善整体项目的沟通及控制。

在 Windows 客户端及浏览器客户端的作业环境下可以动态地快速查看 250 种文件格式，这包含工程设计图形文件、Office 文件及图像文件等。通过 ProjectWise Explorer（图 6-16）的 PowerScope 及 ProjectWise Web Ex

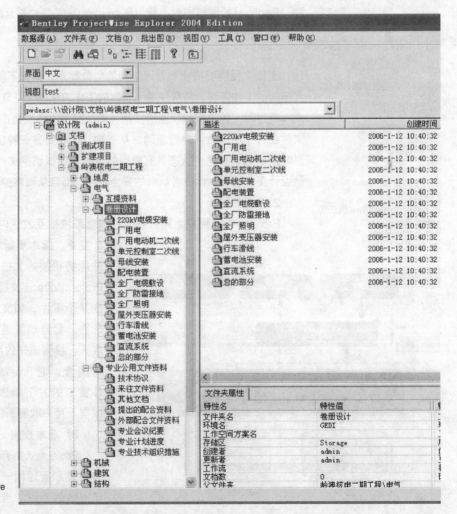

图 6-16 ProjectWise Explore 用户界面

plorer 的 ModelServer Publisher，用户可以批注 MicroStation 的设计文件，而且 ProjectWise 会自动建立一个批注文件，并将文件自动地储存在 ProjectWise 中。（图 6-17）

6）应用软件集成

ProjectWise 完全集成 MicroStation 以及 Bentley 家族的系列专用软件，同时对 AutoCAD 和其他建设领域的应用软件也提供了良好的集成支持，这些集成允许用户在应用软件中可以访问和直接读写 ProjectWise 中的文件，直接将成果保存到 ProjectWise 信息库而不需要额外的步骤，并且可以实现将 ProjectWise 中文件属性信息直接写入到图纸内容中。ProjectWise 还支持 ODMA 标准，任何适应 ODMA 的应用软件（如 Microsoft Word 或 PowerPoint）将在同一方式下工作。ProjectWise 遵从 MAPI，因此该系统可以使用 Microsoft 邮件系统来方便实现用户通讯和自动发送 E-mail 通知。

7）安全与访问控制

ProjectWise 使用了"数据库管理系统—ProjectWise 服务端软件—客户端软件"三级体系结构，为整个文档管理系统提供了优良的安全保密性能。在文档存储区有许多层安全机制，它将给个人用户或用户组适当的访问工程文件夹权限以及文档规定。对于用户访问，采用了用户级、对象级和功能级等三种方式进行控制。每位用户按照预先分配的权限访问相应的目录和文件，这样保

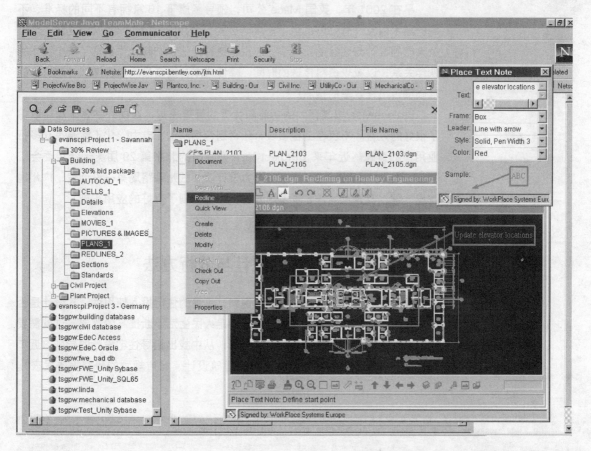

图 6-17 在 ProjectWise 上作批注

证了适当的人能够在适当的时间访问到适当的信息的适当的版本，用户组将被确定顺序访问权限分配以及发送通知。

8) 检入/检出功能

ProjectWise 提供了对文档的检入/检出机制。当项目库中某文件被打开修改时就处于被检出状态。对于被检出的文件，其他的项目参与者只能以只读的方式将其打开。当被检出文件的修改完成并被关闭时，ProjectWise 给出提示，文件就恢复到了正常的读写状态。

9) 文档历史记录

ProjectWise 可以在文档的生命周期内为每个文档建立历史记录项列表。自动记录所有用户的设计过程，包括用户名称、操作动作、操作时间以及用户附加的注释信息。这些过程的记录，是设计质量管理的重要组成部分，符合ISO9001 对设计过程管理的要求。可以按照项目的文件夹查看操作的统计，按照用户、操作、日期或时间来过滤，可以通过图形方式查看设计数据的不同版本之间的变化，包括 DGN、DWG 和 DPR 文件。

10) 定制环境

ProjectWise 提供的环境编辑器工具使用户可对文档扩充任意多个属性信息。用户可通过环境编辑器建立多种不同的环境，并将这些环境分别赋予不同的项目库。这样拥有不同环境的项目库中的文档将可被记录不同种类的属性信息（如：项目名称、项目代码、签名等个性化的属性信息）。

早在 2001 年，英国 Mace 公司，领导了旗下 16 家拥有不同的标准、不同的技术以及具有强烈的竞争态度的公司，使用 ProjectWise 来建立起一个办公大楼的设计与建筑的新方法。应用了这种方法，一起合作创造了一个协作的伙伴关系，以减少资料传送的时间、降低成本、提高品质以及增加对建筑物的准确度、工程效率的预测。

ProjectWise 以其强大的功能和优秀的管理思想，在国外许多工程中取得了很好的效益。不仅在工程领域，还得到包括制造、电力、化工能源等众多行业用户的青睐。近年来，ProjectWise 在我国的北京第 29 届奥运会组委会工程部、国电华北设计院、广东省电力设计院、兰州铁路局第一设计院、广州地铁设计院以及香港地铁和香港路政署，也都得到了良好的应用实施。

6.5 建筑设计信息的统计与分析方法

建筑设计正面临这样的问题。例如，大量的住宅投入使用后，其设计是否符合用户的要求，怎样设计住宅才能满足人民生活不断提高的需要。这就需要对现有住宅的各种数据进行科学地分析，从中找出指导住宅设计的导则。近年来，国内外不断有基于统计方法研究建筑设计、城市规划的研究报告发表[1]。

---

[1] 具体可参看以下的著作：1) Wolfgang F.E.Preiser, Harvey Z, Rabinowitz, Edward T.White. Post-Occupancy Evaluation. New York Van Nostrand Reinhold, 1988；2) 朱小雷. 建成环境主观评价方法研究. 南京：东南大学出版社，2005.

显然，统计技术已经开始得到建筑设计界的重视。随着研究的深入发展，必将促进建筑设计和城市规划水平的进一步提高。

由于统计方法牵涉到大量的数据以及巨大的计算量，需要在计算机的帮助下完成这些工作。本节将对建筑设计信息的统计的常用方法、常用软件做一个简要地介绍。

6.5.1 建筑设计信息的统计与分析概述

(1) 统计分析对搞好建筑设计的意义

一般而言，建筑设计依据的信息主要包括国家相关法规、拟建建筑所在地区的气候与地质条件、甲方提出的设计要求三大类。但这只是建筑设计信息的一部分。建筑设计信息包含的内容十分宽泛，除上述内容外，市场需求、使用者社会属性及其需求、建筑环境心理及行为、建成环境使用后评价等都属于建筑设计信息。对信息准确、全面地掌握对建筑设计是有利的，可以避免在设计过程中用主观臆测代替实际情况而引起设计失误。

建筑设计信息的表现形式除了图纸、文字外，还有数据以及可数字化的信息。统计学是一门对数据进行收集、整理、分析、解释和推断的科学。其内容包括调查方法、分析方法和技术。我国经济学家、教育家、人口学家、原北京大学校长马寅初说过："学者不能离开统计而研究，政治家不能离开统计而施政，企业家不能离开统计而执业。"同样，建筑师不能脱离开统计而进行过于主观的建筑设计。在学习和实际工作中，目前不少建筑学专业的学生往往不是从数据出发来思考和解释问题，这容易使分析问题与得出的结论显得比较空洞，难以令人信服。

随着计算机技术的发展，很多过去无法用人力对大量数据进行的统计计算在计算机的辅助下变为可能，这使得统计学的应用日趋普及，几乎遍及所有科学领域。统计学的一些基本概念和知识已成为很多社会经济活动的必备常识。在统计学的指导下，建筑师可以通过科学的方法收集、整理与分析有关设计信息的数据，从数据中看到问题、发现规律从而推断出有价值的设计依据。另外，借助统计学的科学方法也是当代建筑学基础理论研究方法的重要发展方向。

(2) 建筑设计信息的采集与数字化

1) 建筑设计信息的采集

统计分析的第一步要进行建筑设计信息的采集，也就是我们常说的调研。一般而言，调研可分为5个步骤：明确调研目的与内容；选择数据收集方法；设计调研问卷；确定样本；调研的具体实施。

(A) 明确调研的目的与内容

采集建筑设计信息的调研主要有3种目的：其一，设计前期研究。主要是调查现状环境信息以及了解使用者需求，以帮助完成正确的决策；其二，设计反馈研究。即对建成环境进行使用后评价，总结设计经验；其三，设计通则研究。该研究属于建筑设计的基础理论研究，目的是积累数据，以及提出具有现实指导意义的设计导则。

调研内容是根据目的而确定的。例如，如果我们以收集设计前期信息为目的，则调研的主要内容可能包括使用者需求、使用者对建筑空间的使用倾向与偏好，以及市场导向等。如果以设计反馈研究为目的，那么主要是对建成环境进行使用后评价。

(B) 选择数据采集方法

根据调研目的与内容来选择数据收集方法。在建筑学研究中经常使用如下一些方法：

a. 问卷法（questionnaire method）

是通过书面形式，以严格设计的一组问题向受访者收集研究资料和数据的一种重要方法，收集数据的效率较高。该方法的关键在于问卷的设计。

b. 访谈法（interview method）

是通过与受访者进行交谈获取信息的方法，具有弹性大、灵活性强的特点，但也受到调研者个人能力、主观因素的影响。

c. 观察法（observational method）

是对现实建筑环境中人的真实活动行为进行观察并记录的信息收集方法。使用观察法要注意对观察地点、观察对象、观察内容和观察时间的选择。

d. 测量法（measurement method）

这里的测量法指的是源于心理学研究中的数据收集方法。该方法采用经过一系列标准化过程编制而成的测验量表，按照规定的程序来收集数据资料。

e. 认知地图法（cognitive map method）

认知地图中常用的是行为地图。它是一种利用目标环境场所的地图或建筑平面图对发生在该环境中的行为进行系统观察并做相应记录的信息收集技术。它可以描述空间被使用的状况。

f. 文档资料分析法（document analysis method）

对前人的文献资料进行收集、整理、归纳和分析以获得有助于建筑设计的信息。

其他还有一些方法，诸如模拟法（simulation method）、准实验法（quasi-experiment method）等，这里不进一步展开。此外，数据收集方法往往不是单一使用的，而经常是根据调研目标和内容的需要采用多种方法相结合，以获取较为全面的设计信息。

(C) 设计调查问卷

调查问卷（这里不单指用于问卷法中的问卷，还泛指用于其他数据采集方法中的各种问题表述、图表等）的设计是与具体调研内容相配合的。设计什么样的调查问卷是与数据收集方法、统计分析方法紧密结合的。一份问卷也可能是多种格式的组合。这些都由研究者根据调研目标来决定。常用于建筑专业研究的问卷主要有4种形式：

a. 结构问卷

又称封闭式问卷，其主要特点是问卷由一系列问题构成，每个问题的答案都是预先设定好的，答题者只能在给定的选项中进行选择。李克特量表和语义差别量表是最常见的结构问卷形式。李克特量表的答案采用标准的格式，即在从正到负的一个程度序列中选出一个答案。语义差别量表的答案则在两个属性形容词之间选择一个程度选项。表 6-2 给出了一个李克特量表的例子。

基本居住单元室内环境质量主观评价调查问卷[①]　　　　表 6-2

评价准则 (共 5 类)	具体评价指标 (共 26 项)	您的评价语				
		很好 (2)	较好 (1)	一般 (0)	较差 (-1)	很差 (-2)
A. 室内物理环境	1. 室内安静程度					
	2. 室内自然采光情况					
	3. 室内自然温度情况					
	4. 室内自然通风情况					
B. 室内设施设备	(略)	(略)				
C. 各房间适用性	(略)	(略)				
D. 室内安全性	(略)	(略)				
E. 室内总体关系	(略)	(略)				
您对您的室内居住环境质量的总体评价		(略)				

b. 非结构问卷

以开放式问卷为主，其主要特点是事先设定的问题无标准答案，受访者可自由回答。

c. 记录表类

是一种研究者用于记录访谈内容或观察结果的表格。它与调查问卷的设计类似，但需要研究者事先设定好访谈问题或规划好观察的行为类型以及需要记录的时间、地点、人次等内容。

d. 图示类问卷

如行为地图、平面布置图等。例如，在一项对基本居住单元使用倾向性进行研究时，调查的一部分采用了典型平面图，请受访者以他们能够表达的方式在平面图中模拟布置家具及设备，如图 6-18 所示[②]。

（D）确定样本

设定样本抽取原则。一般来说样本抽取的方式有两大类：概率抽样和非概率抽样。

（E）调研的具体实施

调研时间、调研人员与经费、拟获得的样本数量等内容要经过周密计划，有些调研的对象需要事先联系，以保证调研顺利进行以及调研有较高的质量。

2）数据整理

数据整理是对调研的原始资料进行整理的过程，主要有以下内容：

（A）审核原始数据：主要工作是剔除无效问卷，即有答错、空白、严重

[①] 资料来源：尹朝晖. 珠江三角洲基本居住单元使用后评价及空间设计模式研究（博士学位论文）[D]. 广州：华南理工大学，2006。

[②] 同上。

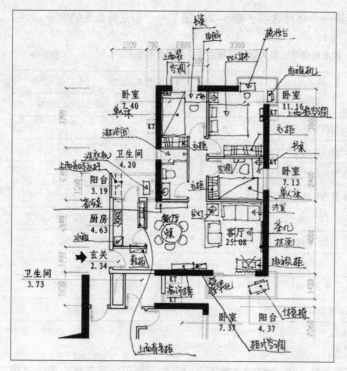

图6-18 图示问卷

缺答等现象的问卷，使原始数据具有较好的完整性和真实性。

（B）数据赋值或编码：这是一个将信息进行数字化的过程。定序测量的答案一般采用赋值的方式；而定类测量的答案则可以用阿拉伯数字来编码。如表6-2的答案的赋值范围为 –2~2 之间的整数，表示从很差到很好之间的一个程度值。一些非数字的答案语词可以用编码方式解决数字化的问题。当然，数据编码也可能是在设计问卷过程中完成的。

（C）数据录入：按照采用的统计分析软件所要求的格式将经过整理、赋值和编码的数据录入软件，形成数据文件。

3) 建筑设计信息常用的统计与分析方法简介

对建筑设计信息数据进行处理的统计与分析方法主要有两大类：描述性分析和推断性分析。其中描述性分析常用的有均值分析、频数分析、方差分析等；推断性分析常用的有相关分析、回归分析、因子分析和层次分析等。

（A）描述性统计分析（Descriptive Analysis）：描述性统计主要是对数据的表面特征进行最基本的分析，正是这些分析结果构成了推断性统计的基础。描述性统计分析主要包括数据的集中趋势分析、数据离散程度分析、数据的分布、以及一些基本的统计图形。

a. 集中趋势分析

用来反映数据的一般水平，最常用的指标是频数与均值。

b. 离散程度分析

用来反映数据之间的差异程度，常用的指标有方差和标准差。

c. 数据分布

在统计分析中，经常要假设样本总体具有正态分布特性。用来检验样本总体是否符合正态分布的指标为偏度与峰度。一般情况下，如果样本的偏度接近于 0，而峰度接近于 3，就可以假定总体的分布接近于正态分布。

d. 统计图形

用图形的形式来表达数据，比用文字表达更清晰、更简明。使用 SPSS 等统计软件，可以方便地得到变量的统计图形，诸如条形图、饼图和折线图等。

（B）推断性分析

a. 相关分析（Correlation Analysis）

相关分析是对变量之间的相关关系的分析，其任务就是对变量之间是否存在必然的联系、联系的形式、变动的方向作出判断，并测定该联系的密切程度，检验其有效性。

b. 回归分析（Regression Analysis）

回归分析的目的是建立某一事物（也叫因变量，如建筑环境总体评价值）与多种事物（也叫自变量，如建筑环境的多个评价指标）之间的数量关系模型，以自变量的实测值来推测因变量值。

c. 因子分析（Factor Analysis）

因子分析是一种通过少数潜在公共因子探索指标间内在相关关系的多元统计分析方法，可以简化评价指标体系。

d. 层次分析（Analytic Hierarchy Process）

层次分析通常也称作 AHP 法，是美国匹兹堡大学教授萨泰（A. L. Saaty）于 20 世纪 70 年代提出的一种能将定性分析与定量分析相结合的系统分析方法。常用于多目标、多准则、多指标的建筑环境评价以及建筑方案择优工作中。该方法根据问题的性质和所要达到的总目标，将问题分解为不同的组成因素，并按照这些因素间的相互关联影响以及隶属关系，将因素按不同层次聚集组合，形成一个多层次分析结构模型。

e. 模糊综合分析（Fuzzy Comprehensive Analysis）

根据判断对评价指标作出模糊评价，然后模糊数学的方法进行运算，得出综合评价的一种定量分析方法。主要用于定量分析概念边界不确定性较强的复杂问题。

6.5.2 常用统计软件介绍

可以进行统计分析的软件很多，其中专门的统计分析软件就有诸如 SAS、SPSS、Splus、Gauss、EViews 等，其他一些不是专为统计分析开发的软件也具有统计分析的功能或模块，例如著名的电子表格软件 Excel、以及著名的数学计算软件 MATLAB。

因为 Excel 是应用非常广泛的日常办公软件，SPSS 是国内外使用非常普遍的专业统计软件，而 MATLAB 是在学术界、工程界以及商业领域都使用非常广泛的优秀的数学计算软件，我们在下文中对三个软件进行简单介绍。其他软件在此不作介绍。

（1）Microsoft Excel

Microsoft Excel 是美国微软公司开发的 Windows 环境下的电子表格系统，它是目前应用最为广泛的办公室表格处理软件之一。自 Excel 自 1985 年诞生以来，历经了多个不同版本的发展，目前推出的最高版本为 Excel 2007。随着版本的升级，Excel 的智能化程度也不断提高、操作大为简化。这些特性，已使 Excel 成为现代办公软件重要的一员。

Excel 的若干特点使之成为一个良好的统计分析工具，其中主要有：

1) 分析能力强

Excel 除了可以做一些一般的计算工作外，还有 400 多个函数，可用来做统计分析。Excel 还专门提供了一组现成的数据分析工具，称为"分析工具库"，为建立复杂的统计或计量分析工作带来极大的方便。

2) 操作简便

3) 图表能力强

在 Excel 中，系统大约有 100 多种不同格式的图表可供选用，用户只需要进行一些简单的操作，就可以制作精美的图表。

4）具有强有力的数据库管理能力

(2) SPSS

SPSS 的全称是：Statistical Program for Social Sciences，即社会科学统计程序。该软件是公认的最优秀的统计分析软件包之一。该软件原是为大型计算机开发的，随着微机与 Windows 操作系统的普及，SPSS 迅速向 Windows 移植，1993 年 6 月，SPSS 公司正式推出 SPSS 的 Windows 6.0 版本。经过不断的升级，目前最高版本为 SPSS 14 for Windows。

SPSS 界面友好、操作简便，是一种易学好用的统计分析和图表制作工具，主要特点为：

1）操作简便

以对话框方式操作，绝大多数操作可通过鼠标点击完成。

2）在线帮助方便

用户可在 SPSS 的任一过程中获得帮助，根据帮助的指导进行操作。

3）数据转换功能较强

可存取和转换多种数据类型，如 dBase、Lotus、Excel、ASCII 文件等。

4）数据管理功能强大

集数据录入、转换、检索、管理、统计分析、作图、制表，以及编辑等功能于一身。

5）程序生成简化

系统能将对话框指定的命令、子命令和选择项等内容自动编写成 SPSS 命令语句，并可以编辑，继而形成 SPSS 环境下的可执行程序文件。

6）统计分析方法全面丰富

不但含有常用的统计分析方法，而且也包含了最新的一些统计分析方法，如对应分析（Correspondence Analysis）、联合分析（Conjoint Analysis），以及多分类变量的 Logistic 回归分析等，并且所用的方法具有权威性。

7）结果输出规范

输出结果主要为图形方式，规范而简洁。还可以根据个人要求编辑输出方式。

(3) MATLAB

MATHWORK 公司的 MATLAB 软件是一个高性能的科技计算软件，广泛应用于数学计算、算法开发、数学建模、系统仿真、数据分析处理及可视化、科学和工程绘图、应用系统开发等工作，使用范围涵盖了工业、电子、医疗、建筑等各领域。目前 MATLAB 在欧美各国十分普及，在大学的理工科中，MATLAB 被用作许多课程的辅助教学手段；在科研机构和工业界，MATLAB 也是高质量新产品研究、开发和分析的主要工具之一。

MATLAB 是英文 Matrix Laboratory（矩阵实验室）的缩写，现在最高的版本为 MATLAB 2006a，提供了多达 74 个模块，覆盖系统控制、统计计算、优化计算、神经网络、模糊逻辑、动态系统模拟、系统辨识等领域。

MATLAB 的统计分析模块（Statistics Toolbox）提供了许多用于统计分析

的工具,将界面易用性和编程能力两者完美地集成起来,并且它的交互图形显示使用户能够方便一致地应用统计方法。该工具强大的功能表现在如下几个方面:

1) 模型拟合环境

这个工具箱是拟合非常规模型的理想工具。主要功能包括:通过变量选择进行回归分析并诊断,非线性模型建模,概率模型建模和参数预测,采用随机数发生器进行灵敏度分析,统计过程控制,实验化设计。

2) 概率分布

统计工具箱支持 20 个不同的概率分布函数,包括 T 分布、F 分布、Chi-square 分布。参数拟合函数,对所有分布类型都提供了求解最佳拟合计算方法,拟合结果可使用图形显示。

3) GUI(Graphic User Interface)工具

为动态观看和分析数据提供了许多交互图形工具。包含了许多专用的界面进行响应面模型生成,分布显示,随机数生成和绘制直方图。

4) 统计图形

统计绘图命令如 weibplot 和 randplot 可进行可靠性分析和分布拟合。

5) 算法开发

结合 MATLAB 计算语言,还提供了开发用于统计分析新算法的全套工具。可以使用统计工具箱中的绘图函数,或采用 MATLAB 的 Handle Graphics 功能自行开发。

除上以外,MATLAB 编程功能使用户能够建立自己的统计方法以进行分析,利用 MATLAB 的强大的数学计算功能,很多统计分析的计算可以方便地实现。

6.5.3 应用实例

这里结合一个研究实例来介绍利用计算机进行建筑设计信息的统计分析。主要使用了 SPSS 与 MATLAB 软件。这里的介绍基于该研究实例中具体使用到的软件操作,对这些软件更详细的描述可参考相关的软件操作手册或教材。

(1) 实例研究——"珠三角地区基本居住单元室内环境质量主观评价"研究

整个研究大概进行了以下几项工作:

1) 确定调研目的

(A) 了解珠三角地区居住者对近几年来建设的住宅基本居住单元的质量评价;

(B) 评判设计与使用之间的契合程度;

(C) 探寻影响室内居住环境质量总体评价的关键性因素;

(D) 建立和完善基本居住单元室内环境质量评价指标集。

2) 调研内容

主要为环境物质方面的要素,包括物理环境、设施设备使用、空间使用特性、材料结构安全及心理感受等五个方面。指标集的建构经历了较为复杂的过程,在此不做详细介绍,仅给出具体的指标。

3) 问卷设计

采用五级评分的李克特量表设计结构问卷,如表 6-2 所示。(另外还有一些相关信息的问题,例如人口资料等。)

4) 数据采集方法及具体实施

数据采集方法主要为问卷法和半结构访谈法。根据实际情况由调查员入户指导,逐个实施。该调查在广州、深圳、珠海、佛山 4 个城市中的 9 个住宅小区抽样共获得有效样本 249 个。

5) 数据录入

对回收的问卷进行整理,剔除无效问卷,将调查数据录入 SPSS 软件。

6) 统计分析

统计工作量很大,都是通过软件进行。本节将在后面介绍两项具体软件应用。

(2) 统计分析软件应用

1) 使用 SPSS 进行的一些描述性统计分析,这里主要进行受访者人口资料的频数分析,通过频数分析来研究受访者的年龄组成以及受教育的情况。

受访者年龄的频数统计表格的第 2、3 两列给出了包含缺失值在内的各个年龄段的频数与占总样本数的百分比。第 4 列给出了去除缺失值样本后的各年龄段频数占有效样本数的百分比。第 5 列给出了年龄升序排列时的积累百分比("Cumulative Percent")。从表中可以看到,在有效样本中,30~39 岁的受访者占 49.8%,几乎为所有受访者的一半(表 6-3)。这个年龄段也是购买商品房的人的主要年龄段。受访者受教育程度表显示在有效样本中,具有大学本科学历的受访者占 48.5%,大专学历的占 25.8%,两者相加则为 74.3%。这说明,本次调研的受访者主体都受过较好的教育,这对我们如何看待评价结论是有意义的(表 6-4)。

根据年龄与受教育程度的频数统计输出的饼图如图 6-19:

2) 在 MATLAB 环境中,利用层次分析法对单元室内环境质量进行综合评价,从受访者对各个评价指标的打分数据中求得主观评价的综合评价得分。

层次分析法的基本原理是:将复杂问题按照一定的分类准则分解成相互关联的各个有序的层次,使各层次系统化、条理化,以便有效地分析问题、解决问题。

具体地说,把一个复杂问题分解成多个组成元素,按支配关系将这些元素分组,使之形成有序的递阶层次结构,在此基础上通过两两比较的方式判断各

SSPS 输出的"受访者年龄"频数统计表　　　　表 6-3

		频数 (Frequency)	百分比 (Percent)	有效百分比 (Valid Percent)	积累百分比 (Cumulative Percent)
Valid	20~29	37	14.9	15.1	15.1
	30~39	122	49.0	49.8	64.9
	40~49	41	16.5	16.7	81.6
	50~59	20	8.0	8.2	89.8
	60 及以上	25	10.0	10.2	100.0
	Total	245	98.4	100.0	
Missing	System	4	1.6		
Total		249	100.0		

		频数 (Frequency)	百分比 (Percent)	有效百分比 (Valid Percent)	积累百分比 (Cumulative Percent)
Valid	初中	9	3.6	3.9	3.9
	高中	31	12.4	13.3	17.2
	技工	4	1.6	1.7	18.9
	中专	9	3.6	3.9	22.7
	大专	60	24.1	25.8	48.5
	大学	94	37.8	40.3	88.8
	硕士（及以上）	19	7.6	8.2	97.0
	其他	7	2.8	3.0	100.0
	Total	233	93.6	100.0	
Missing	System	16	6.4		
Total		249	100.0		

表 6-4 SSPS 输出的"受访者受教育程度"频数统计表

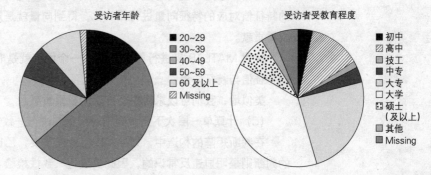

图 6-19 年龄与受教育程度的频数统计饼图

层次中诸元素的相对重要性，然后综合这些判断确定诸元素在决策中的权重。这一过程体现了人们决策思维的基本特征，即分解、判断、综合。

方法的特点是：能将人们对复杂系统的评价的思维过程数学化、系统化，便于人们接受，而且所需定量数据信息较少。

递阶层次结构一般分为三个层次，最高层一般称为目标层，通常只有一个元素，就是决策目标。中间的层次被称为准则层，一般是用于评价的准则。最下面一层为指标层，用于组成评价准则的具体指标。其中指标层还可以有多个分指标层。准则受决策目标支配，指标又受上一层次的准则支配，递阶层次结构体现了这种从上至下的支配关系。

其基本步骤一般分为四步：

(A) 对构成评价问题的目标（准则）及因素等要素建立多级递阶结构模型（指标体系）。

应用 AHP 法分析决策问题时，首先要把问题条理化、层次化，构造出一个有层次的结构模型，下一层次的因素为上一层次的因素提供分值贡献。

如表 6-2 所示，可对基本居住单元室内环境质量主观评价建立了一个层次结构。这一结构也可用图 6-20 来表示。

(B) 在多级递阶结构模型中，对属同一级的元素，用上一级的元素为准则进行两两比较后，根据判断尺度确定其相对重要度，并据此建立判断矩阵。

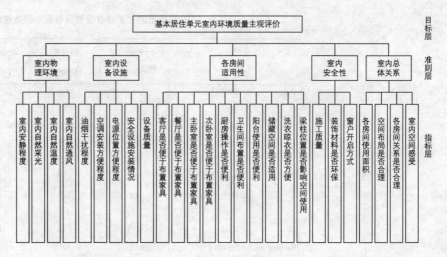

图 6-20 基本居住单元室内环境主观评价的层次模型

这种判断,通过调查问卷进行。根据层次分析法的理论,把判断矩阵的模最大的特征值对应的特征向量进行归一化,得到向量就是对应的因子对上级因素的权重贡献。

使用 MATLAB 来进行层次分析的一个优点就是非常容易地求解判断矩阵的特征值与特征向量。

类似地,我们可以求得每个层次的权重贡献。

(C) 计算单一层次下元素的相对权重并进行一致性检验。

在判断矩阵的构造中,如果发现甲比乙重要,乙比丙重要,而丙比甲重要的判断则是明显违反常识的,因此要进行一致性检验。

(D) 计算组合权重及一致性检验。

即使各层次均已通过层次单排序的一致性检验,但综合考察时,各层次的非一致性仍可能积累起来,因此还需要从高层到低层逐层进行一致性检验。

在完成各个层次的权重求取与一致性检验后,可以求得每个方案各个因素的综合得分。表 6-5 就是本项研究得到的准则层及指标层的权重表。

表 6-5 是对 249 个受访者调查统计后得出的,具有一定的代表性。这些统计结果表明了受访者对室内环境不同指标的关注程度,可以为建筑设计人员在今后的住宅设计中提供参考。

利用表 6-5 和 MATHLAB,还可以进行各小区基本居住单元室内环境的评价。如果我们分别对 9 个不同居住小区的综合得分求均值,可以对各个被评价小区的环境优劣进行排序。

当前,面对"信息爆炸"的现象,数据挖掘(data mining)技术和方法引起了人们的注意。

数据挖掘的方法已经在城市规划的研究中初露头角[①]。随着研究的不断深入,我们正期待着数据挖掘方法能够为建筑设计提供更多有价值的信息,促进数字化建筑设计的发展。

---

① 参看以下文献:1) 徐虹,杨力行,方志祥. 试论数字城市规划的支撑技术体系. 武汉大学学报(工学版),2002,35(5);2) 李新延,李德仁. DBSCAN 空间聚类算法及其在城市规划中的应用. 测绘科学,2005,30(3);3) 王芳,夏丽华. "数字城市"建设中的多元空间数据挖掘. 广州大学学报(自然科学版),2004,3(2)。

基本居住单元室内环境主观评价的层次模型准则层及指标层的权重表　　表6-5

目标层	准则层	子准则层（指标）	
基本居住单元室内环境质量主观评价	A. 室内物理环境 0.322	1. 受访者对室内安静程度的评价	0.312
		2. 受访者对室内自然采光的评价	0.312
		3. 受访者对室内自然温度的评价	0.064
		4. 受访者对室内自然通风的评价	0.312
	B. 室内设施设备 0.053	5. 受访者对油烟干扰程度的评价	0.100
		6. 受访者对空调安装方便程度的评价	0.050
		7. 受访者对电源位置方便程度的评价	0.050
		8. 受访者对安全设施安装情况的评价	0.400
		9. 受访者对设备质量的评价	0.400
	C. 各房间适用性 0.188	10. 受访者对客厅是否便于布置家具的评价	0.394
		11. 受访者对餐厅是否便于布置家具的评价	0.107
		12. 受访者对主卧室是否便于布置家具的评价	0.026
		13. 受访者对次卧室是否便于布置家具的评价	0.026
		14. 受访者对厨房操作是否便利的评价	0.026
		15. 受访者对卫生间布置是否便利的评价	0.026
		16. 受访者对阳台使用是否便利的评价	0.026
		17. 受访者对储藏空间是否适用的评价	0.120
		18. 受访者对洗衣晾衣是否方便的评价	0.031
		19. 受访者对梁柱位置是否影响空间使用的评价	0.222
	D. 室内安全性 0.115	20. 受访者对施工质量的评价	0.355
		21. 受访者对装饰材料是否环保的评价	0.455
		22. 受访者对窗户开启方式的评价	0.190
	E. 室内总体关系 0.322	23. 受访者对各房间使用面积的评价	0.583
		24. 受访者对空间布局是否合理的评价	0.203
		25. 受访者对各房间关系是否合理的评价	0.107
		26. 受访者对室内空间感受的评价	0.107

参考文献

[1] 童秉枢主编. 现代CAD技术 [M]. 北京：清华大学出版社，2000.

[2] 邱茂林编. CAAD TALKS 2·设计运算向度 [C]. 台北：田园城市文化事业有限公司，2003.

[3] 李建成，王朔，杜嵘. Revit Building建筑设计教程 [M]. 北京：中国建筑工业出版社，2006.

[4] Philip G Bernstein. Introduction to Building Information Modeling [A]. 见：赵红红主编. 信息化建筑设计——Autodesk Revit. 北京：中国建筑工业出版社. 2005.

[5] Greenwood S. Building Information Modeling with Autodesk Revit. http://www.autodesk.com/ Revit.

[6] 李建成. 建筑信息模型与建设工程项目管理 [J]. 项目管理技术. 2006(1).

[7] International Alliance for Interoperability. Industry Foundation Classes-Release 2.0 IFC Object Model Architecture Guide. http://www.iai-international.org.

[8] 邱奎宁. IFC 标准在中国的应用前景分析 [J]. 建筑科学. 2003（2）.

[9] 李建成. 建筑信息交换标准中建筑构件的描述问题初探 [J], 建筑科学, 2003（1）.

[10] 丁士昭主编. 建筑工程信息化导论 [M]. 北京：中国建筑工业出版社，2005.

[11] 王要武主编. 工程项目信息化管理——Autodesk Buzzsaw [M]. 北京：中国建筑工业出版社，2005.

[12] 陈宜言. 保证数据安全，避免"错、漏、碰、缺"，符合质量保证体系——BLM 技术在工程设计中的应用 [A]. 深圳：深圳市市政工程设计院，2005.

[13] 王建民，孙家广. 产品数据管理（PDM）技术及其应用 [A]. 国家 863/CIMS 主题 PDM 技术交流会论文集 [C]，1997.

[14] 李善平，刘乃若，郭鸣. 产品数据标准与 PDM [M]. 北京：清华大学出版社，2002.

[15] 肖力田. 信息化设计院的集成一体化基础平台构建 [A]. 第七届全国建设领域信息化与多媒体辅助工程学术交流会论文集 [C]，2004.

[16] 尹朝晖. 珠江三角洲基本居住单元使用后评价及空间设计模式研究（博士学位论文）[D]. 广州：华南理工大学，2006.

[17] Wolfgang F.E.Preiser, Harvey Z, Rabinowitz, Edward T.White. Post-Occupancy Evaluation [M]. New York Van Nostrand Reinhold，1988.

[18] 朱小雷. 建成环境主观评价方法研究 [M]. 南京：东南大学出版社，2005.

[19] 徐虹，杨力行，方志祥. 试论数字城市规划的支撑技术体系 [J]. 武汉大学学报（工学版），2002，Vol.35（5）.

[20] 李新延，李德仁. DBSCAN 空间聚类算法及其在城市规划中的应用 [J]. 测绘科学，2005，Vol.30（3）.

[21] 王芳，夏丽华. "数字城市"建设中的多元空间数据挖掘 [J]. 广州大学学报（自然科学版），2004，Vol.3（2）.

[22] http://www.iai-international.org.

[23] http://www.acebytes.com.

[24] http://www.greenbuilding.com.

[25] http://www.iso.org.

[26] https://www.nibs.org/.

[27] http://www.bauwesen.fh-muenchen.de/iai/ImplementationOverview.htm.

[28] http://www.autodesk.com.

[29] http://www.bentley.com.

7 协同设计

7.1 概述

7.1.1 协同设计的概念

协同设计是网络环境下数字化设计的关键技术之一，是一种新兴的建筑设计方式。在该方式下，分布在不同地理位置上的设计人员通过网络在各种计算机辅助工具的支持下协同地进行建筑的设计工作。与目前的建筑设计方式相比，其特点在于设计工作由分布在不同地点的设计小组成员协同完成。不同地点的设计人员通过网络进行建筑产品信息的共享和交换，实现对异地计算机辅助工具的访问和调用；通过网络进行设计方案的讨论、设计与营造活动的协同、设计结果的检查与修改等；并在此基础之上，整体实现跨越时空的协同设计工作。由于协同设计能够实现设计人员之间的动态联盟、异地协作，并使设计人员能够充分利用异地资源，因此可以较大幅度地缩短设计周期，降低设计成本，提高个性化设计能力。

协同设计是在建筑业环境发生深刻变化、建筑的传统设计方式需改变的背景下提出的，也是计算机辅助设计（CAD）技术与快速发展的网络技术相结合的产物。随着经济全球化进程的加速，跨行业、跨地区、跨国家的联盟型虚拟设计机构发展迅速，这就要求建筑产品的设计能够由分布在不同地点上的设计小组成员协同完成，于是协同设计应求而生。

协同设计，也称作计算机支持协同设计 CSCD（Computer Supported Cooperative Design），源于计算机支持协同工作 CSCW（Computer Supported Cooperative Work）。CSCW 可以定义为：在计算机支持的共享环境中，一个群体协同工作去完成某一项共同任务。为了实现 CSCW 的目标，研究和设计人员创建了一种环境和工具，它相对独立于支撑硬件和软件，被称为群件（groupware）。群件是为群体工作提供支持的计算机系统，通常指的是实时的、基于计算机的软件硬件系统。CSCW 研究群件工具和技术，以及它们在心理、社会和体制方面的影响。CSCW 这一术语包括理解人们通过计算机网络技术以组工作的方式，以及相关的硬件、软件、服务和技术。

CSCW 的本质特征是：共同任务，共享环境，通信，合作和协调。其中"共同任务"和计算机支持的"共享环境"是 CSCW 或群件概念中最为关键的内容。

（1）明确的共同任务。具有明确的共同目标是人们群体协作工作最重要的因素，因此在协作之前，应强调分布在各地的协作群组必须明确当前所要合作的项目，其设计或工程的主要目标、任务及时间期限。

(2) 友好的共享环境。这是群体协作的基础。应该给分布在各地的协作群组提供方便可靠的信息采集、访问、修改和删除的协作机制，促进各成员之间的协作活动。支持分布成员，寻求协作伙伴，利用相应的资源，参加共同任务的活动；并根据用户的身份，提供对数据的不同的访问权限等。

(3) 流畅的通信平台。通信是群体协作的基本条件。合作环境中人们通过电子邮件、公告板、聊天室、网络会议系统及视频会议系统实现视频、音频、图像、文字和数据的传送；CSCW 要支持同步实时通信、异步非实时通信和不同媒体信息间的转换。

(4) 良好的合作精神。合作是分布式组群活动的重要内容，在现代社会中，许多重要的项目都必须是多人合作完成。网络工作平台上的有效合作，要求人们不但可以共享信息，而且可以共同修改同一项任务、同一组数据，并通过多媒体信息交流，明确协作对方之所以修改的意图。

(5) 协调的人际关系。它是人们群体协作的关键，因此，要求 CSCW 技术大多数的软件工具必须能支持多用户群体的工作，尽量使协作群体之间避免发生冲突与重复劳动，并使各协作群体小组之间的部分任务紧紧扣住共同的任务。

建筑设计是一项十分复杂的工作，牵涉到多个专业，需要建筑、结构、给排水、电气、暖通等多个专业设计人员分工合作才能完成。随着建筑规模的不断扩大，建筑复杂性的不断提高，新材料、新技术的不断出现，跨国、跨设计单位的工程也在日益增多。设计单位与施工单位的联系随着网络的发展也不断加强。基于以上的原因，CSCW 十分适合发展中的我国建筑业的需要。CSCW 技术能够提供了一个开放的、分布式的、集成化的协同工作环境，可以很好的支持异地分布的设计人员协同地进行建筑的设计工作。

7.1.2 协同设计的起源和研究现状

1984 年麻省理工学院的 Iren Greif 和数字设备公司（DEC）的 Pual Cashman 组织了一个讨论会。与会者来自不同学科，但是都有一个共同的兴趣，这就是探讨人们是如何工作以及在技术上如何支持人们的工作。与会者创造了"计算机支持的协同工作"（Computer Supported Cooperative Work, CSCW）这个词汇来描述这种共同的兴趣[1]。二十多年来，成千上万的研究人员被吸引到这一领域。

J.Grudin[2] 总结了自从计算机发明以来 50 多年间计算机理论研究和应用实践，从历史发展的角度论述了 CSCW 产生的社会因素和技术因素：计算机对人类工作的支持可分为四个级别，而且首先经历了对大型组织机构和单用户的支持，然后才逐步开始对工作组和项目级别的支持，见表 7-1。

根据美国的统计资料，CSCW 和群件主要针对的是工作组级和项目级，面向的是由工作站和 PC 机组成的分布式协同工作系统。目前 CSCW 的研究领域基本上可以归结为两个层次：协同工作理论研究（包括群体标准语言、协

---

[1] Liam J. Bannon, John A. Hughes. The Context of CSCW [A]. In K. Schmidt (Eds.). Report of COST14 "CoTech" Working Group 4 (1991-1992) [C], 1993.

[2] 参看：Grudin J. Computer-Supported Cooperative Work: History and Focus. IEEE Computer, 1994, 27 (5): 19~26.

计算机对人类工作的支持　　　　　　　　　　　　　　表7-1

年　代	支持级别	社会因素	技术因素
20世纪60~70年代	组织机构	冷战时期美国国防合同定制，如军工产品的计算机集成制造系统、国防军事信息管理系统	主机系统
20世纪80年代	单用户	直接从货架上购买的通用的软件，例如字处理、电子表格、绘图软件等	PC机
20世纪90年代	工作组	支持不超过6个人之间的协同工作	联网的PC机
	项目	支持面向6个人以上的协同工作	

作机制、冲突协调、本体论等）和协同工作系统实践（包括设计系统、编著系统、会议系统、仿真系统、诊断系统等）。在协同工作理论研究这一层次上，还缺乏系统的理论方法，本质上还是直觉性的，而不是概念性的。尽管如此，CSCW在世界上还是得到了迅速的发展。

协同设计是CSCW的一个重要研究领域和应用方向。1991年《Communications of the ACM》（美国计算机学会通讯）以"参与设计"为主题，介绍了来自欧洲的研究和开发机构在机电系统设计中如何将包括最终用户在内的多学科人员进行协同工作的，工程项目的协同设计将成为CSCW应用所面临的一种巨大挑战。1993年IEEE（The Institute of Electrical and Electronics Engineers）的《Computer》杂志和1996年荷兰的《Computer Aided Design》杂志各自出版一份"计算机支持/辅助并行工程"的专辑，集中多篇文章对有关并行工程的集成设计方法、数据管理、特征建模、协同设计和多源设计、以及对下游制造工程的集成方法进行了研究和探讨。1998年的《Computer Aided Design》杂志出版了一份"以网络为中心的CAD（Network-Centric CAD）"专辑，对基于网络的分布式CAD技术进行了研究。1998年国际CSCW杂志《Computer Supported Cooperative Work》出版了一期专刊，从"参与设计"的角度探讨了协同设计问题。1998年国际杂志《Design Science and Technology》则组织出版了一份明确地冠以"计算机支持的协同设计（CSCD）"为主题的专辑，对CSCD的体系架构、CSCD中的交互式系统、CSCD中的多媒体、因特网上的CSCW系统、协同设计的认知模型、CSCD中的基于实例的推理和学习技术、CSCD中的定性推理和CSCD中的Agent（智能体）技术进行了研究。

以计算机支持的协同设计为主题的CSCWID（CSCW in Design）国际研讨会，自1996年在北京举办了第一届会议以来，每年都召开一次，主要从计算机支持的协同工作、人人交互和协作的角度研究设计中的CSCW技术，同时也包括一般的CSCW技术，是目前CAD和CSCW结合的研究盛会。

国外在协同设计系统研究和实践中处于领先地位的是欧美等国，这得益于他们在包括CSCD在内的CSCW领域进行了较广泛的研究。国内相类似课题的研究中处于领先地位的是中科院计算所CAD开放实验室和浙江大学CAD&CG国家重点实验室。

7.2 网络环境下的群体协作

网络环境下的协同设计系统的使用将可能改变设计组织的结构、群体协作的性质和作用、人们之间的关系，最终影响设计生产效率和设计质量。例如，由于电子邮件能快速同时抵达许多接收者，因此使用电子邮件在大大增强了许多人进行远距离交流或非同时交流能力的同时，也将改变组织的文化及其结构。我们需要更好地理解网络环境下集体工作的性质，并发现群体协作新的组织形式和管理方法。

CSCW 技术在解决人们的协同设计方面，基本上可以归纳为同时同地、同时异地、异时同地、异时异地四种工作模式，如表 7-2 所示。

在计算机网络环境中协同设计的工作模式　　　　表 7-2

时间	地点	工作状态
同步模式	同一地点	共同决策、分析、设计、研究、会议
	不同地点（分布式）	群体决策、协作分析、协作设计、电视会议、协作研究
异步模式	同一地点	轮流分析和设计
	不同地点（分布式）	电子邮件、大规模设计项目、远程传输设计文档资料和图纸

Clark and Brennan[①]提出了在交流中有助于人们相互理解的八种特征并分析了七种媒体分别具有的特征，见表 7-3。与此有关的其他特征还包括延迟的时间，进入早期内容的容易程度，信息表征的质和量等。

七种媒体及其特征　　　　表 7-3

媒体	特征
面对面	共同出现，视觉，听觉，共有性，同时性，序列性
电话	听觉，共有性，同时性，序列性
远程电视会议	视觉，听觉，共有性，同时性，序列性
远程计算机会议	同时性，序列性，可检查性
录音电话	听觉，可检查性
电子邮件	可检查性，视觉可重复性
信件	可检查性，视觉可重复性

集体既有个体特征也有群体特征，其中个体特征包括个体不同的知识、技能、态度以及个性；群体特征包括个体间相互认识与合作的时间长短（即在多大程度上分享同样的习惯、期望和知识），以及采用什么过程和方式进行组织管理。领导者和参加者的分工和操作正确与否可能直接影响合作的成败，而技术媒体的使用可能限制或促进其角色作用的发挥。我们需要更多地了解集

---

① 参看：Clark H H, Brennan S E. Grounding in communication. In L Resni, J M Levine, and S D Teasley (Eds) Perspectives on Socially Shared Cognition. (APA, Washington, D.C.), 1991, 127-149.

体协作的长处，弱点和潜力，这是指导协同设计系统设计和正确使用协同设计系统的关键[①]。

群体协作的另一个显著特点就是它所处的物理环境。目光的接触和声音的定位可能影响交流的难易程度；成员间所感觉到的距离则可能决定交互作用的频率；噪声、光线、工作对象的可接触性和清晰度也对合作的成功有潜在的重要作用；房间的空间安排则可能影响谈话动力学的某些方面。我们知道举办远程会议的人首选高质量的音响而不是高清晰度的电视，这是因为人类谈话行为的严格的时间性。

群体协作理论涉及个人因素、组织因素、群体工作的设计和群体动态性因素等问题，研究的内容包括：通信技术；共享工作空间机制；共享信息机制；群体活动支持机制。

主要的群体协作模型有：对话模型，会议模型，过程模型，活动模型，三层抽象模型，活动–任务合作模型[②]。

1) 对话模型：在对话模型中，CSCW系统概述用三个特征来刻画言语行为：非语法含义，适应方向和诚恳状态。根据这三个特征，言语行为分成断言、指令、承诺、表达和宣布等，而协作就是通过彼此发送异步的消息来进行协调与合作（图7-1）。

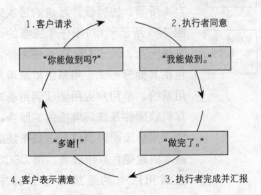

图7-1 对话模型

2) 会议模型：图7-2所示为会议模型。

3) 过程模型：在这种模型中，协作任务完成的是由多个人单独异步的行为彼此相连而形成的一个复杂的过程。协作之前要分割操作步骤，并形成工作流程（Workflow），然后确定具体操作、信息交换及制定行为规范。

4) 活动模型：活动模型是对过程模型的进一步扩充。主要着眼于在执行任务时参与活动的成员之间交换什么信息，而并不规定子任务完成时所需执行的操作。它一般只给出子任务的目标及相关信息。活动模型强调了实际的操作，符合人们行为的情景性（situation）。活动模型在CSCW中应用广泛。

5) 三层抽象模型：这种模型将群体的协作行为抽象为"会议（Conferences）"、"活动（Activities）"及"合作（Collaborations）"三个层次的抽象模型。

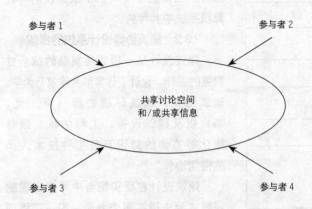

图7-2 会议模型

---

① 参看：Olson G M, Olson J S, User-centered design of collaboration technology [J]. Journal of Organizational Computing, 1991, 1.
② 参看：钟玉琢，蔡莲红，李树青，史元春. 多媒体计算机技术基础及应用. 北京：高等教育出版社, 2000.

（图 7-3）这种模型考虑了群体协作的层次性，较为全面地刻画了某些群体协作过程。

6) 活动 – 任务合作模型

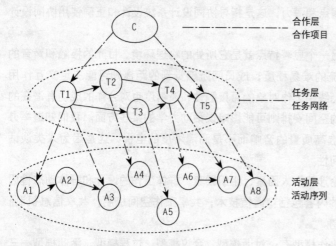

图 7-3　活动 – 任务合作模型

7.3　协同设计系统

7.3.1　协同设计系统的结构

协同设计（CSCD）技术的实质是利用计算机技术和网络通信技术构建一个协同设计的工作环境。在这一环境中，人们可以克服时空障碍，相互合作，共同完成一项设计。既节省时间和差旅费用，又提高工作的质量和效益。

协同设计系统的基本硬件结构如图 7-4 所示，协同设计系统的层次结构如图 7-5 所示[①]。对于一个完善的计算机系统而言，除了 CSCD 系统之外，还会包括其他分布式应用系统以及单用户应用系统。单用户应用必须调用基本的计算机软硬件系统环境提供的服务。分布式应用必须同时调用分布式系统服务和基本的软硬件系统服务。而 CSCD 应用会调用所有的系统服务，其中包括 CSCW 支撑平台提供的面向群体协作的服务。当然这些不同的系统是在同一计算机系统中共存的。

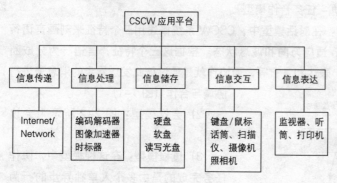

图 7-4　协同设计系统的基本硬件结构

7.3.2　建筑协同设计系统的框架

建筑设计是一项非常复杂的综合性很强的工作。设计工作常涉及建筑行为学、建筑结构、建筑环境物理（声、光、热）以及建筑设备、工程估算、园林绿化等方面的知识及各工种技术人员的密切协作。

建筑设计在现实配合中可能出现的问题主要表现在两个方面：同一工程项目中不同工种间的相互配合与协作问题；

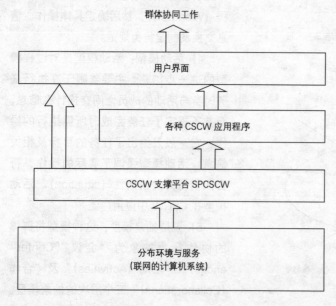

图 7-5　协同设计系统的层次结构

---

① 钟玉琢，蔡莲红，李树青，史元春.多媒体计算机技术基础及应用［M］.北京：高等教育出版社，2000.

同一工种不同成员间的相互配合与协作的问题。对于这些问题，传统的解决方法是将相关人员召集在一起，当面协调、解决问题。因为问题或矛盾总是在不断地出现，整个设计期间也就需要不断地交流协调和解决。即使这样，因种种客观条件的限制，有的矛盾仍得不到及时协调，遗漏下的一些问题很可能直到施工时才被发现，给工程带来一定的损失和延误。

由于建筑设计的综合性和复杂性，以及建筑师受到知识和技术的制约，现在的设计技术和设计工具在设计实践中存在着局限性。概括而言包括以下几方面：庞大的知识体系难于管理，设计工作量大，涉及多学科的知识管理，以及多工种的协作缺乏理论指导和技术支持。同时，超大型国际项目日益增多，参加项目的设计人员数量也随之增加。这些设计人员可能处在不同的地域，而项目设计本身却要求设计人员之间密切地进行联系与交流。传统的设计过程和方法，包括传统的 CAD 技术已经无法满足这一要求，而计算机支持的协同设计则可以较好地解决这些问题。在计算机网络环境下，多个设计者通过联网的计算机进行图形、图像、文字和声音的交流、讨论方案、协同工作，从而大大提高设计质量和进度。

下面对建筑协同设计系统的设计应注意的问题进行具体讨论。

(1) 协同设计产品信息模型

传统的建筑设计中，一般采用直接绘制二维图的方式。这种方式在对建筑物某一处进行修改时，需要进行一系列相关修改。例如改变了一处窗户，需分别对该窗户的平、剖、立面图进行修改，费工费时。在协同设计中，若采用建筑信息模型可以让设计、工程以及项目管理与协作更加地便利，也使得整个项目的传递过程更有效率，同时支持了所有建设资产的生命周期。

构成建筑信息模型的信息包括有关于建筑构件的描述，关于项目的描述，还有关于建设项目和整个建筑物的描述，这些描述有：几何信息（包括：长度、高度、厚度、x 轴、y 轴与 z 轴坐标）；属性信息（包括：样式、材质、单位重量、成本）；文档信息（包括：作者、修订阶段、参考文件、注销数据、审核数据、发行日期）；分析信息（包括：节点、有限元、构件）；建设信息（包括：安装日期、分包）；设备信息（包括：房间名称、空间种类、楼层区域、部门、占用期）等。

(2) 数据共享

建筑协同设计系统需解决的另一个关键问题是数据转换和共享。它主要包括两方面的含义：其一是异地设计采用不同应用软件时，生成文件之间的数据转换与共享；其二是不同工种之间的数据传递和共享，即把不同专业、不同功能的 CAD 系统，如建筑、结构、给水排水、暖通设计以及制造、有限元分析、工艺设计规范化和信息管理等系统有机地结合起来，用统一的执行控制程序规范各种信息的传递，保证系统内信息流的畅通，并协调各 CAD 子系统有效地运行。这也称为建筑工程 CAD 集成。

(3) 建筑协同设计系统的框架

协同设计系统的体系架构可以采用 C/S、或 B/S 架构，它们分别适用于局域网小范围和互联网大范围的协同工作。可以采用组件方式将系统设计成开

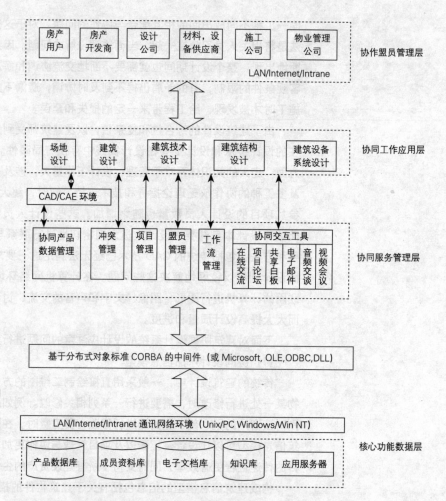

图 7-6 网络环境下建筑协同设计系统框架

放式的。通过可重用组件，简化群件的设计及开发工作，这种组件化即插即用的结构可使各功能模块满足不同领域的应用需求。

建筑协同设计系统的构建需要考虑设计任务的分解；设计成果（图纸和文档等）的共享；设计冲突管理（冲突的检测和消解）；访问控制，存储和传输安全；白板、论坛、应用共享和网络多媒体会议等交流工具。图 7-6 是基于网络的建筑协同设计系统框架图。系统总体上为四层的 C/S 或 B/S 架构，分别为协作盟员管理层、协同工作应用层、协同服务管理层和核心功能数据层。

1) 协作盟员管理层：主要是管理参加项目开发的各成员单位或部门；

2) 协同工作应用层：包括场地设计、建筑概念设计和详细设计、建筑性能分析、建筑结构设计、建筑设备系统设计等；

3) 协同服务管理层：作为工作应用层与服务层之间的中介，提供协同产品数据管理、项目管理和协同交互工具等，该层为同时适用于分布式的异构化的应用环境，应采用分布式对象标准 CORBA 和组件技术；

4) 核心功能数据层：提供分布式数据库、数据通信、网络互连以及应用服务等功能和协议，在物理上有计算机网络，公共数据库服务器，应用服务器等组成。

7.4 协同设计的关键技术

7.4.1 共享工作空间[①]

(1) 共享工作空间的概念

群体协作的参与者在工作时要进行交流、讨论。如果参与者位于同一工作室，他们可能用一张纸或一块黑板，在上面写写画画；也可能一起看计算机屏幕上显示的内容；或一起看一张设计图纸，在图上作些标记。而且，在讨论、研究的过程中，每个参与者往往会注视其他参与者的反应。CSCD要支持分散在各地的群体和个人的协同设计工作，就需要通过远程共享某种计算机显示的工作界面来做到上面这些活动。共享工作空间的概念指的就是参与共同任务的个体不离开自己的工作地点，通过计算机显示的工作界面的远程共享来交流和协作。这一类共享的计算机显示的工作区也称为共享空间。

各种共享工作空间有几个共同的特征：

1) 在需要的时候，至少计算机显示的一个部分可被所有参与者以"你见即我见"的方式看到；

2) 它们一般都包括计算机终端，少数采用电子白板（又称实况板）这种专用的设备；

3) 它们很少被单独使用，通常与音频，有时还有视频信号一起工作，即提供一个集成的多媒体远程同步协作环境。

应用共享工作空间的目的是实现以计算机为媒介的简短信息远程共享或正在开发的实际产品的共享。所以，通过共享工作空间，可实现两种功能：一是联合浏览，即把一个信息复制到一个或多个远程显示终端上，让所有协作者看到；二是远程操作，即对联合浏览的内容进行注解、修改，或对协同设计中的建筑设计进行远程操作。

(2) 共享白板工具

共享白板工具（SWT）是最常用、最简单的共享工作空间工具，它在计算机屏幕上仿真白板或黑板，而这个白板是由协作者共享的。如图7-7所示，远程协作者可以在各自的计算机显示器上观看同一内容的窗口。

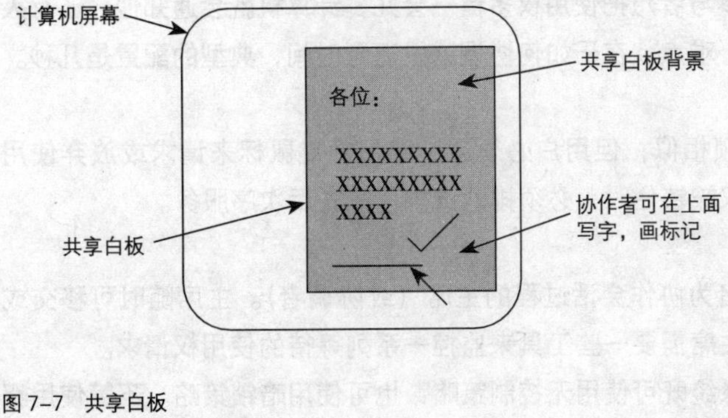

共享白板的背景可有两种选择：一种是置成空白的，代表一块空白的白板或一张白纸；另一种是用一页电子文档文本、一张图或照片或者屏幕上的一个窗口作背景。要注意的是，后一种选择的情况下，图或窗口仅是一个背景，在

图7-7 共享白板

[①] Olson G. M, Olson J. S, User-centered design of collaboration technology [J]. Journal of Organizational Computing, 1991.

它的上面可以写字、画标记，但不能对其背景进行修改或操作。例如用一页文档文本作背景时不能用文档编辑工具来删除其中的字，或插入任何文字，但可以在这页文档的上面用白板的工具画线或画箭头等，需要时可把划线擦去，而不会擦去任何背景上文档的内容。

共享白板主要是为协作者提供一个大家都能看得到、且都能使用的书写板，在上面写写画画，便于讨论。但它的背景可以是文档、图像或其他任一种计算机可显示的内容。基于这一点，我们可以利用共享白板进行以计算机为媒体的显示。协作参与人在取得白板的使用权后可将自己计算机内的可显示内容，如 PowerPoint 制作的讲演报告、Word 的文档，通过共享白板显示给分处各地的协作人员看。他可以通过简单的击键，用"上一页"、"下一页"等方式选择显示不同的页面。接收的一方可在自己的计算机上观看，也可再通过投影机投放在幕墙上供多人观看。

共享白板一般与其他工具一起使用。一般是同时建立一个音频通道。音频通道不仅可以用来通过语言进行讨论，而且可以通过通话来协调使用权控制。共享白板也常和视频会议系统结合使用。特别是视频会议用于科学研究、生产调度时，共享白板几乎是必需的一部分。

(3) 使用权控制

在办公室使用实际的黑板时，同一时刻一般只能有一个人走到黑板前使用黑板，有许多人参加讨论时必须有一个规则或约定来确定如何使用黑板。CSCW 的白板涉及远程分散的参加者，更需要有一个使用权的控制策略。使用权控制也称发言权控制。不仅共享白板有使用权控制问题，其他共享工具也有使用权控制问题。使用权控制在视频会议系统中一般称发言权控制，它也是一个十分重要的问题。使用权的控制策略一般可分为如下 4 种。

1) 无控制

系统让每个人都可自由访问共享界面而凭借社会行为规约来避免或解决冲突。这种方式很适于两个人，但当参与的人数增加时，就不太好用了。

2) 暗锁

一个参与者一旦开始输入信息就占据了使用权，而其他参与者就不能输入任何数据了。使用权的当前占有者一旦结束输入，使用权就会被自动地取走一段时间。如果这个参与者想把使用权多留一会儿，计算机就会通知他，还有人在排队等他停下来。难点就在于如何协调这段迟延时间，典型的配置是几秒。

3) 明锁

明锁机制与暗锁相似，但用户必须通过专用键或鼠标来请求或放弃使用权。当然，当使用权被锁住时，必须排队请求，按先后次序服务。

4) 主席控制

指定一个参与者为协作会话过程的主席（或协调者）。主席随时可移交或重新获得使用权。主席需要一些工具来监控一系列等待的使用权请求。

多数共享白板系统既可使用无控制策略，也可使用暗锁策略。不管使用哪一种策略，都需要社会规则约束。如果有附加的联系工具（如文本交谈工具或声音通道）的话，可大大方便使用权控制。

(4) 共享应用工具

共享应用工具（SAT）也叫协作管理器，实质上是一些软件控制的过程，用一定的算法进行使用权控制、共享资源访问和私有资源保护。在使用权控制方面 SAT 多采用暗锁类型或主席控制类型的使用权控制。SAT 的另一功能是会话管理，即管理参与者加入或退出一个会话。在由不同部件组成的环境下，SAT 还必须解决不同硬件和软件的兼容问题。SAT 软件运行在每个参与者的机器上。有了 SAT，参与者可以共享一个或几个普通的单用户应用程序。这被共享的应用程序只在某一台机器上运行，而所有参与者可对被共享的应用程序进行操作。

SAT 的应用领域包括：文本和图像文档的协作编辑，软件协作开发，接收者控制的以计算机为中介的显示，远程教学和培训，协同操纵。

SAT 和 SWT 可能用在同一应用领域，但运行的方式有本质的区别。采用 SWT 参加者只能各自设计，需要时把所完成的文档通过共享白板显示给其他参加者看；其他参加者可以在上面做一些标记，写上几句评语，但不能对文档进行编辑。而如果用了 SAT，则可进一步，即设计师可以选择菜单，点击按钮，画一个图形。这种方式对许多实际设计的意义是十分明显的。SAT 由于使用权控制和会话管理复杂，以及各站点的计算机在显示格式等方面的差异，实现起来较为困难，特别是开发通用的 SAT 产品很困难。目前已有少数 SAT 产品，它们一般都基于 X-Windows。如惠普（Hewlett-Packard）产品的"共享 X"。"共享 X"采用暗锁方式的使用权控制。SAT 不仅允许在同一时刻共享一个应用程序，也允许在同一时刻共享几个应用程序。共享应用工具概念的进一步扩展，产生了共享计算机的概念，让整个计算机即所有应用程序、文件和数据环境及对操作系统、外设、包括网络的访问被多个用户控制。

(5) 电子白板（活板）

电子白板也称活板，它和前面讨论的共享白板从名称到概念都有一些混淆，而且二者也有相似和共同之处，但二者本质上是不同的。电子白板是一个设备、一个系统。它一般由一个大小类似真实黑板的电子板、电子笔以及后面的控制和通信用的计算机组成。使用者用电子笔在白板上写字、画图，白板上的内容被捕获后可存储、发送，也可打印。其他站点可再把白板内容显示在计算机屏幕上，也可用投影设备投射到大屏幕上。这里的电子板一般不具有电子显示的功能，它只是一个输入装置，而且在应用中也不能共享。共享白板则是一个在计算机屏幕上（或计算机通过投影设备在幕墙上）显示出一个工作区、一个窗口，没有具体的白板放在那里。在共享白板系统中，白板的输入是通过计算机的键盘鼠标或小型的手写板间接进行的，而显示则是直接的。当然，共享白板的工作区是共享的。每个参与者可用同样的方式在上面写或画。

电子白板的出现甚至早于共享白板概念。电子白板在远程教育中有很重要的地位。电子白板一般配备有音频通信通道，让使用者的手写输入和声音一起编码后传送。有的应用还将电子白板和共享白板一起使用。

7.4.2 异步协同设计与同步协同设计[①]

(1) 异步协同设计是一种松散耦合的协同工作。其特点是,多个协作者在分布集成的平台上围绕共同的任务进行协同设计工作,但各自有不同的工作空间,可以在不同的时间内进行工作,并且通常不能指望迅速地从其他协作者处得到反馈信息。基于具备较好互操作性的分布式设计平台,进行异步协同的设计还需要解决共享数据管理、协作信息管理、协作过程中的数据流和工作流管理等问题。

(2) 同步协同设计是一种紧密耦合的协同工作。其特点是,多个协作者在相同的时间内,通过共享工作空间进行设计活动,并且任何一个协作者都可以迅速地从其他协作者处得到反馈信息。如同面对面的协商讨论在传统的设计过程中不可缺少一样,同步协同在产品设计过程中的某些阶段不可或缺。从技术角度看,同步协同设计与异步协同设计相比实现难度大得多,这主要体现在它需要在网上实时传输产品模型和设计意图、需要有效地解决开发冲突、需要在CAx/DFx[②]工具之间实现细粒度的在线动态集成等方面。目前有关同步协同的设计的研究工作还不多,也不够深入,现有工作主要集中在同步协同建模和面向同步协同设计的三维CAD模型快速传输方面。

所谓同步协同建模是指多个设计人员同步协同地进行产品的三维建模。它是提高产品三维建模速度和质量的有效途径。由于产品的三维建模十分复杂,因此现有的同步协同工作技术,如CSCW的共享白板和应用共享等已无法有效支持同步协同建模,需要人们研究新的方法。围绕同步协同建模,人们开展了各种研究工作,开发出了若干不同类型的同步协同建模原型系统。

在同步协同设计,特别是集中式同步协同建模中,三维CAD模型能否通过网络被快速传递给协作者对协同设计的同步效果起着决定性作用。

由于设计的复杂性和多样性,单一的同步或者异步协同模式都无法满足其需求。事实上,在协同设计过程中,异步协同与同步协同往往交替出现,因此,灵活的多模式协同机制对于协同设计与制造来说十分重要。

7.4.3 协同设计用户界面与协同感知方法[③]

计算机支持的协同工作技术的出现,使得计算机对人类工作的支持进入了一个全新的阶段,从过去本质上支持个体独立工作,发展成为支持群体协同工作。虽然以因特网为代表的网络技术发展很快,提供了支持协同工作的底层通讯平台,并且已经有了一些具有多用户功能的商品化群件系统,例如美国微软公司的NetMeeting等。但这类系统主要解决的是增加了单个用户数目,是一种量的变化,还不能从本质上解决群体协同工作所面临的问题。其中,缺乏有

[①] 参看:Cutkosky M. R, Glicksman J., Tenenbaum J. M. MadeFast: Collaborative Engineering Over the Internet [J]. Communications of the ACM, 1996, 39 (9) 和 Toye G., Cutkosky M. R., Leifer L. F, Tenenbaum T. M, Glicksman J. SHARE: A Methodology and Environment for Collaborative Product Development [J]. The International Journal of Intelligent and Cooperative Information Systems, 1994 (3)。

[②] CAx 是 Computer Aided x (计算机辅助 x) 的简称,例如 CAD (Design)、CAE (Engineering)、CAM (Manufacture)、CAPP (Process Planning) 等,常常作为计算机辅助工程技术的总称。DFx 是 Design For x (面向 x 的设计) 的简称,例如 DFA (Assembly)、DFC (Cost)、DFS (Service)、DFQ (Quality) 等,是一种面向产品生命周期的设计技术。CAx 与 DFx 都是与协同设计密切相关的技术。

[③] 参看:Adams M J, Tenney Y J, Pew R W. Situation awareness and the cognitive management of complex systems [J]. Human Factors, 1995, 37 (1) 和 Endsley M. Toward a Theory of Situation Awareness in Dynamic Systems [J]. Human Factors, 1995, 37 (1) 以及 Gutwin C. Workspace awareness in real-time distributed groupware [D]. University of Calgary, 1997。

效支持群体协同工作的用户界面是制约协同工作系统发展与应用的重要原因之一。协同设计环境是一种典型的分布式、多用户协同工作系统,用于支持密切、并行的设计工作。这些工具对于多学科设计团队是特别有用的,因为只有通过高效率的通讯、交互和协作,才能减少设计成本。下面对协同设计用户界面进行介绍。

(1) 协同设计用户界面

传统用户界面是以系统为中心,而协同设计用户界面则以协作者群体为中心,通过该协同设计用户界面,为协作者提供各种协作功能。

1) 以群体为中心:有些分布式 CAD 系统虽然支持多个用户对异地或共享资源的交互,但用户界面本质上仍然是人机界面,因为每个用户在与机器交互时感觉不到其他用户的存在。协同设计系统的界面应以群体为中心,让协作者在操作时能明显地感觉到其他用户的存在。

2) 以人为线索的查询统计:传统界面只支持对设计对象的各种处理功能,协同设计系统的界面应提供各种关于群体的操作功能。例如,传统界面提供了对图形对象的查询功能,而协同设计用户界面则可以根据协作者名字来查询该用户所创建、修改的对象,以便于了解群体组织结构、群体的设计历史、群体的活动特征等。

3) 任务向导:传统界面仅支持单个用户独立地对图形对象进行创建、修改、删除等建模活动,协同设计系统的界面应支持多个用户的协同建模活动,通过一个任务向导来帮助传统 CAD 用户从独立工作方式过渡到协同工作环境中来,提供三种协作模式和相应的并发控制来支持典型设计过程中的协同建模活动。

4) 协同感知:传统界面所提供的人机交互感知技术有文本光标、图形指针、夹点显示、动态导航等,以便将操作结果反馈(feedback)给操作者,这种感知仅仅是针对机器的。协同设计系统的界面应能既支持人机感知,又支持群体感知,这样,用户不仅能感知到机器的反应,而且能够感知其他用户的异地通馈(feedthrough)活动。

5) 灵活松散的 WYSIWIS:协同设计系统的应支持 WYSIWIS(What you see is what I see. 你见即我见),支持用户界面的定制和裁剪。

(2) 协同感知

感知是一个意识概念,是对环境中所进行事物的了解。这种了解是基于空间和时间的。由于环境的不断变化,感知必须是最新的。感知既包括被动感受,又包括主动获取。感知本身不是主要目标,往往从属于其他活动。人们通常用情景感知(situation awareness)来描述对环境的感知活动,即感受(perception)、领悟(comprehension)和预测(prediction)。

协同感知(cooperative awareness)是协同设计用户界面的重要组成部分。传统交互式计算机系统基本上只支持单个用户的人机交互活动,并将操作结果反馈(feedback)给操作者,这种感知仅仅是针对机器而言的。而协同设计系统既要支持传统的人机交互,又要支持人人交互,用户不仅要感知机器的反应,更重要的是感知其他用户的异地通馈(feedthrough)活动,即协同感知。协同感知又称群体感知（group awareness）。协同感知是情景感知的一个子类，是对他人活动的理解，这种理解为自己的活动提供了一个上下文，该上下文用于保证每个人的贡献都能切入群体的整体活动，并用于按照群体的目标和进展来评价个人活动。协同感知可分为列席感知（Presence）、参与感知（Engagement）、结构感知（Structure）、工作空间感知（Workspace）等，远程指针通常归为工作空间感知的相关范畴。在现实社会的人际交流中，人们可以借助各种丰富的、面对面的自然交互模式来协同工作，包括协作者的身份、心情、声音语调、面部表情、身体姿势、手势等。而 CSCD 系统中工作空间是一片共享数据，总是虚拟的、人工合成的，因此，在物理空间中非常自然的人际交互概念和方法在虚拟空间中就会变得困难起来。

在设计或选择协同设计系统时应注意下面问题：

1）列席感知：通过全局信息服务器来提供人员列表、任务及其相互关系的全局信息。

2）参与感知：通过集成进来的通知/笔谈辅助工具来模拟协作用户之间的相互通知和聊天。

3）结构感知：提供了任务结构、图层结构和用户角色结构。

4）工作空间感知：提供松散型 WYSIWIS、可裁剪人人界面、远程指针、基于实体颜色和线型的感知。

5）任务感知：提供任务向导（TaskWizard）流程来帮助协作用户参加 CAD 图形的协同设计，使得传统单机 CAD 用户可以很平滑地从独立工作方法过渡到协同工作环境中来。

6）以"人"为中心的感知：支持以人为线索的查询、检索、统计和 CAD 图形数据管理，用于了解和支持典型设计过程。

7.4.4　冲突消解[①]

协同设计是考虑多个设计主体参与的设计过程，由于各主体的设计目标、方案和对象往往存在冲突和矛盾，因此冲突识别和消解是协同设计乃至其他所有多智能主体系统的关键问题。

常用的冲突消解可分为面向状态的和面向数值的两类。前者设计目标的状态是可识别的，目标状态或者可以达到，或是不可达到的，可以看成是一个硬约束。在协同设计领域中，冲突的产生更多是由软约束引起的。软约束可以被放宽以满足其他更重要的设计约束，一般用它来表示对一特定设计属性的重视程度，往往用一函数值来衡量这种程度、评价设计状态的优劣，这个函数可以是全局的也可以是局部的。面向数值的方法主要是处理这种软约束引起的冲突。

在冲突消解过程中，根据不同的冲突情况可以采用多种解决策略，策略的选取不是简单的过程，其本身就可以看作是基于知识的问题。在协同设计中，由于各主体的能力、作用、目标等不同，当一种冲突消解策略达不到满意的效果时，系统必须有一定的机制采取其他更理想的策略。

---

① 魏宝刚，潘云鹤.协同设计技术的研究（J）.中国机械工程，1999,10（4）.

协商冲突消解是近年来引起人们广泛关注的一种更具前途的冲突消解策略。协商是人类群体协作求解问题最常用的方法之一,当人们对某一事物持有不同的观点、看法或出现严重分歧时,往往先通过协商来解决分歧。一般的协商过程如下:

1)分歧的甲方根据自身知识提出一种解决冲突的方案;

2)乙方经权衡后决定是否接受这一方案。若无异议,双方达成一致;

3)如果乙方认为甲方提出的方案与自己的方案相差甚远,双方根本没有调和的余地,它可以拒绝接受甲方的方案,这时双方只有谋求其他的分歧解决方法,如通过权威来仲裁和协调;

4)若乙方能部分地接受甲方的方案,可对方案中自己认为不妥的地方提出新的解决方案,再征求甲方的意见;

5)通过多次协商,分歧将越来越小直至得出双方都能接受的方案为止。

从上面协商冲突消解过程来看,人们在日常活动中将协商作为冲突消解和信息交换的主要方式,协商机制起着主要的协调作用。由于协同设计系统的复杂性、动态性,不可能完全依赖静态定义解决主体间的冲突,而动态冲突消解策略往往有一定局限性,是与应用相关的,也不可能实现完全自动消除主体间所有可能出现的冲突。我们认为只有将动静态策略有机地结合起来才能达到较理想的效果,不一定要刻意追求冲突消解的自动化程度,关键是要能够在系统运行过程中,逐渐地丰富系统的冲突消解知识、提高系统鲁棒性,为设计师协商解决冲突提供有效的决策支持。在实施动静态相结合的方法时,静态冲突消解可用传统的推理方法,而动态冲突消解可采用基于事例的推理等更具开放性的方法。为这种混合推理模型的结构。

7.5 分布集成与数据管理

协同设计的基本特征之一是友好的共享环境和流畅的信息集成平台,这是群体协作的基础。支持分布成员,寻求协作伙伴,利用相应的资源,参加共同任务的活动;并根据用户的身份,提供对数据的不同的访问权限等,从而提供一个开放的、分布式的、集成化的协同工作环境,可以很好的支持异地分布的设计人员协同地进行建筑的设计工作。

从技术角度来说分布集成技术可以分为两个层次:信息集成和过程集成。

1)信息集成:信息集成的目标是实现协作者之间的信息流通、交换、传递,连结散布于设计各个领域的信息孤岛,使其成为一个有机的整体。

2)过程集成:为了支持协同设计,需要利用面向某一领域的DFx工具,在计算机和网络通讯环境的支持下,在产品开发的早期阶段,就能充分考虑整个产品生命周期中的各种因素,以缩短产品开发时间、提高产品质量、降低产品成本。因此,过程集成是一种动态、在线集成模式。

7.5.1 CAx/DFx软件工具的封装

为了能够支持处于不同地点的产品开发人员使用本地或者异地的

CAx/DFx 工具协同地进行产品开发活动，协同设计系统必然是一个基于网络的分布集成环境，由分布在异地异构平台上的多种多样的 CAx/DFx 软件工具集成而成。然而，由于历史原因，传统的 CAx/DFx 软件工具都是面向单机单用户开发的，彼此独立，因此如何有效地实现 CAx/DFx 工具的网上集成成为分布协同的设计必须首先解决的问题。实现 CAx/DFx 工具分布集成所要解决的主要技术问题包括：CAx/DFx 工具的封装、不同工具之间互操作性的实现机制等，其技术难点则在于如何在分布式环境中实现小粒度的、异构工具之间的功能调用，实现在线的动态集成。对于面向单机单用户开发的传统 CAx/DFx 软件工具，为了使它们能够在分布式环境中运行，使其功能能够被异地用户通过网络远程调用，必须对它们进行改造，增加它们与外部世界的通信接口，即进行封装。

(1) 基于分布式对象的封装

基于分布式对象的封装直接利用分布式对象技术开发传统 CAx/DFx 软件工具与外部软件的通信接口，完成 CAx/DFx 工具对外部世界的开放。目前主要的分布式对象技术包括：

1) 由对象管理组 OMG 于 20 世纪 90 年代提出的分布式软件组件通信标准 CORBA；

2) 基于 Java 的分布式对象技术；

3) 微软公司的 DCOM 标准。

Urban[①]对现有的分布式对象技术进行了综述，并就如何根据分布式工程应用的需要选择合理的分布式对象技术的问题进行了讨论。采用分布式对象技术对传统 CAD 产品进行封装的一个典型例子是，原 SDRC 公司对该公司的 CAD 系统 I-DEAS 进行了基于 CORBA 的封装，形成了 Open I-DEAS，使得 I-DEAS 的核心功能可以在网上被远程调用。在研究性工作方面，MIT 的 Wallace 等人研究开发了基于分布式对象的建模与评价系统 DOME。DOME 把产品设计问题建模成为分布式对象，利用 CORBA 的事件服务和事务服务进行通讯。基于分布式对象的封装从总体上讲是对软件工具的一种直接封装，即直接将软件工具中对外开放的服务封装为分布式对象，供异地用户进行远程调用。外部世界通过调用分布式对象中的方法与如此封装的软件进行通信。

(2) 基于 Agent 的封装

基于 Agent 的封装将 CAx/DFx 工具封装成 Agent，使用 Agent 的通信与管理机制实现 CAx/DFx 软件与外部世界的通信。近年来，基于 Agent 的 CAx/DFx 软件封装和集成技术越来越受到人们的重视，研究工作明显增多。最新的研究工作主要集中在以下三个方面。其一，如何简单、高效地构造用于封装 CAx/DFx 工具的 Agent；其二，提高封装 Agent 的自治能力和智能性；其三，在 Web 环境下定义和运行 Agent，使其具有通用性和平台无关性。

与基于分布式对象的封装技术相比，基于 Agent 的方法是更高层次的封装技术，其优点在于通过 Agent 所具备的自治能力和智能性，可以在不同 CAx/DFx 工

---

① S D Urban, S W Dietrich, A Saxena, A Sundermier. Interconnection of Distributed Components: An Overview of Current Middleware Solutions [J]. Journal of Computer and Information Sciences and Engineering, 2001（1）.

具之间实现基于任务的调用和交流，从而使分布集成的 CAx/DFx 工具之间的交互变得简单、容易。另外，虽然基于 Agent 的封装也可以通过分布式对象来实现，但实现方法并不影响 Agent 具有自治性和智能性等方面的优点。

7.5.2　CAx/DFx 工具之间的互操作性实现方法

CAx/DFx 工具之间的互操作性（interoperability）是指在 CAx/DFx 工具之间能够实现数据、信息、知识、功能等共享和交换的程度，它是衡量 CAx/DFx 工具分布集成水平的关键指标。根据美国国家标准技术局的统计，美国工业界每年由于 CAx/DFx 工具之间互操作性差造成的开销高达数十亿美元。由此可见，现有 CAx/DFx 工具之间的互操作性急待提高。然而，这个问题又极为复杂和困难。虽然前面介绍的封装技术使 CAx/DFx 工具之间的物理通信以及粗粒度互用成为可能，但要有效实现 CAx/DFx 工具之间的细粒度互用，还需要解决诸多深层次问题。

现有 CAx/DFx 工具之间的信息共享程度低。造成这种状况的主要原因在于：不同应用和领域通常具有不同的术语表达方式和表达习惯；相同术语所表达的概念可能完全不同；同一概念在内涵和外延等语义上存在差异；存在概念上的异样等。针对上述原因，为了有效解决 CAx/DFx 工具之间的信息共享问题，工业界、学术界和政府部门一直致力于开发面向工程应用集成的本体论，即实现工程应用（含 CAx/DFx）之间信息共享所需要的具有明确相同语义的共享概念和术语。

由于历史原因，现有商品化 CAD 系统种类很多，并且它们之间存在着系统内部数据结构不同、系统功能有差异等问题，其结果是在不同 CAD 系统之间难以实现功能共享。这种状况对于在由不同 CAD 系统组成的分布式产品设计环境中进行协同设计造成了严重障碍。提高 CAD 系统功能共享程度的一条有效途径是对 CAD 系统的 API 函数（也称为 CAD 服务）进行标准化，从而使 CAX 工具和应用程序能够以独立于具体 CAD 系统的标准服务访问 CAD 系统的内部功能，使不同 CAD 系统之间能够以标准服务进行功能交换。

7.5.3　PDM 技术

产品数据管理（PDM）技术是产品数据共享与过程管理技术，是并行工程的基础平台。PDM 的目的是对并行工程中的共享数据进行统一的规范管理，保证全局数据的一致性，提供统一的数据库和友好界面，使多功能小组能在一个统一的环境下工作。PDM 将所有与产品有关的信息和过程集成于一体，从概念设计、计算分析、详细设计、工艺流程设计、营造、销售、维修直至产品报废的整个生命周期相关的数据，予以定义、组织和管理，使产品数据在整个产品生命周期内保持一致、最新、共享及安全。从产品数据管理的对象来看，主要分为两类：一类是产品的定义信息，另一类是产品结构、开发过程等相关的管理信息。

本书的第 6 章对 PDM 作了详细介绍。并介绍了两个作为建筑设计信息管理平台的 PDM 系统：Autodesk Buzzsaw 和 Bentley ProjectWise。这两个软件系统在国内许多大型的设计院中对协同设计给予了有力支持，发挥了重要的作用。

7.6 协同设计支持工具

7.6.1 协同设计支持工具概述[①]

目前协同设计支持工具有两类：通用协同设计支持工具和专用协同设计支持工具。

(1) 通用协同设计支持工具

主要有美国微软公司的 NetMeeting 为代表的应用共享工具。美国 Spectra 图形公司（Spectra graphics）利用工作站上基于 X Windows 的应用共享机制，推出的一个面向工作组的 CSCD 工具系统 TeamSolutions，包括两套工具：同步协作支持工具 TeamConference 和异步协作支持工具 TeamExchange。TeamConference 是一个同步协作支持工具，提供对设计数据的实时同步检查（review）的能力，具有以下特点：共享信息由生成该信息的 CAD 应用程序，如 CADAM、CATIA、I-DEAS、Pro/ENGINEER 等来处理，该应用程序作为服务器软件可以驻留在同一平台或者任何 X Windows 通过 X 窗口系统功能，多个用户可以参加该 CAD 应用的会话而不需要增加额外许可证（license）；会议主席或者协调者决定谁可以参加协作。协调者规定那一个参加者控制 CAD 应用程序；远程指针允许参加者定位特定窗口的窗口项（items）；单独提供了白板工具和其他辅助工具；提供了记录和回放机制来跟踪设计变化。所记录的数据可以回放（playback），以便让参加者来回顾是如何到达设计过程中某一特定阶段的。

通用协同设计支持工具利用应用共享工具软件对单用户应用系统（当然包括单用户 CAD 系统）进行共享，截取个体系统输入/输出界面，优点是技术路线简单，系统几乎可以直接利用个体工作软件现有的全部静态功能和资源。缺点是只能支持发言权协作模式，每一时刻只能严格地按照"WYSIWIS"方式允许一个协作者进行操作，缺乏并行性，只能提供显示级的界面共享，因此，协作性能差。这种方式只能作为个体工作系统向 CSCW/CSCD 系统过渡的权宜之计。

(2) 专用协同设计支持工具

专用协同设计支持工具还比较少见。例如美国密西根大学开发的专门支持协同文本编辑系统的的协作支持工具 DistEdit。其特点是支持多人并行协作、支持多种编辑器、较理想的响应速度、支持远程指针协同感知；缺点是需要特定的第三方通信软件，而且要对原来的文本编辑器的源代码进行必要的改动。但是当前商品化的 CAD 系统是不会公开其源代码的。

美国 CATIA 公司是美国 IBM 和法国 Dassault 合作下的 CAD/CAM 软件系统国际公司。它所推出的 CSCD 系统提供了三种商品化协作支持工具：会议管理工具，支持活动开始、邀请、参加和退出；聊天工具，支持文本、音频和

[①] 何发智. 基于 CSCW 的 CAD 系统协作支持技术与工具研究（博士论文）[D]. 武汉: 武汉理工大学. 2000.

视频通讯；白板工具，只能支持多用户对 CATIA 模型所转换的 2D 图象进行同步观察和注解（viewing and annotating）。

美国 WebScope 公司最近推出了一个基于 Web 的 CAD 协作支持工具，具备无线因特网连接能力。但是它需要把 CAD 对象（3D 实体模型，或者 2D 工程图形）转换成 JAVA 对象，以便远程多用户通过注解、查询和搜索工具来进行协作。美国 Autodesk 公司为适应 WWW 的快速发展所推出的 DWF（Drawing Web Format）数据格式及其配套的浏览工具 WHIP!，仅能支持在 Web 浏览器上进行单向的 CAD 图形发布、浏览和打印，不能进行交互编辑修改操作处理，因此难以支持实时协同图形设计。

综上所述，尽管 CATIA 等 CAD/CAM 系统公司开发了面向 CAD 的系统协作支持工具，但仍然存在明显的不足：需要将 CAD 图形格式转换成图象格式，如 CATIA 公司；或者转化成 JAVA 对象，如 WebScope 公司；或者类似于 NetMeeting 那样仅支持界面协作，如 Spectragraphics 公司的 TeamSolutions 工具；或者仅能支持单向的 CAD 图形发布、浏览和打印，例如 Autodesk 公司 DWF 文件的浏览器工具插件 WHIP!。因此，还没有真正形成专门支持 CAD 系统的协作支持工具。

7.6.2 在 Microsoft Windows XP 中使用 NetMeeting[①]

使用 NetMeeting，您可以参与网上会议或讨论，可以在共享程序中工作，还可以在因特网或公司内部网上共享数据、共享桌面以及传送文件。当然，也可以用音频、视频、聊天（文本）以及白板的方式与其他人交流。

（1）启用 NetMeeting

默认情况下，不能从程序菜单中启用 NetMeeting，可以通过命令行的方式启动。方法如图 7-8 所示：单击"开始"，选择"运行"命令，在对话框中键入

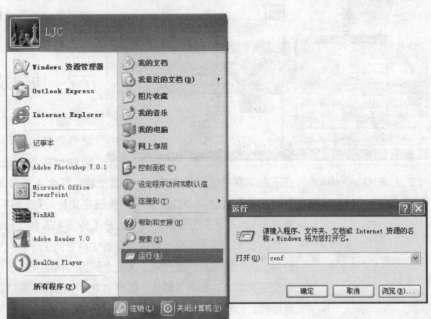

[①] http://www.microsoft.com/china/windowsxp/windowsnetmeeting/default.asp.

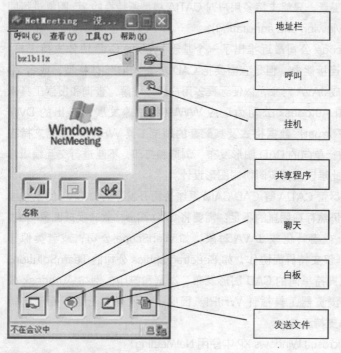

图 7-9　NetMeeting 工具栏

图 7-10　使用 NetMeeting 的示意图

"conf"并确定则可以启动 NetMeeting 配置向导，并可按照向导提示进行。向导完成后，即可以使用 NetMeeting。

（2）使用 NetMeeting

向导完成后，即可以使用 NetMeeting。在地址栏中输入对方计算机的 IP 地址或计算机名，单击呼叫按钮，对方接受呼叫后即可开始通信。

NetMeeting 功能允许用户使用目录服务器、会议服务器和 Web 页发出呼叫。通过共享程序可以方便地同其他会议参加者一起工作。此外，还可以发送和接收要处理的文件。NetMeeting 的音频和视频能让您看到和听到其他人。即使不能传送视频，用户仍可以在 NetMeeting 视频窗口中接收视频呼叫。使用聊天功能，用户可以同多人交谈。此外，可以给聊天呼叫加密，以确保会议是在私下进行的。使用白板，可以通过图表信息、使用草图或展示图形来解释概念。还可以复制桌面或窗口区域，将其粘贴到白板上。

图 7-9 为 NetMeeting 工具栏。图 7-10 为使用 NetMeeting 的示意图，反映了文件传送过程和电子白板。

7.7　协同技术的发展趋势

协同工作技术本身随着计算机和网络通讯技术的不断发展，其技术概念及范围也在不断延扩，技术手段和内容也在不断丰富。协同工作技术从广义上讲，包含人员和人员之间在计算网络设备支持下的工作协同（这是协同的传统定义）、系统和系统间的协同（自动化业务流程）、人与系统间的协同（人员工作流和系统工作流的统一）三种划分。

人员和人员之间在计算网络设备支持下的工作协同又可分为通讯协同和流程协同。通讯协同指的是传统上人们之间通过网络化电子化的通讯手段而进行的信息交流和共享，如电子邮件、即时消息、IP 语音和视频实时交流、短信彩信的信息传播、日程计划、网上讨论区、项目管理和任务跟踪等。上述相关通信手段及其软件技术实现，是主流上被大家所公认的协同工作技术和协同工作平台的主要表现形式。自从计算机支持的协同工作的概念产生，通讯协同就是协同工作技术中一个非常重要而且迅猛发展的领域。现在，从通信协同的角度，除了我们在设备和多媒体技术上的快速发展外，更朝向了通信交互过程中的知识共享、传播的发向发展，发展了很多更便于人们沟通和交流的新技术模式。例如，目前迅速发展的 Web2.0 技术，其中的 Blog（博客）和 Wiki（维客）就是对传统讨论区和信息发布方式的一个革新，大大加强了人们之间的协同沟通联系。

对于组织内一个复杂业务的完成，仅仅提供协同上通信手段的支持是不足够的，它往往需要在业务流程的框架和控制下，协调不同阶段、不同角色的任务参与人，在时间和空间分配的角度下，展开协作。这是一种复杂的高级协同场景，也是现在越来越重要并已逐渐走向实用的工作流协同工作技术。基于工作流的协同工作技术已经成为协同工作技术中最受关注的技术领域。不仅是人与人的协同，系统间的协同、人与系统的协同，它们的核心的实现技术也是工作流，只不过在技术实现过程中还有不同的侧重点罢了。即使是通信协同手段，现在也更多的要考虑它们在流程协作场景中的应用能力，是否具有流程协作参与能力已经成为通讯系统软件工具的一个越来越重要的参考指标。

基于工作流的协同，是目前协同工作技术发展乃至软件多方面技术发展的关键领域。其中，采用 Web 服务技术，来实现业务流程交互和集成，用 SOA[①]已成为基于流程协同实现的主流趋势。基于工作流的协同的核心技术是工作流协同工作技术，而且在其中，也往往划分人和系统之间交互的不同场景。我们根据人员组织机构和系统间的关系，进行如下分类:系统工作流协同、业务应用系统间的流程集成、以文档交换为中心的工作流。

另外，还有基于 SOA 的流程协同工作技术。SOA 实质上就是一套松散耦合的服务。在必要的情况下，每一项服务都可以进行构造和替换，而相关的费用很低。松散耦合甚至还可以让架构适应一些改变，并不像传统的紧耦合架构表现得那么脆弱。在一个 SOA 中，您能够使用一种服务替换另一种服务，无需考虑接口问题。这就是通过互用性所体现出来的灵活性。SOA 是让 IT 更加关注于业务流程而非底层 IT 基础结构，从而获得竞争优势的更高级别的应用程序开发架构。在 SOA 架构下，可以将各种应用功能（即使是异构的应用系统）以 Web 服务的方式组织起来，通过灵活可变的流程建模和设计，将这些服务串接起来，从而实现一个完整的业务处理流程。甚至，我们还可以将这些已经定义好的流程，继续组织包装成一个 Web 服务，通过服务注册和服务发现，它们还可以动态的作为子流程元素进一步的作为上一层系统流程的服务单元。这就是 SOA 架构给我们带来的巨大的灵活性和扩展能力。

参考文献

[1] Liam J. Bannon, John A. Hughes. The Context of CSCW [A]. In K. Schmidt （Eds.）. Report of COST14 "CoTech" Working Group 4 (1991-1992) [C], 1993.
[2] Grudin J. Computer-Supported Cooperative Work: History and Focus [J]. IEEE Com-

---

① SOA 是 Service-Oriented Architecture（面向服务的体系结构）的缩写。

puter, 1994, 27 (5).

[3] Clark H. H., Brennan S. E., Grounding in communication [A]. In L Resni, J M Levine, and S D Teasley (Eds) Perspectives on Socially Shared Cognition [C]. APA, Washington, DC, 1991.

[4] Olson G. M., Olson J. S., User-centered design of collaboration technology [J]. Journal of Organization-al Computing, 1991, 1.

[5] 钟玉琢, 蔡莲红, 李树青, 史元春. 多媒体计算机技术基础及应用 [M]. 北京：高等教育出版社, 2000.

[6] Cutkosky M. R., Glicksman J, Tenenbaum J. M., MadeFast: Collaborative Engineering Over the Internet [J]. Communications of the ACM, 1996, 39 (9).

[7] Toye G., Cutkosky M. R., Leifer L. F., Tenenbaum T. M., Glicksman J. SHARE: A Methodology and Environment for Collaborative Product Development [J]. The International Journal of Intelligent and Cooperative Information Systems, 1994, 3, 2.

[8] Adams M. J., Tenney Y. J., Pew R. W., Situation awareness and the cognitive management of complex systems [J]. Human Factors, 1995, 37 (1).

[9] Endsley M. Toward a Theory of Situation Awareness in Dynamic Systems [J]. Human Factors, 1995, 37 (1).

[10] Gutwin C. Workspace awareness in real-time distributed groupware [D]. University of Calgary, 1997.

[11] 魏宝刚, 潘云鹤. 协同设计技术的研究 (J). 中国机械工程, 1999, 10 (4).

[12] S. D. Urban, S. W. Dietrich, A. Saxena, A.Sundermier. Interconnection of Distributed Components: An Overview of Current Middleware Solutions [J]. Journal of Computer and Information Sciences and Engineering, 2001, 1.

[13] 何发智. 基于 CSCW 的 CAD 系统协作支持技术与工具研究（博士论文）[D]. 武汉: 武汉理工大学, 2000.

[14] Microsoft.在 Microsoft Windows XP 中使用 Netmeeting [OL]. Microsoft corporation, http://www.microsoft.com/china/windowsxp/windowsnetmeeting/default.asp.

8 数字化建筑设计智能化

8.1 概述

自20世纪80年代以来,由于计算机(尤其是个人计算机)的处理能力大幅度提高,利用计算机进行图形处理的工作变得越来越便利,因此在建筑设计领域中对于CAD技术的应用也越来越普及。在建筑设计中利用计算机来减轻繁重的设计工作可以说意义十分重大,例如,就某一具体类型的建筑设计来看,由于建筑用地、周边环境、建筑规模、所需的功能空间、建筑的利用形态以及使用者的特性等方面的差异,通用的解决方案可以说几乎是不存在的,设计者们面临着艰巨而又繁重的设计任务。一个建筑项目的完成,需要设计者对建筑设计、结构设计、建筑设备、建筑施工、建筑管理等各方面的知识、信息、条件进行掌握、管理、调整、综合。

在这样的情况下,目前建筑设计中对于计算机的利用,特别是对于CAD的利用在减轻设计人员在整个建筑设计作业过程中的劳动负担方面无疑做出了巨大的贡献。然而,尽管现在计算机技术已经在建筑设计、研究、生产等几乎所有的建筑领域中得到了广泛的应用,在建筑设计领域中对于CAD的实际运用目前仍然主要局限于图纸绘制以及三维建模、建筑方案表达等方面,这其实是追求设计过程效率化的一种利用方式,我们可以将这种利用方式中计算机的作用称之为"手的延长"。另一方面,我们在追求效率化的同时,还应当充分利用计算机的优势来帮助设计者提高设计的创造性,即让其真正成为"脑的延长"。虽然目前作为设计者"脑的延长"的计算机利用还远远未得到普及,但是就目前在建筑设计领域中对计算机的一些新的利用方式的研究以及探索来看,计算机辅助设计应当不仅仅只限于辅助绘图、三维建模等方面,而且能够在更为广阔的领域,特别是在对设计者的建筑设计思考本身进行有效支援方面发挥更大的作用。

8.1.1 数字化建筑设计智能化技术的发展与现状

(1) 数字化建筑设计智能化的含义

数字化建筑设计智能化与计算机技术尤其是人工智能技术的产生与发展密切相关。最早提出"人工智能(Artificial Intelligence)"这一概念的美国斯坦福大学的约翰·麦卡锡(John McCarthy)教授针对"计算机无法进行创造性工作"的说法,认为"人可以完成的工作计算机也可以完成",并一直致力于模拟人脑的思维活动的,能像人类一样进行推理的计算机系统的研究[①]。数

[①] 参看:渡边仁史.建筑策划与计算机[M].东京:鹿岛出版社,1991.

字建筑设计智能化就是在建筑设计工作中,运用计算机技术来帮助设计人员从事建筑创作,特别是在建筑方案解答的自动生成、可能的建筑设计解决方案的自动探索以及建筑设计解决方案的自动评价与优化等方面,对设计者的设计思维活动进行有效支援的智能系统与技术。

(2) 建筑设计智能化技术的发展

要使计算机具有与人类相同的智能,必须将人所积累与学习到的众多经验与知识用计算机所能理解与处理的方式进行整理,加以体系化。建筑设计智能化技术的产生与发展正是计算机技术的发展与科学系统的建筑设计方法论的研究成果相结合的结果。

对于科学系统化的建筑设计方法论的研究始于20世纪60年代美国的克里斯多夫·亚历山大所著的《形式合成纲要》,在该书中,亚历山大提出了将建筑设计的诸多设计条件分解成一系列相互间矛盾最小化的次系统的数理方法,以及将建筑设计问题分解为数个子项,然后寻求各个子项问题的最佳解答并进行合成的设计方法[1]。当时,有很多研究者热心于运用计算机进行自动设计(automatism)的研究,试图开发能够进行自动设计的模型与系统。其中较具代表性的有英国的彼得·曼宁(Peter Manning)与怀特黑德(B.Whitehead)的有关单层建筑平面自动布局最优化的研究[2],以及西霍夫(J.M. Seehof)与埃文斯(W.O. Evans)的基于凑合法的平面自动布局设计(ALDEP:Automated Layout Design Program)的研究[3]等。

进入20世纪70年代以后,关于建筑的形式、平面组合、空间布局的研究,特别是基于功能空间邻接关系的平面生成的研究,成为计算机辅助建筑设计以及设计方法研究中的一个重要分支。例如,在斯泰德曼(P. Steadman)[4]、吉田胜行[5]等人通过矩形分割法建立建筑形态语汇的研究中,提出了运用选择法进行建筑设计研究的方法,这些研究成果集中反映在斯泰德曼的著作《环境几何学》以及《建筑形态学》之中。

20世纪80年代后期,研究者们开始对建筑空间的系统性表述方法进行研究,提出了形态语法的概念,与此同时,尝试运用这一概念进行建筑设计工具的开发。在《建筑的逻辑学》一书中,米歇尔(W.J. Mitchell)发展了形态语法的概念,通过语言逻辑构筑了对形态与功能关系进行综合表述的框架,提出由功能到形态的设计方法(Functionally Motivated Design)[6]。在建筑设计智能化系统的具体研究中,对运用图形学理论将建筑空间进行平面图形的抽象化,以图形与空间所具有双重性为前提的自动设计,以及按照所给定的约束条件在矩形空间中进行交通空间最优化配置等方面进行了尝试。

---

[1] 参看:C.Alexander.Notes on the Synthesis of Form [M].Boston:Harvard University Press,1964.
[2] 参看:Peter Manning.An Approach to the Optimum Layout of Single-storey Buildings [J].The Architect's Journal Information Library,1964,17:1373~1380 和 B. Whitehead,M.Z.Eidars.The Planning of Single-Storey Layouts [J].Building Science,1965,1(2):127~139.
[3] 参看:J.M.Seehof,W.O.Evans.Automated Layout Design Program [J].Journal of Industrial Engineering,1967,18(12):690~695.
[4] L.March,P.Steadman.The Geometry of Environment – An Introduction to Spatial Organization in Design [M].London: METHUEN & CO. LTD.,1971 和 P.Steadman.Architectural Morphology – An Introduction to the Geometry of Building Plans [M].London: Pion Limited,1983.
[5] 吉田胜行.基于非线性规划法的以立方体分割图为母体的最佳平面作成法的相关研究 [J].日本建筑学会论文报告集,1982,314:131~142.
[6] 参看:W.J.Mitchell.The Logic of Architecture [M]. Boston: MIT Press,1989.

在计算机作为绘图工具普及之前,即20世纪90年代以前,有关建筑平面布局自动化系统的研究较为多见。随着计算机辅助绘图软件的开发以及在实际运用中的不断发展,以提高CAD的操作性能为目的的研究以及智能型CAD的相关研究变得引人注目。这是由于伴随着计算机技术的发展及其利用形态的变化,计算机技术在建筑设计领域中利用的可能性也发生了变化的结果。20世纪90年代后,同以因特网为代表的计算机网络技术的迅猛发展的步调相一致,利用因特网进行设计支援以及远程协同设计方面的研究得到了迅速发展,这正是计算机技术的发展以及计算机利用形态的变化中很具代表性的一个例子。此外,近年来其他科学领域的研究成果与研究方法(如从生物学中发展而来遗传基因法、数学领域中的模糊理论、图形学理论等)也对建筑设计智能化研究的内容与方法产生了很大的影响。

(3) 建筑设计智能化技术的现状

从目前建筑领域中对于计算机利用的现状来看,计算机技术在建筑设计、研究、生产等各个相关领域中得到了广泛的利用,并且取得了丰富的成果。然而,就计算机在建筑设计领域中的实际利用情况来看,虽然作为制图工具,或者作为建筑方案的表达工具来说已经得到了广泛普及,作为帮助设计者进行建筑设计思考的工具来说,还远远未到实用化的阶段。

例如,在对二维CAD软件的利用中,主要用来完成建筑的平面、立面、剖面、大样图等方案图或施工图的绘制。而在对三维CAD软件的利用中,虽然也用于立体形态空间的推敲等设计作业中,然而大多数情况下却是在方案设计完成后用于最终建筑效果图的绘制。因此,目前建筑设计中的CAD利用与其说是计算机辅助建筑设计(Computer Aided Design),倒不如说是计算机辅助绘图(Computer Aided Drawing)来的更为准确。当然,就建筑设计的整体过程从广义的角度来说,利用计算机进行图纸绘制也可以看成是对建筑设计支援活动的一部分,不过这与当初CAD的倡导者所提出的概念恐怕已是相距甚远了。

目前流行的CAD软件(无论是通用CAD软件或是建筑设计专用CAD软件)都是以提高绘图效率为中心加以开发的,尽管这些软件拥有丰富的作图功能,然而并不支持设计者的建筑思考特别是方案构思阶段的活跃的思维活动。也就是说,软件使用者(设计者)如果不将建筑方案的方方面面(如具体的图形、尺寸等)加以明确的规定,就无法运用这些软件来进行设计。而当这些具体的图形、尺寸明确到可以在这些CAD软件中进行输入时,已经是设计者的建筑思考过程之后的结果了。此外,由于目前的计算机与人脑在信息处理时方式与特点存在着很大的差异,再加上建筑设计的思考活动有其固有的特质,因此在开发支援建筑思考活动的软件或系统时面临着一系列的困难(关于这一点在以后的内容中将详细阐述)。

基于上述原因,从建筑设计实践的层面来看,可以真正有效支援建筑设计者进行建筑设计思考的建筑设计智能化系统可以说是寥寥无几。不过,在研究的层面上,利用计算机的计算处理能力作为支援建筑设计思考活动的工具的研究自20世纪60年代以来从来没有停止过,而且也取得了一定的研究成果。

目前主要的研究领域有建筑设计型专家系统、网络协同设计系统、建筑形态生成系统、建筑技术模拟系统等。在建筑设计智能化研究中最具代表性的建筑设计专家系统中又可分为建筑平面布局自动化系统、智能 CAD 系统、三维智能建模系统等几个主要研究方向，我们将在本章的第 4 节中对这些研究方向通过一些具体实例进行介绍。

8.1.2 建筑领域中的专家系统

目前，在建筑设计领域中对计算机技术的利用主要集中在计算机辅助设计（CAD）领域，而且多为把计算机当作绘图工具加以利用。而另一方面，利用计算机来代替或是帮助人类从事更高层次的智能型工作的设想，以人工智能研究的形式得到了相当程度的发展。现在，随着人工智能研究的不断发展，在各个科学研究领域都得到了广泛的运用。以下是其中一些具有代表性的研究与利用类型，如专家系统（Expert System）、图像识别、模式识别、神经元网络、机器人等。

作为人工智能研究的一个重要领域，20 世纪 60 年代出现的专家系统从 20 世纪 80 年代开始在建筑领域得到广泛的关注与研究。由于人们对专家系统抱着极大的期待与热情，因此在对专家系统的研究盛行一时的年代，专家系统几乎成为人工智能的同义词。以下我们就专家系统的构成、专家系统的类型以及在建筑领域中的主要应用进行简要的介绍。

（1）专家系统的基本构成

所谓专家系统是指在特定的问题研究领域，运用储存在系统中的专家知识进行推理，以帮助解决问题的智能计算机系统。也就是说，专家系统是一种模拟专家决策能力的计算机系统。专家系统是以逻辑推理为手段，以知识为中心来解决问题的。如图 8-1 所示，专家系统一般来说由以下几个部分构成[①]。

● 知识库（Knowledge Base）：用于储存专家用以解决问题的知识。

● 推理器（Inference Mechanism）：利用知识库中的知识用以控制推理过程。

● 使用者接口（User Interface）：又称为用户界面或人机接口，提供使用者与专家系统的接口。

● 知识获取接口（Knowledge Acquisition Interface）：提供编辑、增删知识库的功能。

● 解释器（Explanation Mechanism）：就所得出的结论向使用者提供友善的推理过程的解释说明及咨询功能。

在以上 5 个部分中，知识库与推理机构是专家系统的最为核心的构成要素。

1）知识库：知识库的主要工作是储存知识，系统地将知识进行表述或是模

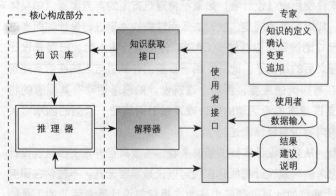

图 8-1 专家系统的构成

[①] 三云正夫等. 技术纲要·建筑与 AI-1/AI 的概要 [J]. 日本建筑学会建筑杂志，1987，102（1259）.

型化，使得计算机可以进行推理从而解决问题。知识库中的内容一般包含两种形态：一是知识本身，即对物质以及概念作出具体的表述、分析，并确认彼此之间的关系；而另一种则是作为专家（人）所特有的经验法则、判断力与直觉。知识库所包含的是可做决策的"知识"，而非未经处理过的"资料"。在知识库中，一般运用"IF：条件，THEN：结论"的形式来表达专家的经验法则与判断规则。下面是一个表述专家经验法则的实例：

IF：某卧室朝南开窗，而且该房间南面无建筑物及其他遮挡

THEN：该卧室可以从南面采光

2) 推理器：推理器是根据算法或者决策策略，利用知识库中的知识进行推理的程序系统，根据使用者的问题来推导出正确的或可能的答案。推理器的问题解决的算法可以分为三个层次：第一个层次是一般途径，即利用任意检索随意寻找可能的答案，或利用启发式检索尝试寻找最有可能的答案。第二个层次是控制策略，有前推式、回溯式及双向式三种。前推式是从已知的条件中寻找答案，利用条件逐步推出结论；回溯式则是先行设定目标，再证目标成立。第三个层次是其他一些思考技巧，如用模糊算法来处理知识库内数个概念间的不确定性，用遗传算法来在数量巨大的解答领域中探寻近似最佳解答等。在推论器中采用哪种推论层次一般是根据知识库、使用者的问题以及问题的性质与复杂程度来决定的。

(2) 专家系统的类型及其在建筑领域中的运用

在专家系统中，根据处理对象、问题性质以及任务类型的不同可分为分析型、控制型、规划设计型、解释型、调试型、维修型、监护型、控制型、教育型等多种类型。以下简单地介绍一下分析预测型、控制型、规划设计型这三种在建筑领域中被广泛研究及运用的专家系统的特征及其在建筑领域中的主要应用形式。

1) 分析型专家系统：分析型专家系统是指根据事先给定的数据进行分析，推断出结果或者原因的系统，根据性质不同又可分为解析系统、诊断系统、预测系统等不同的类型。该类专家系统具有问题探索空间有限以及模型的设定相对容易等特征。

目前，分析型专家系统在建筑领域中的主要应用有：采光、日照、声学、通风、热工环境等方面的解析系统；结构设计中的力学计算、抗震计算等解析系统（图 8-2）；混凝土结构建筑物的裂缝诊断、原因推断系统；建筑防灾预测系统；建筑物中人的行为预测与模拟系统（图 8-3）等，这些专家系统中有相当一部分已经得到了实际应用。

2) 控制型专家系统：控制型专家系统可以根据连续输入的信息数据进行解释，检测异常状况，进行实时监控，自动报告异常状况并且按照预先设定的对策自动完成实时控制任务。控制型专家系统在核电站中的异常诊断与运行系统、各种发电厂的控制系统、车辆自动驾驶系统、智能机器人等许多领域中都得到了广泛的应用。

在建筑领域中控制型专家系统应用的实例有：用于建筑物振动控制的动态控制系统，空气膜结构建筑管理系统，用于发现建筑物缺陷的建筑设施控制系

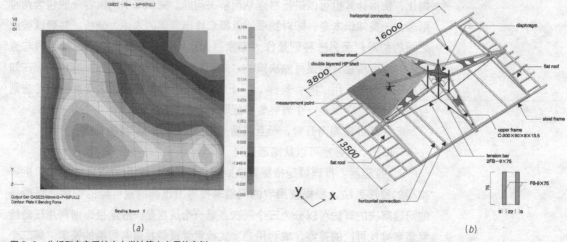

图 8-2 分析型专家系统在力学计算中应用的实例
(a) 利用有限元方法得出的双曲抛物面屋顶的力学解析图；(b) 双曲抛物面屋顶的结构示意图

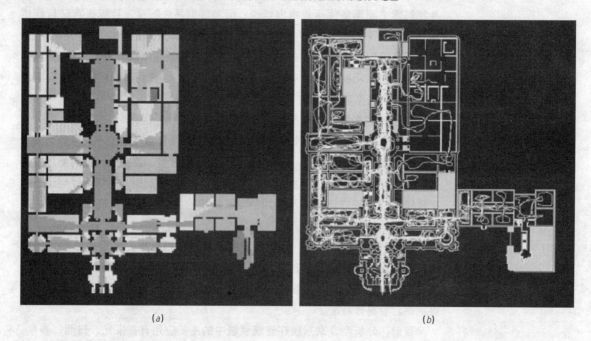

图 8-3 分析型专家系统在人的行为预测与模拟中应用的实例①
(a) 人流密度模拟图；
(b) 人流密度实测图

统等。

3）规划设计型专家系统：这种专家系统是在一定条件约束的基础上，生成能够满足各种设计要求的设计方案的系统。由于在通常情况下可能的解决方案的解答有很多，因此这种系统必须具备对生成的方案进行优化评价的功能，因而远比分析型专家系统及控制型专家系统要复杂得多。根据使用性质的不同，这种专家系统可分为规划型与设计型两种。规划型是根据给定目标拟订行动计划方案，设计型多为根据给定要求形成所需方案和图样（图 8-4、图 8-5）。由于设计型专家系统往往以综合优化方案的生成为目标，而综合能力又是当前计算机的弱项之一，因此该种系统想要真正得以实现和应用，要

---

① 图片来源：渡边诚.思考是否跟上了技术 [J].建筑杂志（日），2005，120（1538）：14~18.

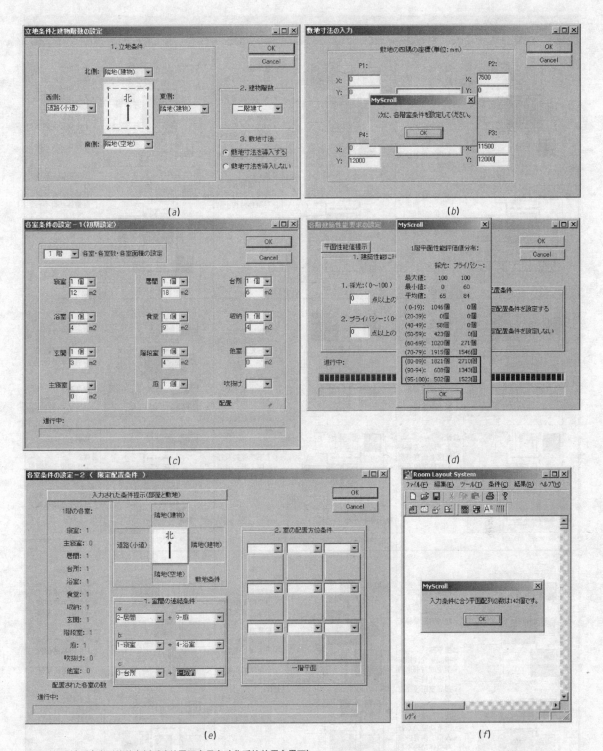

图 8-4 设计型专家系统的实例（建筑平面布局自动化系统的用户界面）
(a) 用地环境及建筑层数设定窗口； (b) 用地尺寸设定窗口； (c) 功能空间设定窗口；
(d) 建筑平面性能设定窗口； (e) 设计者自定约束条件设定窗口； (f) 生成结果提示窗口

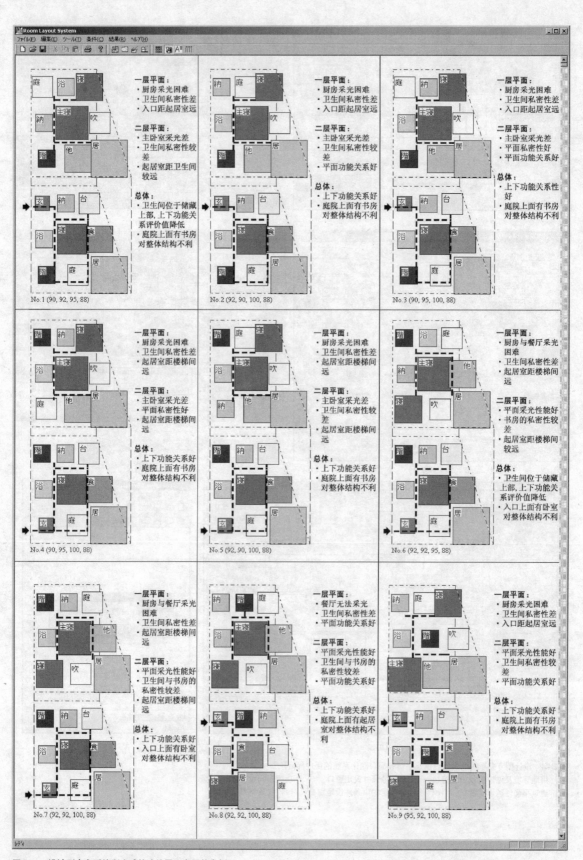

图 8-5 设计型专家系统所生成的建筑平面布局的实例

走的路还很漫长。

在建筑领域中,对规划设计型专家系统的研究虽然一直在进行,例如建筑设计的早期阶段的土地利用规划系统、平面自动布局系统、装配式住宅设计支援系统等,基于上述问题的存在,真正得到实际应用的设计型专家系统可以说寥寥无几。

8.2 建筑设计型专家系统的知识库

一般来说,专家系统的建立必须遵循一定的程序来进行,建筑设计型专家系统的建立也不例外。首先,要确定需要解决的问题的类型,再根据这些特定的需求找出相关的知识并将其概念化、模型化,并将这些概念加以组织整理成系统的知识结构,这样就能初步形成一个知识库。接下来必须制定一些涵盖上述知识的规则,这其中包含了推论技术与演算法的选择、转译、推理演绎等程序,通过推理器来生成建筑设计方案并进行评价与优化。

8.2.1 建筑设计过程的表述与建筑设计的问题定义

所谓设计可以定义为将某种设计目标加以具体化的作业过程。将这一概念推广到建筑设计领域中加以解释的话,建筑设计可以定义表述为:为实现能够提供满足预期使用要求的建造物(建筑物,城市以及其他构筑物)及其环境,对设计对象(建筑物,城市,环境)的形态、结构进行研究、思考,通过图纸、文字说明等手段将其具体表达出来的行为。因此,建筑设计的过程实际上就是探寻与发现可以满足某种目的和要求条件的建筑的形态与结构的过程。

(1) 建筑设计过程的表述

如图8-6中所示,建筑设计的过程可以表述为由设计问题定义、设计解的生成以及设计解的验证这三部分所构成的问题解决的过程[①]。在建筑设计中,从设计者的设计行为来看,通常是首先运用理性分析的方法来分析设计条件确定设计目标,然后通过直觉与经验迅速构想出大致的解决草案进行评价与验证。如果初期草案看起来大致可行,再运用理性的分析进一步检查确认能否满足各项要求条件及设计目标(如功能、成本、能耗、结构合理性)等具体内容。当发现存在问题时,修改设计方案再行评价。当即使修改设计方案也无法解决问题时,有必要重新审视设计目标,考虑其具体内容的优先满足程度,调整各部分之间的相关关系,修订设计目标后

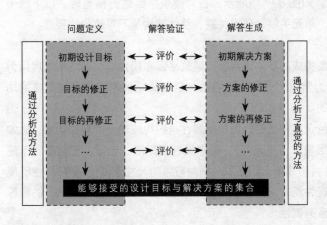

图8-6 建筑设计过程的示意图

---

① Carlo H. Sequin, Yehuda Kalay. A Suite of Prototype CAD Tools to Support Early Phases of Architectural Design [J]. Automation in Construction, 1998, 7 (6): 449~464.

再进行方案调整与评价。通过这样的反复调整修改，逐步设计引导出能够满足设计目标（经过修改能够被接受的目标）的最终方案。

(2) 建筑设计的问题定义

建筑设计中的问题定义是指对建设项目的委托人、业主、使用者的各种要求（既有具体的、定量的要求，也有抽象的、定性的要求）以及气候、用地、城市、社会等方面的环境条件与法规条件进行整理，将这些要求条件转换成形态、要素、功能、性能等相对具体的、定量的、定性的设计目标，确定作为设计对象的建筑的基本条件。例如，克里斯多夫·亚历山大在其著作《形式合成纲要》中，将复杂的建筑设计问题表述为 G (M, L) 的形式[①]。其中 M 为形式与环境文脉之间不相吻合的变量集合，L 为这些变量之间相互关联的集合。将建筑设计看作是消除、解决这些与环境文脉不相协调的问题的过程。在具体设计操作中，采用将复杂的建筑设计问题 G 分解为一系列较为简单的次系统，然后将各个次系统所赋予的形式加以合成的方法。

8.2.2 设计语汇与知识的表述

建筑设计既是问题解决的过程，又是一个形式的选择与发现的过程。在建筑设计型专家系统的建立中，无论是从设计问题定义、设计目标的表述以及设计解的表达与验证的角度来看，都需要将建筑设计语汇以及建筑（通常是建筑方案）通过某种形式加以表述，这种表述既要符合建筑设计表达的一般规律又必须采用计算机所能理解和处理的模式。下面以建筑设计型专家系统中具有代表性的建筑平面布局自动化系统（具体内容见本章第 4 节）为例，对建筑平面构成的记述与描写做一个简单的介绍。

所谓建筑平面布局自动化系统是指运用计算机自动处理建筑的房间、走道的布局，按照房间的关系、日照等条件，自动探索、生成符合这些条件的建筑平面组合类型的系统。由于建筑平面布局自动化系统所处理的是有关平面图形的问题，必须用计算机语言将平面布局问题通过某种表现方法加以表述与描写。在建筑平面构成中，既存在着明确的具体形态、功能方面的关联又隐含着许多潜在的抽象关联，因此在处理平面布局问题时，有必要对建筑平面进行完整而客观的表述。如图 8-7 中所示，在对建筑平面进行描写时，以下四个要素，即构成单元、单元关联、环境关联、整体架构是不可缺少的要素。

(1) 构成单元：

构成单元是平面构成的基本元素，在建筑平面布局自动化系统中以房间为构成单元的情况最为常见，另外也有将由一组相关功能密切的房间组成的功能块作为构成单元的。

构成单元本身包含多种属性，如功能属性（即构成单元的建筑功能，比如住宅中的寝室、起居室、卫生间等）、形态属性（矩形、圆形、三角形、不规则形等）、尺寸属性（构成单元的面积、横向与纵向尺寸及其比例等）、性能属性（构成单元在建筑性能方面的要求，例如对通风、采光、保温隔热、防噪等方面的要求）等一系列属性。

[①] 参看：C. Alexander. Notes on the Synthesis of Form [M]. Boston: Harvard University Press, 1964.

(2) 单元关联：

即建筑平面中的构成单元之间的相互关系，如构成单元之间的功能关系、位置关系（构成单元相互间的远近、邻接、上下左右等关系）、形态关系（构成单元间的平行、垂直、重叠穿插）等各种关系。

(3) 环境关联：

环境关联是指构成单元与基地周围环境之间的相互关系，这些关系有位置关系（构成单元在基地中的平面位置、方位及朝向等）、邻接关系（构成单元与基地内部或基地周围的道路、相邻建筑以及其他环境要素之间的远近、邻接等关系）、功能关系（道路出入口、基地外部环境对构成单元在通风、采光、保温隔热、防噪、观景等方面的影响）等。

(4) 整体架构：

建筑平面并非仅仅由作为个体的构成单元所堆砌而成，轴线、骨架、秩序、整体形态等要素在保证建筑具有良好的整体架构关系中不可或缺。这些要素对于建筑内部简洁明确的功能流线的组织、富有秩序的空间的形成、有效的结构关系的确立以及良好的建筑外部形态的创造等方面起着非常重要的作用。

以上所述的仅是建筑平面布局自动化系统中的一种建筑表述的模型，不同类型的建筑设计专家系统应根据系统的目标以及处理问题的不同，恰当地建立建筑表达的数学模型以及相关建筑知识的信息库。

8.2.3 设计目标的表述

前面说过，在开始进行某项建筑设计时，需要在设计的初期阶段将各种设计要求与条件转化为具体的设计目标，进行设计问题的设定。在建筑设计目标设定中，既需要对综合目标进行设定，又需要对各相关的单项目标进行设定与权衡以保证综合目标的实现。例如，在进行住宅建筑设计目标设定时，在设定营造品质优良的住宅这一综合目标的基础上，必须设定建筑的耐久性、安全性、舒适性、高效性、经济性、艺术性等方面的单项目标。

在构筑建筑设计型专家系统时，由于必须通过计算机所能理解的方式进行信息与数据处理，这些设计目标需要以某种数学模型的方式进行转译与表述。

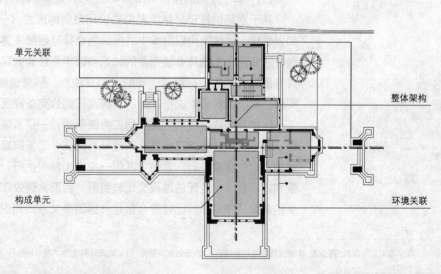

图8-7 建筑平面描写的相关要素

例如，用移动成本、流线密度、功能空间的距离权值等数学模型来表述建筑功能流线的高效性这一设计目标；用建筑各功能空间的日照时间权值、房间采光性能综合值来表述舒适性目标中采光要求这部分内容；用建设成本来表述经济性目标，用架构性来衡量建筑结构合理性目标等。

就目前所开发的众多建筑设计型专家系统来看，设计目标的设定与表述中普遍存在着以下两个问题：一是由于综合目标设定困难，因此多采用单项目标设定的方式，对于建筑设计综合最优化不利；二是由于存在像艺术性这样难以用数学模型明确地加以表述的目标，多采用移动成本、日照时间权值这些易于表述的数学模型来描述设计目标，而这些设计目标在具体设计中并非总是处于核心目标的地位。这些问题都是在建立实用性的建筑设计型专家系统时所必须解决的问题，遗憾的是对于这些难点问题目前尚未有有效的解决办法。

8.3 建筑设计型专家系统的知识推理器

在建筑设计型专家系统中除了需要建立与建筑相关的知识库之外，还必须建立有效的知识推理器来进行建筑设计解决方案的生成与评价。建筑知识推理器是根据算法或者决策策略利用知识库中的知识进行推理的程序系统，根据使用者的问题来推导出正确的或可能的答案。建筑设计型专家系统的知识推理器建立在知识库与知识推理规则的基础上，运用设计解生成系统生成可能的建筑解决方案，通过设计解的验证与评价系统进行评价与筛选，然后运用各种优化方法来获得满足设计约束条件的优化方案。

8.3.1 知识推理规则

按照推理方法的不同，专家系统的推理机一般采用以下两种形式来进行知识推理：一是基于演绎的推理，其具体应用形式是基于规则的推理系统（Rule-based Reasoning, RBR）；二是基于类比的推理，具体应用形式是基于实例的推理系统（Case-based Reasoning, CBR）[1]。

(1) 基于规则的推理（Rule-based Reasoning, RBR）

基于规则的推理是将专家的知识用规则的形式（一般为 IF THEN 的形式）加以表现，通过运用规则库中的规则的选择与匹配来进行问题求解的方法。这种方法适用于那些具有较完善的知识和较丰富经验的环境中，专家知识全部由具有因果关系的规则组成，规则间相互独立，信息传递靠上下文（或事实库）实现，系统的性能取决于规则的规模及规则的完备程度。

该推理方法的使用主要受到三方面制约：一是当规则集中的规则数量增多时，规则的一致性及完备性难于检验和保证。二是问题求解过程是通过对综合数据库中的事实进行反复的"匹配—冲突消解—执行"而实现的，由于通常的规则库比较大，匹配的过程又比较费时，因而推理效率低下。三是不太符合人类的初始认知规律，比较适合运用一些因果关系的知识而难以运用那些具有结

---

[1] 参看：应保胜，高全杰. 实例推理和规则推理在 CAD 中的集成研究 [J]. 武汉科技大学学报（自然科学版），2002，25 (1)：61~64.

构关系或层次关系的知识。

(2) 基于实例的推理（Case-based Reasoning，CBR）

基于实例的推理起源于人和机器学习的动态存储理论，其本质是利用旧问题的解（解决方案）来解决新问题。它的原理是，首先由问题（Problem）及其解（Solution）组成一个实例（Case），并将其存储在实例库（Case-base）中；对一个新问题进行求解时，先将新问题按某种特定方式进行描述，然后到实例库中寻找与之相似的旧实例，再按某种算法找出最相似的旧实例作为新问题的匹配，将其解作为新问题的建议解；通过对建议解进行修正、校订，得到新问题的确认解。与此同时，新问题及其确认解又作为一个新的实例存入实例库，供其他新问题的求解使用。因此，基于实例的推理系统具有自学习功能。如何表示实例是该系统的一个重要问题。根据具体问题的不同，实例的表示方法也有所不同。一般要求实例的表示至少应包含两方面的内容，即问题及其目标的描述和问题的解决方案。

同基于规则的推理系统相比较而言，基于实例的推理系统，对知识、经验及信息的完备程度要求要远低于专家系统，且推理效率较高，因而它越来越多地引起人们的重视。不过它也有以下几个缺点：一是检索出来的相似实例可能不是满意结果，有时最适合的实例不一定能被选中。二是在相似实例不完全符合新要求时，缺乏好的实例改写机制。

8.3.2 设计解生成系统

建筑设计是一个以满足各种设计条件以及设计要求为目的的，逐步确定建筑的功能、空间形式等内容、对于设计解答进行不断探索与评价修正的过程。在该过程中，设计者针对设计要求以自己所具有的专业知识以及经验、常用手法为基础，构思出一系列可能的解决方案，然后进行方案的验证与评价，通过反复修正最终创造性地寻找出在整体上能够满足作为设计对象的建筑物的功能与空间形式的设计方案解答。建筑设计具有求解领域的广泛性与不确定性、正确解答的不明确性以及非唯一性的特点，属于多解性问题。在求解过程中，约束条件越多求解的范围就越小，而在实际的建筑设计中，一般来说约束条件总是不充分的，这样就导致了求解的范围远远超过设计人员所能把握和处理的范围，因此为了缩小解答的探索范围，设计者需要根据自己的经验与判断增加约束条件，在有限的范围内争取寻找出优秀的设计解（图8-8）。

在建筑设计型专家系统中，一般在预先设定的约束条件的基础上，按照某种生成规则与探索方式来寻找潜在的建筑解决方案，然后反复进行解的评价与生成，直到寻找到能满足设定的设计目标的建筑解为止。因此，设计解生成系统的核心是设计解的生成规则与探索方式。至于作为探索的结果所获得的方案是否属于正确的解答，则有赖于恰当地

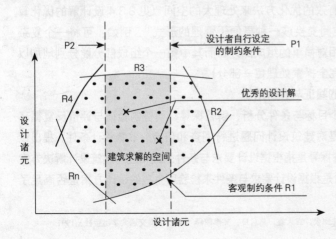

图8-8 建筑设计问题求解空间与条件约束的关系

设定目标评价函数来进行验证。

(1) 设计解的生成规则

设计解的生成规则是系统以何种方式自动形成初始的设计方案（在建筑平面布局自动化系统中通常为建筑平面布置图），其中既有按照某种既定法则（例如按照房间面积大小或重要性依次排列房间等建筑构成单元）来有序生成的方式，也有随机生成的方式。一般有序生成的方式有利于对设计解领域进行全面探索，缺点是初始的设计方案受既定法则的影响大。随机生成的方式可以不受既定法则的影响，但不利于设计解领域的全面探索，一般多与遗传算法等不需要全面探索求解领域的方法相结合运用。

(2) 设计解的探索方式

根据对设计解领域探索范围的不同，设计解的探索方式可分为完全探索与不完全探索两种方式。完全探索是指在设定的求解领域范围内对于可能的设计解毫无遗漏地进行穷举搜索，将其进一步细分的话有广度优先型设计解探索（Breadth First Search）和深度优先型设计解探索（Depth First Search）两种方式。不完全探索是通过一些特殊的搜索方法对求解领域进行局部探索来获得优化或准优化解答的过程。

完全探索的优点是在求解领域范围内不会造成优秀解的遗漏，缺点是计算量大，求解领域必须限制在一定范围内，否则会出现即使理论上存在正确解答也无法探索计算的情况。不完全探索的优点是计算效率高，可以结合遗传算法等优化方法在无限的求解领域进行优秀解的探索，缺点是对于优秀解的探索方向受到目标评价函数的影响过大，往往只能获得满足有限目标的局部优化解答而难以获得能充分满足综合目标的解答。

由于计算机难以像设计者一样自行设定追加特定的约束条件，这导致了所要探索的求解空间过大，面对天文数字级的解答探索，即使是利用现在最先进的计算机也是无法在合理的时间范围内完成。因此，在目前的建筑设计专家系统中，通常规定了非常严格的限制条件与设计解的生成规则以保证系统的效率，这往往导致了得到的结果与实际要求的脱节，大大降低了系统的实用性，这既是建筑设计专家系统难以普及应用的重要原因，又是困扰着建筑设计专家系统的研究者们的难题。针对大规模空间搜索这个难题，有两种基本解决方法，一是开发一个有效的优化方法来处理大的空间（见 8.3.4 设计解的优化算法）；二是将求解空间变换成一种更便于管理的形式[①]。例如：可将一个复杂的问题分解为一组相对简单的组成部分，而其中每一个组成部分能分别地加以处理（有可能利用完全探索处理每一部分）。

8.3.3 设计解的验证与评价系统

建筑设计是一个目标与条件分析、解答探寻、解答的验证与评价反复循环的作业过程。分析是对建筑设计问题进行调查和研究，收集设计条件，提出设计要求的过程；解答探寻是指根据设计要求与条件生成相应的建筑设计解决方案的过程；验证与评价是根据设计要求与条件来检验所生成的设计方案是否满足了

[①] D.W.罗尔斯顿.人工智能与专家系统开发原理 [M].沈锦泉，袁天鑫，葛自良，吴修敬译.上海：上海交通大学出版社，1991.

设计要求与条件以及完成了设计目标，并为进一步完善设计提供反馈信息。

在建筑设计型专家系统中，设计解的验证与评价系统在保证最终获得的建筑设计解答的正确性与实用性方面具有十分重要的意义，它一般通过建立目标评价函数以及约束满足评价条件的方法来进行设计解的验证与评价。

(1) 设计解的目标评价函数

目标评价函数的方法是将某个设计目标用函数的形式来表示，通过目标函数对生成的建筑设计解（建筑方案）进行评价，以获得优化的建筑解。在建筑设计专家系统中常用的目标评价函数有移动成本、建设成本、采光性能评价值、私密性能评价值等，一般用数值的形式来表达。在运用目标评价函数进行建筑解的优化时，一种方法是采用通过寻求解决方案的目标函数评价值的最优化（例如移动成本最小、采光性能评价值最大等）来获得一个最优解答（如一个平面布局方案或一个建筑形体布局方案），这在运用遗传算法的系统中十分常见；另一种方法则不是寻求某个具有最佳评价值的最优方案，而是试图通过评价获得目标评价函数值较优的一系列解答提供给设计者进行选择。

目标评价函数的方法是一种优选的策略，即从众多的设计解中挑选出评价成绩优秀的解决方案。它的优点是执行效率较高，不需要进行解答的完全搜索；缺点是对于方案优化的方向性控制太强，容易陷入局部优化的陷阱，有可能造成潜在优秀解的遗漏。

(2) 设计解的约束满足评价条件

约束满足评价条件的方法是通过设定一系列的约束条件，用约束条件来评价生成的建筑设计解，从而获得满足这些约束条件的设计解的方法。常用的约束条件有面积约束、功能空间的形状约束、基地限制（保证建筑在用地范围内）、功能空间的相互关系（邻接或远离等）、朝向要求（如住宅中卧室朝南布置的要求）、交通的可达性（如从道路到达建筑的可能性或功能空间之间交通联系的可能性等）、容积率等，它既可以是一个数值，也可以是一个语句或命题，因此与采用数值表达的目标函数相比具有更大的灵活性。运用约束满足评价条件来进行评价的方法获得的设计解一般都不是唯一的，而是一系列满足约束条件的结果的集合。

约束满足评价条件的设定有内藏式与用户设定式两种方式，内藏式是将约束条件埋设到系统内部的方式，一般是一些规范性的或是常理性的条件，如基地限制条件；用户设定式则是由设计者根据具体要求来灵活设定约束条件的方式，如当建筑用地一侧景观好时，可将主要功能空间面向该侧布置作为约束条件加以设定。

约束满足评价条件的方法是一种劣汰的策略，即通过淘汰那些不符合约束条件的设计解来获得优化的解决方案。它的优点是通过的约束条件评价方法将不符合要求或有致命缺陷的方案淘汰剔除，可以最大程度地保证设计解的实用性、多样性以及避免局部优化；缺点是往往需要对设计解的全领域进行探索，执行效率低，而且容易遭遇组合爆炸问题。

在实际的建筑设计过程中，设计的各种要求条件不仅内容繁多，而且随着建筑环境以及建筑类型的不同，各种要求条件的重要程度也各不相同。从建筑评价中重要的项目来看就可以列举出建筑的功能性、结构合理性、施工可行性、经济性、社会性、艺术性等众多评价内容。由于在建筑评价中交织着众多的量的评价与质的评价的内容，在有限的设计约束条件中仅以某种数值评价所获得的最优结果，在真实的环境条件中未必是一个理想的建筑设计方案。因此在设计解的验证与评价系统中，如何恰当地选择真正具有代表性和决定性的目标评价函数以及约束条件，对于最终设计解答的有效性与实用性起着至关重要的作用。

8.3.4 设计解的优化算法

由于计算机与人脑对于信息处理的方式的不同，运用计算机进行建筑设计思考支援时会遇到诸如设计问题明确定义的困难性、具有模糊性和不完全性的草案生成的困难性、解决方案综合评价的困难性等问题，而这些问题中很多都是常规的算法所难以解决的。因此，有很多研究者开始尝试利用人工智能领域中所取得的成果运用到建筑设计型专家系统的研究与开发之中，以寻求更为高效可行的设计解的优化算法，其中较有代表性的方法有模糊算法、遗传算法、神经元网络模型等。下面我们对这些优化算法的概念、特征和操作步骤作一个简单的介绍。

(1) 模糊算法（Fuzzy Algorithm）

模糊算法是指运用数学中的模糊理论来进行概念描述、逻辑演算以及问题求解的一种方法。由于人类的思维具有模糊性与灵活性特征，因此能够处理模糊的概念和模糊的信息，进而能够描述复杂的客观世界以及深奥的主观世界。

建筑设计可以看成是在各种制约条件下寻求具有最佳的经济性、功能性、舒适性、安全性等各种评价值的建筑解决方案的行为。在现实中，存在着很多模糊抽象的制约条件以及依赖于人的感觉以及喜好等主观评价要素，难以对其加以精确的定量描述。如果运用通常的方法，由于计算机只能处理精确的信息，对于模糊信息无能为力，往往只能通过人类的思考加以处理。随着模糊理论的出现与发展，对于具有上述模糊性特征的约束条件以及评价函数进行数学表达以及数学模型的建立逐渐变为可能，这为运用计算机来解答建筑设计问题的研究提供了新的方法与方向。

模糊算法的核心是模糊集合与模糊推理。模糊集合的概念是由美国的扎德（L.A.Zadeh）教授于1965年率先提出的，他从集合论的角度采用隶属函数来描述一些模糊和不确定的概念，并创立了模糊集合论，从而对模糊性的定量描述与处理提供了一种新的途径[①]。模糊集合不同于具有清晰边界的普通集合，它采用隶属函数 $\mu_A(x)$ 来描述对象的全体，其取值范围为 $[0,1]$。当 $\mu_A(x)=1$ 时，表示属于的概念；当 $\mu_A(x)=0$ 时，表示不属于的概念；当 $\mu_A(x)$ 介于1和0之间时，表述了一种隶属的中间状态，如当 $\mu_A(x)=0.9$ 时，隶属程度高，当 $\mu_A(x)=0.1$ 时，隶属程度低。由于模糊集合扩展了普通集合的描述范围和能力，因而能够描述那些模糊的、不确定的事物和概念。

例如，对于"卧室面积大"这一模糊概念可以这样来描述：论域（对象的

---

① 夏定纯，徐涛主编. 人工智能技术与方法 [M]. 武汉：华中科技大学出版社，2004.

全体）U 为卧室建筑面积，$U=\{u|u>0\}$；"卧室面积大"为论域 U 上定义的一个模糊集合 A，且对于论域 U 上的任意一个元素 u，都定义了一个数 $\mu_A(u) \in [0, 1]$ 与之相应。如面积为 $10m^2$，$18m^2$ 的两个卧室被认为是"面积大"的程度分别为

$$\mu_A(10) = 0.20$$
$$\mu_A(18) = 0.80$$

以上表明，对于卧室面积的论域 U 上的任一元素，均有相应的隶属度 $\mu_A(u)$，其取值为 $[0, 1]$，反映了该元素隶属于模糊集合 A = "面积大"的一种程度，即隶属度。

模糊推理是利用模糊性知识进行的一种不确定性推理，其理论基础是模糊集合理论以及在此基础上发展起来的模糊逻辑，它所处理的对象有以下特点：自身具有模糊性，概念本身没有明确的外延，一个对象是否符合这个概念难以明确地确定。模糊推理是对这种不确定性，即模糊性的表示与处理。在人工智能的应用领域中，知识及信息的不确定性大多是由模糊性引起的，因而使得模糊推理的研究显得格外重要。

在模糊推理中牵涉到模糊命题、模糊知识的表示以及模糊匹配等几个概念。

我们一般将含有模糊概念、模糊数据、或带有确信程度的语句称为模糊命题。它的一般表现形式为：

$$x \text{ is } A \text{ (CF)}$$

其中，x 是论域上的变量，用以代表所论对象的属性；A 是模糊概念或模糊数，用相应的模糊集合及隶属函数表示；CF 是该模糊命题的确信度或相应事件发生的可能性程度，它既可以是一个确定的数，也可以是一个模糊数或模糊语言值（如大小、长短、快慢、多少等）。

由于因果关系是现实世界中事物间最为常见及常用的一种关系，这里仅在产生式的基础上讨论模糊知识的表示问题。表示模糊知识的产生式规则一般简称为模糊产生式规则，其一般形式是：

$$\text{IF E THEN H (CF, } \lambda\text{)}$$

其中，E 是用模糊命题表示的模糊条件，它既可以是单个模糊命题表示的简单条件，也可以是用多个模糊命题构成的复合条件；H 是用模糊命题表示的模糊结论；CF 是该产生式规则所表示的知识的可信度因子，由领域专家在给出知识的同时设定；λ 是阈值，用于指出相应知识在何种情况下可以被应用。另外，推论中所用的证据也是用模糊命题表示的，一般形式为：

$$x \text{ is } A' \text{ (CF)}$$

x 是论域上的变量，A' 是论域 U 上的模糊集合，CF 为可信度因子。

在模糊推理中，由于知识的前提条件中的 A 与证据中 A' 的不一定完全相同，因此在决定选用某条知识进行推理时必须首先考虑该条知识能否与其近似匹配的问题，即它们的相似程度是否大于某个预先设定的阈值 λ。两个模糊集合所表示的模糊概念的相似程度又称为匹配度，其计算方法主要有贴近度、相似度及语义距离等。另外，当有多条知识同时匹配成功时，一般按照知识的匹配度的高低来确定知识被激活的先后顺序，以达到冲突消解的目的。

简单模糊推理的基本模式及其过程一般如下所示，对于知识：

$$\text{IF } x \text{ is } A \text{ THEN } y \text{ is } B$$

首先要构造出 A 和 B 之间的模糊关系 R，然后通过与证据的合成求出结论。如果已知证据是：

$$x \text{ is } A'$$

且 A 与 A' 可以模糊匹配，则通过下式合成运算求出 B'

$$B' = A' \circ R$$

如果已知证据是：

$$y \text{ is } B'$$

且 B 与 B' 可以模糊匹配，则通过下式合成运算求出 A'

$$A' = R \circ B'$$

显然，在这种推理方法中，如何构造模糊关系 R 是关键的工作。对此，人们已提出了各种各样的方法，有兴趣的读者可查阅有关文献。

(2) 遗传算法（Genetic Algorithm）

遗传算法简称 GA，又称为遗传基因算法，是利用达尔文"适者生存，优胜劣汰"的自然进化规则，模拟生物进化过程进行搜索和问题求解的一种方法，它是建立在自然选择和自然遗传学机理基础上的迭代自适应概率性搜索算法，在 1975 年由霍兰德（J.H. Holland）教授首先提出[①]。生物的进化是一个奇妙的优化过程，它通过选择淘汰，突然变异，基因遗传等规律产生适应环境变化的优良物种。遗传算法的基本思想是基于达尔文（Darwin）进化论和门德尔（Mendel）的遗传学说。达尔文进化论中最重要的理论是适者生存原理，它认为每一物种在发展中越来越适应环境。物种每个个体的基本特征由后代所继承，但后代又会产生一些异于父代的新变化。在环境变化时，只有那些能适应环境的个体特征方能保留下来。门德尔遗传学说最重要的是基因遗传原理。它认为遗传以密码方式存在细胞中，并以基因形式包含在染色体内。每个基因有特殊的位置并控制某种特殊性质，所以，每个基因产生的个体都对环境具有某种适应性。基因突变和基因杂交可产生更适应于环境的后代，经过存优去劣的自然淘汰，适应性高的基因结构得以保存下来。

遗传算法与其他的优化算法相比具有以下几个优点：一是在本质上它是一种不依赖具体问题的直接搜索方法，不必非常明确地描述问题的全部特征，通用性强，能很快适应问题和环境的变化。另外，对领域知识依赖程度低，不受搜索空间限制性假设的约束，不必要求连续性、可导或单峰等。还有，遗传算法可以从多点进行搜索，如同在搜索空间上覆盖的一张网，搜索的全局性强，不易掉入局部最优的陷阱。

由于遗传算法所具有的以上优点，目前在模式识别、神经网络、图像处理、机器学习、工业优化控制、自适应控制、生物科学、社会科学等方面都得到了广泛应用。在建筑领域中，遗传算法首先被运用到结构计算以及施工管理中，随后在建筑设计领域中的平面设计以及形态生成等方面也得到了研究与

---

① 马宪民主编. 人工智能的原理与方法 [M]. 西安：西北工业大学出版社，2002.

运用。在建筑设计中，众多的要素以复杂的形式相互关联着，对于所有可能的组合类型进行探索或者对其一一进行充分的评价几乎是不可能的，在这种情况下，往往要求设计者在短时间内根据自身的经验来做出恰当的判断与选择。而遗传算法由于不受搜索空间限制性假设的约束，可以通过选择淘汰、突然变异、基因遗传等方法获得优化的解决方案，非常适合用于像建筑设计这样的构造复杂、解的探索领域极其广泛的问题的求解中。

在建筑设计型专家系统中利用遗传算法的求解过程中，把搜索空间视为遗传空间，把设计问题的每一种可能的解决方案看作一个染色体，解决方案的各构成要素（如功能空间的类型、大小、数量、关系等）用染色体中的基因来表示。求解过程一般按照以下的步骤来进行（图8-9）：首先，对搜索空间中的个体进行编码（例如将某个建筑的构成要素用二进制代码进行描述，这相当于生物的基因，并由此组成染色体），然后在搜索空间中随机挑选指定群体大小的一些个体组成作为进化起点的第一代群体（例如随机生成一组平面），并计算每个个体的目标函数值（如移动成本、采光评价值等），作为个体的适应度。接着就像自然界中一样，利用选择机制从群体中随机挑选个体作为繁殖过程前的个体样本。选择机制保证适应度较高（即评价值较为优秀）的个体能够保留较多的样本；而适应度较低的个体则保留较少的样本，甚至被淘汰。在接下去的繁殖过程中，遗传算法提供了交叉和变异两种算法对挑选后的样本进行交换和基因突变。交叉算法交换随机挑选的两个个体的某些基因，变异算法则直接对一个个体中的随机挑选的某个基因进行突变。这样通过选择和繁殖就产生了下一代群体。重复上述选择和繁殖过程，直到结束条件（如群体中一定比例的优秀个体趋于相同或者最优秀的个体连续数代不变等）得到满足为止。进化过程最后一代中的最优解就是用遗传算法解最优化问题所得到的最终结果。

尽管在建筑设计型专家系统中利用遗传算法解有着种种优点，在建筑平面布局最优化以及建筑形状最优化的研究中也取得了一定的成果，仍然存在着一些的问题，尤其是在目标函数的确定上。从遗传算法的来源——自然界现象看，生物演化的目的并非取得某一限制条件下的某些参数的最优，而是适应环境。生物进化的途径多种多样，没有哪一种是最优的。但是，成功进化的生物物种必然是适应其环境以及环境内的其他生物物种的，面对环境的演化和其他生物物种的进化，它能够适应新的变化，继

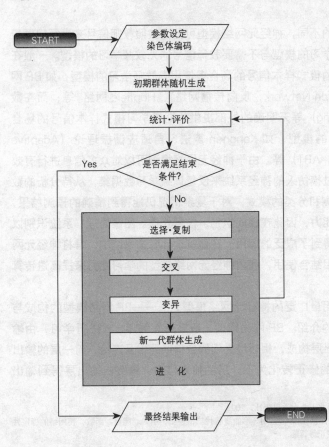

图8-9 遗传算法的求解过程示意图

续生存。在遗传算法中，很难在真正的意义上模拟环境对个体的选择以及淘汰的过程。目前众多利用遗传算法的建筑设计型专家系统中，多采用某个目标评价函数来求得单一目标评价值最优的方案。而在实际的建筑设计过程中，由于在建筑评价中交织着众多的量的评价与质的评价的内容，在有限的设计约束条件中仅以某个数值评价为基准所获得的最优结果，在真实的环境条件中未必一定是优秀的方案。因此在遗传算法中，如何确定恰当的目标函数以获取综合评价优秀的方案是一个非常重要的课题。

CAAD业界许多著名的学者多对遗传算法进行研究和实践，其中有威廉·米歇尔（William Micheal）和约翰·捷罗（John Gero）等人，目前遗传算法在建筑设计中的主要应用是几何形体的生成和组合。此外遗传算法在建筑物理环境优化，特别是在暖通方面有很多实际的应用。

（3）神经元网络模型（Neural Network Model）

神经元网络（Neural Network）是指采用大量物理性的处理元件（如电子元件）构成的模拟人脑神经系统的结构和功能而建立的网络[1]。在与生物学及神经科学中神经元网络的概念相区别时，又称其为人工神经元网络（Artificial Neural Network）。神经元网络模型泛指通过模拟人脑由神经细胞的连接结构——突触（synapse）所联结成的网络中的神经元（neuron）可以通过学习调节突触的结合强度，具有解决问题的能力的人工网络模型。狭义上有时也指运用误差反向传播法，即BP（error Back Propagation）法的多层感知器（perceptron）模型。

根据学习特征的不同，神经元网络模型可分为按照教师信号来进行问题最优化求解的有教师学习的模型与不需要教师信号的无教师学习的模型。一般在有明确的外部学习的模式样本信号的场合多使用有教师学习的模型，如BP网络（Back propagation Network，反向传播网络）、Hopfield网络[2]等；而在数据集（data clustering）等无明确的外部提供的期望学习模式样本信号的场合多采用无教师学习的模型，如Kohonen算法、自适应谐振理论（Adaptive Resonance Theory，ART）等。由于神经元网络模型可以对众多信息进行有效的抽象与分析，通过模仿人的神经系统来反复训练学习数据集，从待分析的数据集中发现用于预测和分类的模式，对于复杂情况仍能得到精确的预测结果，具有学习和自适用能力，因此在模式识别、信号处理、图像处理、系统识别以及数据挖掘等方面得到了广泛的运用。在建筑设计专家系统中，常将神经元网络模型与遗传算法相结合使用，利用神经元网络模型的学习能力来提高遗传算法的进化演算效率。

下面我们对应用最广泛的神经元网络模型之一——BP网络模型的构成与学习过程进行简单的介绍。BP网络模型一般采用有教师方式进行学习，由输入层、中间层和输出层构成，相邻层之间的各神经元相互连接，前一层的输出信号通过连接权值的修正转化为下一层的输入信号，最终由输出层得到输出

---

[1] 马宪民主编. 人工智能的原理与方法 [M]. 西安：西北工业大学出版社，2002.
[2] 1982年美国物理学家J.Hopfield提出一种全新的神经网络模型，它用S形曲线替代二值逻辑，引入"能量"函数，使网络的稳定性有了严格的判断依据，模型具有理想记忆、分类与误差自动校正等智能。

值。以住宅区住宅采光最佳配置问题为例，BP 网络的学习过程是这样的，首先由对每一种输入模式（住宅区内住栋的布局方式）设定一个期望输出值（如住宅区内住宅的整体采光评价值）作为教师信号，然后将实际输入样本（一般是随机生成的住栋的布局方式）送往 BP 网络输入层，并由中间层到达输出层，此过程称为"模式顺传播"。实际得到的输出值（实际输入样本中住宅的整体采光评价值）与期望输出值之差即是误差，按照误差平方最小的原则，由输出层往中间层逐层修正连接权值，此过程称为"误差反向传播"。随着"模式顺传播"和"误差反向传播"过程的交替反复进行，网络的实际输出值逐渐向各自所对应的期望输出值逼近，网络对输入模式的响应的正确率也不断上升，最后找到优秀的整体采光评价值与住栋的布局方式之间的关系，达到网络学习的预期目标。

BP 网络是一种反向传递并能修正误差的多层网络，具有明确的教学意义和分明的运算步骤，以样本输出值与期望输出值的误差最小来指导网络的学习方向，是一种具有很强的学习和识别能力的神经元网络模型。但是，BP 网络本身也存在着诸如学习收敛速度慢、学习记忆具有不稳定性以及容易陷入局部极小等局限性。

由于建筑设计具有复杂的指标，上世纪建筑设计指标的评估采用系数法[①]来进行，简单的以笛卡儿积表达的综合指标显得十分生硬和欠缺。特别的是各项系数的权重需要专家根据经验和先验事先加以决定。如果采用神经网络技术实现的模糊推理机，可以通过样本训练以自动或教师指导方式取得知识，从而对具体的问题作出评估。将神经网络和遗传算法结合，可以实现建筑设计的策划过程[②]，指导规划师从错综复杂的设计条件下求得较好的设计方案。目前神经网络算法在建筑物理环境设计的优化和指标评估中有一些应用。

8.4 建筑设计型专家系统的实例介绍

在对建筑设计型专家系统的研究中，以帮助设计者进行建筑设计思考为目的的研究主要有建筑平面布局自动化系统、智能 CAD 系统、三维智能建模系统等几个主要研究方向。

建筑平面布局自动化系统：指运用计算机自动处理建筑的房间、走道的布局，按照房间的关系、日照等条件，自动探索、生成符合这些条件的建筑平面组合类型的系统，其中既有二维平面布局自动化系统也有三维平面布局自动化系统，该领域的研究中以二维平面布局自动化系统居多。

智能 CAD 系统：通过将设计者固有的建筑知识信息导入系统中的方法，用较少的信息输入就可以进行下一步模型类推的 CAD 系统，主要建立在知识工程学、人工智能、专家系统等领域的研究的基础上。

---

① 参看：刘先觉.现代建筑理论 [M]. 北京：中国建筑工业出版社，1999，P474~483.
② 参看：庄惟敏.建筑策划导论 [M]. 北京：中国水利水电出版社，2000.

三维智能建模系统：针对当前众多的建模系统中仅以图形作为处理对象的问题，构筑能与设计者的思考活动及思维特征相适应的建模系统。

下面通过一些具体的研究实例对以上几个研究方向的研究内容进行简要的介绍。

8.4.1 建筑平面布局自动化系统

建筑平面布局自动化系统（Automated Architectural Layout System）的研究对象是平面布局问题，它将建筑设计中的平面构成过程还原成必要的功能构成单元集合的组合问题，其目的是根据一系列约束条件自动推导出符合这些条件的功能构成单元的组合类型，将这些组合类型作为建筑平面设计问题的解答方案。建筑设计中，设计者在探求符合各种要求条件的平面布局类型时，仅凭借设计者个人的经验、感觉来进行的话往往会导致对某些可能的解决方案的遗漏。而如果能够利用计算机优越的信息储存、计算与探索能力的话，可以在更为广阔的范围进行建筑设计问题的解答方案的探索，它不但能向设计者提示设计者所未想到的可能的解决方案，还能在更为理性的层次上有效地帮助设计者进行建筑设计思考。建筑平面布局自动化系统正是基于上述的基本思想而开发的智能系统。

平面布局的自动生成系统与平面布局的自动评价系统是建立建筑平面布局自动化系统中最为关键的两个子系统。平面布局的自动生成系统的功能是探索与生成可能的平面布局类型并向设计者提示，这相当于设计者在建筑设计过程中所做的方案草图构思的工作，其目的在于探索某个设计问题的各种可能的解决方案。平面布局的自动评价系统则根据设计要求对自动生成的各种平面布局类型进行评价，找出满足各项设计目标与设计要求的平面布局，这相当于建筑设计中的方案评价过程，它的作用是验证解决方案是否妥当以筛选出具有价值的最终方案。

(1) 建筑平面布局自动化系统的类型

由于建筑平面布局自动化系统所研究的是必要的功能构成单元集合的组合问题，在具体的研究中，围绕着建筑平面布局的构成单元与构成单元的布置方式有各式各样的提案。多数研究都是以房间作为最基本的构成单元在平面上进行二维方向的布局，也有在一维以及三维方向进行布局的研究实例。在二维平面布局系统中，按照构成单元的布置方式的不同可分为单元连接型与整体分割型，按照图形的表示方法的不同可分为网格方式与直角坐标方式。

1) 单元连接型与整体分割型：单元连接型是指将功能构成单元通过连接的手法进行平面构成的方法，如图 8-10 (a)。运用这种方法进行平面布局时，需要预先明确构成单元的功能、形状与尺寸大小，当含有诸如走道之类形状与面积不太确定的要素时，会带来一系列难以处理的问题。整体分割型是在预先给定的平面布局范围内通过平面分割来获得平面布局类型的方法，如图 8-10 (b)。由于分割线的选择方法近于无限，必须预先明确分割与判断的基准。

2) 网格方式与直角坐标方式：网格方式是在平面网格中将平面图形用平面网格的位置矩阵（i, j）来表示的方式。具体来说，将建筑用地分割成具

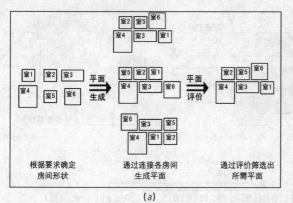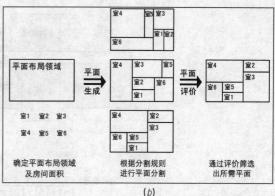

(a) (b)

图8-10 建筑平面布局自动化系统中构成单元的布置方式
(a) 单元连接型；(b) 整体分割型

有一定模数尺寸的网格，用数个方格的集合来构成一个个构成单元（如房间），在此基础上进行平面的组合与布局，如图8-11（a）。直角坐标方式是将图形的内部与外部的边界线用坐标点（x, y）的集合来表达的方式。例如，在由 X 轴、Y 轴构成的平面直角坐标系中，某个与两坐标轴都平行的矩形构成单元可以用该矩形对角线的两个坐标（X_{min}, Y_{min}），（X_{max}, Y_{max}）来表示，如图8-11（b）。

下面，我们按照上述分类，对运用不同方法所开发的建筑平面布局自动化系统中具有代表性的实例进行简单的介绍。

(2) 一维平面布局系统

村冈直人、青木义次于1997年发表的《基于遗传算法的平面形状的最优化与设计知识的获得》是运用遗传算法来求得平面布局最优化的一维平面布局系统的研究[①]。

该系统以廊式建筑平面为生成对象。在该系统中，平面的信息用染色体来表现，通过交叉、变异的方法进行染色体的进化。图8-12（b）中，标有数字的小方格所组成的长列是建筑平面，如图8-12（a）所示，的染色体表达的例子，小方格称为遗传基因。在该系统中共有8种不同功能的房间与1个走道，分别用数字1~9表示，当走道9的一侧为房间3和房间1，另一侧按照房间7, 6, 2, 5, 8, 4的顺序排列时，该平面的总体布局关系用染色体最前面的9个基因（小方格）的数字列3, 1, 9, 7, 6, 2, 5, 8, 4来表示，

图8-11 建筑平面布局自动化系统中图形的表示方法
(a) 网格方式；(b) 直角坐标方式

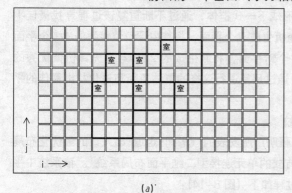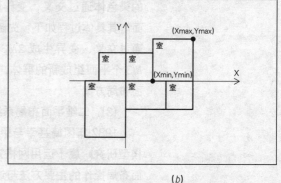

(a) (b)

---

① 参看：村冈直人，青木义次.基于遗传算法的平面形状的最优化与设计知识的获得［J］.日本建筑学会计画系论文集，1997，497：111~115.

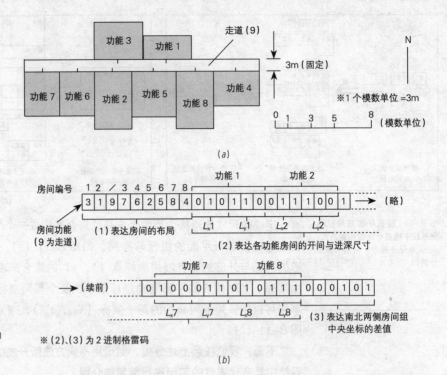

图 8-12 平面与染色体表达
(a) 建筑平面；(b) 平面的染色体表达

如图 8-13 (a)。紧跟其后的 6×8 个小方格中的数字分别表示 8 种功能房间的进深与开间的尺寸，如图 8-13 (b)。染色体最后的 6 个小方格中的数字表示南北两侧房间组的中央坐标的差值，如图 8-13 (c)。

在平面布局评价中，用下式中定义的房间之间的移动成本 T_c 与建设成本 C_c 作为目标评价函数，将两者的评价值都小的平面布局作为理想的解答。

房间之间的移动成本 $T_c = \sum a_{ij} \cdot r_{ij}$

式中　a_{ij}——各房间之间的单位移动成本；

　　　r_{ij}——房间中心之间的水平距离。

建设成本 $C_c = C_1 \cdot \sum (建筑面积) + C_2 \cdot \sum (墙壁数量) + C_3 \cdot \sum (柱子数量)$

式中　C_1、C_2、C_3——单价成本。

平面布局的进化中，先随机生成数个平面作为初期种群，然后将这些种群的染色体通过交叉、变异形成下一代群体，通过不断重复该过程寻找最佳平面。其具体过程如下：先随机生成 N 个平面，将其中评价值优秀的 $N/3$ 个平面通过交叉、变异生成 $2N/3$ 个新平面，将新生成的 $2N/3$ 与原先评价值优秀的 $N/3$ 个平面组成新的群体，通过反复进行这样的群体更新与进化找出最佳的平面布局方案。

(3) 二维平面布局系统

1982 年冈崎甚幸与伊藤明广所发表的《房间·走道·出入口的最优化布局模型研究》属于运用网格方式的单元连接型二维平面布局系统[1]。该系统中平面布局操作的主要方法与过程如下（图 8-14）：

---

[1] 冈崎甚幸,伊藤明广. 房间·走道·出入口的最优化布局模型研究 [J] .日本建筑学会论文报告集, 1982, 311: 75~81.

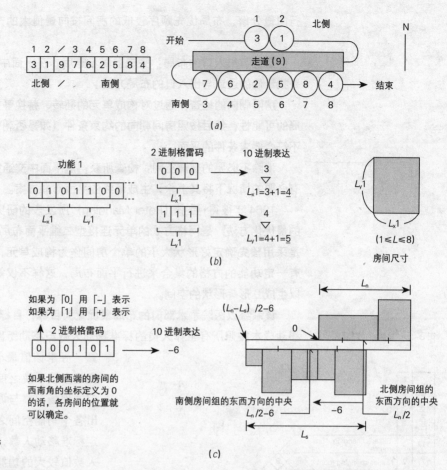

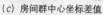

图 8-13 染色体的基因构成
(a) 平面布局； (b) 功能房间；
(c) 房间群中心坐标差值

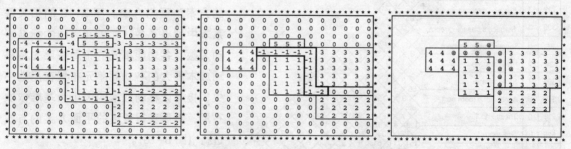

全部房间都布置完毕后，以亲近度为基准进行房间距离综合最小化的状态。在各房间周围保留着"假想走道"，这些走道空间作为一个空间整体加以保留。⇒ 确定各房间的出入口，并记录各房间之间的交通对于各走道的使用频率。消除使用频率低的走道空间后，最终得到图中粗线表示范围内的走道空间 ⇒ 消除不必要的交通空间，再根据需要适当地移动某些房间的位置后获得的最中平面。图中表示为 @ 的部分为走道与房间出入口。

图 8-14 平面布局与走道的设置

初期条件的设定与输入：将矩形的各个房间与用地以同样大小网格进行分割，设定各个房间布局的前后优先顺序。

构成单元（房间）的布局：按照预先设定的房间布局的前后顺序依次做成可能的平面布局。先将各个房间布置在用地中央，然后将各房间一格一格地按螺旋状移动直到与紧接该房间前面布置的房间邻接为止。为保证走道空间，各房间之间保留一格宽度的"假想走道"。当所有的房间都布置完毕后，计算任意两房间中心距离与两房间亲近度的乘积值，将该值按垂直于水平两个方向进行向量分解，布局优先顺序较低的房间按向量值大的方向移动到无法移动为止。

走道与出入口的布局：完成上面步骤后，在平面中进行交通路线的探索，寻找最佳的通道与出入口的布局方式。

房间朝向的检查：通过对构成单元的翻转、替换等操作探寻所有的平面布局的可能性，然后按照房间朝向的约束条件（如是否朝南等）进行检查，消除不符合要求条件的平面。

消除不必要的交通空间：检查所获得的平面中交通空间存在的必要性，没有必要的情况下将其消除，生成最终的平面布局方案。

1964年彼得·曼宁（Peter Manning）所发表的研究《单层建筑平面布局的最优化方法》是网格方式的单元连接型二维平面布局系统①，在该系统中不是采用预先确定好形状大小的单个房间作为构成单元，而是用面积较大的具有一定功能的方格的集合来进行平面布局，这样不仅能生成矩形房间，也可以生成L形等形状的空间。

该系统以医院手术部门的布局最优化为目标，目标评价函数为移动成本。移动成本按照所有工作人员的标准移动人数与移动距离的乘积的累计值来计算，寻求该值最小化的平面布局方案。在建立该系统之前，通过对医院手术部门的现场观察与调查，以此为依据计算出各个功能空间之间的人员移动量，确定标准移动人数，而相互之间标准移动人数值较大的功能空间尽可能就近布置的方案为理想方案。图8-15的相关联系表中列出了各功能单元之间的标准移动人数。各功能单元的布局按照先将移动成本最大的各功能单元布置在用地中央，接着以移动成本的大小为基准依次布局，然后获得最终的平面方案的方式进行（图8-16）。

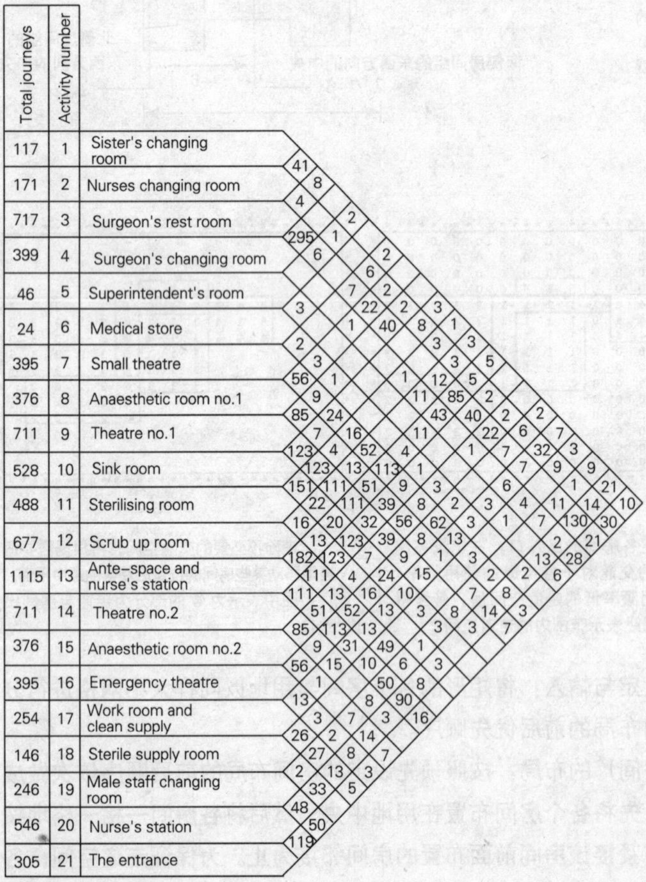

该系统以客观的评价函数为基础进行平面布局的最优化，从客观性的角度来说具有相当的价值。然而由于该系统将移动成本作为平面布局评价的唯一标准，应用范围不够广泛。同时，由于布局中总是将移动成本最大的功能单元布置在用地中央，难以探索其他可能的布局方式。还有，对于建筑与用地周边环境之间的关系未作考虑等问题都有损于

图8-15 功能相关联系表

Total journeys	Activity number	
117	1	Sister's changing room
171	2	Nurses changing room
717	3	Surgeon's rest room
399	4	Surgeon's changing room
46	5	Superintendent's room
24	6	Medical store
395	7	Small theatre
376	8	Anaesthetic room no.1
711	9	Theatre no.1
528	10	Sink room
488	11	Sterilising room
677	12	Scrub up room
1115	13	Ante-space and nurse's station
711	14	Theatre no.2
376	15	Anaesthetic room no.2
395	16	Emergency theatre
254	17	Work room and clean supply
146	18	Sterile supply room
246	19	Male staff changing room
546	20	Nurse's station
305	21	The entrance

① Peter Manning. An Approach to the Optimum Layout of Single-storey Buildings [J]. The Architect's Journal Information Library, 1964, 17: 1373~1380.

Superin-tendent's room 54	Male staff changing room 44	changing 43	Work room and clean supply 46		47	48
Medical store 55	Entrance 42	Nurse's station 41	38	35	Sterile supply room 45	Nurses room 49	changing 50
Surgeon's changing room 40	Surgeon's rest room 39	Anaesthetic room no.2 37	36	Anaesthetic room no.1 33	34	Sister's room 51	changing 52
		18	17	2	3	11	12	53
		Theatre no.2 15	13	Ante-space 1	4	Theatre no.1 7	9	
		16	14	Scrub up room 6	5	8	10	32
		Sterilising room 24	22	Sink 19	room 20	25	28	Emergency theatre 30
			23	21	Small theatre 27	26	29	31

图8-16 最终获得的平面布局方案

系统的实用性。

作为直角坐标方式的整体分割型平面布局系统的实例，1990年寺田秀夫的《基于房间邻接关系的长方形分割图的求法——房间布局规划的分析综合方法的相关研究》较有代表性[①]。该研究以给定的房间邻接关系为基本条件，探讨了从抽象的关系表达到具体的平面图形的作成的过程与方法，运用图形学理论，提出了尽可能忠实于房间邻接关系的长方形平面的分割型平面布局的方法。平面布局具体的操作顺序如下：

首先设定房间的名称及所需面积，与房间形状相关的尺寸按照平面模数来确定。然后设定各房间的相互关系，将房间之间的功能相关性用值为 $-2 \sim 2$ 的五个阶段的亲近度来表达，两个房间之间需要密切联系时亲近度值设为2，需要远离时设为 -2。根据房间之间亲近度值，运用主坐标分析法求出各房间在平面上的位置坐标，确定房间在平面上的抽象位置。接着，将需要联系房间的坐标点用直线相连，作出房间邻接图的原型（图8-17），并将房间邻接图的原型进行若干修正，依次形成最大房间邻接图 mGa（图8-18）与原始平面图 Gpp（图8-19）。最后求得长方形平面分割图 bRM 并根据设定条件进行修正形成平面布局图（图8-20）。

该研究在由抽象关系到具体形态的建筑平面的生成方法以及平面构成的逻辑化等方面具有很高的学术价值。然而就系统的最终生成结果来看，存在着外形仅限于矩形，内部各房间的整体构成关系较弱以及对环境缺乏考虑等问题需要进一步改进。

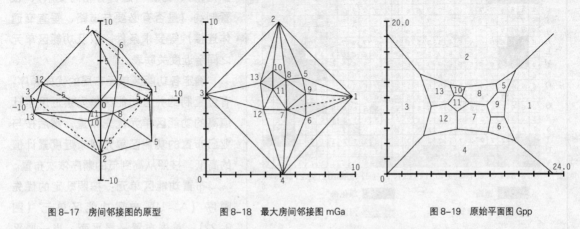

图8-17 房间邻接图的原型　　　图8-18 最大房间邻接图 mGa　　　图8-19 原始平面图 Gpp

[①] 寺田秀夫. 基于房间邻接关系的长方形分割图的求法——房间布局规划的分析综合方法的相关研究 [J]. 日本建筑学会计画系论文报告集，1990，414：69~80.

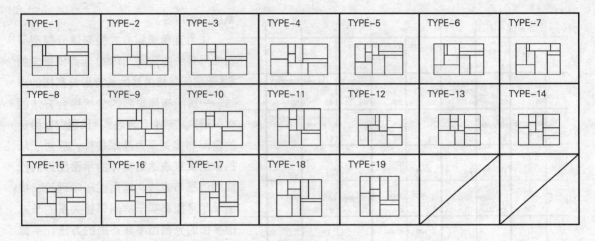

图8-20 bRM修正后的生成结果

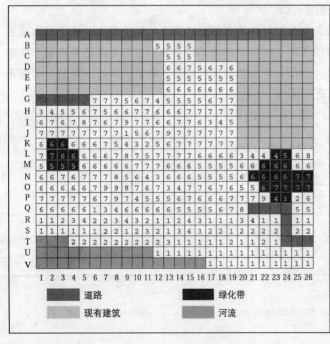

图8-21 用地网格划分及其评价值

(4) 三维平面布局系统

1970年英国的威尔楼福拜（T. Willoughby）在《计算机辅助设计的生成方法：一种理论性提案》中，对于包含基地条件评价的三维的平面布局自动化系统做出了有益的探索[①]。该系统的平面构成单元不是房间，而采用较大的功能区单元（department units）作为基本构成单位。功能区单元之间的关系用工作联系效率、服务联系等评价指标乘以一定的系数以1~10的亲近度数值来表述，功能区单元之间的亲近度数值越大表示应当越就近布置。由于是三维平面布局，不同层功能区单元之间的距离用功能区单元到达垂直交通体（楼梯、电梯）的水平距离加上一定的垂直交通距离的和来计算。系统整体的流程如下：

用地评价：将建筑基地进行平面网格划分，根据用地地形、边界条件、土壤性质等条件，从是否适于布置建筑的角度出发，设计者对于各个单个网格进行评价并设定评价值（图8-21）。

功能区单元的设计条件的输入：设定各功能区单元的形状、面积（占据多少网格）、方位（是否有朝向要求）、位置制约（是否有必要与道路、垂直交通体连接）等要求条件，以及功能区单元之间亲近度关联表。

确定各功能区单元布局的优先顺序：有位置制约并且功能区单元亲近度累计值高的功能区单元优先布置，然后按与业已布置的功能区单元间亲近度累计值的高低，按照从高到低的顺序依次布置。

布置功能区单元：按照既定的优先顺序（A~U）布置功能区单元（图8-22），首先布置一层平面，当一层平

---

① T. Willoughby. A Generative Approach to Computer-aided Planning: a theoretical proposal[J]. Computer Aided Design, 1970, 3 (1): 23~37.

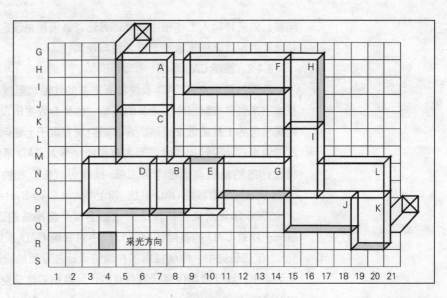

图 8-22 生成的一层平面布局

面布置完毕后再布置上层平面。一层平面的布置相对自由，一层以上的平面在一层平面的基础上基本按照一层的平面形状来布置（图 8-23、图 8-24）。

该系统的特点在于在平面布局过程中综合考虑了具体而较为详细的用地条件，是较早研发的三维平面布局系统。不过从实用角度，其中也存在着一些

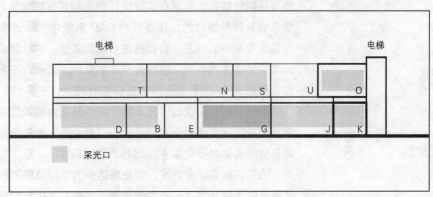

图 8-23 根据生成平面所作的南立面图

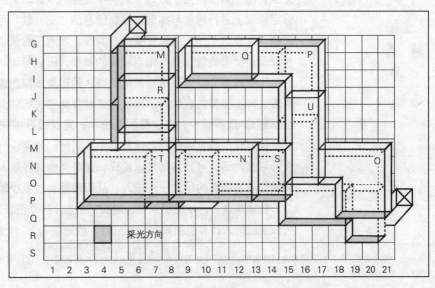

图 8-24 生成的二层平面布局

8 数字化建筑设计智能化 277

问题，如条件输入工作相当麻烦，另外，必须预先设定功能区单元的形状，这从通常的设计方法来看缺乏灵活性与现实性。

8.4.2 智能 CAD 系统

尽管目前主流的 CAD 系统具有丰富的作图功能以及图形编辑功能，但从根本上来说并未跳出作图工具的范畴，作为有效支援设计者的创造性思维以及建筑思考的工具还远未成熟。许多研究者着眼于上述问题，通过将建筑的构成过程信息以及设计操作特征等内容系统地导入 CAD 系统中，以期建立一种能将设计者的建筑设计思考与 CAD 操作相对应、相协调的 CAD 系统，这种 CAD 系统称之为智能 CAD 系统（Intelligent CAD System）。

1988 年青木义次在其论文《基于相关类推法的建筑知识库的生成与类推——建筑 CAD 的基础研究（1）》中对智能 CAD 系统的构成方法进行了研究[①]。在该研究中，作者提出了在建筑设计过程里的设计者与计算机之间的交互活动中，设计者如何将代表自身的设计意图的建筑空间有效地传达给计算机的解决方法。

在建筑设计的初期阶段，设计者往往通过草图、模型、语言、文字说明等表达手段来表述头脑中的建筑空间。这些表达手段并非对设计者头脑中的建筑形象进行完全意义上的表达，事实上在设计过程中设计者的表达往往具有模糊性与概略性特征。尽管在实际设计中这种具有模糊性与概略性的表达对与设计者来说是理所当然的，在当前的 CAD 系统中，设计者却不得不运用经过整合过的非常明确的信息、数据来进行建筑表达，向计算机中输入，这很可能对设计者的创作工作与创作过程造成不利影响。因此，在利用计算机进行建筑创作时，理想的 CAD 系统应该是能够同时满足"充分性"与"整合性"这两个条件的系统。这里所说的"充分性"条件是指由输入信息与计算机系统内的逻辑演算来决定完全必要信息的条件。"整合性"条件则是指在运用输入信息进行建筑空间表达时不会发生问题与矛盾的条件。

通常，在设计者之间，信息表达一方运用草图等形式的建筑表达尽管不够完整，由于信息接受一方对于这种不完整的表达形式所表达的建筑空间能够在一定程度上进行想象与推理，因此信息的"充分性"可以得到满足，不会产生问题。这是由于作为信息接受一方的设计者对于建筑信息、结构信息、一般信息以及设计者的信息具有相当程度的掌握，因此可以从信息表达一方的设计者的比较模糊抽象的表现中对其所要表达的形象加以想象与推测。该研究从类似草图这样不完整的表达方法出发，尝试将能够进行较为完整的信息类推的系统组织到 CAD 系统中。在这样的系统中，建筑设计中一些被认为是理所当然的信息被整理成数据库储存到计算机中，同时，如果设计者具有某些惯用手法与设计习惯的话，可以将其加以发现，并将类推过程编入计算机中，这样就不需要设计者将所有的信息一一输入，从而能够有效减少繁重的输入工作量。

在该系统中，从能够对设计者设计意图 I 的草图表现 A 进行记述的 a 出发，可以生成输入计算机的具有"充分性"的记述 C。C 作为 a 的函数表达为：

[①] 青木义次.基于相关类推法的建筑知识库的生成与类推——建筑 CAD 的基础研究（1）[J].日本建筑学会计画系论文报告集，1988，389：62~71.

$$C = f(a)$$

从草图表现 A 获得记述 C 的过程 f 在充分考虑建筑设计固有的特征的基础上，以专家系统的形式组织到整个系统中，该过程通过首先将设计者对设计作品的记述以逻辑关系式的形式加以表达，然后将众多逻辑关系式的相关关系加以具体化、明确化的方法加以导出。

8.4.3 三维智能建模系统

目前的 CAD 系统利用的主流是二维的图形处理，直接以三维的形式进行图形操作的建筑 CAD 系统还远远未得到普及。近年来随着计算机小型化、高性能化的发展，研究者开始尝试进行三维 CAD 系统的研究与开发工作。在 1997 年西乡正浩、两角光男等人发表的《三维建筑方案设计工具的空间记述模型的相关研究》一文中，着眼于建筑设计过程中的方案设计阶段，将设计者的思考过程以"空间记述模型"的形式加以整理，通过对该阶段中常见的具有某种特性的抽象模型进行阶段性的记述来把握设计者的思考过程[①]。

在该系统的建立过程中，一方面从空间记述模型的特征与要求出发，确定三维 CAD 系统所需的基本重要条件、所需的图形集合以及其操作性能与编辑操作功能，建立起空间记述模型。另一方面，对于这些表现要素的类型在实际的设计案例中的具体体现进行调查与研究，分析空间记述模型所需的基本功能。在该系统中，将空间记述模型所需的基本功能按照以下的内容进行了设定。

系统的基本条件：与表现要素的各种类型相对应的图形集合的整体利用的可能性；将不同类型的图形集合由抽象形态转换为具体形态的可能性；将各类型的记述内容传达给其他类型的可能性；将设计者所绘制的图形按步骤地作为对象模型加以识别的可能性等。

各种类型相对应的图形集合及图形操作：将封闭图形作为空间构成单元加以识别的功能；运用鼠标等输入手段将自由模糊的图形转化为具有必要属性的封闭图形的功能等。

与记述内容的传达相对应的功能：将类型所包含的具体内容从前面的阶段到后面的阶段加以继承以及自动生成的功能；不同层次类型间的联动功能等。

通过以上的方法，作者提出了以三维建筑方案设计工具开发为目的的空间记述模型，展示了三维 CAD 系统开发的一个可能的发展方向，并对能够与设计者的思考活动及思维特征相适应的建模系统运用在建筑方案设计阶段的三维 CAD 系统的建构进行了有益的尝试。

8.4.4 建筑设计型专家系统面临的课题与展望

随着计算机的出现与计算机技术的发展，以帮助设计者进行建筑思考为目的的建筑设计型专家系统的相关研究从 20 世纪 60 年代开始得到了广泛的关注，在建筑平面布局自动化系统、智能 CAD 系统、三维智能建模系统等几个主要研究领域取得了一定的成果。然而，在建筑设计实践活动中，建筑设计型专家系统至今未能得到真正意义上的实际应用。这是由于建筑设计的思考活动有其固有的特质，因此在开发支援建筑思考活动的建筑设计型专家系统时

---

① 西乡正浩，两角光男，位寄和久.三维建筑方案设计工具的空间记述模型的相关研究 [J].日本建筑学会计画系论文集，1997，499：237~243.

面临着一系列的困难。

(1) 建筑设计型专家系统开发中的难点问题

在建立建筑设计型专家系统运用计算机进行建筑辅助设计时，必须运用能充分适应计算机的信息处理特性的方式来进行，需要以一种更为科学、理性、系统、逻辑的方法来处理建筑设计问题。如果将建筑设计看成是对某个建筑问题进行求解的过程的话，我们可以将该过程分解为问题定义，问题求解，解答验证这3个部分。对于这3个部分来说，运用计算机进行处理时都存在着具体的难点问题。

1) 建筑设计问题明确定义的困难性：在设计的初期阶段，将所有要解决的问题、设计目标以及设计条件加以明确化几乎是不可能的。这也是建筑设计问题被称为难以明确定义的问题（ill defined problem）的原因[①]。首先，作为建筑设计前提的要求条件不但内容多样而且非常复杂，设计者必须对各项相关内容进行全面的研究分析。例如，从与某个建筑相关的人的要求来看，就有来自业主、使用者、管理者、附近居民等各个方面的要求。而且这些要求并非总是一致的，有时还会相互产生矛盾。因此，从建筑设计的角度来看，恰当地选择能够满足众多要求的设计制约条件这一过程本身无疑就是对一个相当复杂的问题进行求解的过程。其次，各种要求条件不仅内容繁多，随着具体设计对象的不同其重要程度也各不相同，因此很难以一个具有有限的约束条件的系统来完成具体的非通用性的设计工作。另外，各种要求条件并不一定在设计的初期阶段就能够明确化，在现实的建筑设计过程中，常常是随着设计活动的进行，问题逐渐变得清晰，并且设计条件也不断得到追加。然而，在运用计算机进行设计问题的处理时，各种条件必须十分明确，否则就难以进行。

2) 模糊求解的困难性：设计者在对建筑问题进行求解的过程中，首先对设计要求、目标、条件有个大致的理解与分析后，凭着个人的经验、感觉或者惯用手法迅速构思出可能的解决草案，然后对草案是否能满足设计要求进行粗略的评价。倘若草案看起来可行的话，则仔细对该方案进行进一步的研究。否则的话，就重新构思草案。建筑设计就是这样一个反复进行目标设定、解答探索、解答验证反馈的循环过程。在建筑设计的初期阶段，设计者往往通过草图、模型、语言、文字说明等表达手段来表述建筑空间。这些表达手段并非对设计者头脑中的建筑形象进行完全意义上的表达，往往具有模糊性与概略性特征。这种具有模糊性与概略性特征的初期方案由于具有多种方向发展的可能性，非常适用于对轮廓不够清晰的建筑设计问题进行求解的过程。此外，初期方案的模糊性与概略性中所隐含的丰富的信息在很多时候往往成为启发设计者创造性构思产生的契机。然而，由于计算机的信息处理方式与人脑的思维方式有着巨大的差异，尽管长于高速准确的计算，却无法像人脑一样进行图形及模式的模糊识别，因此让计算机能够像设计者那样构思形成模糊暧昧的建筑草案是十分困难的工作。

3) 方案综合评价的困难性：对设计问题的解进行验证的过程其实也就是

---

① 门内辉行. 作为设计科学的建筑设计方法论的发展 [J]. 建筑杂志（日），2004, 119 (1525): 18~21.

对建筑方案的评价过程。对建筑方案进行的科学的评价过程这本身就是一项复杂而艰巨的工作，其复杂性不仅在于评价主体的多元性，而且就评价的具体内容来说，就必须对建筑方案的规划、功能、空间造型、环境、结构、经济性等诸多方面进行量的评价与质的评价。其中，像对空间的性质，美学等方面的评价，从根本上来说是目前的计算机所难以完成的。还有，在评价一个建筑方案时，比起各单项项目评价，其总体的综合评价更为重要，综合评价往往在很大程度上决定了某个建筑方案的改进与发展的总体方向。尽管计算机按照既定的某单项评价标准进行方案评价的能力很强，但目前还不具备设计者所特有的整体把握与综合能力，因此利用计算机进行建筑问题的解决方案的综合评价非常困难。

(2) 建筑设计型专家系统的展望

由于在运用计算机来支援建筑设计时存在着上述的困难性，因此想要利用计算机完全代替设计者来从事设计工作，或者开发出具有普遍适用能力的通用型建筑设计型专家系统至少从目前来看是不现实的。不过，在建筑设计中的某些阶段，利用计算机所具有的信息处理的特长来减轻设计者的工作负担，以及向将设计者提示建设性的解决问题方案等方面的设计支援是完全可能的。此外，尽管计算机很难像设计者那样通过直觉经验来提出可能的解决方案，但是按照给定的评价标准，在一定的具体范围之内探寻满足一定给定的要求条件的设计解答是可以做到的，而且按照某些限定条件在解答领域中进行全面搜索的能力远远优于设计者。再有，虽然目前的计算机普遍缺乏对于解决方案进行整体综合评价的能力，但是运用计算机进行部分条件的评价，在此评价范围内寻找出一系列成绩优秀的解决方案提供设计者进行参考，帮助设计者进行建筑方案设计思考是完全可行的。

从建筑设计型专家系统的产生、发展过程及其目前所存在的难点问题来看，建筑设计型专家系统的进一步发展需要以下3个条件。

1) 将计算机科学以及其他科学领域的新成果、新技术应用到建筑设计型专家系统的实用性开发中。如运用新的数字模拟技术、图像处理技术，以及分形理论（fractal）、模糊理论、拓扑学理论、图形学理论等能在更为抽象的层次上描述人与建筑空间、环境等要素及相互关系的有力工具来进行建筑设计型专家系统的技术开发。

2) 将建筑学自身的知识加以系统化和科学化。这里是指需要将传统的建筑学知识体系以计算机利用为前提加以重新整理，进行更为科学系统的建筑设计的理论与方法的研究，以更好地适应数字化时代的新的建筑创作环境。

3) 加强跨专业的人材培养。在科学飞速发展的今天，在计算机辅助建筑设计领域中，无论是单纯的建筑学专业或是计算机专业的工作者都无法胜任计算机辅助建筑设计方面的研究工作。因此，在建筑学专业的教学中，除了进行建筑空间的把握、创造等传统建筑教育之外，对于计算机科学以及与建筑设计相关的一些工程学、数学方法等方面的教育是十分有必要的。

本章就数字化建筑设计智能化的主要内容、建筑设计型专家系统的基本构成、系统的研究与开发现状进行了简要的叙述。应当说明的是，本章中所介绍的建筑设计型专家系统的开发以及其相关研究都是建立在人类目前所掌握的计算机技术以及建筑设计科学的基础之上的。就目前的科学发展的趋势来看，随着神经元计算机（Neuro Computer）、模糊型计算机（Fuzzy Computer）等全新的计算机技术的发展以及人们对建筑设计科学的方法与体系的认识与研究的不断深入，我们完全有理由相信，作为设计者"脑的延长"，能够对设计者的设计思维活动进行有效支援的智能化设计系统真正实现的那一天一定会来到。

参考文献

[1] 渡边仁史. 建筑策划与计算机 [M]. 东京：鹿岛出版社，1991.

[2] C.Alexander. Notes on the Synthesis of Form [M]. Boston: Harvard University Press, 1964.

[3] Peter Manning. An Approach to the Optimum Layout of Single-storey Buildings [J]. The Architect's Journal Information Library，1964，17：1373~1380.

[4] B. Whitehead, M.Z.Eidars. The Planning of Single-Storey Layouts [J]. Building Science, 1965, 1（2）：127~139.

[5] J.M.Seehof, W.O.Evans. Automated Layout Design Program [J]. Journal of Industrial Engineering, 1967, 18（12）：690~695.

[6] L.March, P.Steadman. The Geometry of Environment-An Introduction to Spatial Organization in Design [M]. London: METHUEN & CO.LTD., 1971.

[7] P.Steadman. Architectural Morphology – An Introduction to the Geometry of Building Plans [M].London: Pion Limited, 1983.

[8] 吉田胜行. 基于非线性规划法的以立方体分割图为母体的最佳平面作成法的相关研究 [J]. 日本建筑学会论文报告集，1982，314：131~142.

[9] W.J.Mitchell. The Logic of Architecture [M] . Boston：MIT Press, 1989.

[10] 三云正夫等. 技术纲要·建筑与 AI-1/AI 的概要 [J] .日本建筑学会建筑杂志，1987，102（1259）.

[11] Carlo H. Sequin, Yehuda Kalay. A Suite of Prototype CAD Tools to Support Early Phases of Architectural Design [J]. Automation in Construction, 1998, 7（6）：449~464.

[12] 应保胜，高全杰. 实例推理和规则推理在 CAD 中的集成研究 [J].武汉科技大学学报（自然科学版），2002，25（1）：61~64.

[13] D.W.罗尔斯顿. 人工智能与专家系统开发原理 [M]. 沈锦泉，袁天鑫，葛自良，吴修敬译. 上海：上海交通大学出版社，1991.

[14] 夏定纯，徐涛主编. 人工智能技术与方法 [M].武汉：华中科技大学出版社，2004.

[15] 马宪民主编. 人工智能的原理与方法 [M]. 西安：西北工业大学出版社，2002.

[16] 村冈直人，青木义次. 基于遗传算法的平面形状的最优化与设计知识的获得 [J]. 日本建筑学会计画系论文集，1997，497：111~115.

[17] 冈崎甚幸，伊藤明广. 房间·走道·出入口的最优化布局模型研究 [J].日本建筑学会论文报告集，1982，311：75~81.

[18] 寺田秀夫. 基于房间邻接关系的长方形分割图的求法——房间布局规划的分析综合方法的相关研究 [J]. 日本建筑学会计画系论文报告集，1990，414：69~80.

[19] T.Willoughby. A Generative Approach to Computer-aided Planning: a theoretical proposal [J]. Computer Aided Design, 1970, 3 (1): 23~37.

[20] 青木义次. 基于相关类推法的建筑知识库的生成与类推——建筑 CAD 的基础研究（1）[J]. 日本建筑学会计画系论文报告集, 1988, 389: 62~71.

[21] 西乡正浩, 两角光男, 位寄和久. 三维建筑方案设计工具的空间记述模型的相关研究 [J]. 日本建筑学会计画系论文集, 1997, 499: 237~243.

[22] 门内辉行. 作为设计科学的建筑设计方法论的发展 [J]. (日) 建筑杂志, 2004, 119 (1525): 18~21.

[23] 刘先觉. 现代建筑理论 [M]. 北京: 中国建筑工业出版社, 1999: 474~483.

[24] 庄惟敏. 建筑策划导论 [M]. 北京: 中国水利水电出版社, 2006.

9 建筑形式的数字化生成

9.1 建筑形式的数字化表达[①]

从 20 世纪中叶算起，计算机技术在建筑专业中应用的时间已经不短了。但仅仅在最近几年，建筑师们才逐渐意识到自己的专业正在发生着一种微妙却很关键的变化。一批成长于数字时代的年轻建筑师已经开始出现在我们的视野中。从孩童开始，他们就生活在计算机软硬件的世界中，这让他们对数字技术驾轻就熟。面对数字技术，他们的前辈必须经历一段时间的调整期，并总认为技术和他们的工作之间有隔阂。与此不同，新一代建筑师反而期待数字技术的无处不在。这一代建筑师把数字技术看作是"伙伴"而不是"障碍"，数字技术可以帮助他们创造、实现和交流他们的思想。

经过多年的磨合，计算机辅助设计（Computer Aided Design）对于建筑师来说已经不是什么新鲜事了。一直以来，数字技术的主要用途都是增强绘图效率。尽管这是一项非常重要的工作，但却没什么新意。然而近些年，这种状况在建筑师那里已逐渐发生了变化。

建筑师已经开始把数字技术看作是一种新工具，它能帮助建筑师探索建筑形式的各种可能性，并能在新形式与装配车间、施工方之间建立重要联系。对于新一代"数字"建筑师与技术的融洽相处，以及他们把数字技术看作是创造过程中帮助实现和交流思想的工具之一，大多数人所持的态度都相当乐观。某些专业人士已经提倡用新技术替代老技术，不过，描图纸和草图笔这样功能强大的老工具，不但不应被抛弃，而且应该与 CAD 软件共同使用。实际上，在具体的操作过程中，建筑师们也积极寻求计算机和绘图仪与绘图板和描图纸之间的应用平衡。新一代建筑师对数字技术的大量使用，使得他们在新媒介和旧媒介之间可以任意转换，而无需有意为之。现在，年轻建筑师们已经有力的证明了这一点：他们可以轻松使用数字三维建模技术来处理复杂几何形体设计，并可以在手绘草图与数字表现之间进行迅速的任意转换。

对设计实践而言，信息技术应用的三个核心内容如下[②]：一、建筑形式的数字表达；二、专业设计信息的数字整合；三、设计事务所实践的数字组织。

简单的说，建筑形式的数字表达涉及到具体的表达方法，这些方法诸

[①] 此节内容部分编译自 Szalapaj, Peter: 2005, *Cotemporary Architecture and the Digital Design Process*, Architectural Press, London. 此书中译名为《当代建筑与数字设计过程》，即将由建工出版社出版。

[②] 参见 Szalapaj, Peter: 2005, *Cotemporary Architecture and the Digital Design Process*, Architectural Press, London, 13.

如传统手绘和物理模型都能转换到数字环境中。在设计师利用数字媒介进行创作（比如图或模型的创作）的任何时候，不论这些图或模型是用于分析或表达，数字表现随时都可以介入。现在，建筑形式的数字表达还处于积极探索的阶段，探索一方面意味着不成熟，另一方面也意味着机会。因此，建筑师不应归纳并陷入现有的几种探索模式中，而应积极探索新的模式和方法。

专业设计信息的数字综合关注的是：环境因素如何利用数字技术来表达和建模，数字表达（例如 3D 模型）可以开展各种环境分析或具体场地分析。除了结构或环境分析，还有一些需要注意的重要问题，即整合到制造和建造过程中的数字信息范围。

设计事务所实践的数字组织关注的是：信息表达和交流的问题，即在不同的设计阶段如何将信息传递给设计合作者和业主。在现实世界中，事务所必须对人们的日常需求做出及时反应。这些需求经常是客户提出的，将受到专业团体和专业标准的限制，同时体现设计者自身的设计哲学和设计态度。

在设计过程中，特定的设计具有不同的关系组织和突出特点，这就让设计师很难决定哪些标准应该优先考虑。在某些设计实践中，CAD 模型会不断随着实物模型而改变，并呈现出分析性作用。在另外一些情况下，比如在弗兰克·盖里（Frank O. Gehry）的设计中，CAD 模型和实物模型在设计过程中各自起到的作用是非常明确的。对于设计师来说，最佳模式是设计活动与直觉（不可知）分析和形式（可知）分析之间的相互结合。实际上，强调设计思想的表达是最重要的——不管是手绘还是模型，也不管是传统模式还是数字模式。

9.1.1 数字设计

本部分主要关注的是第一项内容，即建筑形式的数字表达。这部分也是建筑师们最关注的内容。对建筑学中数字表达的一般理解认为：计算机建模系统可以在设计过程中用来操作建筑形体。数字建模系统支持的数字表达包括线框模型、面、体和非管状（non-manifold）形式。数字表达可以看作是一些操作，即通过拉伸、拖拽和布尔处理等途径从简单形体转换为复杂形体。格雷格·林（Greg Lynn）认为："计算机辅助设计构成的形体是调整参数并做出决定的结果。"[①]他还深化了参数化设计的概念，并将参数化设计不仅仅看作是对几何形体的调整，而且看作是对环境因素的调整，比如温度、重力或其他力。按照林的说法："各种数据参数会形成关键帧，同时通过表达式产生动态联系，最后改变最终的形体。某个动态设计的建筑，其形式也许会由于虚拟的力与运动而成形。不过，这并不证明建筑会改变其形式。尽管虚拟运动允许形式不断以同一形式占用多个可能的位置，但是现实中的运动经常会涉及到多个不相关位置的复杂范式。"[②]如果在建筑实践利用数字工具的过程中存在一个秘密的话，这个秘密就是数字工具能促进复杂形体设计与制造建造这些形体的

---

① 引自 Lynn, G: 1998, *Animate Form*, Princeton Architectural Press, New York, 25.
② 同上。

理性方法之间的相互联系。

　　复杂形体建筑并不是什么新鲜事物，其出现甚至可以追溯到时间久远的非洲生土建筑。盖里设计的建筑就是复杂形体建筑的典型。马克雷·吉布森（Macrae-Gibson）认为，在盖里的建筑中，"利用透视产生错觉和冲突的手段被充分应用，以便阻碍某种理性图像的形成，这种图像将破坏视知觉所适应的连续性直观效果。当所有东西都不是正交形式的时候，任何东西都不会拥有一个同样的消失点。结果就会产生一个含混的空间，而当我们从某些怪异角度透过玻璃窗看到反射图像时，这种含混效果会进一步得到加强。"[1] 马克雷·吉布森对弗兰克·盖里建筑的描述几乎适用于所有形体复杂的建筑。而盖里设计的复杂形体建筑与利用传统模式设计建造出来的复杂形体建筑之间最大的区别就是数字技术的应用。

　　当代建筑实践中对数字技术的应用整合关注的是数字技术环境运用何种方式来协调设计方案中不同的分析层面。其中特别重要的是建筑、结构和施工之间的关系，因为所有这些都直接与建筑形式相关。建筑师在考虑施工问题的任何一个环节时都会将建筑形式与施工紧密的联系在一起。设计过程一般都开始于设计任务书的具体要求。任务书会逐一要求设计师进行相关内容的研究，收集与设计相关的背景信息（例如相关类型的先例分析）。这个部分经常被称作设计推敲，并由此形成早期的设计概念模式。为了进一步深化，所得到的（物理或数字）模型还要受到形式分析的调整，以便符合于结构或环境标准。这样将很容易想到将数字技术应用于相关的分析领域，例如采光、结构、声学、能耗等。不过，一旦在设计中做了重要决定，应用数字技术来评估这些抉择就不是那么容易了。现在，也正是在这个环节上，数字技术的应用获得了巨大地发展。对设计原型的评估经常会导致设计的重新开始和深化分析。然后，有效评估还将为制造过程提供信息准备。如果这些信息能以数字形式直接提供给制造者，就会直接提高生产率。

　　正如计算机辅助设计系统在建筑专业中是设计方案表现的核心，计算机辅助制造系统（CAM）就是制造过程的核心。CAM软件包括计算机辅助处理规划系统（CAPP），在制造阶段包括应用于数控机器的工具软件，检验软件和装配软件。即便是在机械工程领域，CAD和CAM软件方面的进步也被认为是对生产效率和竞争力的提高。这同样适合于建筑构件制造领域，不过，生产效率的提高不仅仅是指经济方面的提高。这些技术还能增强设计方案的表现力，因为如果CAD/CAM技术进行了很好的整合和发展，复杂的CAD模型不见得就比简单的CAD模型更难于制造。将设计方案的数字模型与复杂设计要素的制造相整合的目的是要形成建筑设计阶段和建筑制造阶段都能兼容的数字形式，同时让这种数字形式成为两个阶段信息交流的载体。下文将介绍两个实例来具体说明建筑设计的数字表达，以说明如何利用数字技术作设计，并在设计和建造之间建立联系。比较而言，与后文中更大尺度的实例相比，前面一个尺度较小的实例也许更有说服力。

---

[1] 转引自 Szalapaj, Peter: 2005, *Cotemporary Architecture and the Digital Design Process*, Architectural Press, London, 14.

9.1.2 两个实例

鱼飞（The Shoal Fly By Project）是一个试验性研究项目的名称，是由澳大利亚皇家墨尔本理工学院（Royal Melbourne Institute of Technology，RMIT）空间信息建筑实验室（Space Information Architectural Lab，SIAL）的一个实践性项目[①]。这项研究试图发展出一套将计算机屏幕上的自由曲线转化为现实雕塑的设计过程，它通过计算机控制的曲线弯管以及相关的操作将曲线转化为可建造的切线弧。尽管存在专门研究以及专门学科做这方面的探索，但以此为基础的具体项目实践中到底有何创新之处却一直很难说清。SIAL 在实践和教育两方面对设计方法做出创新，从而对此问题做出回答。这个项目试图在鼓励新设计活动的同时，为设计师提供创新性的技术办法。

三维曲线在计算机屏幕上所谓的"数字空间"中随处可见，可在现实空间中却都被转化为二维，而后在工作车间被分成不同长度和半径的切线弧，最后被焊接成类似的完整曲线。由几段直管和弯管组成的排气管及其制作过程都很复杂。因此，制造全三维曲线也需要脱离传统的依靠片和块拼接的方法，脱离以平面、立面和剖面为基础的生成过程。要实现这种全三维曲线就需要强大的表现技术，包括 NURBS 曲线和曲面。在数学中，曲线被表达为一个可将直线转换为曲线的变量（u）参数函数。曲面是两个变量（u，v）的参数函数，可将二维面转换为三维空间。曲面是由许多被称为 patches 的小面组成。如果 u 和 v 有一个是固定值，就可在曲面上创造一个等参数（isoparm）曲线。比如，二维线是三维体表面的一段曲线。等参数线就是 NURBS 曲面上有一定量固定点的线。

所谓的 NURBS[②]，全称为非均匀有理 B 样条（Non-Uniform Rational B-Splines），是一种数学表达，它表明可以生成从一根简单的两维线段、圆、弧或者四方形，到复杂的不规则三维有机形（free-forms – organic）的面和体块。NURBS 的精确性和灵活性使 NURBS 模型应用于从图像制作、CAD、动画制作到 CAM 领域的各种计算机处理过程。样条（spline）源于舰船结构体系，在三维建模软件中由参照点和切线标识值（handles）确定。在舰船结构中，由几个承重点参照生成的弯形木制龙骨架形成一条曲线。这条线不是简单的几个点的连线，它的每个顶点都有着不同的大小（位置）和方向。如果其中一个点改变位置与方向，其他点依据彼此的相关性（dependency）也随之改变。这种情况下，此曲线就是一种作用效应（action），而不是此种效应的简单轨迹。

鱼飞是由 5 个独立雕塑组成的公共艺术装置，试图借助水来表达运动（图 9-1~ 图 9-3）。艺术家开特·马克里德（Cat Macleod）和米歇尔·柏里莫（Michael Bellemo）制作的 1:100 的手工模型是由可塑材料制成的一些自由曲线。他们试图表现曲线和交结，并试图在最终成品中表现一种无缝但不光滑的美学。他们的作品位于墨尔本海边的一片广场上，这片广场被重新开发作为居

[①] 关于项目的具体介绍可参见 http://www.sial.rmit.edu.au/Projects/Shoal_Fly_By.php.
[②] 这里要说明的是，国际标准化组织（ISO）于 1991 年颁布了关于工业产品数据表达与交换的 STEP 国际标准，将 NURBS 方法作为定义工业产品几何形状的唯一数学描述方法，从而使 NURBS 方法成为曲面造型技术发展趋势中最重要的基础.

图9-1 鱼飞现场照片[①]

图9-2 鱼飞的渲染图（图片来源同图9-1）

图9-3 鱼飞现场施工图片（图片来源同图9-1）

民工作和休息的地方。两位艺术家以前也用钢材制作过类似的简单曲线形式，也参预过制作过程。通过探索，他们知道如果不在各段曲线之间建立切线关系，那就会形成突起而无法让人感觉到是一条光滑曲线——在这个作品中就是由自由形式的不锈钢管组成的一堆曲线。

首先是精确测量物理模型。用单点探测器重复测量获取三维数据是非常不精确地。那么就要利用非接触的激光扫描仪来测量，然后通过间距小于1mm的点阵形成NURBS曲线。NURBS曲线或曲面的调整可以由不在曲线/曲面上的控制点来完成。专门有一套算法被研究用来形成近似切线弧的曲线。这就要让弯管机器所需信息与几段NURBS曲线形成弧线的制作程序保持一致。这在数学上是非常难的，同时结果总是近似值。这是因为曲线在曲率变化上是连续的，而一段弧的曲率是固定的，因而弧所组成的曲线曲率是一段一段发生变化。NURBS曲线是有一系列的视觉叠加完成，而每一段曲线都受到8种约束，或者是长度最小值、半径最小值或者是最大曲率等。弯管的具体处理过程是由数控机床（Computer Numerical Control，CNC），经过一系列滚轧或一个固定模具处理而完成。虽然弯管中的大部分曲线都是二维或固定半径，但还是有可能偏移一段距离形成螺旋状拉伸。

在具体操作过程中，会形成一些共识。由于艺术家并不要求平滑效果，因此必须取得某种平衡，因为小圆弧越多，形成的曲线就越近似，但圆弧越大节点越少，造价也会随之减少。通常并无合作的艺术家、制造商、学生、程序员和测量员在一起合作，会产生某种无法预料的表现方法。这个项目中最大的雕塑由420段弧组成，传送了近3800段信息，并利用电子表格进行了充分的记

---

① 图片来源：http://www.sial.rmit.edu.au/Projects/Shoal_Fly_By.php.

录。在制造过程中，这个雕塑与数字模型之间也进行了多次相互参照。尽管这个项目的表达方法在此类设计中并不少见，但还是与传统的建筑设计有着很大的不同。

本部分所要介绍的另一个例子是格拉茨美术馆（Kunsthaus Graz）①（图9-4）。这个美术馆是由彼得·库克（Peter Cook）和科林·福涅尔（Colin Fournier）与其他建筑师合作设计，其最大形式特征就是像泡状（blob-like）物样的形式。在1960年代，彼得·库克是名声赫赫的阿基格拉姆小组的一员。许多建筑师都认为这座美术馆是阿基格拉姆小组第一座实际建成的建筑。不过，对非欧几何形式②的渴望并不表示这个设计不追求适用于21世纪美术馆的综合空间，这个设计对这方面的追求与那些追求纯粹几何形式的设计相比没有任何区别。在这座建筑中，观众不再是待在阴暗房间中的消费者，而是成为在充满感性信息的潜在空间中不断去探索的游客。这座建筑的美不仅仅体现在其非物质形态的坐标中，还体现在因形式产生的互动性平台中。福涅尔认为：

"这座美术馆尽管有复杂的双曲线几何形式，也广泛应用了丙烯酸树脂材料，也有三角形钢结构构成的倾斜结构系统，也有精密的

图9-4 格拉茨美术馆③

---

① 更详细的工程说明参见 Szalapaj, Peter: 2005, *Cotemporary Architecture and the Digital Design Process*, Architectural Press, London 86–90.

② 非欧几何（non-Euclidean geometry）：19世纪的数学家证明，可以做出违背欧氏平行线定理（Parallel Postulate）的一系列几何图形。没有平行线就会导致球体、椭圆几何；平行线遍布就会导致双曲线几何。经过计算机软硬件的处理，非欧几何的投射模型（projective models）很容易被理解。用于探索非欧几何空间的交互式工具表明：计算机图形允许人体验肉体不可能体验到的各种世界。非欧几何的直接运算使建筑师有可能发掘出一种非欧几何状态下的直觉，而这种状态通过其他途径很难理解。总的来说，建筑界所宣称的非欧几何并非严格数学意义上的非欧几何。在很多情况下，非欧几何都被当代建筑界看作是不规则复杂几何形体的代名词。这与数学中的非欧几何概念相去甚远。这一方面说明，建筑界引用或借用其他专业的概念经常都采取了不太严谨的方式，另一方面也说明，建筑设计常常不是一种理性的、严格的科学。伯纳德·凯诗（Bernard cache）曾写过一篇文章《plea for Euclid》，专门讨论建筑学中的欧式几何与非欧几何问题，并对其中的非欧几何说法颇有微辞，具体见 http://www.ab-a.net/index.cgi?Texts/ Plea_For_Euclid.

③ 图片来源 http://www.miesbcn.com/recursos/obras/2005/.

低噪声低能耗环境控制系统,但却不是一座高技派建筑。对于高技派,我们既没有这么高的预算也没有打算做成那样的设计。准确的说,这座建筑预示着技术变化,至少其表面现象显示,设计过程发生了根本性的变化,同时设计过程也与自动化制造建立了新型关系。像这样的非欧几何建筑无法通过传统的平面、立面和剖面进行设计和表达。其唯一有意义的表现形式就是计算机软件包中的一套三维数据,而后,这套数据会直接传输到制造阶段,传输到 CAD/CAM 制造工具那里。在这种根本性的变化中,三维模型不是一种表现工具,而是当代设计中唯一适用的概念表达环境,这才是真正的技术革命,这会经常让我们感觉自己像是全球气候剧烈变化前夕的恐龙,随时有灭绝的可能。这仅仅是让我们睁大眼睛的开始,让我们感觉到 21 世纪的真正到来:建筑再也不是以前的那个样子了,而这座建筑只是处在革命的进程中。[1]"

由于非欧几何影响了现代艺术,所以泡状物的概念在建筑中的出现是 20 世纪 90 年代后建筑技术发展的体现。泡状物建筑,并不是对欧氏几何和理性主义透视空间(1854 年黎曼描述了比 1829 年罗巴切夫斯基描述的更加普遍的非欧几何空间)的极端诠释,它更类似于格雷格·林(Greg Lynn)关于"形式演化及其塑形力"的思想。在这个建筑中,塑形力就是建筑的功能以及数字生成过程。泡状物形式的三维曲线特征就是这些数字设计处理的整体表达。

数字泡状物建模技术主要以 B 样条面建模技术为基础。这种技术允许精确建立复杂的曲线形式。NURBS(非有理 B 样条)是由 B 样条逐步发展而来,如今已在主流 CAD 软件中应用广泛。[2] NURBS 面之所以有这么强大的造型能力是因为 NURBS 面方程式将通常碰到的面,比如球、圆锥、圆柱、抛物面和双曲面,都整合在一起。在 CAD 系统中,可以根据控制点来调整 NURBS 曲线,这样就可以自定义 NURBS 面。其参数方程式允许用户可以精细地调整和展示这些面。这些技术因素让建筑师事务所有可能建立精确的自由形体模型,以便未来深化和建造。

格雷格·林曾描述了最初在使用泡状物概念时的感受。他说,"当我第一次使用这个词时,完全是处于技术考虑。泡状物建模(blob modeling)那时候只是 Wavefront[3] 软件中的一个模块,Blob 这个词是二元巨物体(Binary Large Object)的缩写——即一些可以聚集形成更大组合体的球体。从几何和数学两个方面讲,我当时都对这个工具感到兴奋,因为它能让许多小构件形成大尺度的单一体,同样可以增加细微的元素形成更大的面积。从概念和技术上说,我很喜欢这个工具,没想到这个小东西会这么深的影响到我的职业,并被大家分享和理解。"[4]

---

[1] 转引自 Szalapaj, Peter: 2005, *Cotemporary Architecture and the Digital Design Process*, Architectural Press, London 87.
[2] B 样条的不足之处是不能精确表示圆锥截线及初等解析曲面,这就造成了曲面几何定义的不唯一,使曲线曲面没有统一的数学描述形式。后来又出现了有理 B 样条方法,最后才发展成非均匀有理 B 样条(NURBS)方法,并成为现代曲面造型中最为广泛流行的技术。
[3] 准确的说这里指的是 3dstudio(3dsmax 的早期版本)中的一个插件,即 metaball。
[4] 转引自 Szalapaj, Peter: 2005, *Cotemporary Architecture and the Digital Design Process*, Architectural Press, London, 88.

不过很明显，格拉茨美术馆并不是根据建筑形式自动生成的算法和计算机方法得来的形式。建筑形式的自动生成是另一个方向，林已经在这个方向做了很多工作。自动生成有时候也被称为算法设计，它涉及到程序和脚本语言的运用，适用于三维 CAD 建模软件，比如 MAYA 的 MEL 语言。另一方面，库克和福涅尔的竞赛方案是通过橡皮泥的塑形获得基本形式，然后再利用有机玻璃制成模型。手绘草图和物理模型后来在微型计算机工作站中都被建成数字模型。库克和福涅尔曾对他们为什么会作出类似于泡状物风格的建筑作出过解释，他们认为最终的形式并不是对泡状物风格的抄袭，而是一种巧合。他们认为："假定现在的时代风格是泡状物风格，那我们就不会有意赋予美术馆现在这种有机形外观。这个方案与其说是追求风格，不如说是一系列偶然状况所导致的意外结果：一方面是由于所给场地的复杂几何形式让我们获得了这个曲线形的外观；另一方面是由于在以前的美术馆竞赛中，我们运用过曲线形式（设计成施罗斯伯格山洞穴的形式），我们很喜欢这个方案并希望再次运用；还有一方面，我们希望这座建筑中建立'外来'文化，光滑连续表面的运用是消除墙、屋顶和地面之间差别的最好手段；还有一个很简单的原因就是，我们希望这座建筑显得小巧而友好。对我们而言，建筑形式——套用伯纳德·屈米的话说，与'不可避免的力量'关系更为密切，而不是美学语言。"①

结构工程师伯林格和格罗曼（Bollinger & Grohmann）曾经做过类似泡状物形式的结构分析，只不过尺度比较小。格拉茨泡状物的大小为 60m × 40m，他们曾参与过的宝马汽车展示馆所用的泡状体的大小为 24m × 16m，当然还要考虑更大的风荷载和雪荷载。结构性的数字模型开始于一个球体，然后在 Rhino 3-D 中按照参数控制点被拉伸变形。结构建模曾反复处理，经过了 15 种不同的承重测试。最终的模型优化结果与制造标准直接相关，比如支杆长度、距离和结构条件。在最终的方案中，一些采光口从屋顶伸出，其中的一个还指向河对面施罗斯伯格山上的钟楼。另一个特征是屋顶上的"针"，即一个悬挑的玻璃体结构。这个玻璃体是美术馆的展览厅，并能一览全城的景色。三个连接体将三层楼与一座重要的历史建筑连接在一起。这座历史建筑即埃塞尼斯屋（Eisernes Haus），是一座由谢费尔德城于 1848 年制造的铸铁平屋顶建筑。这座历史建筑代表着那个时代的先锋。美术馆的主要入口、画廊和行政部分都位于埃塞尼斯屋内。

格拉茨美术馆的屋顶结构的总厚度约为 90cm。主要结构构件为相互并行的多边形和四边形匣形钢梁。承重的三角形标准方形管结构形成一个壳体。钢梁的内边进行了防火处理，而壳体则利用钢夹心板与外部隔离并密封。这种做法遵循了通常的屋顶防火和密封处理。尽管连接节点看上去与正常情况类似，但这些节点在尺寸上各不相同，因此耗时更多造价也更高。所有的双层曲线有机玻璃在尺寸上也各不相同。有机玻璃天窗的尺寸也各不相同，而且采用的是蓝绿色有机玻璃。有机玻璃的最大好处是可以在温度相对较低的条件下通过加热成形，而它的缺点是易燃。因此，在有机玻璃 70cm

---

① 转引自 Szalapaj, Peter: 2005, *Cotemporary Architecture and the Digital Design Process*, Architectural Press, London, 88.

的通风口处安装了灭火装置。

格拉茨美术馆内的展览空间并不用于永久性展品的展览，也没有储藏部和研究部。这座建筑希望为当代艺术品提供广泛的展览和中介活动，为跨学科的展览和学术活动提供场地，同时为使用者提供高度多样性的空间和功能。这座建筑的内部空间被认为是"隐藏着各种花样的黑匣子"，而这座建筑的外部表皮则被设计为媒体墙，可以在计算机控制下任意变化。这座美术馆不仅满足了国际艺术展所要求的现代功能标准，而且也满足了相关的技术标准。这座建筑包含了创新性的节能系统，满足了重要投资人的要求。对于专业化的展览，这座建筑提供了足够的接收和处理区、储藏区和工作区，以及现代化的照明设施和安保设施。

由于信息技术和通讯技术在建筑实践中运用的越来越普遍，数字建模技术对建筑形式的冲击也越来越大。CAD系统已经超越了仅仅是绘图的角色，它现在已经开始影响建筑师创造的形式和环境。格拉茨美术馆设计正是此种情况的典型体现。这个设计是通过对一个球体模型的一系列变形处理完成的。这个处理过程主要依靠的是保留一系列变形过程中的连续关系。这个设计中的数字模型具有一种弹性特性，即它能够被连续的拉伸和变形。最终实现的建筑模型主要依靠的就是数字表现技术。简单的说，美术馆的设计和建造主要是个由外向内的过程。最初的设计方案主要集中在工程师所建三维结构模型的几何形式上，即利用几个不同方面的单独模型，比如结构、覆面、通风等生成三维模型。一旦在与建筑师的讨论过程中确定了结构形式，建筑方案就可以进一步深入细化。这个过程也是三维的。二维图则是三维模型按照需要剖切的结果。最后，根据一系列的调整，将三维的CAD设计逐步转到三维的CAM建造过程。

近些年，有很多运用面建模技术创造出新的建筑形式的例子。格拉茨美术馆就属于此类。不过，困难的是要将拓扑结构的思想与设计的基本性质相分离。现在流行的德勒兹式观点认为，过程与结果之间没有区别。这种观念已经大大影响了那些试图创造新建筑形式的建筑师。

诺瓦克曾警告当代建筑师们要注意这种忽视技术条件的观点存在的危险。他认为，"我们对技术虚拟、信息虚拟和计算机虚拟做出的反应难道只是让我们在陌生环境中做一些奇异的形式？或者利用更多的怪异隐喻武装这些形式？"[①]如果建筑师要避免那种夸夸其谈的肤浅形式，那么，正如其他建筑运动那样，当代数字设计实践必须结合真实与虚拟、内容与风格、功能与表现。

最后，对本节的所阐述的内容做一个简要总结，可以得出下面四点认识：一，建筑形式的数字化表达是技术进步的产物，准确的说是数字技术发展的产物；二，数字设计及其实践是当代社会对设计、建造和施工一体化的基本要求；三，数字设计及其实践的模式多种多样，并不局限于现有的探索模式；四，不管建筑师如何创造新的形式，都不能脱离功能需求和技术条件的实际。换句话说，建筑师们最关注的事情也许是如何帮助业主建房子并解决现实中出现的各种问题。事实上，建筑师也应该把更多的精力放在这些方面。

---

① 引自 Cristina, Giusppa (ed.) :2001, *Architecture and Science*. Wiley-Academy, London.

9.2 生成设计

生成设计（generative design）是一种科学的艺术创作方式，一种类似生物基因编码的转换程序最终形成人造物或者人造世界的过程。生成艺术试图寻求可以产生无穷多形式的基因编码，通过计算机编程实现人们的主观想法，从而生成丰富多彩的设计形态，如同生物因不同 DNA 的结构特征而具有不同表现形式，生成艺术借计算机编码以"自组织"（self-organization）方式实现设计思维的根本转变，进而产生出迥然不同、不可预知的艺术品（工业产品、建筑作品、音乐作品等）。通过生成艺术的"自组织"系统，可以创造设计产品的新种群，并保证其进程中的唯一性；在显示设备上直观认知可能生成的结果，感触空间、建筑艺术的复杂性。生成艺术"自组织"系统的内在机制，是一个自行从简单向复杂、从粗糙向精细不断提高自身复杂度和精细度的过程；一个系统与外界交换物质、能量和信息，而不断降低自身的熵（熵是热力学中描述系统内部无序性或混乱度的量度），提高其有序度的过程；一个自发地从可知状态向几率较低的方向迁移的过程；一个在"遗传"、"变异"和"优胜劣汰"机制作用下，其组织结构和运行模式不断地自我完善，从而提高其对于环境的适应能力的过程。

建筑设计基于"创造性"，并在"模糊性"中得到了充分的体现，而客观上对"创造性"本身一直就没有明确的定义。众所周知，计算机"沉默寡言"，它只会按照人们所编制的程序执行，因此，最初人们对于生成设计能否为创作过程提供支撑平台抱有疑问。生成设计法在某种程度上有别于其他设计方法，在此过程中，设计者通过计算机程序生成系统促进设计者的创作能力，并使设计领域内更多的探索成为可能。生成建筑设计通过非传统的方法整合多学科思维模式，与之相关的学术资料，如：计算几何学、计算机科学、离散数学及图论、计算机算法研究、复杂系统等都是计算机科学的派生物。与之相关的生成算法规则，如人工生命系统、不规则图像、突现行为等均源自于国内建筑设计者知识极度贫乏的数学领域。但大量实例表明，设计元素的自组织方式排列组合确实能够激发设计者借助传统方法不能得到的灵感与思想，生成设计可以从根本上实现 CAAd（Computer Aided Architectural drawing）到 CAAD（Computer Aided Architectural Design）的巨大飞跃。北京 2008 年奥运会主体育场"鸟巢"便是一个如何取得非标准形态，并优化之的最好例子，对于传统手工花费漫长时间才能得以实现的工作，软件工具会做出很快的反应。运用具有革命性的"遗传运算"法则的新技术优化大小区域的比例及整体结构。

9.2.1 生成设计思维雏形

生成设计并非是一种发明，它更体现为一种思维方式的转变过程。计算机相关算法及程序编码在此过程中承担了大部分研究角色。为了弄懂各种各样的运算法则，可以建立相应的模型，看一下这样几个简单模型的例子有助于理解生成设计的思维模式：

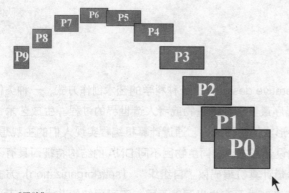

（1）吸引力："鼠标跟踪"

这是一个随处可见、通常体现为"动态鼠标跟踪"的实例，程序运行如图9-5。十个编号从P0~P9，长、宽根据其x、y坐标变化的矩形。除矩形P0时刻跟踪鼠标的坐标外，其余的矩形时刻跟踪前一个编号的矩形，这样便形成"动态鼠标跟踪"效果。

"动态鼠标跟踪"是一个在网络上很常见的鼠标动画，在此，更关注算法逻

图 9-5 "跟踪"

辑及程序产生的效果。规则非常简单，每一个矩形只关注前一个矩形的坐标位置，它不会关注其他矩形的坐标。鼠标坐标的改变影响P0的位置；P0坐标的改变影响P1的位置；P1坐标的改变影响P2的位置，P2以后的矩形坐标变化并非直接由P0影响，它们间接地由P1"传递"着坐标信息；同理，P0的坐标位置间接地由P1、P2、……、P8影响着P9的坐标位置。矩形之间由无形的吸引力牵引改变着全局的形态变化。

（2）排斥力："保持距离"

该实例运用合适的排斥力使聚集点扩散并稳定下来。无论何时各点均需要与其余点保持大于特定的距离（>DISTANCE），倘若某两点之间的距离小于该值，系统便处在不稳定状态。从这样的运算法则中起初也许只是看到点无目的的漫游；但是它们最终能够稳定下来，好像被那程序代码定义的力推进队列中。这是一个涌现（Emergence）[①] 的简单实例。程序通过持续、相似的运行达到更高的系统有序度，对二维平面系统来说，三角网是所需能量最小的并保持系统平衡状态的布局，每个点到其他六个点的距离相等，程序运行如图9-6。

该实例的伪代码如下：

// 随即初始化各点坐标位置
Initial all the dots in a limited range;
// 定义各点之间的最小距离
Defining the DISTANCE between each dot;
// 外循环

图 9-6 "保持距离"执行效果

for (int i=0; i<number of dots; i++) {

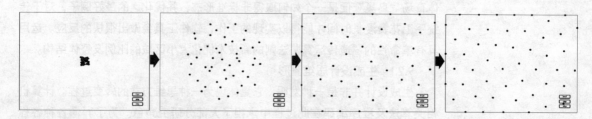

---

① 涌现（emergence）：复杂系统研究中的重要概念，当低层次单元间交互导致高一层次新的现象发生时，称之为涌现.

```
// 内循环
for (int l=0; l<number of dots; l++) {
    // 计算每两点的距离
        r = calculate distance between dot_i and dot_l;
    // 如距离大于定义,加大该两点之间的距离
    if (r<DISTANCE) push away;
}
```
}
// 永远如此执行
forever;

(3) 吸引力与排斥力:"生成圆"

数学方法在笛卡儿坐标体系中定义一个圆可以通过圆心坐标和圆的半径实现,其公式如下:

circleX = originX + R × cos (angle);

circleY = originY + R × sin (angle);

如果通过衍生思维模式实现该圆,可以制定这样算法:

● A 设置圆心坐标 circle (x, y) 及半径 radius; 初始化 N 个点, 其 x, y 坐标为随意值;

● B 每个点 N (i) 计算自己和圆心 cir_center (x, y) 之间的距离;

● C 如果距离 (distance) 比要求的半径小 (radius), 则后退一步 (排斥);

● D 如果距离 (distance) 比要求的半径大 (radius), 则前进一步 (吸引)。

循环执行 A、B、C、D。

程序运行如图 9-7

伪代码如下:

```
To circle:
// 定义半径和圆心坐标
Define the RADIUS and cir_center
// 对各点循环操作
for(i=0; i<N; I++){
    // 计算该点与圆心的距离并赋给 distance_temp
    var distance_temp = distance(cir_center,N(i));
    // 如果 distance_temp 小于定义半径 RADIUS
    if(distance_temp <radius){
        // 排斥:加大点与圆心的距离
```

图 9-7 "生成圆"案例执行效果

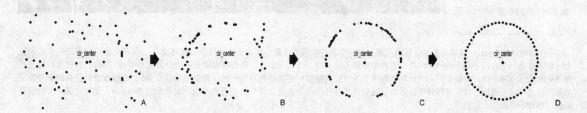

```
    repel;
// 如果 distance_temp 大于定义半径 RADIUS
}else{
    // 吸引：缩小点与圆心的距离
    attract;
    }
}
// 永远如此执行
forever;
```

这是衍生式建构圆形的思维方式，应该注意到程序中没有任何地方指定点N往哪儿移动形成圆，它们只是往前和往后走，但从观察者的角度看来，这些点却构建出一个围绕预先定义的圆心和半径的圆。事实上，程序还执行了如图9-7中D部分所示的另外一件事——随机方位的初始点通过吸引与排斥聚集到圆上，倘若程序到此为止，会导致一个不均匀、各点之间的距离不相等的情形，如图9-7中C部分。怎样让各点均匀展开，答案是做同样运用吸引与排斥力来实现。

这三个程序实例运用排斥和吸引（repel and attract）构成了有效的试验平台，类似的算法"提炼"后可以模拟更多相对简单几何形体更复杂的形状和空间组织，如Voronoi图（图9-8）。每个点、矩形或其他符号代表赋予基本信息（赋值、相邻矩阵或拓朴节点的相邻关系）的单元智能体（Agent）[①]，智能体之间通过"自下而上"（Bottom-Up）的"自组织"方式根据自身"利益"实现彼此之间的功能矩阵关系。针对智能体复杂系统的研究，"自下而上"的涌现方法成为一种崭新的研究体系，这类方法已经广泛应用于经济体系、人工智能、城市形态生成、甚至建筑群体及单体的功能系统。对细胞自动机（如"生命游戏"）和多智能体系统原理的研究案例大多采取"自下而上"的思维模

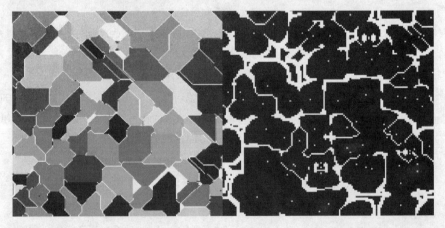

图9-8 点阵生成Voronoi图

[①] 智能体（Agent），又译为主体、智能代理，是一个软件实现的对象，存在于一个可执行的环境中，具有主动学习和适应环境的能力。智能体是一个运行于动态环境中的具有较高自治能力的实体（可以是系统、机器也可以是一个计算机软件程序等），其根本目标是感知另一个实体（即主体，可以是用户、计算机程序、系统或机器等）的委托并对其作用（提供帮助或服务），能够在目标任务的驱动下主动采取包括学习、通讯、社交等各种手段感知、适应其外在环境的动态变化并作出适当的响应。对于软件的Agent，则通过编码位的字符串进行感知和作用。

式,随着分布式人工智能(Distributed Artificial Intelligence,DAI)的发展,多智能体技术不再仅是人工智能专家的专利,它已经被广泛的用于群集智能系统的设计以及各种各样的社会学仿真中;另一种研究方法则利用已有的信息对整个系统进行控制,这些信息对复杂系统进行预测及决策的方法。这就是"自上而下"(Top-Down)的控制方法。

9.2.2 建筑实例

(1) 从"生命游戏"("game of life")到"Happy Lattices"

1)"生命游戏"("game of life")

"生命游戏"是细胞自动机的代表,如图9-9所示,每一个格子虚拟成一个生命体,每个生命体存在生、死两种状态,代表活性细胞的格子显示成深色,死去的细胞显示白色。每一个格子周围有8个邻居格子存在,如果把3×3的9个格子构成的正方形看成一个基本单元,那么该正方形中心相邻的8个格子便是它的邻居。程序设计者可以根据自己的喜好设定周围活细胞的数目状态以确定该细胞的生存或死亡。如果周围生活细胞数目过多,该细胞会因为资源匮乏而在下一时刻死亡;相反,如果数目过少,该细胞则也会因为得不到必要的协助而在下一时刻死亡。通常情况下根据周围细胞单元的生命数目确定规则如下:

(A) 如果活性细胞的8个邻居中有2个或者3个格子是活的,那么它将继续存活下去;

(B) 如果活性细胞的邻居数多于3,该生命体就会因为过分拥挤而死亡,少于2也会因为过分孤独而死亡;

(C) 如果当前格子单元原先为死亡状态,当它具备3个活着的邻居时便会获得重生。

按照这些规则将若干格子(生命体)构成了一个复杂的动态系统,运用简单规则构成的群体会涌现出很多意想不到的复杂行为。在程序的运行中,杂乱无序的细胞会逐渐演化出具有对称性的各种精致、有形的结构;出现叠代变化着平面形状。一些已经锁定、不会逐代变化的结构会因为一些无序细胞的"入侵"而被破坏。但是形状和秩序经常能从杂乱中产生出来。

图9-9 "生命游戏"初始化状态之一

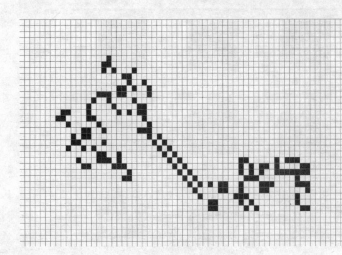

在这个游戏中,还可以设定一些更加复杂的规则,例如当前方格的状况不仅由父一代决定,而且还考虑祖父一代的情况。程序设计者可以尝试设定某个方格细胞的死活,观察对生成状态的影响。

2)"Happy Lattices"的实现

程序关注建筑平面模数,最终生成受制于既定建筑基地的平面模式,解决建筑基本问题。每一个方格单元根据相应的程序规则(应用于不同建筑功能)和周围相邻方格单元的状态(建筑外部

9 建筑形式的数字化生成

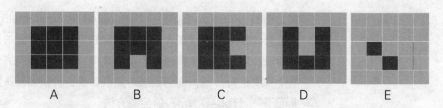

图 9-10 "生命游戏"初始化状态之一

空间或内部空间,与"生命游戏"的"生"、"死"类似)改变其自身的当前状况(决定该方格为内、外部空间)。住宅部分具体规则设置如下:

(A)被虚拟为建筑房间的每一方格单元或每两个相邻方格单元至少有一个边向外部空间开启以满足建筑采光的需求。如图 9-10 所示,如果考虑每个方格单元必须有对外的采光面,图 9-10 的 A 的中间方格单元(黑色)不符合规则,它将生成建筑外部空间(院落)。图 9-10 的 B 至图 9-10 的 D 的布局被认为符合该规则需要,图 9-10 的 E 状态在程序规则中也应尽量避免。

(B)方格单元之间必须满足和基本模数相符的设定距离。

(C)二层以上规则设定遵循建筑日照间距需求并对方格单元实体部分作适当取舍。

程序实现之后,可以运用该工具实现该基地的全面布局。程序按照预先对基地分析取得的相关参数执行,如图 9-11 所示,可以在短时间内(平均 1.5min/轮)生成满足规则的成果供建筑师选择。同时,提供对全局状态的实时反馈,如基地建筑密度等。从中选择满意的结果进一步深化方案,并将它发

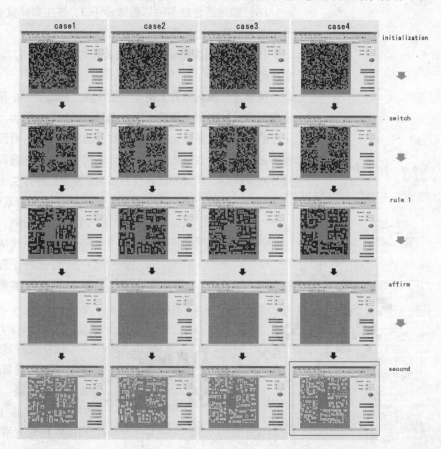

图 9-11 相同基地环境的不同生成结果

展成具体的建筑设计成果。

3）基地虚拟与别墅单体拼装

根据虚拟的基地环境，运用不同的规则可以生成多种建筑功能平面布局，最终完成了别墅区及商业区的程序生成设计，本文列举别墅区的生成设计过程，如图9-12所示。

"Happy Lattices"提供道路及环境预先设定功能，这些方格单元在程序运行中被认为是基地现状预设条件。通过该方式，可以将必要的基地现状及道路网设计直观地输入程序——运行初始化条件。

别墅单体拼装的设计对最终成果起着举足轻重的作用。根据前述方格单元的特征，可以提取出十种跃层式的基本别墅模块类型（如图9-12的B、C）。通过必要的旋转或镜像，该十种基本户型可以"覆盖"整个建筑基地。单体拼装设计必须考虑别墅出入口与基地预设交通关系、停车场设置；别墅底层与上部的空间关系等。通过如图9-12的C的户型框架，用户可以轻松地实现建筑内部不同区域的空间划分。

4）数据接口与三维建筑造型

"Happy Lattices"研究焦点从建筑内部空间采光需要出发从而导出建筑体块区域性划分，将生成的平面原始数据输入到其他应用软件的数据接口，如：AutoCad-Lisp、3dsMax-MAXScript等，生成三维体形将变得异常便捷。"Happy Lattices"直观地提供可开启窗户的墙面，建筑师可以在生成体块的基础上，根据自己的需要对建筑造型作更进一步的推敲。软件接口可以通过对原始数据的采集及其他软件提供的二次开发平台实现。

(2) 荷兰 Groningen 市火车站站前公共广场设计

项目位于荷兰 Groningen 市火车站站前公共广场，根据城市建设的需要，该设计将一条公共汽车线路的终端移至广场的周边，地面空间拓宽为步行广场，地下空间为汽车线路和中心主火车站相连的区域。此外，该工程还要求增建一个能够容纳3000辆自行车的半地下停车场。建筑师试图用纤细的非直立混凝土柱组成的"森林"为竖向结构支撑，承载交通功能的地面层，并希望最终产生的空间效果轻盈、变幻，谓之"森林柱"。方案被定为随机布局：三种随机规格的柱径、随机的倾斜角度及方位。

1）柱子"栖息地"

建筑剖面及平面如图9-13、图9-14所示，柱网定位可以通过图9-15来描述。约束概念：柱网上部必须位于楼板外线框之中，同时避开贯通空间及垂直交通井；柱网下部设于自行车放置区域并避开人行道和自行车的放置点。

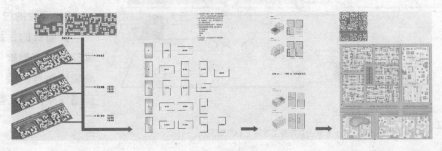

图9-12 基地环境虚拟、体块生成与单体拼装

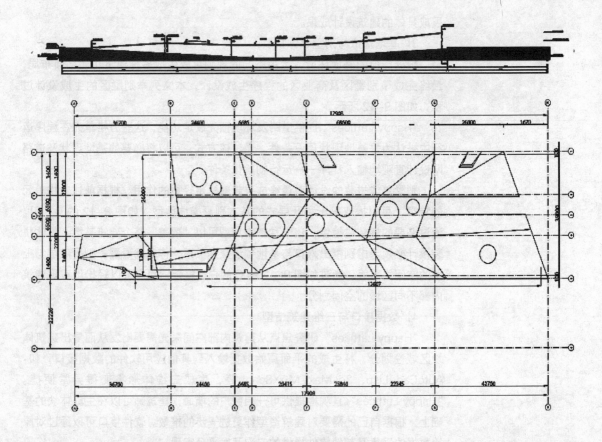

图9-13 建筑平面及剖面框图[①]

图9-14 由上到下：带洞的楼板、自行车停放地、无地下室的区域（图片来源同图9-13）

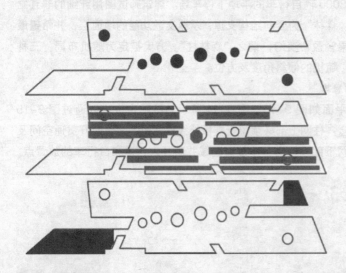

柱网的"栖息地"包括两层：楼板层寻找柱网上部的约束点；底面层寻找柱网下部的约束点。如图9-14所示的楼板中，绿色的区域为可生长的"栖息地"，红色的区域为必须避开的区域。

2）有机体

柱网表征为密集系统的质点：系统中的每根柱子为一个独立个体，它会探测自己的"栖息地"并根据与邻柱的关系自动反应。依据两层不同的栖息层，柱子的模型由两个不同的部分组成（图9-15）。底端结束点可在底面层自由移动，而顶端结束点可在楼板层里移动。具有空间位置、长度和倾斜度属性的柱体被简化为空间连接线段；柱体的倾斜角度在所定义的最大值内变化。

3）实验的过程

该项目的目标之一是要创造一个高度交互的应用软件，允许建筑师直接影响模拟过程的输出，并实时看到指令的反馈结果，因此需要图示表达整个过程。

---

① 图片来源：瑞士苏黎士联邦理工学院CAAD研究所.

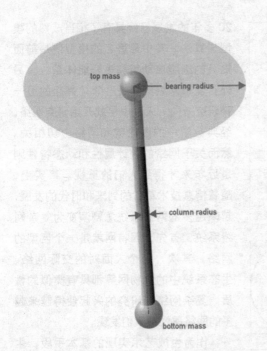

如果能够通过三维表达，在极短的时间做出反应更佳。

瑞士苏黎士联邦理工学院 CAAD 研究所的建筑师为此建立不同的楼板模型：根据连接节点将楼板层分隔为五个独立的区域。相应的楼板区域对结构具有不同的需求，各区域及其边缘和洞口具有各自独立的参数并以不同的颜色标识不同的结构区域（图 9-16）。

要避免柱网成为道路障碍物可以通过定义道路中心线取得。根据其交通流量，由三类具有不同抵制强度的道路组成，它们由通过中心的主自行车线路、通往楼梯的二级道路及自行车之间的小径组成。

柱网的分布算法采用具有压力感应及可变的柱体来模拟逼真的生长过程。柱体随着环境参数的变化自动适应各自的尺寸和定位，建筑师不必在初始状态指定柱子的直径及其生长的位置。倘若柱体探测到距离邻柱太远，其周围处于低压状态，柱体便开始持续的扩展，其匹配的柱型如图 9-17 (a) 所示。当它达到了最大柱径而周围依然没有邻柱，该柱分裂为两根子柱，它们同时开始生长，如图 9-17 (b)。当柱体探测到距离邻柱或"栖息地"边缘太近，其周围将处于高压状态，柱体则按照相同的方式收缩，如图 9-17 (c)。如果已经达到了最小的状态同时压力依然很大，最终它将消亡，如图 9-17 (d)。

遵循这种生成规则，建筑师在五个楼板区域中各自"种下"一棵柱子后，它开始生长、分裂直至铺满整个区域。柱型根据其位置而调节（图 9-18）。经过数次的尝试可以调节到最大化满足初始参数设置的状态，从而理想地实现其结构限定。运用不同颜色的编码对这一进程很有帮助，可以相对于柱网的不同功能区分以不同的颜色如图 9-18 (a) 所示，或者标记那些超出初始参数（如最大倾斜度的柱子，如图 9-18 (b)）。KCAP 的建筑师能够在很短的时间内处理各种各样的参数，并提出大量关于柱网的设计版本。理想的版本被输出到 AutoCAD 中，作为进一步设计的基本资料。

9.2.3 复杂系统及其他

对复杂系统的研究可以扩展建筑生成设计的方法体系，复杂系统理论经过

图 9-15 柱体模型（图片来源同图 9-13）

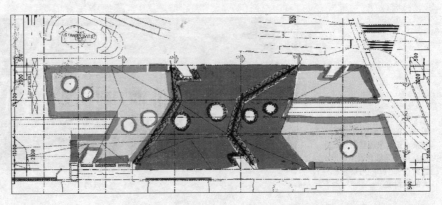

图 9-16 ARUP 的对结构不同区域的划分（图片来源同图 9-13）

9 建筑形式的数字化生成　301

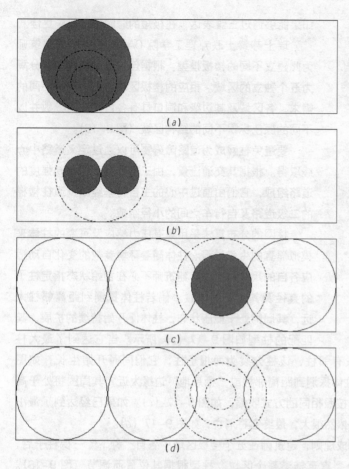

图 9-17 柱体的状态
(a) 扩展；(b) 分裂；(c) 收缩；(d) 消亡（图片来源同图 9-13）

20 多年的发展已经具有了相当成熟的模型与算法。其中最著名的模型便是前面提及的细胞自动机和多智能体系统。另外，复杂网络则是近些年才兴起的另一种研究方向。人们很早就开始研究网络，经典数学中的图论就和网络密切相关。然而关于网络的统计属性和动态特性则是近年来才得到人们的重视。事实上，随着信息技术革命的到来和时代的发展，越来越多的网络系统急剧演变为复杂网络系统，首先，因特网就是一个巨型的网络，其次，每个人面对的交际网络、生态系统中的食物网等都具有类似的性质。复杂网络的研究的兴起使得越来越多的网络属性被人们发现。

作为生成艺术实现的基本手段，生成设计正引领人类的设计系统从传统设计方法中解脱出来。这当然显示出技术上的进步与升级，但首先是一种观念与理论上的转变。"自组织"系统不是现有应用软件和建筑元素的集合，而是由一系列具有自身利益界定和自主决策能

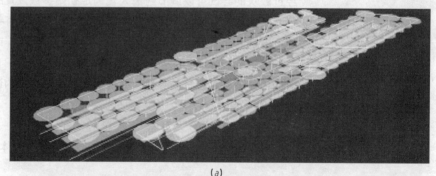

图 9-18 用颜色区分不同的对象（图片来源同图 9-13）
(a) 用不同颜色表示不同的功能分区；(b) 用红色标注过大的倾斜度

力的单元所组成的整体。每个单元都可以最大限度地争取其自身的"利益",同时,也是整体平衡体系中不可缺少的一部分。与人为的"他组织"系统相比,按照自组织原则构建和运行的制造系统具有以下突出的优点:

更强的驾驭复杂性的能力:非常复杂的行为模式自律原则组织起来的、大量相互作用的、相对简单的单元来实现;

更强的适应环境的能力:各自律单元见机行事,对于环境的随机变化和突变具有更为灵活机动的响应特性;

更强的自行趋优的能力:自组织系统一旦开始运行,它就具有一种"自提升"的功能,能够、而且必须在内部机制的作用下,不断地优化其组织结构,完善其运行模式。

非生成设计之初通常有构思阶段,构思成熟时形象已经基本分明、呼之欲出。相比之下,生成设计艺术所能构思的只有规则(如算法,约束),但根据规则而生成的结果则是不可预计的。生成设计艺术的创作可以说是有计划的随机运作,是确定性与非确定性的高度统一,它的设计原则是理性的,而结果更为感性。

透过研究的整个过程,可以看到生成设计作为一种新的设计方法使建筑作品具有与众不同、不可重复的特征,对特定建筑项目的设定条件或其规则的适应性导致生成结果的唯一性与不可重复性,生成设计艺术提供创作行为的人类模仿自然的机会。它代表设计方法的革命,引领建筑成为科学与艺术融合、理性与感性并存、人工与自然共生的客观产物。

生成设计是跨学科的产物,对于它的研究将是漫长而艰巨的过程,与之相关学科的研究也同时在不断丰富,对于生成设计的研究须紧跟相关学科的研究步伐,真正做到从 CAAd(drawing)到 CAAD(Design)的革命性转变。

参考文献

[1] 孙家广.计算机辅助设计技术基础 [M].北京:清华大学出版社,1999.

[2] 师汉民.从他组织走向自组织——关于制造哲理的沉思 [M].武汉:华中科技大学,2004.

[3] Philip j.Schneider David H.Eberly 著,周长发 译.计算机图形学几何算法详解 [M].北京:电子工业出版社,2005.

[4] 张文修,梁怡.遗传算法的数学基础 [M].西安:西安交通大学出版社,2004.

[5] 刘汝佳,黄亮.算法艺术与信息学竞赛 [M].北京:清华大学出版社,2005.

[6] 李飚."数字链"生成艺术的 CAAD 教学——以"X-Cube"为例介绍 ETH-CAAD 课程教学实验 [J].南方建筑,2006(9).

[7] Evangeline F. Y. Young, Chris C. N. Chu, M. L. Ho. A Unified Method to Handle Different Kinds of Placement Constraints in Floorplan Design. Proceedings of the 15th International Conference on VLSI Design, 2002. http://www.cse.cuhk.edu.hk/~fyyoung/paper/aspdac02.pdf.

[8] Fischer, Thomas, Teaching Generative Design, 2002 http://lo.redjupiter.com/gems/groep6/

generativede sign.pdf.

[9] Humberto R. Maturana & Francisco J. Varela, The Tree of Knowledge, The Bioligical Roots of Human Understanding. Sgambhala. Boston & London. ISBN: 0-8773 642-1, 1998.

[10] Jeffrey Krause, BArch USC, SMArchS MIT The Creative Process of Generative Design in Architecture. GA2003 – 6th GENERATIVE ART CONFERENCE / EXHIBITION / PERFORMANCES, Milano Italy, 2003. http://www.generativeart.com/.

[11] J. P. Duarte, LicArch, SMArchS, PhD, The Virtual Architect. GA2004 – 7th GENERATIVE ART CONFERENCE / EXHIBITION / PERFORMANCES, Milano Italy, 2004.

[12] http://www.generativeart.com/papersGA2004/12.htm.

[13] Jess Martin, Procedural House Generation: A method for dynamically generating floor plans. 2006.

[14] http://wwwx.cs.unc.edu/~eve/papers/EVEAuthored/2006-I3D-Martin.pdf.

[15] LiBiao, Schoch Odilo, Computer Aided Housing Generation with Customized Generic Software Tools, Proceedings of fifth China urban housing conference. 2005.

[16] Paul S. Coates AA Dipl, some experiments using agent modelling at CECA. GA2004 – 7th GENERATIVE ART CONFERENCE / EXHIBITION / PERFORMANCES, Milano Italy. 2004.

[17] http://www.generativeart.com/papersGA2004/22.htm.

[18] Scheurer, Fabian, The Groningen Twister An experiment in applied generative design, Switzerland, Proceedings of Generative Art 2003 conference, 2003.

[19] www.generativeart.com.

[20] Sowa, Agnieszka, Computer Aided Architectural Design vs. Architect Aided Computing Design, Proceedings of eCAADe'05, Lisbon, 2005.

[21] Szalapaj, Peter: 2005, Cotemporary Architecture and the Digital Design Process, Architectural Press, London.

[22] Lynn, G: 1998, Animate Form, Princeton Architectural Press, New York.

[23] Cristina, Giusppa (ed.) :2001, Architecture and Science. Wiley-Academy, London.

10 计算机辅助建筑设计软件开发技术简介

10.1 概述

10.1.1 近代工程设计软件的主要特点

20世纪中叶开始的以计算机技术为主的工业革命,它改变了工程设计的状况。逐步地形成了CAD(Computer-Aided Design,计算机辅助设计)这一新的学科。20世纪末叶起随着技术的进步而不断发展形成的近代工程设计软件和以前的比较,带有许多鲜明的时代特点,这些特点主要如下:

(1) 从公式计算到设计优化的演变

计算机应用到工程设计领域最初是用于求解微分方程[1],以后逐步扩展到其他方面,1962年麻省理工大学的依万·萨泽兰博士建立了第一个交互的符号设计系统,形成了计算机辅助设计的概念。20世纪的60~80年代各种算法进一步发展,运筹学,最优化方法通过计算机得到广泛的应用。

(2) 从本地模式到分布模式的演变

CAD设计的作业模式由局域网中的协同作业模式发展到广域网上的协作设计模式;使用集成数据库发展到分布式数据库;软件从集中系统发展到分布式服务系统,设计突破了时间和空间的限制。

(3) 从数值计算模拟到设计方法模拟

20世纪中叶计算机主要用在求解线性方程组、非线性方程组和微分方程组。计算机在建筑设计上最初用于工程结构计算,少数设计事务所也用来进行工程造价计算。

20世纪后叶由于计算机图形技术的发展,建筑设计者开始使用计算机进行建筑场景的建模与彩色渲染。所有的这些都没有超出数值计算的范围。它们只是解决建筑2D/3D的表现,并没有触及设计的核心。

在这一个时期由于人工智能的发展,神经元计算概念的提出,人工生命的研究,推动了计算机辅助建筑设计(Computer-Aided Architectural Design,CAAD)中设计方法的研究,这方面主要有口语分析、草图器、设计语言及模式语言的研究[2]。得益于本世纪以来计算机性能的大幅度提高,使得计算机辅助建筑设计的研究人员得以初试牛刀,从理论走向实践,取得了一系列激动人心的结果。

(4) 多学科交叉与横向渗透愈加明显

近代工程设计软件开发过程中涉及多种技术学科,不仅需要开发者掌握多

---

[1] 参看:Antony Radford, Garry Stevens. 计算机辅助建筑设计概论 [M]. 北京:中国科学技术出版社, 1991: 12~13.
[2] 参看:Gu Jingwen, Wei Zhaoji. CAADRIA'99 [M]. 上海:上海科学技术文献出版社, 1999.

种理论知识和专业技能，同时还要求他们有着比较丰富的工程设计实践经验。另一方面，使用好新的软件，必须对相关学科知识有一定深度的了解。过去传统的单一工程专业的教学模式显然已经不适应近代工程设计软件发展的需要，人才的知识结构和培养模式都得随之进行改革，这个矛盾在建筑学专业表现得更为突出。我国近十年的建筑学专业教学实践充分证明了这样一个事实。改革需要创新，需要重新进行反思和探索，需要寻求新的人才的培养模式，需要一个百花齐放的科学技术繁荣的春天。

人们不难注意到，由于多方面的原因，我国高校的许多工程专业进行学科的调整，加强了计算机程序设计方面的教学，我国的重点高校开始向研究型大学转变。教学开始侧重于素质教学。这表明教学部门的大多数决策者已经认识到技术发展的趋势。因此对于我们的大学生来说，时代给他们带来的不仅是竞争和挑战，同时也是新的契机和机遇。

就像几十年前，没有建筑师相信手工渲染作业有朝一日会被计算机图形渲染技术取代一样，目前我们周边也有许多人对智能设计方法提出质疑。如果认真地对这个问题进行分析和讨论，无庸置疑将会得出历史将再次重演的结论。

目前，我国许多建筑院校建筑专业教学中并没有设置计算机程序设计课程，我国注册建筑师考试的内容中也没有列出计算机辅助设计的相关内容，在这方面与其他专业相比，处于相对落后的状况，而且随着学制的缩短，这种情况可能会继续下去，造成学生对计算机辅助设计在认识上和知识技能上两方面的缺损，这样最终将导致增大我们和国外建筑院校在计算机辅助设计教学方面的差距。

本章介绍的是计算机辅助建筑设计软件开发技术，因此要涉及到计算机语言。本章所介绍的许多内容，以及"鸟巢"（国家体育场）等建筑设计实践表明，不应当把建筑设计教学与计算机语言教学对立起来。为了使我国建筑院校的学生不至于失去因时代进步给出的宝贵机遇，希望在建筑学专业能够适当增强计算机语言和现代设计方法的教学内容。

由于目前我国许多建筑院校的教学计划中都没有列入程序设计语言课程，我们在此章中还不能就各种语言进行详细周密的介绍，如果有需要深入了解的读者，请参看相关的程序设计语言资料和技术手册。

10.1.2 CAAD软件中的建筑对象

近代CAAD软件的重要特点就是使用面向对象技术，所有的研究目标都被转义成对象，这样做是为了能够更好地描述工程设计目标和方法。对于建筑学专业我们需要首先了解什么是建筑设计的对象以及其行为特征。

(1) 建筑对象的特征和行为特征

亚力山大在《建筑永恒之道》中描述了建筑的"无名特质"，建筑师追求设计生气勃勃的建筑对象[①]。表达了建筑设计的最终目标。因此我们可以从中启发得到如下的概念：

"无名特质"由设计生成的空间模式和其中作为社会化的人群的行为组成的抽象概念，实际的建筑物是这种无名特质的载体，技术是建造具体的物质化

---

① 参看：C.亚历山大.建筑的永恒之道.北京：知识产权出版社，2002，15~30。

的建筑物时使用的方法。因此在传统的建筑教学中,"无名特质"是作为设计对象加以重点研究和讨论。

这个设计对象具有空间几何特征和人类行为两个组成部分。为此计算机辅助设计必须包含这两部分的解决方法。这是 CAAD 与其他 CAD 方法的不同之处。而建筑物工程设计中使用的计算机辅助方法和其他专业 CAD 方法却是雷同的。

对于"无名特质"来说,与空间几何特征相关涉及图论、计算几何、图像理解、分形等学科,与人类行为相关的是心理学、行为科学包括宗教、道德、伦理等以及建筑文脉等抽象概念。

早期的程序设计中所采用的处理数字和符号的方法,可以完成相当繁重的科学计算和数据处理工作,但是这些方法不能用来表达和模拟建筑中人群的行为。因此至今为止,使用这些方法完成建筑模型和图纸绘制的设计软件可以提高设计效率,快速地表现设计视觉效果。这类软件可以完成建筑的 2D 与 3D 表现以及工程设计,但它们并不代表 CAAD 方法的全部。软件商的广告宣传中有意或无意地夸大了它们单方面的作用。

近年来人工智能方法得到蓬勃发展,人类研究生物的自然规律,学习和模仿"自然专利",从千千万万的物种中寻求生命形成和发展的规律,研制出种种智能算法。CAAD 研究人员开始将它们应用到人类简单行为的模拟分析上,从而来协助建筑师进行设计,使用智能体和多代理系统对设计方案进行测试和分析,翻开了 CAAD 中新的一页。这种新的方法正在逐步地揭示出过去设计方法和评估手段中的不足之处,揭示出设计对象的矛盾所在,使得人们得以重新认识,创造出新的设计方法和设计标准。

任何时候,我们总能听到另外一种意见,这种意见在于对建筑艺术的根本看法的分歧。坚持艺术与建筑的不可分割性,或者使用简单明了的几何规律来描述建筑的艺术造型特征是一些设计者常用的方法。实际上这种方法很不完备,因艺术是嵌入到具体的建筑物中去的,建筑的使用性质决定了嵌入到其中的艺术形式,同一个空间集合可以打扮成不同的艺术风格。因此它只能在一定程度影响建筑的无名特质,而不是全部。20 世纪中叶哥伦比亚大学出版的《20 世纪建筑的形式与功能》一书中,明确地阐述了建筑构图的十大要素,这些要素有和谐(Unity)、均衡(Balance)、比例(Proportion)、尺度(Scale)、序列(Sequences)、韵律(Rhythm)、风格(Style)、色彩(Color)、结构(Construction)和材质(Material)[①],近来也有人提出动态视觉效果(Dynamic Visual)作为要素。作为建筑表达的艺术特征融入了上述的前 8 个要素,早先我们称之谓视觉艺术。计算机能否全面介入这类艺术的创作过程,至少在近期内,可以说其答案是否定。现有的技术方法如 20 世纪 60 年代初期发展起来的数字图象技术,其中的图像处理和图像理解技术采用了数字滤波、快速付里叶变换及小波分析等数字技术,这些技术本身代表了数字方法的进步,但它仍然不能完成这方面的任务。对于不同的画面,结合人类对色彩的心理认识使用上述数字工具可以获得彩色图片的初步分析指标,然而还不足

[①] 参看:Talbot Hamlin, FORMS and FUNCTIONS of TWENTIETH-CEBTRY ARCHITECTURE, New York COLUMBIA UNIVERSITY PRESS 1952,VOLUME II The Principles of Composition。

以用来指导设计。

近代的分形数学在图形学中的使用,可以模拟客观世界某些事物的几何形体特征。它反映的是微观世界物质运动反映到宏观世界形成的几何形状特征。我们知道西洋古典柱式中的科林斯柱头采用了地中海沿岸的植物叶片作为装饰,实际上世界上万千生物通过 DNA 千百万年的进化演变,形成了千奇百怪的众生。组成植物根茎之中的细胞的微观世界的化学和物理的动力学过程最终表达成植物生命过程宏观的种种几何形态。显然分形技术只是一种形状模拟方法,它不可能也没有必要联系和深入到如此深奥的微观世界。只要它能在形式上模仿一定的自然规律,就可以在许多场合预测特定条件和环境下客观或人工制造物的几何形象。客观来说上述的许许多多方面只处在研究阶段初期,根本未能进入到 CAAD 的实质。目前国外有一些 CAAD 研究人员,使用分形技术到建筑形体的生成上,这种具有自相似的特异几何形体能够给人以视觉上的快感。但是它离实用还有相当远的距离。目前只有少数分形技术在建筑景观设计中得到应用,例如植物形态模拟,这是法国 CIRAD 公司经历了 25 年历史努力的结果[①]。由于缺少多方面深入的课题研究,我们还不能完整地描述分形技术和建筑美学的关系,关于"建筑的计算机美学"的讨论仍然在探讨之中。不过单就分形技术本身来讲,它包含了分形几何学和语法。如果想不通过编写程序和学习,短期内就要在这方面获得一些成果,这是不切实际的想法。

有学者提出建筑普遍地符合重力原则,平衡成为建筑构图的原则。相反也有一些现代的建筑师创造出一些奇异的建筑,它的形体表现出某种不稳定性,使用逆反心理来表达其的设计理念。然而也有一些现代建筑师设计了形形式式的膜结构。从工程力学的概念上来说这种结构属于索膜协同工作用的体系,从大概念上来讲,薄膜比拟早就被用在工程力学上计算剪力流,用在电磁学中模拟电子管中的静电场,它使用数学物理方法中的拉普拉斯方程描述,使用差分方法求解。结构工程中使用的张膜结构比这更为复杂,膜和索分别采用不同的方程表达,实际工程中使用不等参有限元方法利用计算机求解,其中除了要计算风、雪等动荷载,还要解决施工中松弛和张紧两个状态。因此膜结构的几何形体不是建筑师一笔就能勾画出来的,也不能用 AutoCAD 这一类软件中 3D 曲面方法构造出来。一般地讲,工程中的特种结构都有着各别的工程力学背景,因此不能单凭臆想来设计它们的几何形象。但是建筑师会告诉我们,它的形体很美。很有必要使用计算机和计算技术把这复杂的问题集合起来计算,通过各种计算方法来得到一个完美可行的设计。时代需要并造就了这样一批技术专家。这里蕴涵着原始而朴素的机械唯物主义。从中我们可以看到 CAAD 和建筑美学的关联,这种关联是以客观自然规律为基础,现代高科技手段为支撑的。我们周边的一切,平凡之中蕴涵着不平凡、简单后面隐藏着复杂。

(2) 建筑设计结果适应指标的评估

建筑设计通常由专家来进行评估,设计者再按照专家的意见修改设计,这

[①] 参看:法国 CIRAD 公司,AMAP Landscape Design Software, 1998.

两部分组成建筑设计的闭合环路[1]。根据前面的描述，属于载体的具体的建筑物的物理属性可以由对应的科学计算程序来进行指标的计算和评估。而其中属于建筑特质的部分，即空间特征和人群行为则涉及到心理学的范畴，它受先期经验和当前场景的影响，因此不能用单纯的科学计算来实现。由于建筑对象的多样性和近代数学技术的发展，产生了以 MatLab 为代表的一系列专用软件包，使用这些专用软件包，可以就众多范畴的数学模型进行编程和运行，包括神经元和模糊推理机[2]。这些工具已经很好地在别的一些专业中应用，讲授这些数学技术工具已经成为高校一些专业必须的课程。当然它们也可以用于建筑设计中一些目标的评估测试。早期的基于数据库的电子报表统计方法不能胜任处理多因素的建筑设计评估任务。我们可以明确地告诉建筑设计人员，不可能找到一个一成不变的万能的解决建筑设计指标评估的软件。要真正较好地解决具体的设计评估，必须针对具体问题进行必要的程序开发。以为通过拼凑标准程序，就能进行综合评估的想法，实际上是比较幼稚的。科学技术的进步需要依靠"创新"，但这种"创新"不是凭空捏造的匪夷所思，而是对事物的重新认识和深化，只有这种不断的重新认识和深化才能使我们发现新的事物和规律，推开通向未来之门。

在其他专业如自动控制系统中，复杂过程中众多的因素可以被解耦成线性无关的独立分量来进行分析，这种方法对于线性和非线性系统都是卓有成效的。但是建筑设计受多种因素影响，解耦方法对于建筑设计评估却很少能行得通[3]。近十年来 CAAD 研究人员使用多因素方法来进行建筑设计评估，其中主要采用了神经元和遗传算法。通过专家指导的前期学习过程使系统建立先期经验，再对设计进行分析评估[4]。对于建筑中人群行为的模拟可以通过多代理系统进行模拟测试。然而要实现这些，单纯使用现有工具，而不进行相当难度的编程是无法想象的，其中需要对于上述算法的深入了解。事实已经证明；在建筑设计中使用智能算法必须就具体设计目标组织力量编写和测试程序。目前国外已有不少设计部门组织建筑师、系统工程师和程序员联合进行课题开发的实例，实践表明这是比较好的方法。

真正的科学是严谨的，我们必须严肃对待它，必须全心全意地通过艰苦卓绝的努力工作来获取成功，只有真正的科学成果才能被社会所接受。要对社会大众负责首先要建立自己的责任感。我们应该成为行里的专家，而不是一个行外的观潮者。

10.2 CAAD 软件特征和基本方法

(1) CAAD 软件的用户层面是建筑师

因此首先要求软件的界面符合建筑专业设计要求，它要使建筑师感觉到接

---

[1] 参看：邱茂林.数位建筑发展.台北：田园城市文化事业有限公司，2003，12~13.
[2] 参看：楼顺天，施阳.基于 MatLab 的系统分析与设计——神经网络.西安：西安电子科技大学出版社，1999；吴晓莉，林哲辉.MAT-LAB 辅助模糊系统设计.西安：西安电子科技大学出版社，2002.
[3] 参看：刘先觉.现代建筑理论.北京：中国建筑工业出版社，1999，474~483.
[4] 参看：庄惟敏.建筑策划导论.北京：中国水利水电出版社，2000.

触到的环境充满自己平时熟悉的专业气氛，其次所有的操作定义和控件响应都表现出相当的专业经验和合理性，不会遭遇不合理的约束和限制。要使用户在操作过程中感觉到事情本该这样。这本该是专业辅助设计软件最起码的要求，然而许多建筑软件却往往难以做到这点。

(2) CAAD 软件的主要数据对象是建筑元素

从程序的数据对象来说，目前绝大多数 CAAD 软件都包含了建筑元素的几何属性，系统可以通过数据库查询或自行定制相关对象的属性。这些对象可以响应用户的图形编辑命令。并且可以在一定程度上设置对象之间的关联，以便在它们中间一员发生变化时能自动调整其他成员的形状和姿态。这个性能被软件商夸张为智能，实际上它和人工智能根本是两回事。

大多数 CAAD 软件完成的是绘图作业，最终可以形成 3D 的彩色渲染画面。最近的一些软件开始设置 IFC 接口，以增加建筑信息交流的能力。所有这些都给建筑物具体的设计、绘图、施工管理甚至运行期的物业管理提供了计算机辅助的解决方案。但是它们并不能解决建筑方案设计阶段的桎梏。还有一些几何实体编辑软件，可以让建筑师较为方便地编辑和组织建筑体块，完成一些透视画面。目前所有的这些 CAAD 软件中所使用的建筑元素大多数只包含建筑元素的物理特性，并不包含更深层次的内容，例如色彩的心理感觉和材质的亲和度。因此，它们对于解决上面所述的建筑绘图、建模、渲染和信息传递等问题已绰绰有余，然而却都无法解决方案设计阶段核心问题，这个核心问题就是设计结果的"无名特质"的提取和测试。因此关于这个核心问题的讨论和研究将充满 CAAD 研究今后漫长发展的道路。

(3) CAAD 软件的研究已渗透到横向交叉学科

关于这个问题的讨论在上面已有讨论，此处不再重复。目前国外一些著名的大学的建筑系愈来愈重视 CAAD 的研究和教学。国际上 CAAD 学术界讨论的课题基本上围绕设计方法、围绕设计过程中智能方法的使用，在过去作为建造工程设计的内容已经不在讨论范围中。我们看到愈来愈多的技术专家参加到这一过程中，这个敏感的话题，就是我们年轻一代的建筑设计师将要面对的现实，采取什么心理和姿态将是一个需要深思的问题。

(4) 近代程序设计技术改变了 CAAD 软件的运行和开发模式

从历史上来看，除 AutoCAD 外，各个著名的 CAAD 软件都提供二次开发的语言接口，如 PA 的 User Programming Language，ArchiCAD 的 GDL 语言等，这些语言大都采用类 PASCAL 语言，可以让用户增加菜单命令、调用设计软件的指令集合，可以让用户定制设计对象等等。然而国内很少有人使用这些语言来进行开发，由于操作系统的进步和程序设计技术的进步，近代 CAAD 技术大多数都采用组件技术，二次开发都采用标准语言编写。另外 Web 应用环境下经常采用 XML 技术进行应用开发。

目前在国内一般采用在通用 CAD 软件平台上进行二次开发来编写 CAAD 软件，这样做的原因在于程序员不需重复开发基础的图纸作业系统，而省下精力去解决专业设计的核心问题。由于 AutoCAD 软件在我国的普及程度，国内的 CAAD 软件开发往往首选它作为建筑软件的基础平台，不少人为之付出了巨大的精力和代价。然而国内的建筑程序始终处在被动地位。Autodesk 公司在中国投入了大量的力量，建立了研发中心，积极地将其主流建筑软件实现中国的本土化。国内也有软件开发商在进行完全自主平台上的 CAAD 软件开发，但目前还没有成为市场上的主流产品。

现在就以 AutoCAD 为例介绍其发展过程，了解它内部数据结构、资源和进程管理模式以及接口方法。这些，都是进行二次开发必须熟悉的知识。

与大多数通用 CAD 软件一样，早期的 AutoCAD 二次开发接口包含了：
- AutoLISP 扩充：Autodesk 公司开发的专用于绘图过程的 LISP 子集。
- ADS 扩充：使用 32 位 C 语言编写二次开发库，不支持面向对象编程。
- ASE 扩充：支持 SQL 查询语言 AutoCAD 的图形数据库接口。

这些扩充允许程序员开发的模块以 AutoCAD 外挂模块方式运行。

AutoLISP 扩充与 ADS 扩充可以调用 AutoCAD 的大部分命令，可以添加用户定义菜单，允许用户定义适当的数据结构和进行数学计算。其中 ADS 扩充提供 ads.lib 库，ADS 扩充模块是采用链表通过 AutoLISP 来访问 AutoCAD 的图形数据库。

AutoLISP 扩充与 ADS 扩充允许用户以交互模式输入各种类型的变量，允许用户建立自己的选择集，并对选择集中的图形对象进行解读和操作。允许用户定制用户坐标系（UCS），并对图形元素进行从世界坐标系（WCS）与用户坐标系（UCS）之间的坐标转换。

AutoLISP 在 AutoCAD R11 版推出了 DCL 扩充，即用户对话框控件描述语言。它允许用户在操作过程中暂时隐去对话框而进入图形工作窗口作业，也支持在对话框的子窗口中使用矢量绘图命令。这些对话框和控件及其他的属性与 WIN32 操作系统控件相似。

同时 AutoCAD 也支持命令的批作业模式，将预编写好的命令行文件（.SCR）调入系统来执行。这些早期的开发模式为编写一般工程专业的外挂模块创造了条件。我国早期的 CAAD 软件就是采用这些扩充开发的。从 AutoCAD R14 起，AutoCAD 推出了采用 IDE 界面的 Visual LISP 和面向对象的 ObjectARX 扩充[①]。近年来由于操作系统和程序设计语言的发展，从 AutoCAD 2006 到 AutoCAD 2007 的二次开发模式有了更大的变化，这些将在后面介绍。

(5) CAAD 软件需要其他专业程序的链接和支持

20 世纪后叶一批专业计算程序问世，如数学技术工具包 MATLAB、通用有限元分析程序 Ansys、计算流体力学软件 Fluent 相继成为工程技术人员必须掌握的基本工具，这些软件使用经典的理论和计算方法，对物理对象可以进行数值分析和模拟，大多可以从 AutoCAD 导出模型，并且有着相当好的图形界面。MATLAB 软件提供专门的数学编程语言，并且提供了丰富的数学计算函数和算法库函数，它们可以实现神经网络、模糊推理机等编程工作，MATLAB 软件同时配有 C 语言接口。对于 CAAD 开发来说，使用它们可以为智能化设计创造一个友好的集成环境，从而加快开发的进程并提高技术难度。

---

① 参看：邵俊昌，李旭东.AutoCAD ObjectARX 2000 开发技术指南 [M]．北京：电子工业出版社，2000．

10.3 面向对象编程技术和 AutoCAD 的 VisualStudio.Net 开发环境

10.3.1 面向对象程序设计技术介绍

面向对象编程技术是程序设计语言发展的结果。为了说明这一点，我们在下面简单介绍各种不同的程序设计语言。

(1) 机器语言

作为最底层的计算机语言是 CPU 中固化的微指令，也叫机器语言，这种语言采用二进制代码为基础。

(2) 汇编语言

在机器语言基础上发展了面向器件的汇编语言，汇编语言采用少量的英语动词作为操作符，直接对 CPU 的寄存器、运算器和程序堆栈进行编程，或者直接对接口芯片编程。例如 X86 汇编语言中：

add ax, 0x16; 表示 ax 寄存器内容加 0x16

汇编语言以它对应的 CPU 命名，也有在计算机上运行其他 CPU 的交叉汇编语言。

常用的 X86 汇编语言也称为宏汇编语言，它的运行速率最高，常用来作图形卡或工业卡编程，被广泛应用在操作系统和工业控制系统编程中。

(3) 高级语言

应用程序编程语言，面向普通程序员，也称为通用计算机语言，其源代码采用英文词汇编写，可以编写各种不同的语句。高级语言编写的程序的运行方式有解释执行和编译后运行两种。现在一般都采用编译后运行模式，它的制作过程如下：

1) 源程序需要经过编译（compile）生成目标文件（.obj）；
2) 然后通过链接（link）才能生成运行文件或动态库。

常用的高级语言有：BASIC、FORTRAN、PASCAL、C、C++、C#、JAVA 等。这些高级语言又可以分为面向过程的语言和面向对象的语言。BASIC、FORTRAN、PASCAL、C 为面向过程语言。C++、C#、JAVA 为面向对象的语言。当前编程中除科学计算外均采用面向对象的语言。

面向过程语言是早期的计算机语言。使用这些语言，程序员可以定义变量、数组和过程。1969 年由 K.Thompson 和 D.M.Ritchie 创建的 C 语言，是一种优秀的结构化语言，它不失 PASCAL 语言的严谨，良好的源代码文本风格，同时又有它的灵活机动的一面，在 DOS 环境下它的运行速度远较其他语言高，仅次于汇编语言。

C 语言使用了指针概念，指针是一个广义而又灵巧的变量种类，它可以用来表示变量或函数的地址。C 语言中定义的指针操作使得该语言成为最为强壮的应用语言。

C 语言中可以使用的变量种类除数值、字符、枚举型、数组及指针外还包含结构和联合，使用结构和联合可以将一组不同类型的变量联接在一起表达复杂的事物属性，它在早期的 CAD 编程中得到广泛的使用。

当程序源代码达到二万余条以上，传统的面向过程语言发生了难于维护的困难，为此 20 世纪 90 年代，面向对象语言出现，C 语言也发展成 C++ 语言。C++ 语言是 C 语言的扩展，它包含了 C 语言的全集，同时加入了对象（Class）这一新的抽象的数据类型，Microsoft 同时推出 MFC（Microsorft Foundation Class），以便于编程人员对一些常用或通用的基本对象的定义与使用。对象可以用来表示复杂的事物，包括抽象的和具体的事物和行为。C++ 中所有的对象都是从基类 CObject 派生过来的，它的具体属性由程序员定义。C++ 的对象支持抽象的数据、独立封装、继承和多态性，其多态性表现在虚函数重载和运行时的动态链接。

当代程序设计语言的发展始终包含着面向对象这一个主题，对象这个概念对于各种工程专业乃至建筑专业都是适用的。在程序设计中对象可以描述广泛的一般事物，它可以包含数据和函数成员，Visual C++ 编程中实现了函数的多态性和动态链接。从一个基类对象可以派生出多种子对象，可以描述工程设计中常见的一般设计目标。各个不同专业领域的应用软件有着各自不同的对象。作为建筑师最熟悉的例子其一就是 AutoCAD 软件，AutoCAD 软件中包含着基本的几何图元对象，如直线、多义线、弧和圆等，此外还包含了许多复杂的非图形对象。第二个例子就是 Autodesk 3ds Max 软件，在 Autodesk 3ds Max 软件中，材质、纹理都是对象，此外该软件中众多的几何编辑器也是对象。Autodesk 3ds Max 中对象分为主对象和次对象。基本的几何体作为主对象；几何编辑器被称为次对象。同一个几何体对象迭加上不同的几何编辑器，可以产生不同的变形效果。

20 世纪 90 年代后期使用的 C++ 语言的虚拟指针表和多线程技术创建了 COM（即组件）编程技术，它发展和扩充了 Windows32 系统中数据交换技术（DDE）和对象嵌入技术（OLE），使得程序性能得以很大的提高。Autodesk 公司从 AutoCAD R14 版本开始逐步的引入 COM 编程技术，发展了性能较为完善的 ObjectARX 二次开发库，为使用 AutoCAD 软件作为支撑平台开发工程技术专业软件提供了良好的技术基础。

C++ 中的指针有它的优点，但也带来了一些不稳定的缺点，主要表现在内存泄漏，这种内存泄漏会造成程序运行的失败，因此 2002 年微软推出了 Visual Studio.NET，其中包含了 VB、VC++、C#、JAVA# 及 XML 编程语言，它们采用了上世纪末微软公司发展起来的最新的公共语言程序设计技术。.NET 使用一种中间的语言来解决各种编程语言之间的不协调，不同编程语言的代码首先被转成公共语言。这个公共语言运行时 CLR（Common Language Runtime）具有一系列的特点，首先它统一了数据结构；增加了托管模式，采用垃圾收集机制来自动管理运行中内存的回收；它采用命名空间来管理 CLR 提供的各种类，其主要的命名空间为 system。System 中包含了数据、进程管理、资源、XML 读写以及调试等必须的类库。

.NET 中支持 C++、C#、VB 和 J# 等语言。其中的 C#、VB 是目前应用较多的程序设计语言。其中 C# 增加了许多功能，它从原来单一的只支持非托管模式发展到可以同时支持托管模式。C# 语言继承了 C++ 语言面向对象的属性，取消了指针类型变量，以托管模式为主，它比过去的 C++ 语言更为严谨。成为当前编程的首选语言。.NET 中的 C# 语言可以支持非托管代码，此时用户在编程中仍然可以使用指针，但是这样写成的代码就与使用指针的 C++ 代码一样变得不安全。使用托管模式代码增加了运行时的安全性，因此可以编写更为复杂和安全的程序，这对于比较复杂的集成 CAD 程序开发尤为重要。

微软的 Visual Studio.NET 2003 推出了 Web 上的分布式服务器程序的编程技术，这种技术使得一个服务器上的单独的小规模程序可以参与 Web 上分布的复杂程序过程中运行。

10.3.2 微软的组件技术和接口技术

面向对象技术不只是给应用程序设计人员带来好处，它最大的重要性在于它对程序设计的贡献，这个贡献在于它改变了过去的程序运行模式。这就是早期出现的对象链接与嵌入技术以及近期的 COM 组件和 COM++ 技术，以及 C# 语言推出的接口技术。这些技术带来了操作系统跨越式的发展，也为近代人工智能算法等一系列新技术的发展创造了条件，给 CAD 研究人员提供了更为强大的技术支持。

COM 中使用的主要技术是 C++ 的虚拟指针表技术，由于 C# 中不使用指针，所以 C# 中没有 COM 组件。因此如果想在 C# 中使用其他模块中的 COM 组件，必须先将 C++ 编写的 COM 组件打成回调包 RCW，然后 C# 通过接口来调用 COM 组件类。同样 C++ 中也可以通过对 C# 接口的打包来访问 C# 的接口。通常这类技术被描述得十分抽象，甚至只能在软件专业研究生课程的教材中才能找到对应的内容。然而它对 CAAD 软件开发人员却是十分的重要，特别在使用元胞自动机、智能体和多代理系统时更是如此。ObjectARX 2007 中详细地阐述了完成上述编程的具体方法过程。

这种技术引人入思，过去宣传的 CAAD 商品软件由于使用早期的编程技术，实际没有进入智能设计这一领域一步，当时的硬件环境也无法有效地运行今天复杂的算法。当然现在没有必要对过去的软件产品进行批评。按照今天新的概念，我们只能说它们解决了设计过程中的绘图和空间视觉表现方法，实现了网络协同设计作业和图纸及施工作业信息管理的实用模式。它们完全依赖计算机软硬件、计算方法及数据库技术，这在当时都是了不起的进步。但是由于它们没有触及建筑设计的灵魂即设计方法，而只能在设计方案确定后完成 2D、3D 的表现，以及建筑物建造必需的工程设计，所以它们并非代表 CAAD 技术的全部。过去之所以会有这样的看法或者提法，不是由于对 CAAD 的真正含意在认识上长期存在着误区，就是因为时代的进步所造成的事实上的无奈。

笔者认为这种对于 CAAD 观点的提升是一场挑战，挑战一定有风险。但没有挑战，世界就不能进步。

10.3.3 CAAD 软件中的对象

近代的建筑设计程序广泛采用面向对象这个方法，建筑学学生熟知的

AutoCAD、Autodesk 3ds Max、Photoshop、SketchUp 等都使用了对象这一概念。例如对于建筑元素对象，它的数据成员简单地来说可以是元件的几何尺寸和物理属性，它的成员函数可以是该元件的图形编辑响应过程，定位和装配过程等。

AutoCAD 使用图形和非图形两种对象。其中图形对象包括直线、圆弧等几何体，这些对象的内部数据成员包含了它们的几何参数如顶点坐标、长度等，它们还带有几何编辑属性。非图形对象包含了图层、视口等，它们描述了图形操作参数。

作为建筑设计软件使用的是建筑元素，如墙、门、窗、楼梯等对象，它们除了基本的几何属性外还带有物理和其他特有的专业属性。作为通用的 CAD 系统，AutoCAD 并不带有各个工程专业的基本对象。但是它允许程序员通过二次开发从基本的对象派生出各门各类的专业对象，如机械元件、电器元件、建筑构件、通风管道部件等。定制对象响应 AutoCAD 的图形编辑命令，用户可以定制这些专业对象的几何图像。必要时这些对象 AutoCAD 的图形编辑命令的响应方式还可以由用户加以修改或定制。同时还可以提供对象的专业属性参数来进行专业计算。

20 世纪末叶，CAAD 研究人员开始将人工智能方法引入到建筑设计方法的研究中。最初采用的是元胞自动机（Cell Automata，也有译成细胞自动机）[1]，元胞如同有生命力的细胞，它的状态受周边环境和时间的影响而变化，使用并行算法激活的随机分布的一群元胞，通过运动和变化，最终可能达到一种规则的分布。建筑设计元胞自动机首先被利用到交通模拟和城市规划中，用来解决城市发展过程中土地资源的合理利用。

近代人工智能的热点——分布式智能系统或称作多代理系统中的代理（Agent & Multi Agent）就是对象[2]。代理对象有它的行为函数，对话函数，以及它自身带有的简单知识库和推理机。Agent 具有多种类型，它首先被利用在信息传输和分布式计算过程中。在 CAAD 软件设计中，它一般代表人和人群，但也可以代表空间或其他别的东西。正是多代理系统的出现，使得近年来近代智能技术中的新算法如免疫算法、蚁群算法等被逐步引入到建筑设计过程中，特别是在方案设计过程中。

对建筑系学生来说，学习和掌握 C、C++ 语言的基础知识，可以加深对计算机应用软件的理解，能够正确应用和运行这些软件。同时在必须对通用 CAD 系统进行二次开发或使用其他语言编制 VR 模型、数学规划等方面的程序都会有帮助。

10.3.4 ObjectARX 2006 中的 VC++ 开发技术

从现在开始，如果读者在你的计算机上安装微软的 Visual Studio.NET 2002、AutoCAD 2006 以及 ObjectARX 2006，将有助于学习本章以下的内容。

微软公司在推出 VisualStudio.Net 2002 后很快又推出了 VisualStudio.Net 2003 与 VisualStudio.Net 2005，其中 VisualStudio.Net2002 使用 Frame Work

---

[1] 参看：蔡自兴，徐光佑.人工智能及其应用.北京：清华大学出版社，2004，176.
[2] 参看：朱福喜，朱三元，伍春香.人工智能基础教程.北京：清华大学出版社，2006，275~290.

1.0 以及 MFC 7.0，VisualStudio.Net 2003 使用 Frame Work 1.03 以及 MFC7.1，Net2005 使用 Frame Work 2.0 以及 MFC8.0。微软公司推出新的开发环境 VisualStudio.Net 取代了早期的开发环境，成为国际上程序员目前必须掌握的技术[①]。AutoDesk 公司也积极的将它的产品转移到 VisualStudio.Net 开发环境上来，先后推出了 ObjectARX 2004、ARX 2005、ObjectARX 2006、ObjectARX 2007 扩充库提供给程序员来开发各个专业的应用程序，并且从原来的支持 VC++ 语言发展到支持 C# 语言，这种技术的进步使得应用软件达到新的水准，产生了重大的影响。在此，先对 ObjectARX 2006 中的 VC++ 开发技术进行介绍。

如前所述，AutoCAD 使用了面向对象技术，因此 Autodesk 公司最初提供的是 VC++ 二次开发库。这个库从 AutoCAD 2004～AutoCAD 2007 得以加强和发展。Autodesk 公司采用产品向上兼容的标准。因此 ObjectARX 早期的开发程序通过少量的修改，就可以方便地转移到最新版本 AutoCAD2007 的运行环境中。VC++ 开发技术主要使用的是非托管模式。

AutoCAD 2006～AutoCAD 2007 采用安全的二进制代码，支持托管模式开发。对 AutoCAD 2006 开发需要安装 ObjectARX2006，ObjectARX2006 使用 MFC7.0，需要在 VisualStudio.Net 2002 上运行，由于 VisualStudio.Net 2003 采用 MFC7.1，因此只有少数 COM 模式可以在 VisualStudio.Net 2003 运行。

与 AutoCAD 2006 不同，AutoCAD 2007 使用 Frame Work 2.0，使用 Unicode，同时 ObjectARX 2007 使用 MFC 8.0，需要在 VisualStudio.Net 2005 上对原有的程序进行一定的修改才能通过编译。编译生成的模块只能在 AutoCAD2007 上运行。

自 ObjectARX 2006 配备了非托管的 C++ 库，ObjectARX 2007 对这些库又作了修改。它可以保证与以往低版本的 ObjectARX 二次开发程序兼容，这样使得老用户可以轻松地将过去在 AutoCAD 低版本上运行的程序转移到 AutoCAD2006 上运行。

（1）Object ARX 的扩充

ARX 模块是用 C++ 语言编写的，支持面向对象编程；

ARX 可以直接访问 AutoCAD 数据；

ObjectARX 直接和 AutoCAD 编辑器通信；

ARX 同样必须注册自己定义的函数；

ARX 支持多文挡界面（MDI）；

ARX 支持用户自定义对象（COM）；

ARX 可以编制复杂应用程序；

ARX 可以和其他程序接口通信。

（2）ObjectARX 的类库

AcRx：用于绑定应用程序及运行时类的注册和标识的类；

[①] 参看：George Shepherd，David Kruglinski，Microsoft Visual C++ .NET 技术内幕.北京：清华大学出版社，2004.

AcEd：注册本地 AutoCAD 命令和 AutoCAD 事件通知的类；
AcDb：AutoCAD 数据库类；
AcGi：显示 AutoCAD 实体的图形类；
AcGe：共用线性代数学和几何学对象应用类。

使用 ARX 上述类必须链接对应的 ObjectARX 类库。

(3) AcDb 数据库概述

AcDbDatabase 对象表达 AutoCAD 的绘图文件。每一个 AcDbDatabase 对象包含一个变化的变量头部、符号表、表的记录、实体，这些对象用来支持绘图作业。

AcDbDatabase 对象带有一些成员函数，这些函数允许在读入或写出 DWG 文件时接受所有的符号表，获取或设置默认的数据集合，执行变化的数据库级的操作，例如写出块或者对象的深度克隆，获取或设置所有的头部变量。

(4) 用户自定义对象

AutoCAD 使用 ActiveX 的 COM 技术实现了用户自定义对象，简称为自定义类。自定义类可以保存到 DWG 工作文件中，ObjectARX 能够在一定程度上自动引导用户生成自定义对象，这样生成的类库文件后缀是.DBX，它以 COM 服务器的模式运行。如前所述，一个.DBX 文件可以为多个宿主 AutoCAD 程序服务。

用户自定义对象从 AcDbObject 基类派生，程序员必须使用自定义类来表达具体的工程专业对象，如建筑专业的轴线网、墙、门、窗、楼板、楼梯等。

自定义类除了可以带有 AutoCAD 的图形和非图形函数，并且可以带有用户认为必要的成员函数和数值。例如墙类可以带有容重、导热系数、表面材料的物理指标等，楼梯类可以带有踏步几何参数的计算和优化函数等。

自定义类可以响应 AutoCAD 的编辑命令；例如 copy、move 以及对象捕捉 OsnapMode，必要时可以对这些函数进行重载。通过重载若干虚函数用户可以定义自定义对象的夹点，以及夹点对各种编辑模式的响应。同样也可以通过重载来决定自定义类在屏幕上的显示。

ObjectARX 中允许用户使用反应器对象 AcRxReactor；所谓反应器实际上是 AutoCAD 通知的接收机构。例如当用户拷贝、删除或修改了某个对象时，或输入 UNDO，REDO 命令时将会触发相应的事件，发出相应的通知。

反应器类是从 AcRxObject 类中派生出来的。反应器不是数据库对象，没有和数据库的隶属关系，也没有对象索引值。

可以使用反应器来响应 AutoCAD 的各种消息。使得用户在屏幕上的编辑活动和对象的专业科学计算或数据库关联起来，提供革命性的辅助设计工作模式。

(5) 三个实例

实例一，在一个通风噪声计算程序中，对风机、消声器等管路部件采用多种不同的显示模式；它们可以是单线或双线表示的系统原理图符号，也可以是 2D 或 3D 的线框或着色模型。使得用户可以直接在屏幕上实现用元件符号搭接系统图、部件参数的设置和修改、系统工况的设定和分析计算、以及系统三维的模型总成图。取代了过去繁杂的公式计算、数据库查询、诺模图求解和查表工作，使得复杂的系统设计倾刻间就能实现。使得过去在 UNIX 大型工作站上见到的过程在微机上重现，真正做到设计过程的所见即所得，还有什么能比这更能令人鼓舞的。

实例二，在控制性规划程序设计中，可以为定义的地块对象和属性列表对象建立关联，使用反应器技术使地块和属性列表链接起来。在对地块边界进行编辑时，程序能够自动计算地块的面积、容积率、绿地率等控制指标，并在图中的属性表中显示出来。这种实时的幕后计算编辑过程减少了设计人员大量重复的低价值劳动，同时也减少或克服错误的产生。

实例三，在一个剧院池座辅助设计程序中，定制了下面四个自定义类：
AsdsStalls 类：代表升起的座席；
BoundSt 类：池座边界的水平投影线，从 AcDbPolyline 派生来；
DirectSt 类：座席排行方向，从 AcDbLine 派生来；
FocusSt 类：舞台的视觉焦点。

对于给定的一组 BoundSt、DirectSt、FocusSt 类，就能根据谢尔克公式和预设的其他参数计算出唯一的升起的池座设计。同时使用了反应器技术将三者关联起来，当用户对上述三个类进行夹点编辑或移动，将产生 AutoCAD 消息，此消息将传送到 AsdsStalls 类，使后者响应产生对应的变化。

上述 AsdsStalls 类给建筑师提供了一个直接的自动化设计工具，设计师在图形窗口中通过简单的拖动、移动就可以获得精确升起的池座设计。同时这些对象的数据被及时输送到数据库中。显然建筑师过去从未得到过的这样的设计工具。

通过这三个例子，可以断论，我们不是无事可做或无所作为，而是做得太少，我们对各种形式的建筑设计过程研究得太少，就像丘茂林教授所说的，现在我们所作的是"电锯和斧头"的比赛。

10.3.5　ObjectARX2006 中的 C# 开发技术

VisualStudio.Net 一个重要的贡献是推出了采用公共语言的托管模式程序设计技术，托管模式开发需要 VisualStudio.Net 的 VB 或 C# 语言，其中为代表的是 C# 程序设计语言。与非托管模式相不同，C# 采用了自动垃圾收集机制，取消了 C++ 中的指针。因此，程序运行稳定、维护容易、代码更为安全，成为目前程序设计的首选语言。然而学习 C# 语言必须先掌握 VC++ 程序设计语言，并且需要一定的编程经验。这是目前国内 CAD 软件开发人员必须掌握的一门技术，直接关系到他们的职业生命。

进入 VisualStudio.Net IDE 开发环境，可以直接选择需要生成的 C# 语言应用程序的类型，然后由开发环境引导生成程序的框架[①]。使用 C# 语言编写的源代码文件后缀是.CS。代码，与 VC++ 语言相比看上去比较简洁。C# 语言中所有的东西都是类，微软的 Frame Work 提供了公共语言运行时使用的许许多多重要的类，其中包括了例如进程、窗口控件、文本等类以及数学函数类

---

① 参看：Karli Watson，Christian Nagel.C# 入门经典 2005 [M]．第三版.北京：清华大学出版社，2006.

等库。Frame Work 中使用 system 命名空间来管理这些不同的类。命名空间中除了这些类还包含它们的接口与方法。因此用户的应用程序中必须加入命名空间引用，否则就不能使用这些类、接口和方法，这是所有 C# 程序必须导入的基本引用[①]。

ObjectARX2006 或 ObjectARX2007 也提供了大量的托管类对象，这些托管类对象包括了 AutoCAD 中大量的图形与非图形对象，例如几何体、编辑器、数据库及窗口类等。AutoCAD 软件同样采用 Autodesk 命名空间来管理这些类。Autodesk 命名空间中包含了这些类和它们的接口及方法。如果用户要编写 AutoCAD2006 或 AutoCAD2007 的 C# 应用程序，必须在程序中导入 Autodesk 命名空间的引用。

由于种种原因 ObjectARX，托管类对象中的一些类是新编写的，有一些却是由 C++ 的非托管类打成的回调包，C# 语言中通过调用这些回调包提供的接口来访问 AutoCAD 中 C++ 的各种非托管类（C++ 组件）。具体编程中还需要较多的手工修改工作，对于一些早期 ADS 库中的函数，还需要直接调用 AutoCAD 主程序提供的 DLL 模块接口。所有这些工作不是一个初学者轻易能够掌握的。因此目前使用 C# 开发 AutoCAD 上大型扩充 CAD 软件具有较大的技术难度，需要一定的程序开发技能和知识。为了达到这点付出代价是值得的，只要看一下采用这种技术的 AutoCAD 2007 产品就能明白，它的性能远远超越了 AutoCAD 的前期产品。因此，对于国内从事 CAAD 研究和开发的年轻一代来说，使用 C# 开发技术是解决问题的一个捷径，是一个毋庸置疑的客观现实。

所以，如果你要对 AutoCAD 2006~AutoCAD2007 进行应用程序开发，首选的应该是 C# 语言。但是由于 VisualStudio.Net 支持多种语言的混合开发模式，用户不必将过去用 C++ 语言完成的数万乃至数十万句源代码移植到 C# 语言上，特别对于早期的一些采用 C++ 语言编写的专业科学计算程序。采用 DLL 模式导入库，依旧可以使用。移植到 C# 语言上并不能提高它的运行速率，相反因为取消指针的缘故，修改代码将带来巨大的工作量。

10.3.6 Revit API 的介绍

Autodesk 公司推出的 Revit Building 9.0 软件，提供了 Revit API 接口，Revit API 9.0 需要 VisualStudio.NET2005 支持，Revit API 9.0 提供了建筑专业的托管对象，程序员通过编程可以访问和定制这些对象，Revit Building 9.0 中增加了混凝土结构类的托管对象。所有这些都向着详细的设计和建造过程靠拢，使得这方面具体的技术设计得以深化和发展。它将使建筑设备制造商和预制构件商获得实利，然而真正要做到这点还需要软件开发商为此进行大量的扩充开发。

对于建筑师倾心的设计方案阶段优化设计，需要建筑的空间特征和形式表达，因此它并不需要建筑物工程细节的详尽描述。同样在许多建筑物理环境和空间的分析程序中，需要的是简化的建筑模型，而不是面面俱到的实际的建筑物工程模型。所以它们不一定需要直接和 Revit 这样软件连接，或者说需要解

[①] Simon Robinson，Christian Nagel.C# 高级编程 [M]．第三版.北京：清华大学出版社，2005.

决更多的是模型提取技术。在此我们可以看到商品软件开发与 CAAD 研究方向之间的差距，以及这种差距的基本原因。

10.4 CAAD 软件开发中的新技术

近十年来，各种近代人工智能算法得到较大的发展，逐步渗入到建筑设计领域。国外一些大学的研究机构和设计集团，已经开始这方面的努力，并取得了显著的成果。2006 年年底，Microsoft 公司发布了 64 位操作系统 Vista。装有 64 位四核处理器的计算机已经问市。与 32 位处理机不同，程序使用的虚拟空间从 4GB 一下子增加到 12TB，多核环境下的并行算法编程技术得到广泛的应用和推动。与此同时，其他新的技术也得到很大的发展。这无疑给 CAAD 研究人员带来了春风，给 CAAD 软件开发提供了新的技术。计算机辅助设计可以能够摆脱传统的概念束缚，向设计方法进军。

这些新技术有：模糊算法、遗传算法、神经网络、元胞自动机、蚁群算法、智能体、分形算法等。由于模糊算法、遗传算法、神经网络这三部分内容在第八章中已经介绍过，本节将对元胞自动机、蚁群算法、智能体、分形算法作简单的介绍，让年轻一代的建筑设计人员了解这些新的技术发展方向。

10.4.1 元胞自动机

具有相同属性并且符合简单的拼接原理的几何对象被称为元胞（Cell），元胞的生存状态由它周边其他元胞的分布状态所决定，当周围状况不良时，元胞会死亡。一旦周围的状况改变时它又可以复活，元胞群体有着一个基本的运动倾向，因此当这些元胞同时被激励的时候，它们开始运动和位移，逐渐形成一定的图案，这些图案是时间的变数，许多图案并不稳定。但在一定的条件下，可以得到一些稳定的图案。

散布在规则格网（Lattice Grid）中的每一元胞取有限的离散状态，遵循同样的作用规则，依据确定的局部规则作同步更新。元胞自动机（Cellular Automata）不是由严格定义的物理方程或函数确定，而是用一系列模型构造的规则构成。凡是满足这些规则的模型都可以算作是元胞自动机模型。因此，元胞自动机是一类模型的总称，或者说是一个方法框架。其特点是时间、空间、状态都离散，每个变量只取有限多个状态，且其状态改变的规则在时间和空间上都是局部的。

元胞自动机首先在模拟气流粒子的运动过程中取得成功。在建筑界，首先是应用在 GIS 课题方面，例如土地资源和城市发展之间关系的研究；其次在道路交通模拟上也取得了相当的成功；建筑设计方面目前主要用于流线分析，更多的应用有待于发掘。

10.4.2 蚁群算法

蚁群算法（ant colony optimization，ACO），又称蚂蚁算法，是一种用来在图中寻找优化路径的机率型技术。蚂蚁行为一直是科学家的研究课题，蚂蚁能够寻找出从巢穴到食物的最短路径这是基于这样一个事实；实际上蚂蚁的视觉并不发达，它主要凭借嗅觉，根据地面上存留的信息激素的浓度来决定前进的方向。蚂蚁行进时不断分泌信息激素，当某个途径通过的蚂蚁数量增多时，存留的信息激素的强度就明显高出一般水平。当许多蚂蚁离开巢穴觅食的时候，最先找到食物的蚂蚁会返回巢穴，经过一段时间，就能形成一条连绵不断的连接食物和巢穴的最短路径。蚁群算法便是这些原始的社会行为得以模拟表达的途径。

蚁群算法被用来模拟人类的简单行为，应用在建筑规划设计研究中。

10.4.3 智能体和多代理系统

智能体（Agent），也称作智能代理，是一种特殊的对象，各个对象可以对其他对象进行通话传递要求和信息。智能体具有自己的行为准则和知识库，具有简单的推理能力，如同游戏软件中的角色。因此当众多的智能体被集合在一起的时候，就会出现复杂的行为。智能体可分为多种类型，它能处理比元胞自动机更为复杂的课题。智能体可以是多种多样的具体对象，因它们的应用领域不同而被命名。智能体首先被应用在网络通信上，实现网络通信任务的转移。

美国宾夕法尼亚大学使用多智能代理（Multi Agent）实现了建筑火灾发生时的人流疏散模拟分析，系统预先定义了代表不同性格行为个人的几种Agent。当火灾发生时，使用并行算法驱动的组合人群开始向安全出口移动，通过实时的VR渲染可以生动地表现灾难发生时人群的疏散过程。智能体和多代理系统在建筑设计上的应用前途广阔，它将能逐步加深我们对建筑设计方法和设计过程的认识，从新的概念上来规范和协调设计者的行为，一定程度上将建筑设计科学推向理性化。

10.4.4 分形算法

分形（fractal）一词是由美籍法国数学家B.B.曼德布罗特（B.B.Mandelbrot）提出的。他在1967年发表于美国《科学》杂志上的《英国的海岸线有多长》的划时代论文，是他的分形思想萌芽的重要标志。1973年，在法兰西学院讲课期间，他提出了分形几何学的整体思想。并于1975年创造了"分形"一词，以法文出版专著《分形对象》；

几何对象的局部以某种形式与整体相似的形状就叫做分形；分形具有五个基本特征，它们是：形态的不规则性；结构的精细性；局部与整体的自相似性；维数的非整数性；生成的迭代性。分形几何主要研究不光滑的、不规则的、甚至支离破碎的空间几何形态，也就是研究吸引子在空间上的结构及状态，其生成过程可以逼真地描述岩层、植物、山水等不规则或粗糙的形体；目前已经广泛应用于自然现象的描绘、影视动画、天文学、经济学、生态学、建筑学等实用领域[①]。

对于分形局部与整体的自相似性特性，可以用于建筑设计。近年来，在建筑领域，分形理论已得到应用。一些世界上著名的建筑作品如科隆大教堂、悉尼歌剧院等，建筑师都不同程度地遵循了分形理论以及分形手法。而利用分形

---

① 参看：M.F.Barnsley，R.L.Devaney等著.分形图形学（The Science of Fractal Images）[M]. 和风译.北京：海洋出版社 [B]，1995.

在不同尺度下的形态特征,可以把不同建筑在同尺度下直接进行量化比较(如分形维数)与评价;同时,也可以进一步考虑其各自的局部,针对每个事物的形态特征,与各自的整体进行不同尺度下分形对比,深入分析两个事物的结构、形态等方面的差异;这样对我们的建筑设计可以进行多重合理性的深入控制、评价和指导[①]。

在城市规划研究领域,英国著名学者巴蒂(M. Batty),自 1985 年以来一直致力于研究分形城市理论,主要探讨了城市的边界线、土地使用的形态、城市形态与增长等相关内容,法国、德国、以色列等国的科学家在此方面也有相关研究成果。国内近年来在此领域的研究工作已经开始,面对繁杂现象和图形,建立分形理论观念,我们可以从一个崭新的理念去分析、研究空间结构及城市形态与功能;利用分形方法,首先计算城市形态与结构的分形维数,识别其分形特征;然后建立其分形模型来模拟城市形态与结构,进而可进一步利用动态模拟技术,考虑空间增长过程;该技术为规划设计、政策分析等方面提供了新方法[②]。

在园林设计研究领域,我们也可以从分形的视角开展工作;中国古典园林空间形态表现出广义的、非严格数学意义上的分形特征,具有多层次的嵌套自相似性,属于非线性变换下的分形,可由多次迭代映射生成。分形理论的"自相似性"、"无尺度性"、"尺度层次"、"尺度变换"、"生成过程"等思想方法对于园林设计具有广泛的运用前景[③]。

在建筑材料研究领域,分形非整数维数的特性,可以用于建筑材料表面特征及表面磨蚀损伤分析,如:分形维数及结构的精细性可以用于水泥及其掺合料的粉体特征、硬化混凝土孔隙特征、混凝土材料的断裂特征、早期开裂和冻害后的裂纹等宏观分形特征以及显微结构分形特征等方面的混凝土材料测试与评价[④]。

总之,它丰富了建筑创作的思想和手法,以及新的量化评价方法,使建筑设计、城市规划、园林设计、建筑材料研究等领域,更具有科学、合理性,更加贴近自然和人性,具有极强的生命力。

10.5 附录:Autodesk Visual LISP 介绍

10.5.1 Visual LISP 语言介绍

AutoLISP 是 LISP 的一个子集,出现于 1985 年推出的 AutoCAD V2.18 中。它是一种嵌入在 AutoCAD 内部的编程语言,可直接调用几乎全部 AutoCAD 命令。作为一种被解释执行的表处理语言,它的任何一个语句在键入到 CAD 命令行后就能马上执行,对于交互式的程序开发非常方便。AutoLISP 有较强

---

① 参看:林小松,吴越.分形几何与建筑形式美.建筑论坛(Forum of Construction)[J]. 2003.6:-61.
② 参看:冒亚龙,雷春浓.分形理论视野下的园林设计.重庆大学学报(社会科学版)[J]. 2005, 11 (2):23-26.
③ 参看:叶俊,陈秉钊.分形理论在城市研究中的应用.城市规划汇刊[J]. 2001, 4:38-42.
④ 参看:唐明,李晓.混凝土分形特征研究的现状与进展[J]. 混凝土. 2004 (12):8-11.

的数据库操作功能，易于提取图形的内部属性及几何信息。AutoLISP 是 AutoCAD 用户拓展 AutoCAD 功能的最重要手段之一，对 AutoCAD 普及和发展有着重要的作用。

Autodesk 公司在发布 AutoCAD R14 的几个月后，推出了一种新的开发工具——Visual LISP。在 AutoCAD 2000 则中完整地集成了 Visual LISP，为开发者提供了崭新的、增强的集成开发环境，用户不需要额外安装任何软件即可进行开发工作[①]。通过 Visual LISP，用户可以使用 ActiveX 对象及其事件；可以直接使用 AutoCAD 中的反应器，进行更底层的开发工作。可以使用了有色代码编辑器和完善的调试工具；可以很容易创建和分析 LISP 程序的运行情况；可以对源代码进行编译，保护开发者的劳动成果。

另外，Visual LISP 不仅完全兼容 AutoLISP，而且绝大多数用 Visual LISP 编写的程序都不需要做任何修改就可以在 AutoCAD 2000 及以上版本运行，拥有极佳的兼容性。

(1) Visual LISP 具有以下优点：

1) 它内嵌在 AutoCAD 中，其表达式不仅可以添加在脚本文件、菜单文件内，甚至可以直接在 AutoCAD 的命令行中执行。Visual LISP 中的使用的变量数据也可以直接在执行 AutoCAD 命令时被引用。

2) 相对与其他 CAD 开发语言，Visual LISP 程序具有极强的兼容性，不用改写就可以运行在更高版本的 CAD 中。

3) Visual LISP 提供了面对对象的开发方式，可以进行 AutoCAD 底层开发工作。

4) AutoCAD 为 VisualLISP 提供的可视化开发环境功能强大，调试方便，可以对程序和数据进行打包和编译。

5) Visual LISP 程序经过编译后，提高了运行性能和保密性。

6) 作为一种表处理语言，它可以利用简单而功能强大的表数据结构，用以控制各式各样的图形数据，通常可以满足结构化数据方面的所有需求。

7) Visual LISP 程序设计的复杂程度和运行风险大大低于 ARX，绝不会在程序崩溃后导致 AutoCAD 崩溃。

8) AutoLISP 作为开源的开发工具被广大用户使用了很长的时期，网络上有大量优秀的源代码供大家学习和参考。

(2) VisualLISP 也有以下缺点：

1) 较之于原始的 LSP 文件，编译后的 VLX 程序执行速度虽然快了很多，但是和 ObjectARX 程序的执行速度相比还是较慢，Visual LISP 不适合用于编制计算密集型的程序。

2) Visual LISP 的对话框还是延续了早期的 DCL 方式，功能比较简单。

3) Visual LISP 不支持自定义实体，也不支持多文档操作。

作为功能强大、兼容性好、学习成本低的 AutoCAD 开发工具，Visual LISP 是完全值得大家学习和使用的。

---

① 参看：康博创作室.AutoCAD 应用系列之三 Visual LISP 实用教程.北京：人民邮电出版社出版，1999.

10.5.2 Visual LISP 集成开发环境

Visual LISP 集成开发环境（Integrated Development Environment，IDE）[①]具有自己的窗口和菜单，但它并不能独立于 AutoCAD 运行。要启动 Visual LISP IDE，可以在 AutoCAD 窗口命令行中输入"VLIDE"或者"VLISP"后回车进入，也可以通过点击"工具"→"AutoLISP"→"Visual LISP 编辑器"菜单命令进入（图 10-1）。当用户从 Visual LISP IDE 中运行 AutoLISP 程序时，经常需要与 AutoCAD 图形交互或在命令窗口响应程序提示。

(1) Visual LISP IDE 的主要组成部分和功能

1）语法检查器：可识别 Visual LISP 语法错误和调用内置函数时的参数错误。

2）文件编译器：改善了程序的执行速度，并提供了安全高效的程序发布平台。

3）源代码调试器：利用它可以在窗口中单步调试 Visual LISP 源代码，同时还在 AutoCAD 图形窗口显示代码运行结果。

4）文字编辑器：可采用 Visual LISP 和 DCL 语法着色，并提供其他 Visual LISP 语法支持功能。

5）Visual LISP 格式编排程序：用于调整程序格式，改善其可读性。

6）全面的检验和监视功能：用户可以方便地访问变量和表达式的值，以便浏览和修改数据结构。这些功能还可用来浏览 Visual LISP 数据和 AutoCAD 图形的图元。

7）上下文相关帮助：提供 Visual LISP 函数的信息。强大的自动匹配功能方便了符号名查找等操作。

8）工程管理系统：维护多文件应用程序更加容易。

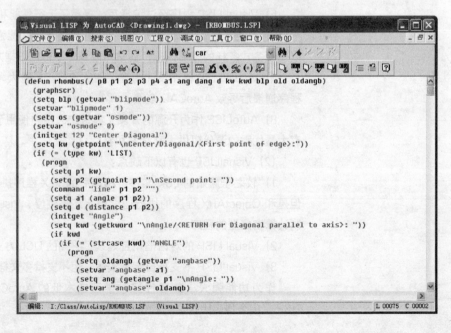

图 10-1 AutoCAD2006 的 Visual Lisp 编辑器界面

[①] 参看：刘志刚等. AutoCAD2000 Visual LISP 开发人员指南. 北京：中国电力出版社，2001.

9) 打包功能：可将编译后的 Visual LISP 文件打包成单个模块。

10) 桌面保存和恢复能力：可保存和重用任意 VLISP 任务的窗口环境。

11) 智能化控制台窗口：它给 Visual LISP 用户提供了极大的方便，从而大大提高了用户的工作效率。控制台的基本功能与 AutoCAD 文本屏幕类似，还提供了许多交互功能，例如历史记录功能和完整的行编辑功能等。

(2) 创建、打开文件

通过"文件"→"创建文件"菜单命令可以建立一个新的文本文件。使用"文件"→"打开文件"菜单命令可以打开一个文本文件。

(3) 格式化程序代码

程序代码格式的好坏虽然不会影响程序的功能和执行的效率，但是能明显影响程序的可读性和可维护性。因此，非常有必要用能够最为清晰地表达程序结构的格式来书写源程序。Visual LISP IDE 不仅能够在我们输入程序代码的过程中自动进行代码段的缩进，也可以对编辑窗口中的全部或者局部代码按照预定的方式进行格式化。

通过"工具"→"环境选项"→"Visual LISP 格式选型"来设定代码格式化风格。

通过"工具"→"设置编辑器中代码的格式"来格式化当前编辑窗口中全部的代码。

通过"工具"→"设置选定代码的格式"来格式化当前编辑窗口中选定的代码。在格式化代码的过程中，如果发现有括号不配对的情况，Visual LISP IDE 将给出提示。

(4) 加载运行代码

通过在 Visual LISP IDE 使用"工具"→"加载编辑器中的文字"来加载运行当前窗口的所有代码。通过在 Visual LISP IDE 使用"工具"→"加载选定的文字"来加载运行当前窗口中被选中的部分代码。可以在控制台窗口直接调用代码中定义的函数，并查看运行后的返回值。

(5) 调试跟踪

Visual LISP 集成开发环境包含强有力的调试程序，它具有以下功能：

1) 程序执行跟踪；
2) 在程序执行期间跟踪变量值；
3) 依运行各种表达式的顺序加以查看；
4) 检查在函数调用内使用的参数值；
5) 中断程序执行；
6) 单步执行程序；
7) 检查堆栈。

(6) 编译与链接程序

当程序写好后，可以使用 Visual LISP 提供的编译器，把它编译为可执行机器码文件，即 FAS 文件。这样做的好处是可以提高程序执行的速度，同时可以更好的保护作者的劳动成果。若要编译一个 AutoLISP 文件，可以在控制台窗口调用 vlisp-compile 函数。其语法为：

(Vlisp-Compile'*Mode FileName*[*Out-FileName*])

Mode 是一个符号，表示要使用的编译模式。FileName 是要编译的 LSP 文件名。Out-FileName 是编译好的输出文件名称。

Visual LISP 也具有建立单一、独立应用程序可执行模块的能力。这个模块结合用户应用程序的所有已编译的文件，并可包含 DCL, DVB 及其他用户的应用程序所需要的文件。可执行的 VLISP 模块又称为 VLX 文件，它是以扩展名为.vlx 的文件储存。在"文件"菜单下"生成应用程序"中提供了相关的工具。

10.5.3　Visual LISP 语言基础

(1) 表达式、原子和表

LISP 程序是由一个或者一系列表达式（Expression）组成的，它没有"语句"、"过程"等一般程序设计语言中通常都有的概念。一个 LISP 表达式既可以是一个原子（Atom）也可以是一个表（List）。

原子（Atom）可以是符号或者其他常数，例如整数、实数、字符串等。一个原子最重要的属性是它的值。一些原子有标准值：原子 nil 的值是 nil, T 的值是 T, T 和 nil 相当于逻辑上的真和假。任何数字原子，其相应的整数或浮点数是它的值。这里要注意，原子不是"类型"，任何原子，除常数外，可以给予任意值。没有赋值的符号的值为 nil。

表（List）是由零个或多个用空格分开的元素（Elements）组成的序列，并放置在一对括号中。表中的每一个元素可以是一个原子或是一个表。空表可以写成（）或者 nil。nil 既是原子又是表。

Visual LISP 程序在运行时，其中的每一个表达式都将被求值，该值称为表达式的返回值。如果表达式是一个原子，则返回值是原子的值。如果表达式是一个表，则视表中第一个元素为操作符（函数），其余元素为自变量（参数）。通过对该函数进行求值，获得返回值。对于不希望求值的表达式可以使用 Quote 函数，例如（Quote A）的返回值是符号 A, 而不是 A 所包含的值。(Quote A) 也可以表示为 'A。

(2) Visual LISP 数据类型

1) 整数（INT）：不含小数点的数值。Visual LISP 中整数的范围从 2, 147, 483, 647 到 -2, 147, 483, 648。

2) 实数（REAL）：含有小数点的数值。Visual LISP 中实数是以双精度浮点格式存储的。

3) 字符串（STRING）：一组使用双引号括住的字符。在双引号字符串内，反斜线"\"为转义字符，它将其后的字符会被转换为其他含义，比如，"\n"表示换行。

4) 表（LIST）：放置在一对括号中的零个或多个用空格分开的元素（Elements）组成的序列。表是一种能灵活存储各种各样数据的数据类型。

5) 选择集（PICKSET）：一个或多个 AutoCAD 实体组成的组。

6) 图元名称（ENAME）：图形文件内实体的数字标签，可用来它找出对象的数据库记录。

7) VLA 对象（VLA-OBJECT）：图型文件内的实体也可以使用 VLA 对象来表示，在使用 ActiveX 函数的时候，必须使用 VLA 对象。

8) 文件描述符（FILE）：文件描述符是一个指向 Open 函数所打开文件的指针。

9) 符号（SYM）：Visual LISP 使用符号来引用数据。符号名称不区分大小写，可以由任意顺序的字母、数字以及大多数标注符号组成，同时符号名称不可以仅由数字组成。标注符号的名称中不能出现左括号、右括号、句号、单引号、双引号和分号。

(3) 在 Visual LISP 中使用注释

为了便于日后阅读和修改程序，在编写程序同时应对代码进行必要的注释。注释内容不会被执行。VLISP 提供了五种注释代码的方式，常用的有单行注释和行间注释。在一行中";"之后直至行尾的文本被视为注释，称为单行注释。任何位于";|"和";|"之间的文本也都会被视为注释被忽略。这种注释可以延伸到许多行，称为行间注释。

(4) 加载、调用 Visual LISP 程序文件

在 AutoCAD 中，可以使用以下几种方法加载 Visual LISP 程序文件（lsp、fas 和 vlx）：

1) 直接把程序文件拖动到 CAD 窗口。

2) 用 Appload 命令或者通过"工具"→"加载应用程序"菜单项。

3) 在命令行使用 LOAD 函数加载程序文件，方法为：（Load "程序路径"）。

10.5.4　Visual LISP 的基本函数

(1) 应用程序处理函数

(load *filename* [*OnFailure*])

此函数对一个文件中的 Visual LISP 表达式进行求值。filename 是一个代表 Visual LISP 程序文件名称的字符串。如果成功的话，函数将返回文件中最后一个定义的函数名称。

(startapp *appcmd file*)

启动一个 Windows 应用程序。例如，（startapp "notepad" "acad.lsp"）将记事本，并打开 acad.lsp 文件。

(vl-load-all *filename*)

将文件加载到所有打开的，以及在当前 AutoCAD 任务中后续打开的任何文件中。

(2) 数学函数

Visual LISP 提供处理整数和实数的函数。使用数值处理函数时要特别注意，使用的参数都是整数，则返回的值是整数。如果使用的参数中有一个是实数，则返回实数值。以下是常用的数学函数。

(+ *number* [*number* ...])

此函数将返回所有 number 总和。

(- *number* [*number* ...])

此函数是将第一数减去后面每一个数值之后，返回其差值。

(* number [number ...])

此函数返回所有数值的积。

(/ number [number ...])

此函数以第一数值除以后面每一个数值之后，返回其商值。

(1+ number)

此函数将 number 加 1 之后的值返回。

(1- number)

此函数将 number 减 1 之后的值返回。

(abs number)

此函数将返回 number 的绝对值。

(fix number)

此函数将返回 number 的整型数值。

(max number [number...])

此函数将在所给定的 number 中选出最大者，返回此数值。

(min number [number...])

此函数将在给定的 number 中选出最小的，并返回此数值。

(rem num1 num2...)

返回 num1 除以 num2 后的余数。

(3) 字符操作函数

Visual LISP 中常用的字符处理函数有以下几个：

(strcat string1 [string2...])

函数将所有字符串连接到一起。

(strcase string [which])

如果 which 参数存在且其值为非 nil，将 string 转换为小写并返回，否则将 string 转换为大写并返回。

(strlen [string] ...)

此函数返回字符串 string 的长度。如果提供了多个 string 参数，则会返回所有参数的总字符数。

(substr string start [legnth])

此函数返回 string 中的一段。需要注意的是 string 中字符的位置从 1 开始计算。

(4) 基本输出函数

(prin1 [expr [file-desc]])

此函数会将 expr 的值显示到屏幕上。expr 可使用任意的表达式，不一定要使用字符串。此函数也可以将 expr 的值写入到 file-desc 指向的文件中。

(print [expr [file-desc]])

此函数除了在输出 expr 的值之前会先换行，同时也会在表达式后输出一空格以外，其他功能均与 prin1 函数相同。

(princ [expr [file-desc]])

此函数会将 expr 的值显示到屏幕上，并对值中的控制字符进行解释。

(5) 等量和条件函数

(= NumStr [NumStr] ...)

若所有的 NumStr 均相等时，则返回 T，否则返回 nil。

(/= NumStr [NumStr] ...)

若任何两个相邻的 NumStr 相等时，将返回 nil，否则返回 T。

(< NumStr [NumStr] ...)

若每一个 NumStr 都小于其右边的 NumStr 时，则返回 T。

(> NumStr [NumStr] ...)

若每一个 NumStr 都大于其右边的 NumStr 时，则返回 T。

(<= NumStr [NumStr] ...)

若每一个 NumStr 都小于等于其右边的 NumStr 时返回 T。

(>= NumStr [NumStr] ...)

若每一个 NumStr 都大于等于其右边的 NumStr 时返回 T。

(equal expr1 expr2 [fuzz])

函数测试两个表达式的求值结果是否相等。

(if TestExpr ThenExpr [ElseExpr])

此函数是一状态判别表达式。如果 TestExpr 不为 nil，那么就执行 ThenExpr。否则，就执行 ElseExpr。

(cond (test1 result1...) ...)

此函数的参数是一些表，每一个表称为一个分支，每个分支包含一个测试部分和如果测试成功后的返回值部分。该函数的功能是依次对每个分支的第一个元素进行测试，当找到第一个非 nil 的值后对该分支的返回值部分进行求值并返回它。

(while TestExpr expr...)

该函数重复对表达式 expr 的求值处理，直对 TestExpr 的求值结果为 nil，它返回最后所计算的那个表达式的值。

(repeat int expr...)

对每一个表达式 expr 进行指定次数的求值计算，并返回最后一个表达式的值。

(6) 表操作函数

表是 AutoLISP 语言中最基本的数据类，Visual LISP 作为一种表处理语言，提供了十分强大的表操作函数。

(car list)

返回表中的第一个元素。如果是空表，将返回 nil。

(cdr list)

返回表中除了第一个元素以外所有元素组成的表。如果是空表，返回 nil。

(last list)

返回一个表中的最后那个元素，可能是一个原子或一个表。

(length list)

该函数返一个表中的顶层元素的个数，即表的长度。

(nth *n list*)

此函数返回表中的指定位置的元素。表中元素的位置从 0 开始计算。

(append *list*...)

将任意多个表组合成一个表。

(list *Expr*...)

将任意数目的表达式组合成一个表。

(assoc *Item List*)

以变元 Item 作为关键字元素，对关联表 List 进行搜索。若关联表 List 中存在着关键字指出的条目，则返回这个条目。

(cons *Element List*)

cons 是 AutoLISP 的基本表构造函数。cons 函数把元素 Element 加到表 List 开头，构成一个新表后返回。这是最基本表构造函数。

(subst *NewItem OldItem List*)

此函数在表中寻找所给定的 OldItem 并以 NewItem 替换。

(reverse *list*)

将表的元素顺序倒置后返回。

(foreach *Name List Expr*…)

将表中每一个元素作为参数依次代入表达式中进行求值。

(mapcar *function List1...Listn*)

依次循环地把表 list1...listn 中的每个对应位置上的元素为函数 function 的参数，调用该函数进行求值，把每次循环求值的结果（function 的返回值）按求值顺序构成一个表，作为 mapcar 函数的返回值。例如,（mapcar '+' (1 2 3)'(4 5 6)）的返回值为（5 7 9）。

(7) 函数操作函数

(defun *sym ArgumentList expr*...)

将能够完成特定功能的一组表达式定义为一个新函数或命令。defun 函数至少需要三个参数，第一个是要定义的函数名称 sym，必须是符号原子；第二个参数是新函数使用的参数及局部变量表组成的参数表 ArgumentList；最后是组成函数的表达式 expr。一个函数定义内至少要有一个表达式。

例如：

(defun SayHello () "Hello World!")

定义了一个名为 SayHello 的函数。调用 (SayHello)，可以得到其返回值 "Hello World!"。

(defun Say (Sentance) Sentance)

定义了一个名为 Say 的函数，它需要一个参数。调用 (Say "Hello Visual LISP!")，可以得到其返回值 "Hello Visual LISP!"。

(defun AddTo (n) (if (=1 n) n (+ n (AddTo (1− n)))))

定义了一个递归调用的函数，(AddTo 100) 的返回值为 5050。

以"C:XXX"的形式作为函数名定义函数的可以在 AutoCAD 命令提示符

下当作命令执行。通过这种方式不仅可以用来为 AutoCAD 添加新的命令，也可以用来重新定义既有命令。此种函数不能有参数。

例如：

(defun C:HW () (princ " \ nHello World!"))

定义了一个名为 HW 的命令，可以在 AutoCAD 命令行输入 HW 执行。

(eval *expr*)

对表达式 expr 的值进行求值。例如，（eval （list 'AddTo 100））的返回值为 5050。

(apply *function list*)

将参数表传送给指定的函数求值。例如，（apply '+' (1 2 3)）的返回值为 6。

(8) 符号处理函数

(setq *sym1 expr1* [*sym2 expr2*] .)

将一个值赋给一个符号或将一个表达式赋给一个符号。也可以在一次调用中给多个变量赋值。此函数将返回最后一个 expr 的值。

(atom *item*)

验证 item 是否是原子。

(listp *item*)

验证 item 是否是一个表。

(Numberp *item*)

检查 item 是否是一个实型数或整型数

(null *item*)

检查 item 的值是否约束为 nil

(quote *expr*)

返回一个表达式而不对它求值。也可以写为 'Exp。

(type *item*)

该函数返回 item 的类型，如：REAL、FILE、STR、INT、SYM、LIST、SUBR、PICKSET、ENAME……

(9) 转换函数

(rtos *number* [*mode* [*precison*]])

将一个数按指定的方式和精度转换成字符串。

(atof *string*)

返回将一个字符串转换成一个实型数后的结果。

(atoi *string*)

将一个字符串转换成一个整型数后的返回。

(itoa *int*)

将一个整型数转换成一个字符串，并返回其转换结果。

(ascii *string*)

将字符串中的第一个字符转换成它的 ASCII 字符代码后返回。

(chr *integer*)

此函数将代表字符 ASCII 码整型数转换成为相应的单一字符串。

(trans *pt from to [disp]*)

此函数可以将一个点的坐标值从某一坐标系统转换到另一个坐标系统。from 代表 pt 所在的坐标系统，to 所想要转换到的坐标系统。坐标系统代码 0 表示通用坐标系统（WCS）。坐标系统代码 1 表示用户坐标系统（UCS）。

（10）文件操作函数

(open *filename mode*)

以 mode 中指定的模式打开 filename 文件，返回文件操作符。打开文件的方式有三种，分别是："r" 只读方式、"w" 重写方式、"a" 追加方式。

(close *file_desc*)

关闭一个已打开的文件。

(read-line *[file-desc]*)

此函数将由已打开的文件或键盘中读入一行字符。当读至文件末端时，reld-line 将返回 nil，否则将返回所读入的字符串。

(write-line *string [file_desc]*)

写一个字符串到屏幕上或到一个已打开的文件中。

(Vl-file-delete *filename*)

删除指定文件。

(Vl-file-copy *original-file destination-file [append]*)

将一个文件的内容复制或附加到另一个文件。

10.5.5 通过 Visual LISP 链接 AutoCAD

（1）用 Visual LISP 调用 CAD 命令

(command *[arguments]* ...)

在 Visual LISP 中通过 command 函数可以调用 AutoCAD 命令。arguments 是一个可变长度的参数表，这些参数必须符合执行 AutoCAD 命令的提示顺序所需的类型和值；它们可能是字符串、实数值、整数、点、图元名或选择集名称。命令的名称是以字符串来表示的，2D 点是一个含有两个实型数的表，3D 点则是一个含有三个实型数的表。角度、距离和点之类的数据，可以使用字符串或值本身（整数或实数值、或是点表）传递。空字符串""相当于从键盘按下空格键或回车键。例如，(command "._line" "0, 0, 0" "1, 1, 0" "") 可以调用 line 命令绘制一条从坐标点（0，0，0）到坐标点（1，1，0）的线段，最后一对引号表示回车结束 line 命令。

如果在 command 函数执行过程中需要暂停等待用户输入的话可以使用 Pause 符号。例如，(command "._line" Pause "0, 0, 0") 可以等待用户输入一点，并以此点为起点绘制一条到坐标原点的线段。如果不能确定用户需要暂停输入数据的次数，可以借助于系统变量"CMDACTIVE"监测是不是有 AutoCAD 命令没有结束。

例如：

(command "_.pline")

(while (/= (getvar "cmdactive") 0)

```
        (command pause)
    )
        (command)
```

(2) 读取、设置 AutoCAD 系统变量

(getvar *varname*)

此函数将用来获取 AutoCAD 系统变量的值。varname 参数必须以双引号括住。例如，(getvar "FILLETRAD") 将返回当前当前倒圆角半径。

(setvar *varname value*)

此函数可将 AutoCAD 系统变量设定给 value，然后再返回其值。变量名称一定要以双引号括起。例如，(setvar "FILLETRAD" 0.50) 设置倒圆角半径为 0.50。

(3) 选择集操作函数

(ssget [*mode*] [*pt1*] [*pt2*] [*pt_list*] [*filter_list*])

提示用户选择实体，并返回一个选择集。ssget 提供了复杂而强大的方式选择手段，可以指定选择方式和实体过滤方式。

(ssadd [*ename* [*ss*]])

将实体 ename 加入到选择集 ss 中。如果没有提供选择集，则返回一个包含此实体的新选择集。如果没有任何参数，则返回一个空的选择集。

(ssdel *ename ss*)

将实体 ename 从选择集 ss 中清除。

(ssname *ss index*)

返回选择集 ss 中指定位置（index）的实体名。

(sslength *ss*)

返回选择集 ss 中实体数量。

(4) 对象处理函数

(entget *ename* [*applist*])

获取一个实体的定义数据表。

(entlast)

返回图形中最后那个未被删除的主实体名。

(entmake [*elist*])

在图形中生成一个新的实体。elist 变元必须是实体定义数据表，必须包含所要生成实体的全部必要的信息。entmake 函数既可以用于生成图形图元，也可以用于生成非图形图元。如果 entmake 成功地生成了一个新实体，它就返回该实体的定义数据表。否则，返回 nil。

(entmod *eList*)

修改一个实体的定义数据表。通过 Visual LISP 来更新数据库中信息的基本的方法是，先用 entget 函数获得实体的定义数据表，对该数据表进行修改，然后用 entmod 函数更新数据库中的该实体。entmod 函数既可以修改图形对象，也可以用于修改非图形数据。

(entdel *ename*)

此函数将用来删除一个实体或恢复一个已删除的实体。

(5) 用户输入函数

(getint [*prompt*])

暂停程序的执行,让用户输入一个整型数,然后将这个整型数返回。

(getreal [*prompt*])

程序暂停让用户输入一实型数(浮点数),并返回该数。

(getstring [*cr*] [*prompt*])

暂停让用户输入一个字符串,并返回这个字符串。

(getpoint [*pt*] [*prompt*])

暂停让用户输入一个点,然后将该点的值返回。

(entsel [*prompt*])

提示用通过指定一个点选择单个实体。entsel 函数返回一个表,表中的第一个元素是用户所选对象的实体名,第二个元素是用户选择对象时指定的拾取点的坐标值。

(6) 几何函数

(polar *pt angle distance*)

用于求出相对于点 pt,距离为 distance、方向角为 angle 的坐标点。

(distance *pt1 pt2*)

返回 pt1、pt2 两个点之间的 3D 距离。

(angel *pt1 pt2*)

返回由 pt1、pt2 两点确定的一条直线与 X 轴的方向角,单位为弧度。

(inters *pt1 pt2 pt3 pt4* [*onseg*])

求出两直线的交点。pt1 和 pt2 是第一条直线的端点坐标,pt3 和 pt4 是第二条直线的端点坐标。如果提供了 onseg 且其值是 nil,则由四个点坐标定义的两条线被认为是无限长的。如果没有交点则返回 nil。

(7) 符号表操作函数

(tblnext *table_name* [*rewind*])

在一个符号表 table_name 中查找下一项。table_name 是用于指定符号表名的一个字符串。table_name 有效取值共有九种,分别是:"LAYER"、"LTYPE"、"VIEW"、"STYLE"、"BLOOK"、"UCS"、"APPID"、"DIMSTYLE"、"VPORT"。重复使用 tblnext 时,每一次它通常都会返回符号表中的下个输入数据。如果 rewind 参数存在,且其为 T 值时,则返回符号表中第一个数据。

(tblsearch *table_name symbol* [*setnext*])

在一个指定的符号表 table_name 中搜索一个指定的符号名 symbol。如果找到了符合要求的条目,则以 DXF 类型的组码表的形式返回该条目的信息,否则,返回 nil。

(8) 使用 DXF 组码

DXF 格式是 AutoCAD 图形文件中包含的所有信息的一种带标记数据的表示方式。带标记数据是指文件中的每个数据元素前面都带有一个称为组码的整数。组码的值表明了随后的数据元素的类型。还指出了数据元素对于给定对象（或记录）类型的含义。实际上，图形文件中所有用户指定的信息都可以用 DXF 格式表示。AutoLISP 可以使用特定的组码查询实体数据表，获得相应信息查询实体的组码（表 10-1）；也可以通过修改实体数据表达到修改实体的目的。

常用组码或组码范围以及组码值的解释　　　　　　　　　表 10-1

组码	说明	组码	说明
-1	图元名（固定）	10	主要点；直线或文字的起点等
0	表示图元类型的字符串（固定）	11~18	其他点
1	图元的主文字值	39	如果非零，则为图元的厚度（固定）
2	名称（属性标记、块名等）	40~48	双精度浮点值（文字高度等）
3~4	其他文字或名称值	48	线型比例
5	图元句柄（固定）	50~58	角度，在 AutoLISP 中以弧度为单位
6	线型名（固定）	60	图元可见性
7	文字样式名（固定）	62	颜色号（固定）
8	图层名（固定）	210	拉伸方向（固定）

在命令行使用（entget（car（entsel）））选择一条线段，可以返回这条直线的实体数据表：

((-1 . <图元名:7efb0138>)(0 . "LINE")(330 . <图元名:7efaecf8>)(5 . "12F")(100 . "AcDbEntity")(67 . 0)(410 . "Model")(8 . "0")(100 . "AcDbLine")(10 540.833 201.946 0.0)(11 831.462 715.031 0.0)(210 0.0 0.0 1.0))

10.5.6　Visual LISP 中的 ActiveX 技术

(1) ActiveX 技术概述

ActiveX Automation 是微软公司推出的一个技术标准，该技术是 OLE 技术的进一步扩展，其作用是在 Windows 系统的统一管理下协调不同的应用程序，允许应用程序之间相互控制、相互调用。目前，ActiveX Automation 技术已经在因特网、Office 系列办公软件的开发中得到了广泛的应用。

AutoCAD 作为一种具有高度开放结构的 CAD 平台软件，从 AutoCAD R14 版开始引入了 ActiveX Automation 技术。由于 ActiveX 技术是一种完全面向对象的技术，所以许多面向对象化编程的语言和应用程序，可以通过 ActiveX 与 AutoCAD 进行通信，并操纵 AutoCAD 的许多功能。

AutoCAD ActiveX 技术提供了一种机制，该机制可使编程者通过编程手段从 AutoCAD 的内部或外部来操纵 AutoCAD。ActiveX 是由一系列的对象，按一定的层次组成的一种对象结构，每一个对象代表了 AutoCAD 中一个明确的功能，如绘制图形对象、定义块和属性等。ActiveX 所具备的绝大多数 AutoCAD 功能，均以方法和属性的方式被封装在 ActiveX 对象中，只要使用某种方式，使 ActiveX 对象得以"暴露"，那么就可以使用各种面向对象编程的语言对其中的方法、属性进行引用，从而达到对 AutoCAD 实现编程的目的。

ActiveX Automation 是一种更方便、更快速操作 AutoCAD 图形内容的新方法。当在 Visual LISP 内使用 ActiveX 对象时,你是在使用与从其他程序设计环境操纵相同的对象棋型、属性以及方法对象是 ActiveX 应用程序的主要组成部分。除了如线、弧、多段线以及圆等 AutoCAD 实体外,下列的 AutoCAD 组件也是对象:

1) 样式设置:如线型和标注形式;
2) 组织结构:如图层、组及块;
3) 图形显示:如视图和视口;
4) 图形的模型空间与图纸空间。

图形和 AutoCAD 应用程序本身都被视为对象。AutoCAD 开发人员文档中有详尽的 ActiveX 对象层级关系图。

AutoCAD 对象模型内的所有对象都有一个或多个属性。例如,圆对象可以使用如半径、面积或线型等属性来说明。在通过 ActiveX 函数存取 AutoCAD 数据时,必须有属性名称。

ActiveX 的对象还包含方法,它只不过是为特定类别的对象所提供的动作。某些方法适用于大部分的 AutocAD 图形图元。例如,"MOVE"方法(依指定向量移动图形实体)。而另外一些方法则只适用于某些特殊对象。

(2) 常用的 ActiveX 相关函数

(Vl-load-com)

该函数将 Visual LISP 扩展功能加载到 AutoLISP。Visual LISP 扩展实现对 ActiveX 和 AutoCAD 反应器的支持,同时还提供了 ActiveX 实用程序、数据转换函数、词典处理函数和曲线测量函数。如果要在 Visual LISP 中使用 ActiveX 功能,必须先调用该函数来初始化 ActiveX 环境。

(Vlax-get-acad-object)

检索并返回 AutoCAD 应用程序对象。AutoCAD 应用程序对象是 AutCAD ActiveX Automation 对象模型中的根对象,从它开始可以获取到任何其他的对象,以及获取属于这些对象的属性及方法。

(Vlax-dump-object *Vla-object* [*T*])

列出对象具有的特性和对象所支持的方法。

(Vlax-get-property *Vla-Object Property*) 或者 (Vlax-get *Vla-Object Property*)

检索 Vla-Object 对象的某一特性值。

(Vlax-put-property *Vla-Object Property Arg*) 或者 (Vlax-put *Vla-Object Property Arg*)

更改 Vla-Object 对象的某一特性值。

(Vlax-invoke-method *Vla-Object Method Arg* [*Arg*...]) 或者 (Vlax-invoke *Vla-Object Method Arg* [*Arg*...])

对 Vla 对象调用指定的 ActiveX 方法。

(Vlax-ename-> *vla-object EntName*)

将 AutoLISP 类型的对象名转换为 VLA 对象。

(Vlax-vla-object-> *ename Vla-Object*)　将 VLA 对象转换为 AutoLISP 对象名。

(3) 使用 ActiveX 的示例

下面的代码定义了一个名为 Test 的命令。该命令首先绘制一个圆心在坐标原点，半径为 100 的圆，然后将它沿 X 方向移动 200，并修改其半径为 200。

```
(defun c:test (/ AcadOBJ DocuOBJ ModelOBJ CenterPT Radius
                 CircleOBJ NewCircleOBJ StartPT EndPT)
  (setq AcadOBJ (Vlax-get-acad-object))
                                        ;;获得 AutoCAD 应用程序对象
  (setq (Vlax-get-property AcadOBJ 'ActiveDocument))
                                        ;;获得当前图形文件对象
  (setq ModelOBJ (Vlax-get-property DocuOBJ 'ModelSpace))
                                        ;;获得当前的图纸空间对象
  (setq CenterPT (Vlax-3d-point' (0 0 0)))  ;;圆心坐标点
  (setq Radius 100)                     ;;圆半径
  (setq CircleOBJ (Vlax-invoke-method ModelOBJ 'AddCircle
                   CenterPT Radius))
                   ;;在图纸空间创建一个圆，并获取该对象
  (setq NewCircleOBJ (Vlax-invoke-method CircleOBJ 'Copy))
                   ;;调用 COPY 方法将圆复制一份，并获取这个新对象
  (setq StartPT (Vlax-3d-point' (0 0 0)))   ;;移动起点
  (setq EndPT (Vlax-3d-point' (200 0 0)))   ;;移动结束点
  (Vlax-invoke-method NewCircleOBJ 'Move StartPT EndPT)
                                        ;;调用 MOVE 方法移动圆对象
  (Vlax-put-property NewCircleOBJ 'Radius 200.0)
                                        ;;修改圆的半径属性为 200
)                                       ;;程序结束
```

10.5.7　实例：一个方便的描图程序

在设计前期，我们经常需要将基地现状图纸输入到 AutoCAD 中。我们用扫描仪或者数码相机对图纸扫描或者拍照，并将得到的图形文件插入到 AutoCAD 中，然后再用 Line 或者 Pline 命令进行描绘。但是，现状图中往往有很多建筑轮廓边界自身正交但却和世界坐标系的 X、Y 方向不一致，因而我们需要经常的调整坐标系，这使得描图过程繁琐而枯燥。下面我们用 Visual LISP 做一个能提高效率的程序，使描图的过程简单轻松。

首先，我们可以绘制一个建筑轮廓的描图过程分为以下 6 个步骤：

1) 关闭正交模式；
2) 选取建筑轮廓上的一条边的两个端点；
3) 建立一个以此边为 X 轴的用户坐标系；
4) 打开正交模式；

5) 继续绘制其他轮廓边界,直到完成;
6) 返回原有的坐标系。

其中,除了第 2 和 5 步骤需要用户输入数据外,其余步骤都可以通过 Visual LISP 函数自动完成。下面的用粗略的 Visual LISP 代码来实现上述过程。

```
(defun c:mt (/ p1 p2 p3 )
    (setvar "ORTHOMODE" 0)       ;; 关闭正交模式
    (setq p1 (getpoint "\n指定建筑轮廓第一点:"))
    (setq p2 (getpoint p1 "\n指定下一点:"))
                                 ;; 选取建筑轮廓上的一条边的两个端点
    (setq p3 (polar p1 (+ (/ PI 2) (angle p1 p2)) 1000))
    (command "_.ucs" "3p" p1 p2 p3)
                                 ;; 建立一个以此边为 X 轴的用户坐标系
    (setvar "ORTHOMODE" 1) ;;打开正交模式
    (setq p1 (trans p1 0 1) p2 (trans p2 0 1))
                                 ;; 将 p1 和 p2 的坐标值转换到当前坐标系
    (command "_.line" p1 p2)
    (while (/= (getvar "cmdactive") 0) (command pause) )
    (command)                    ;; 绘制其他轮廓边界,直到完成;
    (command "._ucs" "p") ;; 返回原有的坐标系
)
```

为了使这个程序更加健壮,能够在各种情况下都能正常执行,就需要加入预防错误、及出现错误后的处理代码。下面是完整的程序代码:

```
(defun c:MT  (/ p1 p2 p3 Ucs? err-old)
    (defun ended  (/ tmp)        ;; 程序结束处理函数
        (setq *error* err-old)   ;; 恢复错误处理函数
        (if Ucs? (command "_.ucs" "p")) ;; 如果改变了坐标系则恢复前一坐标系
    )
    (defun err-new (msg) (princ msg) (ended)) ;;自定的错误处理函数
    (setq err-old *error*)       ;; 保存当前错误处理函数
    (setq *error* err-new)       ;;将错误处理函数指向自定的错误处理函数
    (setvar "orthomode" 0)       ;; 关闭正交模式
    (setvar "cmdecho" 1)         ;; 在程序运行时显示提示和输入
    (if (setq p1 (getpoint "\n指定第一点:"))
                                 ;; 获取轮廓上第一点,没有输入则退出
        (if (setq p2 (getpoint p1 "\n指定下一点:"))
;; 获取轮廓上第二点,没有输入则退出
            (progn
```

```
                (setq p1   (trans p1 1 0))
;; 将 P1 坐标点由当前坐标系转换到世界坐标系
                (setq p2   (trans p2 1 0))
;; 将 P2 坐标点由当前坐标系转换到世界坐标系
                (setq p3   (polar p1   (+   (/ PI 2)    (angle p1 p2))   1000))
;; 获得 XY 坐标平面上任意第三点
                (command  "_.ucs"   "3p"  p1 p2 p3)   ;; 使用个 3 坐标点
建立用户坐标系
                (setq Ucs? t)            ;; 标记已经修改过坐标系
                (setvar  "ORTHOMODE"  1)    ;; 打开正交模式
                (command  "_.pline"   (trans p1 0 1)   (trans p2 0 1))
;; 开始描绘轮廓
                (while   (/=   (getvar  "cmdactive")   0)
                    ;; 测试用户是否结束 Pline 命令
                (command pause)           ;; 等待用户输入新的端点
                )                     ;; while 结束
            )                         ;; progn 结束
        )                             ;; if 结束
    )                                 ;; if 结束
    (ended)                           ;; 调用程序结束处理函数
)                                     ;; defun 结束
```

参考文献

[1] Antony Radford, Garry Stevens. 计算机辅助建筑设计概论 [M]. 北京:中国科学技术出版社,1991:12~13.

[2] Gu Jingwen, Wei Zhaoji. CAADRIA'99.上海:上海科学技术文献出版社,1999.

[3] C.亚历山大.建筑的永恒之道.北京:知识产权出版社,2002:15~30.

[4] Talbot Hamlin. FORMS and FUNCTIONS of TWENTIETH-CEBTRY ARCHITECTURE. New York: COLUMBIA UNIVERSITY PRESS 1952, VOLUME II The Principles of Composition.

[5] 法国 CIRAD 公司, AMAP Landscape Design Software.1998.

[6] 邱茂林.数位建筑发展. 台北:田园城市文化事业有限公司,2003:12~13.

[7] 楼顺天,施阳.基于 MatLab 的系统分析与设计——神经网络.西安:西安电子科技大学出版社,1999.

[8] 吴晓莉,林哲辉.MATLAB 辅助模糊系统设计.西安:西安电子科技大学出版社,2002.

[9] 刘先觉.现代建筑理论 [M]. 北京:中国建筑工业出版社,1999:474~483.

[10] 庄惟敏.建筑策划导论 [M]. 北京:中国水利水电出版社,2000.

[11] 邵俊昌,李旭东.AutoCAD ObjectARX 2000 开发技术指南 [M]. 北京:电子工业出版

社，2000.

[12] 康博创作室.AutoCAD 应用系列之三 Visual LISP 实用教程［M］.北京：人民邮电出版社出版，1999.

[13] 刘志刚等.AutoCAD2000 Visual LISP 开发人员指南［M］.北京：中国电力出版社，2001.

[14] 蔡自兴，徐光佑.人工智能及其应用［M］.北京：清华大学出版社，2004：176.

[15] 朱福喜，朱三元，伍春香.人工智能基础教程［M］.北京：清华大学出版社，2006：275~290.

[16] George Shepherd, David Kruglinski.Microsoft Visual C++ .NET 技术内幕［M］.北京：清华大学出版社，2004.

[17] Karli Watson, Christian Nagel.C# 入门经典 2005［M］.第三版.北京：清华大学出版社，2006.

[18] Simon Robinson, Christian Nagel.C# 高级编程［M］.第三版.北京：清华大学出版社，2005.

[19] M.F.Barnsley, R.L.Devaney 等著.分形图形学［M］.和风译.北京：海洋出版社，1995.

[20] 林小松，吴越.分形几何与建筑形式美［J］.建筑论坛（Forum of Construction），2003（6）：58-61.

[21] 冒亚龙，雷春浓.分形理论视野下的园林设计.重庆大学学报（社会科学版）［J］，2005，Vol 11，No 2，23-26.

[22] 叶俊，陈秉钊.分形理论在城市研究中的应用［J］.城市规划学刊，2001（4）：38-42.

[23] 唐明，李晓.混凝土分形特征研究的现状与进展［J］.混凝土，2004（12）：8-11.